中国优生科学协会
李苏仁、毛文娟、吴光驰
三大育儿专家联合推荐

育儿辅食早教
百科

yuer Fushi Zaojiao Baike

李明辉 ◎ 主编

吉林科学技术出版社
JILIN SCIENCE & TECHNOLOGY PUBLISHING HOUSE

图书在版编目（CIP）数据

育儿辅食早教百科 / 李明辉主编. -- 长春 ：吉林科学
技术出版社，2013.8
　ISBN 978-7-5384-7095-6

　Ⅰ．①育… Ⅱ．①李… Ⅲ．①婴幼儿－哺育－基本知
识 Ⅳ．①TS976.31

　中国版本图书馆CIP数据核字(2013)第200226号

育儿辅食早教百科

主　　编　李明辉
出 版 人　李 梁
责任编辑　许晶刚　端金香　杨超然
封面设计　长春市一行平面设计有限公司
制　　版　长春市一行平面设计有限公司
开　　本　710mm×1000mm　1/16
字　　数　650千字
印　　张　35
印　　数　1—15000册
版　　次　2013年11月第1版
印　　次　2013年11月第1次印刷
- -
出　　版　吉林科学技术出版社
发　　行　吉林科学技术出版社
地　　址　长春市人民大街4646号
邮　　编　130021
发行部电话/传真　0431-85677817　85635177　85651759
　　　　　　　　　85651628　85600611　85670016
储运部电话　0431-86059116
编辑部电话　0431-85635186
网　　址　www.jlstp.net
印　　刷　长春新华印刷集团有限公司
- -
书　　号　ISBN 978-7-5384-7095-6
定　　价　39.90元

前言

　　养育一个健康聪明的宝宝，是每一位做父母的心愿。因此，许多新手父母，在宝宝出生后，都会想了解一些有关养育婴幼儿的知识。本书就是针对读者的这一迫切需要，结合作者多年的早期教育和科学育儿知识的经验而编写的。希望读者能从我们的书中学到科学的育儿知识，真正有效地帮助和照顾宝宝。

　　看着可爱的小宝宝一天天地成长，各种各样的问题会接踵而至。何时让宝宝换乳，何时给宝宝添加辅食，如何给宝宝补充各种营养，宝宝生病了又该怎么办？做为新妈妈是不是觉得身上的压力突然大了许多？是否感到对于如何照顾这个小生命而不知所措呢？

　　本书以0～3岁宝宝的同步健康发育为重点，详解婴幼儿日常生活中需要特别注意的照顾要点，包括饮食营养、成长发育、疾病的辨认和防治与安全保护等，比如辅食的制作，如何给宝宝换尿布，怎样给宝宝洗澡，疫苗的及时接种……根据不同时期的特点，以最简单实用的方法，让读者在养育宝宝时，能够针对出现的问题及需要有个基本了解，拥有足够的信心去应对宝宝成长发育过程中的每一个阶段。

第一章 新生儿的呵护

MULU
YUER FUSHI
ZAOJIAO BAIKE

第二章 饮食与营养

MULU
YUER FUSHI
ZAOJIAO BAIKE

MULU
YUER FUSHI
ZAOJIAO BAIKE

第三章 一学就会的育儿要点

第四章 宝宝的智能开发

MULU
YUER FUSHI
ZAOJIAO BAIKE

第五章 让宝宝健康安全的长大

第一章
Di yi zhang
新生儿的呵护

宝宝出生了

DIYIJIE

终于盼到了和宝宝见面的这一天，新爸新妈的心间涌动着满满的幸福，高兴的同时，不要忘了多观察宝宝哦。

新生儿的第一声啼哭

新生儿的第一声啼哭很重要，这说明他小小的肺部已经开始工作了。产科医生会用器械吸新生儿的嘴巴和鼻腔，以清除残留在里面的黏液和羊水，从而确保鼻孔完全打开，能畅通地呼吸。接着，护士用毯子把新生儿包起来送到妈妈身边，让初为人母亲近一会儿。如果胎儿早产或是出现呼吸困难，就会立刻被送入新生儿特护病房，接受检查。如果新生儿体重超过5千克则要验血，因为过重的新生儿在出生后的几小时内有可能出现低血糖症。

新生儿阿普加评分

新生儿出生后，需要接受人生中第一次测试评分，这被称为阿普加评分。即医生对新生儿总体情况测定后，打出的分数。这次测试包括对新生儿的肤色、心率、反射应激性、肌肉张力及呼吸力、对刺激的反应等项进行测试，以此来检查新生儿是否适应了生活环境从子宫到外部世界的转变。然后，护士会给新生儿称体重、量身长，护士会用听诊器检查新生儿的心脏和肺部，给他测体温，并检查他是否有异常症状，如脊柱裂等。之后护士还会再次测量新生儿的身长、体重和头围，然后给他洗个温水澡。

项目	评分标准
皮肤的颜色	全身皮肤粉红为2分；躯干粉红，四肢青紫为1分；全身青紫或苍白为0分
心率	心跳频率大于每分钟100次为2分；小于每分钟100次为1分；没有心率为0分
对刺激的反应	用手弹新生儿足底或插鼻管后，新生儿出现啼哭，打喷嚏或咳嗽为2分；只有皱眉等轻微反应为1分；无任何反应为0分
四肢肌张力	若四肢动作活跃为2分；四肢略屈曲为1分；四肢松弛为0分
呼吸	呼吸均匀、哭声响亮为2分；呼吸缓慢而不规则或者哭声微弱为1分；无呼吸为0分

这种评分是对新生儿从母体内到母体外的生存能力和适应程度进行判断，也为宝宝今后神经系统的发育提供了一定的预测性。但家长不必过分的关注这个分数，尤其是分数在8分以上的新生儿，不是只有满分的新生儿才是健康的。

认识新生儿的先天反射

所有健康的新生儿都具有一些本能的反射活动，它帮助新生儿度过离开妈妈子宫的最初几个星期。比如你触摸他的眼睑，他就会闭上眼睛；如果你用拇指和食指轻轻夹住他的鼻子，他就会用双手做出挣扎的状态。在新生儿生理和智力水平逐渐发育成熟，能够进行更自觉的、有意识的活动后，这种先天反射就会消失。儿科医生会测试新生儿的反射反应，它可以总体反应新生儿的机体是否健全，神经系统是否正常。

觅食、吮吸和吞咽反射

当你用乳头或奶嘴轻触新生儿的脸颊时，他就会自动把头转向被触的一侧，并张嘴寻找。这种动作就是觅食反射。

每个新生儿出生时都具有吮吸反射，这是最基本的反射行为，这种反射使新生儿能够进食。将奶嘴放进新生儿口中，他就开始吸吮。吸吮活动极其强烈，甚至在乳头移开之后仍会继续很长时间。吸吮的同时，新生儿天生会吞咽，这也是一种反射，吞咽行为可以帮助新生儿清理呼吸道。

握持反射

儿科医生都会检查新生儿的握持反射。测试方式是把手指放在新生儿的手心，看看他的手指会不会自动握住医生的手指。很多新生儿的反应都很强烈，紧紧攥住别人的手指，甚至你可以这样把他们提起来（但是建议你不要做这个尝试）。

这种反射一般在3～5个月消失。当你轻触他的脚底时，你会发现他的脚趾也蜷起来，好像要抓住什么东西似的，这样的反射将持续一年。

紧抱反射

也被称为"惊吓"反射或莫罗氏反射。将新生儿的衣服脱去，儿科医生会用一只手托着新生儿的臀部，另一只手托着他的头，然后突然使新生儿的头及颈部稍向后倾，正常的宝宝会四肢外展、伸直，手指张开，好像在试图寻找可以附着的东西，然后新生儿会缓缓地收回双臂，握紧拳头，膝盖蜷曲缩向小腹。新生儿身体的两侧应当同时做出同样的反应。如果宝宝突然听到巨大的声响，也会是这种反射。紧抱反射消失的时间是在宝宝2个月的时候。

行走反射

用双手托在新生儿腋下竖直抱起，使他的脚触及结实的表面，他会移动他的双腿做出走路或跨步动作。如果他的双腿轻触到硬物，他就会自动抬起一只脚做出向前跨步运动。这种反射会在1个月后消失，与宝宝学走路没有关系。

爬行反射

当宝宝趴着的时候，会很自然地做出爬行姿势，撅起屁股，膝盖蜷在小腹下，这是因为他在子宫里面就是这样双腿朝向身体蜷曲。当触碰他的双腿时，他或许能够以不明确的爬行姿势慢慢挪动，实际上只是在小床上作轻微的向上移动。一旦他的双腿不再屈曲且能躺平，这种反射即行消失，通常为2个月。

小贴士
Xiao tie shi

在出生10～12个小时后新生儿就开始了人生的第一次排便，即胎便，新生儿的胎便呈墨绿色为黏稠的糊状，胎便会排很多次。如果出生后24小时仍未排便或排出的胎便呈咖啡色或柏油样，那就要请医生检查新生儿是否患有先天性肛门闭锁等疾病。此后，由母乳喂养的新生儿一般在24小时以内排尿，有的新生儿是在48小时以后才会排尿，这都是正常的。看到新生儿尿出红砖色的尿时，不必担心，这是由尿酸盐引起的。

新生儿及其分类

新生儿的分类方法有多种，最常用的是依据胎龄分类和依据体重分类。下面我们可以通过表格了解新生儿的各种类型。

根据月龄分类

类型	标准	表现
足月儿	指胎龄满37～42周的新生儿	各器官、系统发育基本成熟，对外界环境适应能力较强
早产儿	胎龄满28周至不满37周的新生儿	尚能存活，但由于各器官系统未完全发育成熟，对外界环境适应能力差，患各种并发症的概率大，因此要给予特别的护理
过期产儿	胎龄满42周以上的新生儿	过期产儿并不意味着他们比足月儿发育得更成熟，相反一部分过期产儿是由于妈妈或胎儿患某种疾病造成的，出生后危险性更大，所以一定要认真监护

根据体重分类

类型	标准	表现
低出生体重儿	出生体重小于2 500克的新生儿	低出生体重儿大部分为早产儿，部分为过期产儿。现在对这样的宝宝有一套严格的护理方法，请严格按照医生的建议进行护理
正常体重儿	出生体重在2 500～4 000克的新生儿	足月正常体重儿是最健康的宝宝，可参考本书内容进行护理
巨大儿	出生体重超过4 000克的新生儿	部分巨大儿是由于妈妈或胎儿患某些疾病所致，如妈妈患糖尿病，胎儿有Rh溶血症等，所以不能盲目认为新生儿越胖越好，要加强监护

新生儿的体格标准

DIERJIE

宝宝的生长发育是有规律的，不同的阶段有不同的特点，1个月的新生儿也有其体格标准，新手爸妈要多注意自己宝宝的身体情况是不是在正常的范围内。

身体档案

婴儿从出生到出生后1个月，这是婴儿脱离母体，来到人世的第一阶段。为了适应新的环境而独立生存，此时婴儿的身体内部还要不断地发生一系列的变化。这段时期对婴儿来说，最重要的莫过于安静、保温、营养和防止感染等，须精心护理。

身体发育状况

项目	正常标准	宝宝情况	医师建议
体重	平均体重为3.12~3.21千克，男婴比女婴重些	——千克	新生儿出生后一周有体重减轻的现象，称为生理性体重下降，这是暂时的，10天内会恢复
身长	平均身长为49.6~50.2厘米	——厘米	男婴比女婴略长。有些宝宝身高与遗传有关，当然过高或过低都要请医生诊断
头围	男婴为34.4厘米，女婴为34.01厘米	——厘米	宝宝的头围只要不低于33.5~33.9厘米就视为正常
胸围	男婴为32.65厘米，女婴为32.57厘米	——厘米	宝宝的胸围只要不低于32.57厘米就视为正常

项目	正常标准	宝宝情况	医师建议
头部	新生儿的头顶前面中央的囟门呈长菱形，开放而平坦，有时可见搏动	____情况	父母注意保护新生儿的囟门，不要让它受到碰撞。大约1岁以后它会慢慢闭合
腹部	腹部柔软，较膨隆	____情况	新生儿的腹部很柔弱，不要磕着、碰着，尤其不要着凉
皮肤	全身皮肤柔软、红润，表面有少量胎脂，皮下脂肪已较丰满	____情况	有些新生儿出生时浑身沾满黄白色的胎脂，这对皮肤有保护作用，无需擦掉或洗去
四肢	双手握拳，四肢短小，并向体内弯曲	____情况	有些新生儿出生后会有双足内翻，两臂轻度外转等现象，这是正常的，大多满月后缓解，双足内翻大约3个月后就会缓解
呼吸	新生儿以腹式呼吸为主。每分钟可达40～45次	____情况	新生儿的呼吸浅表且不规律，有时会有片刻暂停，这是正常现象，不用担心
心率	每分钟为90～160次	____情况	新生儿的心率比成人快，当你发现这个现象后，不要大惊小怪

小贴士

Xiao tie shi

宝宝生长发育有什么规律？首先宝宝生长发育有阶段性，年龄越小，体格增长越快。如宝宝出生后的身长前半年每月平均增长2.5厘米，后半年平均每月增长1.5厘米，而1～2岁每月平均增长0.83厘米。其次生长发育是由上到下，由近到远，由粗到细，由低级到高低，由简单到复杂。如宝宝出生后的运动发育规律为：先抬头，后抬胸，再会坐、站、走；从臂到手，从腿到脚的活动；先全手掌拿物，发展到手指的灵活运动等，各器官系统发育不平衡。大脑的生长发育先快后慢，生殖系统的发育先慢后快，淋巴系统的发育先快后回缩，皮下脂肪的发育先快后慢，以后再稍快，肌肉组织到学龄期才加速发育。

身体活动能力

项目	表现
1	轻轻移动身体并调整姿势
2	当他趴着的时候，他会稍微抬起双脚并且弯曲膝盖
3	在趴着的情况下，他会试图把头稍微抬起1秒钟（这个动作对新生儿来说是相当不容易，因为他的头相对他背部和颈部的肌肉力量来说实在是太重了）
4	躺着的时候，把头偏向他喜欢的一侧
5	当被竖立抱着的时候，新生儿可以晃动、扭动身体，并且可以做出踩、踏的动作
6	躺下的时候保持双腿的弯曲，就好像在妈妈的子宫里一样
7	当被抱着靠在妈妈或其他大人的肩膀上的时候会猛地抬起头

问 宝宝出生10多天了，睡觉的时候，呼吸听起来粗重，好像很急促的样子，请问一下这是怎么回事？

答 首先要看看宝宝的枕头或者嗓子是不是不舒服，还有可能是肺炎。若宝宝除了呼吸粗（有呼噜声），吃奶的过程中还会有呼吸不畅、吐奶的现象，还经常吐泡泡……妈妈要仔细观察，情况比较严重的，那就要带宝宝去看医生了。

问 宝宝不到40天，晚上连续睡8～9个小时，半夜会撒尿，但不醒，也不用喂奶，这种情况正常吗？

答 每个宝宝的情况不同，不用担心。爸爸妈妈要注意宝宝白天吃奶是否正常，是否2～3个小时喝1次奶，大便是否正常，1天最少1次，如果没有，那就要带宝宝去医院看一下了。

智能档案

语言能力

新生儿可以发出某种的声音。3周以后，他开始发出新生儿"词汇"，4周以后，新生儿能够了解到谈话中的交替，并且知道如何回应你的对话，所以要尽早与新生儿交流。

社交能力

新生儿天生健谈，比如第一天听到你的声音时，他变得安静和警惕，身体停止活动，全神贯注地倾听。第三天他对你的交谈有了回应，他凝视的目光更加认真。第五天他可以饶有兴致地注视你的嘴唇或手指的活动。如果你能和宝宝的脸保持在20～25厘米的距离，并很生动地和他说话，宝宝就能够用嘴巴和舌头的活动来"回答"。如果看到你朝他微笑，也会报以微笑的。第十四天他能够从一群人里分辨出你的声音，第十八天他能把头转向发出声音的方向，第二十八天他正在学习如何表达和控制情绪，并且能够根据你的声音调整自己的行为。

味觉和嗅觉

味觉神经发育较完善，因此各种味道都能引起他的反应，如吃到甜味，可引起新生儿的吸吮动作；对于苦、咸、酸等味，则可引起不快的感觉，甚至停止吸吮；对母乳的香气感受灵敏，并显示出喜爱。

视觉

新生儿的视觉发育较弱，视物不清楚，但对光是有反应的，眼球的转动无目的。半个月以后，宝宝对距离50厘米的光亮可以看到，眼球会追随转动。

听觉

由于刚出生的新生儿耳鼓内充满液状物质，妨碍声音的传导。慢慢地，耳内液体逐渐被吸收，听觉也会逐渐增强。新生儿醒着时，近旁10～15厘米处发出响声，可使其四肢躯体活动突然停止，似在注意聆听声音。

新生儿气质

新生儿时期还谈不上有稳定的性格，但新生儿降生以后，就表现出一些行为上的差异。有的宝宝生来好动，有的活泼，有的安静，有的急躁，这些个别差异也就是与生俱来的气质差异。可以把婴儿归纳为三种主要的气质类型。

容易护理的婴儿

他们的行为比较有规律性，容易感到舒适，有安全感，容易适应，一般会对新的刺激产生积极的反应。

慢慢活跃起来的婴儿

他们很少表现强烈的情绪，无论是积极的还是消极的。他们总是缓慢地适应新环境，开始时有点"害羞"和冷淡，但一旦活跃起来，就会适应得很好。

不易护理的婴儿

他们的吃、睡等活动都不规律，属于情绪型的，对新事物往往有强烈的反应，安全感较差。

小贴士

Xiao tie shi

家庭是人生的第一环境，父母是宝宝天然的老师。亲情的纽带，使家庭教育具有学校教育、社会教育无法代替的地位和作用。根据宝宝的个体差异进行良好的家庭教育，可以引导宝宝形成正确的人生观、道德观，帮助宝宝走向成功；反之，可能使宝宝滑向反面。因此，父母应该学会发现并重视宝宝的个体差异，当好宝宝的首任老师。

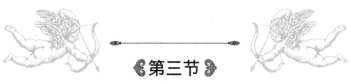

新生儿的生理特点

DISANJIE

新生儿在生理方面，有很多特点与成年人不同，作为新手爸妈，了解这些特点是很有必要的，因为只有了解了宝宝的生理特点才能照顾好宝宝。

呼吸特点

新生儿以腹式呼吸为主。每分钟可达40～45次。新生儿的呼吸浅表且不规律，有时会有片刻暂停，这是正常现象，不用担心。

睡眠特点

一天之内宝宝90%的时间都处于睡眠状态，所以他醒着的时间总共才2～3小时，新生儿不断地进行着睡眠到觉醒的循环更替，这个循环以每30～60分钟为一次。此周期包括六个状态：深睡、浅睡、瞌睡、安静觉醒、活动觉醒及啼哭。

刚出生的新生儿自己无能力控制和调整睡眠的姿势，他们的睡眠姿势是由别人来决定的。新生儿初生时保持着胎内的姿势，四肢仍屈曲，为使在产道咽进的羊水和黏液流出，生后24小时内，可采取头低右侧卧位，在颈下垫块小手巾，并定时改换另一侧卧位，否则由于新生儿的头颅骨骨缝没有完全闭合，长期睡向一边，头颅可能变形。如果新生儿吃完奶经常吐奶，刚喂完奶后，要取右侧卧位，以减少吐奶。

早期新生儿睡眠时间大多不分昼夜，而后期如果妈妈有意在后半夜推迟喂奶，一次睡眠时间可延长到五六个小时。但新生儿糖源储备少，延长喂奶间隔，容易导致低血糖，所以新生儿期，喂奶间隔最好不要超过4小时。

泌尿特点

新生儿一般在生后12小时开始排胎便，胎便呈深、黑绿色或黑色黏稠糊状，这是胎儿在母体子宫内吞入羊水中胎毛、胎脂、肠道分泌物而形成的大便。3～4天胎便可排尽，吃奶之后，大便逐渐呈黄色。吃配方奶的宝宝每天1～2次大便，吃母奶的宝宝大便次数稍多些，每天4～5次。若新生儿出生后24小时尚未见排胎便，应立即请医生检查，看是否存在肛门等器官畸形。平常在新生儿大便后应用清水清洗，并拭干。

新生儿第一天的尿量为10～30毫升。在生后36小时之内排尿都属正常。随着哺乳摄入水分，新生儿的尿量逐渐增加，每天可达10次以上，日总量可达100～300毫升，满月前后日总量可达250～450毫升。

新生儿尿的次数多，这是正常现象，不要因为新生儿老尿，就减少给水量。尤其是夏季，如果喂水少，室温又高，新生儿会出现脱水热。纸尿裤了应及时更换，会阴部要勤洗。并且要注意，每天早上，新生儿醒来，就可能排大便。

体温特点

新生儿不能妥善地调节体温，因为他们的体温中枢尚未成熟，皮下脂肪薄，体表面积相对较大而易于散热，体温会很容易随外界环境温度的变化而变化，所以针对新生儿，一定要定期测体温。每隔2～6小时测一次，做好记录（每日正常体温应波动在36℃～37℃），出生后常有过渡性体温下降，经8～12小时渐趋正常。

室内温度应保持在24℃～26℃，新生儿保温可采用热水袋或用装热水的密封瓶，将其放在两被之间，以婴儿手足暖和为适宜。

血液循环

新生儿出生后随着胎盘循环的停止，改变了胎儿右心压力高于左心的特点和血液流行。卵圆孔和动脉导管从功能上的关闭逐渐发展到解剖学上的完全闭合，需要2～3个月的时间。新生儿出生后的最初几天，偶尔可以听到心脏杂音。新生儿心率较快，每分钟可达120～140次，且易受摄食、啼哭等因素的影响。

体态特点

新生儿神经系统发育尚不完善，对外界刺激的反应是泛化的，缺乏定位性。妈妈会发现，新生儿的身体某个部位受到刺激时，全身都会做出动作。清醒状态下，新生儿总是双拳紧握，四肢屈曲，显出警觉的样子；受到声响刺激，四肢会突然由屈变直，出现抖动。妈妈会认为新生儿受了惊吓，其实这是新生儿对刺激的泛化反应，不必紧张。

新生儿颈、肩、胸、背部肌肉尚不发达，不能支撑脊柱和头部，所以新手爸爸妈妈不能竖着抱新生儿，必须用手把新生儿的头、背、臀部几点固定好，否则会造成脊柱损伤。这也是减少新生儿溢乳的有效方法。

名称	特点
头部	新生儿头部一般都相对较大，由于受产道挤压可能会有些变形，看着不是很顺眼。他的头部一般呈椭圆形，像肿起来一样。这是由于胎儿在产道里受到压迫引起的。头胎胎儿或年龄大的妈妈所生的胎儿，头部呈现椭圆形更为明显。由于以后他能自然地长好，所以不必特别担心
身体和四肢	正常新生儿的体重一般在2.5～4千克，身长在46～52厘米，头围34厘米，胸围比头围略小1～2厘米

名称	特点
囟门	一般在这个时期新生儿以不睡枕头为好。抚摸新生儿头顶时，会发现头顶上有一块没有骨头软乎乎的地方，这就是新生儿的囟门。囟门是头骨在通过产道时为了能变形而留下的空隙。这是因人而异的。头顶囟门呈菱形，大小约2平方厘米，可以看到皮下软组织明显的跳动，是头骨尚未完全封闭形成的，要防止宝宝的囟门被碰到，可以用手轻轻地抚摸
眼睛	每个宝宝都是按照自己的节奏，睁开眼睛看世界的，有的宝宝雄心勃勃，非常急迫。有的宝宝则需要一些时间来适应。很多妈妈都注意到，宝宝刚来到这个世界的时候，通常都会只睁开一只眼睛"扫视"周围，你千万别感到奇怪，这是宝宝最独特的方式。有些新生儿的一只或两只眼睛的眼白部位会有血点，面部会有些肿胀，做妈妈的也不要着急，这些很可能是分娩时由产道挤压造成的，几天后就会慢慢消退。一般来说，剖宫产的宝宝就不会出现这些现象
小脸	新生儿的小脸看上去有些肿，眼皮厚厚的，鼻梁扁扁的，每个宝宝都好像是一样的。出生当天的新生儿眼睑发肿的较多，且有眼眵。这是助产士为了预防风眼（淋菌性结膜炎），使用了硝酸银药水点眼而引起的

新生儿的发育规律

DISIJIE

　　新生儿的生长发育与许多因素有关，只要宝宝的各项指标在正常的范围内，宝宝就是健康的，爸爸妈妈不必为了一点小小的差异而着急，更不用给宝宝做一些没必要的检查。

身体发育规律

体重发育规律

　　新生儿体重的发育，不是孤立的，与许多因素有关。新生儿出生1个月内，一般来说体重增加1千克是正常的，这与婴儿出生时的体重密切相关。出生体重越大，满月后体重相对越大；出生体重越小，满月后体重相对越小。婴儿体重标准值的计算公式是：出生体重（千克）+月龄×70%。但这仅是一个平均值，实际上出生体重较大的婴儿，满月时的体重，往往超过平均值很多。有的新生儿，出生后的前几天里，体重不但没有增加，反而减轻了。

　　新生儿体重，平均每天可增加30～40克，平均每周可增加200～300克。这种按正态分布计算出来的平均值，代表的是新生儿整体普遍情况，每个个体只要在正态数值范围内，或接近这个范围，就都应算是正常的。体重指标是这样，其他指标也是这样，新手爸爸妈妈千万不要为这些微小的差异而着急。

小贴士

Xiao tie shi

　　新生儿在出生后2～4天会出现生理性体重下降的现象，一般下降不超过300克。随着吃奶量的增加，其体重从第四或第五天开始回升，10天内即可恢复到出生时的体重。

身高发育规律

新生儿出生时的平均身高是50厘米，个体差异的平均值在0.3～0.5厘米，男、女新生儿平均有0.5厘米的差异。

新生儿满月前后，身高增加3～5厘米为正常。新生儿出生时的身高与遗传关系不大，但进入婴幼儿期，身高增长的个体差异性就表现出来了。

遗传、营养、环境、疾病、运动等因素都与身高有着密切的关系。实际上，现在的宝宝由于生活、医疗、保健水平的提高，身高确实在不断提高，但个体差异性还是明显存在的。

头部发育规律

头围发育规律

新生儿头围的平均值是34厘米，头围的增长速度，在出生后头半年比较快，但总的变量还是比较小的。从新生儿到成人，头围也就是从十几厘米到二十厘米。

满月前后，宝宝的头围比刚出生时增长两三厘米。如果测量方法不对，数值不准确，误以为宝宝头围过大或过小，会给新手爸爸妈妈带来不小的麻烦。

头围增长是否正常，反映着大脑发育是否正常。小脑畸形、脑积水都会影响宝宝的智力发育。所以尽管头围增长速度不快，变化不大，也要认真对待，最好请有专业知识的医护人员来测量。

囟门发育规律

新手爸爸妈妈可能认为，宝宝的囟门是命门，不允许碰，碰了囟门就会使宝宝变哑。上述说法是没有科学根据的，新生儿前囟门的斜径平均是2.5厘米，也有个体差异。但宝宝前囟门如果小于1厘米，或大于3厘米，就应引起重视，因为前囟门过小常见于小头畸形，前囟门过大常见于脑积水、佝偻病、呆小病。

家长把头围、囟门视为脑部发育的象征，非常重视，这固然是件好事，但面对体检数值，往往会因为一点点的差异引起焦急，是完全没有必要的。本来宝宝并没有什么病，却因为一次测量结果而担心，为宝宝做没有必要的检查和治疗，这就过度了。

新生儿的特有现象

DIWUJIE

新生儿出生后，其生活环境发生了从子宫内到外部的改变。其生长的过程中会有很多特有的现象，作为宝宝的爸爸妈妈一定要多多了解这些现象，才能照顾好宝宝。

胎记

新生儿出生后，随着胎盘循环的停止，改变了胎儿右心压力高于左心的特点和血液流行。卵圆孔和动脉导管从功能上的关闭逐渐发展到解剖学上的完全闭合，需要2～3个月的时间。新生儿出生后的最初几天，偶尔可以听到心脏杂音。新生儿心率较快，每分钟可达120～140次，且易受摄食、啼哭等因素的影响。

常见的胎记	特点
粉红色斑	粉红色斑是粉红色的斑点，颜色淡，压迫会使之变白，而且会迅速消退。常见于浅肤色新生儿的眼睑和胸枕骨部位，一般会在1岁左右消失
草莓斑	草莓斑又称血管痣，是一种突出于皮肤表面、界限清楚、鲜红或暗红色的肿胀物。于出生时或头2个月可见，经过一段时间的成长后，痣的大小会固定下来（约8个月时），大多在10岁以前消失，不消失者需给予冷冻及同位素敷贴治疗
永久性红斑	如葡萄酒痣，又称为焰火痣，是一种红紫色的斑点，通常于出生时可以观察到。此种斑点是平坦的，不会随压迫而变白，也不会自然消失。葡萄酒痣一般沿着三叉神经分布，可能与视网膜或颅内疾病有关
蒙古斑	蒙古斑出现于臀部、腰部或背部的一些界限分明的色素沉着区域，通常是蓝色带状，此胎记没有什么特殊意义，通常在1～5岁时消失

溢乳

什么是新生儿溢乳

溢乳即漾奶，是一种常见的现象，就好像宝宝吃多了，有时顺着嘴角往外流奶，或有时一打嗝就吐奶，这些都属生理性的反映，这与新生儿的消化系统尚未发育成熟及其解剖特点有关。正常成人的胃都是斜立着的，并且贲门肌肉与幽门肌肉一样发达。而新生儿的胃容积小，胃呈水平位，幽门肌肉发达，关闭紧；贲门肌肉不发达，关闭松。这样，当新生儿吃得过饱或吞咽的空气较多时就容易发生溢乳，它对新生儿的成长并无影响。

新生儿溢乳的处理方法

每次喂完奶后，竖抱起新生儿轻拍后背，即可把咽下的空气排出来，且睡觉时应尽量采取头稍高的右侧卧位，便会克服溢乳的发生。侧卧位可预防奶汁误吸入呼吸道并由此引起的窒息。为了防止宝宝头脸睡歪，应采取这次奶后右侧卧位，下次奶后左侧卧位。若发生呛奶，应立即采取头俯侧身位，并轻拍背，将吸入的奶汁拍出。

新生儿刚吃过奶后，不一会儿就差不多全吐出来了，这时有些家长可能怕新生儿挨饿，马上就再喂。遇到这样的情况应该怎么办？

遇到这种情况时，要根据新生儿当时的状况而定，有些新生儿吐奶后一切正常，也很活泼，则可以试喂，如新生儿愿吃，那就让新生儿吃好；而有些新生儿在吐奶后胃部不舒服，如马上再喂奶，新生儿可能不愿吃，这时最好不要勉强，应让新生儿胃部充分休息一下。一般情况下，吐出的奶远远少于吃进的奶，家长不必担心，只要新生儿生长发育不受影响，偶尔吐一次奶也无关紧要。若每次吃奶后必吐，那么就要做进一步检查，以确定宝宝是否患有疾病。

小贴士
Xiao tie shi

新生儿如果发生溢乳，除了上述的表现外，还要注意仔细观察宝宝是否有精神不振，有无痛苦的表现，如果有，则需要及时去医院，求助于医生诊治。

生理性黄疸与病理性黄疸

正常的生理性新生儿黄疸一般在出生后的3~5天出现，到10天左右就基本消退，最晚不会超过3周。大部分的新生儿黄疸都会在第二周消退。假如在第二周，父母依然发现宝宝出现比较明显的黄疸，这个时候就需要多留心，及时区分生理性黄疸与病理性黄疸对宝宝治疗大有帮助。

新生儿黄疸的区别	
生理性黄疸	黄疸色不深，妈妈会发现宝宝的食欲依然很好，精神也不错，没有过多的吵闹现象。在7~10天的时候就会自然消退
病理性黄疸	黄疸出现早，可在出生后24小时内出现，且程度重，发展快。不仅面黄、白眼球黄，可能手心足心都出现黄疸，并伴有精神差、嗜睡、不吃奶，甚至有高热、惊厥、尖叫等

生理性黄疸与病理性黄疸的护理	
生理性黄疸	生理性黄疸通常是由于新生儿的肝脏功能不成熟而造成的。随着新生儿肝脏处理胆红素的能力加强，黄疸会自然消退，所以生理性的黄疸，家长一般不需要额外的护理，在宝宝黄疸期间可以适量多喂温开水或葡萄糖水利尿
病理性黄疸	严重的病理性黄疸可并发脑核性黄疸，通常称"核黄疸"，造成神经系统损害，导致儿童智力低下等严重后遗症，甚至死亡。父母需要仔细观察宝宝的黄疸变化，当出现特殊情况时，应及时送往医院，请求医生的帮助。病情严重者，如果延误治疗就会造成脑神经系统不可逆转的损害。针对此病，重在预防。对黄疸出现早的、胆红素高的应及时治疗，疑有溶血病的做好换血准备，防止核黄疸的发生

生理性体重降低

新生儿出生后的最初几天，睡眠时间长，吸吮力弱，吃奶时间和次数少，肺和皮肤蒸发大量水分，大小便排泄量也相对多，再加上妈妈乳汁分泌量少，所以新生儿在出生后的头几天，体重不增加，甚至下降，是正常的生理现象，俗称"塌水膘"，新手妈妈不必着急。在随后的日子里，新生儿体重会迅速增长。

鹅口疮

鹅口疮的症状表现为新生儿口中出现白颜色的东西，看起来有点像奶块，开始是一小片一小片，慢慢地融合成一大片。一般的奶块很容易擦掉，但是鹅口疮则不易擦掉。有的父母会用手强制抠掉，被剥落的部位会出血，没有多久，你会发现在原来的部位又出现了新的白片。

一般情况下，新生儿出现"鹅口疮"不痛、不影响吃奶，也不会出现其他症状；但是如果鹅口疮特别严重，整个口腔内都被覆盖住，这个时候新生儿可能会出现呕吐、吞咽困难、声音嘶哑或呼吸困难等症状。

鼻尖上的小丘疹

新生儿出生后，在鼻尖及两个鼻翼上可以见到针尖大小、密密麻麻的黄白色小结节，略高于皮肤表面，医学上称之为粟粒疹。这主要是由新生儿皮脂腺潴留引起的。几乎每个新生儿都可能出现，一般在出生后1周就会消退，这属于正常的生理现象，不需任何处理。

皮肤红斑

新生儿出生头几天，可能出现皮肤红斑。红斑的形状不一，大小不等，颜色鲜红，分布全身，以头面部和躯干为主。新生儿有不适感，但一般几天后即可消失，很少超过1周。有的新生儿出现红斑时，还伴有脱皮的现象。

问 **新生儿脱皮怎么办？**

答 在给新生儿洗澡或换衣服的时候，常会发现有薄而软的白色小片皮屑脱落，特别多见于手指及脚趾部位，这是正常现象。新生儿皮肤最外面的一层叫表皮的角化层，由于发育不完善，因此很薄很容易脱落。家长只要注意对新生儿皮肤的清洁护理，避免外来的感染和损伤就可以了。

假月经和白带

有些女婴的家长可能会发现，刚出生的女婴就出现了阴道流血，有时还有白色分泌物自阴道口流出。这是怎么回事呢？这是由于胎儿在母体内受到雌激素的影响，使新生儿的阴道上皮增生，阴道分泌物增多，甚至使子宫内膜增生。胎儿娩出后，雌激素水平下降，子宫内膜脱落，阴道就会流出少量血性分泌物和白色分泌物，一般发生在宝宝出生后3～7天，持续1周左右。无论是假月经还是白带，都属于正常的生理现象。家长不必惊慌失措，也不须任何治疗。

先锋头

在分娩过程中随着阵阵宫缩，胎儿头部受到产道的挤压，颅骨发生顺应性变形而被挤长。同时，头皮也由于挤压而发生先露部分头皮水肿，用手指压上去呈可凹陷性鼓包，临床称产瘤。一般宝宝出生后1～2天自然消退。对新生儿健康无影响，不须要处理。

头颅血肿

有时可以看到部分新生儿的一侧头部或头顶有一个鼓包，其大小从枣子到苹果大小不等。摸上去有波动感，宝宝不痛，鼓包不跨过骨缝。这是由于在娩出产道过程中，颅骨骨膜下血管破裂出血之故。淤血一般在40天左右钙化，形成硬壳，3～4个月才能渐渐被吸收。但须注意的是：头颅血肿存在期间，要注意头部清洁，洗头洗澡时，勿用手揉搓，更不能用空针穿刺抽血，以免引起细菌侵袭，形成脓肿。

四肢屈曲

新生儿的四肢屈曲：细心的家长都会发现自己的宝宝从一出生到满月，总是四肢屈曲，有的家长害怕，宝宝日后会是"O"型腿，干脆将宝宝的四肢捆绑起来。其实，这种做法是不对的，正常新生儿的姿势都是呈英文字母"W"和"M"状，即双上肢屈曲呈"W"状，双下肢屈曲呈"M"状，这是健康新生儿肌张力正常的表现。随着月龄的增长，四肢逐渐伸展。而罗圈腿即"O"型腿，是由于佝偻病所致的骨骼变形引起的，与新生儿四肢屈曲毫无关系。

出汗

新生儿手心、脚心极易出汗，睡觉时头部也微微出汗。因为新生儿中枢神经系统发育尚未完善，体温调节功能差，易受外界环境的影响。当周围环境温度较高时，婴儿会通过皮肤蒸发水分和出汗来散热。所以，妈妈要注意居室的温度和空气的流通，要给宝宝补充足够的水分。

挣劲

新手妈妈常常问医生，宝宝总是挣劲，尤其是快睡醒时，有时憋得满脸通红，是不是宝宝哪里不舒服呀？宝宝没有不舒服，相反，他很舒服。新生儿憋红脸，那是在伸懒腰，是活动筋骨的一种运动，妈妈不要大惊小怪。把宝宝紧紧抱住，不让宝宝挣劲，或带着宝宝到医院，都是没有必要的。

枕秃

新生儿枕秃，并不是新生儿缺钙的特有体征，枕头较硬、缺铁性贫血、其他营养不良性疾病，都可导致枕秃。

打嗝

当新生儿吃得急或吃得不舒服时，就会持续地打嗝。有效的解决办法是，妈妈用中指弹击宝宝足底，令其啼哭数声，哭声停止后，打嗝也就停止了。如果没有停止，可以重复上述方法。

弹击足底抑制打嗝的办法，在操作中常常失败，原因往往是妈妈心疼宝宝，不舍得用力，宝宝哭的程度和时间都不够。宝宝哭上几声，比宝宝持续打嗝要好受得多。新生儿的哭，有利于锻炼身体，想想看，如果助产士不拍打新生儿的足底，不刺激新生儿大声地哭，新生儿的肺脏就不可能完全张开，就不会有充分的气体交换，就可能出现湿肺的病变。所以说，当宝宝打嗝时，弹击宝宝足底，使小家伙放声大哭，不仅抑制了打嗝，还锻炼了身体，有百利而无一害，妈妈放心去做吧。

肠绞痛

虽然名为"肠绞痛"，实际上并没有什么特别的问题存在。严格来说，它并不是一个疾病的名字，而是一种"症候群"，它是由许多因素不协调所引起，常发生在3个月龄以内的新生儿身上，不过约有10％的小新生儿发病期会延长至4～5个月龄以上。新生儿长大之后，随着神经生理发育的逐渐成熟，肠绞痛的情形自然就会逐渐改善。

症状

肠绞痛常见的症状是突发性尖叫，有时会呈现声嘶力竭的大哭，甚至哭到脸红脖子粗。有些新生儿还会有头部摇晃、全身拱直、呼吸略显急促的现象；同时腹部往往会有些鼓胀、两手会握拳、两脚则会伸直或弯曲，四肢末端则常会呈现冰冷状态。

上述这些表现可能持续数10分钟至数小时之久，无论如何摇、抱、哄，都不太有用，直到小孩精疲力竭方才罢休。有时在排便或放屁后会稍有改善。此病发生的原因仍然不明，可能与便秘、胀气、腹泻或牛奶过敏等有关。新生儿肚子太饿或太饱，也常会引起新生儿哭闹，此时，因为吸入更多的空气，更容易造成腹胀。有些奶粉过敏的小孩，不一定会拉肚子，但却以肠绞痛来表现。另外，心理因素如焦虑、紧张或愤怒时也会引起新生儿腹痛或呕吐，因此情绪不稳的新生儿较容易出现此症。此外，此症也和个人体质有关，一样是胀气或绞痛，有些体型小的新生儿反应就比较激烈。

缓解方法

当新生儿因肠绞痛发作而哭闹不安时，可将新生儿抱直，或让其俯卧在热水袋上，以缓解疼痛的症状。在肚子上涂抹薄荷等挥发物可促进肠子排气，或给予通便灌肠，有时也会有效。若是仍无法改善，或连续几个晚上都会发作，就必须找医生做详细检查。预防方面，可以改善喂奶技巧，每次喂奶后要注意轻拍排气，并给予新生儿稳定的情绪环境，这些都可以减少发作的频率。此外在诊断新生儿肠绞痛前，必须先排除肠胃道其他病态性的疾病，如胃食道逆流、幽门阻塞、先天性巨结肠症等。如果确定没有任何病理性因素存在，那么父母就需耐心地对待自己的宝宝，度过3个月的"阵痛期"。

新生儿的日常照顾

DILIUJIE

宝宝的日常照顾十分重要，如果照顾得好，宝宝就会健康的生长，如果照顾得不好，则会产生很多不利于宝宝生长的因素，所以，作为妈妈一定学会照顾宝宝的方法。

如何抱新生儿

宝宝都非常喜欢让爸爸妈妈抱着或者背着，这也是爸爸妈妈同宝宝建立深厚感情的重要方法。

抱新生儿的方式

不要摇晃宝宝

宝宝哭闹、睡觉前或醒来的时候，妈妈都会习惯性地抱着宝宝摇摇，以为这样是宝宝最想要的。但是，妈妈很难掌握摇晃的力度，如果力度过大，很可能给宝宝的头部、眼球等部位带来伤害，而且妈妈也会感到手臂酸疼。

端正抱宝宝的态度

妈妈在抱宝宝时，最好能建立起"经常抱，抱不长"的态度。也就是说，经常抱抱宝宝，每次抱3～5分钟即可，让宝宝感受到父母对他的关爱，使他有安全感。千万不要一抱就抱很久，甚至睡着了还抱在身上，这样会养成宝宝不抱就哭的不良习惯，也会给父母在今后的养育过程增添不少困扰。

时常观察宝宝

抱宝宝时，要经常留意他的手、脚以及背部姿势是否自然、舒适，避免宝宝的手、脚被折到，压到，背部脊柱向后弯曲等，这些会给宝宝造成伤害。

抱起与放下宝宝的方法

抱起宝宝

妈妈将右手插到宝宝的脖子下面，轻轻地托起宝宝的头。左手插到宝宝的屁股下面。右手先用力托起宝宝的头，然后左手也跟着用力，就把宝宝从床上抱起来了，宝宝的身体要靠近妈妈的身体。

放下宝宝

妈妈用整只手臂托住宝宝的背部、颈部、头部，将宝宝的身体落放床上后，妈妈才能先将下面的手从宝宝的身体底下抽出来。最后再将托着宝宝头部的手抽出来。

宝宝的体型不是一出生就形成的，刚出生的宝宝双手呈W形，双腿呈M形，后背弯曲的体型。妈妈在抱宝宝的时候要记得保持宝宝原有的体形。

照顾新生儿吃奶

母乳是小生命最适宜、最良好的天然食物。母乳喂食的宝宝长得结实、聪明又可爱，对妈妈产后康复也大有益处。

母乳喂食先开奶

加强宝宝的吮吸

产后泌乳除了是因为胎盘娩出而去除了抑制因子这一因素外，最关键的一点在于妈妈乳头受到宝宝吮吸动作的刺激。宝宝吮吸乳头后产生的感觉冲动传入下丘脑，再分别刺激垂体前、后叶，使泌乳素和催产素的合成和释放增加，共同作用于乳房，使乳汁大量分泌和喷射。泌乳素主要促使乳汁的分泌，催产素促使乳汁的喷射。由于宝宝频繁的吮吸，乳汁分泌也会不断增多，这样便满足了宝宝的需要。

避免服药

哺乳期内，哺乳妈妈一定不能乱服药。因为有些药物和食物会影响乳汁的分泌，如调节甲状腺功能的药物、山楂等。生病时，必须由医生决定究竟怎么治疗和服用哪些药物，而千万不能自己随意找点药吃。

补充营养

乳汁中的各种营养素都来源于妈妈的体内，如果妈妈长期处于营养不良的状态，自然会影响正常的乳汁分泌。所以要选择营养价值高的食物，如牛奶、鸡蛋、肉类、鱼类（以鲫鱼、乌鱼、鲇鱼为佳）、蔬菜、水果等。同时，多准备一些汤水，对乳汁的分泌也能起到催化作用。

保持哺乳妈妈良好的情绪

分娩后的妈妈，在生理因素及环境因素的作用下，情绪波动较大，常常会出现情绪低迷的状态，这会抑制母乳分泌。医学实验表明，哺乳妈妈在情绪低落的情况下，乳汁分泌会急剧减少。因此，一定要保持良好的情绪，愉快的心情。

按需哺乳

有的妈妈不了解母乳喂食的方法和新生儿的生理特点，常常较早地给新生儿定时哺乳，这种哺乳方法对新生儿和妈妈都不利。其实，新生儿应按需哺乳，宝宝想吃就喂，这样才能满足母婴的生理需求。刚刚出生的宝宝吮吸力弱，这是让他学习和锻炼吮吸能力的最佳时刻，不必拘泥于定时哺乳。因此，硬性规定哺乳时间和次数，不能满足宝宝的生理需求，必然会影响其生长发育。按需哺乳，勤哺乳，还能促进母乳的分泌旺盛，有利于宝宝吃饱喝足，可促进宝宝生长发育。

平时我们所说的3个小时一次，基本上是指宝宝可能会间隔3个小时就再向父母索食而已，而这并不代表妈妈就必须每隔3个小时就得哺乳一次。

适合哺乳的姿势

←1.妈妈将宝宝抱在怀里，手要托住宝宝的臀部。

←2.妈妈采取坐姿，把仰卧的宝宝轻轻夹在腋下哺乳。

←3.妈妈的一只手轻轻托住宝宝的头，另一只手捏住乳房，将乳头塞到宝宝的口中。

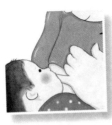
←4.妈妈要小心不要让乳房堵住宝宝的鼻子，可以用手将乳房与宝宝的鼻子隔开。

母乳不足怎么办

妈妈奶水不足先用配方奶粉代替

宝宝出生半个小时以后就可以进行哺乳，每次持续时间在半个小时左右。这个时候，如果没有充足的母乳，要先用配方奶粉代替。妈妈在生下宝宝后宜母婴同处一室，让宝宝不断地吮吸乳头，这样不仅能够培养母子感情，同时也是在帮助乳汁分泌。妈妈乳汁的分泌受到多种因素的影响，多食用一些汤汁类，比如鸡汤、鱼汤、排骨汤等，能够起到增进乳汁分泌的作用。与此同时，妈妈要保持良好的精神状态，稳定自己的情绪，保持心境的轻松愉快，切忌忧愁恼怒，还应该树立母乳喂食的信心，从而有效地避免因心情不佳而导致乳汁分泌过少甚至不分泌乳汁的后果。

如何判断母乳是否充足

判断依据	判断标准
哺乳情况	能够听到连续几次到十几次的吞咽声；两次喂哺间隔期内，宝宝安静而满足；宝宝平均每吸吮2～3次就可以听到下咽一大口的声音，如此连续约15分钟就可以说明宝宝吃饱了
排泄情况	宝宝大便软，呈金黄色糊状，每天排便2～4次，尿布24小时湿6次或6次以上
睡眠情况	如果吃奶后宝宝安静入眠，说明宝宝吃饱了。如果吃奶后还哭，或者咬着乳头不放，或者睡不到两小时就醒，则说明奶量不足
体重情况	新生儿每周平均增重150克左右，2～3个月的宝宝每周增长200克左右
神情状态	宝宝眼睛很亮，反应灵敏
乳房情况	从妈妈乳房的感觉看，喂哺前乳房比较丰满，喂哺后乳房较柔软且妈妈有下奶的感觉

不宜母乳喂养的情况

母乳喂养指的是妈妈用自己的奶水哺育宝宝的方式。研究表明，母乳喂养的宝宝比配方奶粉喂食的宝宝更健康。但是有一点必须要注意，那就是坚持母乳喂养的妈妈必须身体健康。

一旦出现下面的情况，妈妈就该考虑暂停母乳喂养了。

患有乳腺炎或严重乳头皲裂

一旦妈妈患上乳腺炎或者严重乳头皲裂，就该暂停母乳喂养，同时进行治疗，以免病情进一步加重。当然，这种情况可以将母乳挤出来喂给宝宝。

服用药物期间

一旦妈妈因为自身生病而不得不服用药物的时候，就应该立即停止母乳喂养，要一直等到病愈停止服药后再给宝宝喂奶。但是在此期间，妈妈要注意仍旧按照过去的哺乳习惯将奶挤出，每天挤3次以上，这样就不会因一段时间停止母乳喂养而使乳汁分泌减少。但是，挤出来的母乳是不能给宝宝喂食的，因为其中的药物成分仍旧会给宝宝带来不良影响。

患有消耗性疾病

有一些妈妈，可能自身患有心脏病、糖尿病、肾病，在这个时候，要听从医生的诊断决定是否进行母乳喂养。一般情况下，身患上述疾病但是已经正常分娩了的妈妈，也是能够进行母乳喂养的，但是一定要注意休息和补充营养，而且要依据自身的情况来调整母乳喂养的时间。

感染传染病

一旦妈妈感染上了传染病，就必须停止母乳喂养，预防将病菌传染给宝宝。比如肝炎、肺炎等。

进行放射性碘治疗

由于碘能蕴含在妈妈乳汁里，一旦宝宝摄入会影响他的甲状腺功能。所以，这种情况应该暂停母乳喂养。等治疗结束后，做个检验看看乳汁内放射性物质的水平，如果恢复正常才可以继续进行母乳喂养。

运动后

因为人在运动过程中会产生大量乳酸，一旦血液中含有乳酸就会使得乳汁味道发生变化，宝宝就会出现不喜欢吃奶的现象。

相应测试表明，一般中等强度的运动就会出现这样的情况。所以，正在进行母乳喂养的妈妈，只能进行一些较为温和的运动，并且运动后休息一会儿再哺乳。

接触到了农药或者有毒化学物质

因为有毒物质能够通过乳汁使得宝宝中毒，所以哺乳期间应该严格地避免接触有毒物质，同时远离有害的环境。一旦不幸接触上了，那么必须立刻停止母乳喂养。

选择优质配方奶粉

目前市场上的配方奶粉大都接近于母乳成分，只是在个别成分和数量上有所不同。挑选配方奶粉首先根据宝宝的年龄来进行选择。

看包装上的标签标志是否齐全

按国家标准规定，在外包装上必须标明厂名、厂址、生产日期、保质期、执行标准、商标、净含量、配料表、营养成分表及食用方法等项目。

营养成分表中标明的营养成分是否齐全，含量是否合理

一般要标明热量、蛋白质、脂肪、碳水化合物等基本营养成分，维生素类如维生素A、维生素D、维生素C、B族维生素，微量元素如钙、铁、锌、硒、磷等，还要标明添加的其他营养物质。

奶瓶的选择

种类

目前市场上有两大类奶瓶，玻璃奶瓶和塑料奶瓶，其中塑料奶瓶有PP、PES、PPSU三种，之前一直在市场上热销的PC奶瓶，因存在可能扰乱人体代谢过程，对宝宝发育、免疫力有影响的双酚A（也称BPA）而退出市场。

形状的选择

圆柱形：适合0～3个月的宝宝使用。这一时期，宝宝吃奶、喝水都是靠父母喂，圆形奶瓶内颈非常平滑，奶瓶里的奶液可以流动顺畅。

弧形、环形：4个月以上的宝宝小手喜欢抓东西，而且非常活跃，弧形的奶瓶像一只小哑铃拿起来非常顺手，环形奶瓶是一个长圆的"O"字形，这样的设计便于宝宝的小手抓握。

带柄奶瓶：1岁左右的宝宝就可以自己拿着奶瓶吃奶或者喝水了，但这个时候他往往拿不稳，像带柄的奶瓶就是专为这个时期宝宝准备的，两个可移动的把柄便于宝宝用小手抓握，手柄还可以根据姿势来调整，非常人性化。

选购对比

	玻璃奶瓶	PP	PES	PPSU
材料	玻璃	塑料	塑料	塑料
价格	适宜	适宜	昂贵	昂贵
安全性	安全	一般	安全	安全
耐高温度	600℃	120℃	180℃	180℃
易碎程度	易碎	不易碎	不易碎	不易碎
透明度	很好	较差	很好	很好
重量	重	轻	轻	轻
使用期限	1年	6个月	8个月	8个月
易清洗程度	容易	不易	不易	不易

奶嘴的选择

材质

奶嘴的材质有橡胶、硅胶、乳胶三种。橡胶奶嘴是最有弹性的，也是最接近乳头的材质。硅胶奶嘴没有橡胶的异味，更容易被宝宝接受，它不易老化、抗热、抗腐蚀性也比较强。乳胶奶嘴很软，宝宝吮吸的时候非常容易，但是不耐用，容易老化。

类型

可以分为标准奶嘴、宽口奶嘴和喂药奶嘴三种。

标准奶嘴

喂药奶嘴

宽口奶嘴

型号

奶瓶上奶嘴的小孔也有好多型号，它们主要是：

	圆孔小号	圆孔中号	圆孔大号	Y字形孔	十字形孔
适合的宝宝	新生儿和早产儿	2～3个月宝宝	适合哺乳时间太长，但量不足、体重轻的宝宝	已经添加辅食的宝宝使用	吸饮果汁、米粉或其他粗颗粒饮品
流量	较少	稍多	较多	奶量流出稳定	流量大

冲泡配方奶粉的方法

目前市场上的配方奶粉大都接近于母乳成分，只是在个别成分和数量上有所不同。挑选配方奶粉首先要根据宝宝的年龄来进行选择。

→1.将沸腾的开水冷却至40℃左右，然后将冷却的开水注入奶瓶中，但只需注入标准容量的一半即可。

→2.使用奶粉附带的量匙，盛满刮平。在加奶粉的过程中要数着加的匙数，以免忘记所加的量。

↓3.轻轻地摇晃加入奶粉的奶瓶，使奶粉溶解，该步骤是必须要做的。由于上下振动时容易产生气泡，需多加注意。

←4.用40℃左右的开水加到需要的容量。盖紧奶嘴后，再次轻轻地摇匀。

←5.用手腕的内侧感觉奶水的温度，稍感温热即可。如果过热可以用流水冲凉或者在凉水盆中放凉。

新生儿排尿的选择与排便的护理

良好的习惯和生活能力以及社会交往能力其实都是在婴幼儿时期奠定的。宝宝排便、排尿习惯培养的发展过程同样如此。

宝宝出生后24小时内第一次排尿

新生儿第一天的尿量很少，只有10～30毫升。在出生后36小时之内排尿都属正常。随着哺乳摄入水分，宝宝的尿量逐渐增加，每天可达10次以上，总量可达100～300毫升，满月前后可达250～450毫升。

排尿次数多是正常现象

宝宝排尿的次数多，这是正常现象，不要因为宝宝总排尿，就减少给水量。尤其是夏季，如果喂水少，室温又高，宝宝会出现脱水热。纸尿裤了便及时更换，会阴部要勤洗。并且要注意，每天早上，宝宝醒后，便给端大便；每次宝宝睡醒后，给端小便，在月子里养成端大小便的习惯。这样，以后就更容易护理。

异常的排尿情况

尿量减少

当父母发现宝宝的尿量呈现明显减少的时候，应该重视起来。月龄越小的宝宝尿的浓缩和重新吸收的功能就越不成熟。若单纯只是饮水不足导致的，父母可不必紧张，及时给宝宝补足水即可。如果之前宝宝有过呕吐或者腹泻的情况，那就该是水分随之大量排出体外造成的。这时候容易造成脱水或者电解质平衡紊乱情况，应及时去医院就诊。

排尿过频

如果发现宝宝出现频繁排尿的情况，应留意宝宝每次的排尿量。如果伴有尿量随之增加的情况，那往往是生理原因造成，不须担心。如果出现频繁排尿，尿量却不增加，那可能是病理性原因导致，应及时去医院就诊咨询。

尿液变白

一般来说寒冷的冬季容易出现尿液泛白，有时还有白色沉淀。这往往是因为尿中的尿酸盐增多造成的。白色的沉淀物就是尿酸盐结晶，如果加一些冰醋酸到尿里，就会发现沉淀很快溶解，尿液也回复清亮透明。

但是如果宝宝的尿不仅发白，同时还伴有尿液浑浊或者有特殊的腺臭气味，同时还有尿频、尿急，甚至排尿时会哭啼。那很有可能是宝宝的泌尿系统已经受到了感染，出现了脓尿，此时需及时去医院就诊。

尿液发黄

尿液颜色的深浅跟饮水量和汗液排出量都有密切的关系。如果宝宝饮水很多，出汗少，那么尿量就会偏多，而且尿液的颜色也是浅而透明的。如果宝宝饮水少，出汗多或者发热，那么尿量就会减少而且颜色也会变成深黄色，并且有较大气味。

如果宝宝除了尿液发黄以外，皮肤和白眼球等处也发黄，那有可能是新生儿黄疸所致，应去医院就诊。

尿液发红

正常新生儿的尿液是透明的淡黄色。可是个别宝宝排出的尿液呈现出浑浊的红褐色，甚至是血尿。父母们看到这种情况往往会惊慌失措。其实，这种情况大多是因为尿中的尿酸盐结晶所致，没有必要惊慌，不用什么特殊处理，三天左右自己就会痊愈了。

如果有些宝宝因为生病，吃了些B族维生素或者黄连素等药物，也有可能导致宝宝的尿液呈现出橘红色。

但是如果宝宝连续三天以上排出的都是血尿，那有可能是先天性的尿路畸形，这时必须去医院就医。

胎便应在24小时内排出

新生儿一般在生出后12小时开始排胎便，胎便呈深绿、黑绿色或黑色黏稠糊状，这是胎儿在母体子宫内吞入羊水中胎毛、胎脂、肠道分泌物而形成的大便。

3～4天胎便可排尽，吃奶之后，大便逐渐转成黄色。吃配方奶粉的宝宝每天排便1～2次，吃母乳的宝宝排便次数稍多些，每天4～5次。若宝宝出生后24小时尚未见排胎便，则应立即请医生检查，看是否存在肛门等器官畸形。平常在宝宝排便后应马上清洗阴部，并拭干。

大便的正常形状与次数

正常的大便

新生儿开始喝母乳后，会排出湿湿的黄色稀便。这种情况会持续一段时间。只要喝配方奶粉就排混着白色颗粒的黄色便，水分多，会渗入尿布。排出的清黄色便便，混着白粒，水分较多，呈稀便。

宝宝腹泻时很容易引起臀部溃烂，这时一定要注意宝宝臀部的清洁。排便后可以用湿的纱布擦净，或者用流水冲净，涂上痱子粉保持干燥。另外在清洗后最好稍微等一会儿，等臀部彻底干透后再给宝宝换上新的尿布，这样还可以预防尿布疹的发生。

不正常的大便

灰白色大便	宝宝的白眼球和皮肤呈黄色，有可能是胆道梗阻或是胆汁黏稠甚至可能感染上肝炎
黑色大便	胃或者肠道上部可能出血了，若是服用了治疗贫血的铁剂药物，也会出现这种现象
带有鲜红血丝大便	可能是大便干燥或者肛门周围皮肤皲裂导致
赤豆汤状大便	多见于早产儿患上出血性小肠炎后排便
淡黄色的糊状大便	外部油润，里面含有较多的奶瓣和脂肪小滴，整体漂于水面上。排便的次数和量都较多，可能是脂肪消化不良
黄褐色的稀水样大便	伴有奶瓣和刺鼻的臭鸡蛋味，可能是蛋白质消化不良
绿色黏液状大便	外观呈现绿色或黄绿色，含有胆汁的透明丝状黏液。或者宝宝有饥饿的表现，可能是奶量不足，饥饿或者腹泻导致
鼻涕状带血黏液大便	大多是痢疾

便后的清洁

新生儿中常见的红屁股往往是因为纸尿裤透气性不好或者没有及时彻底清洁导致。父母应该知道，每次宝宝排便后，一定要及时清洁，避免红臀出现。

便后清洁宝宝屁股的步骤

护臀步骤

清洗两次 → 擦干 → 扑粉或抹药膏 → 换新尿布 → 洗手

清洗步骤

1.先拿掉宝宝的旧尿布，垫在宝宝屁股底下，然后用柔软湿巾擦净宝宝的粪便。

2.使用第一盆温水，将残留下来的脏东西擦干净。

3.使用第二盆温水，淋洗宝宝的臀部。若是新生儿可以抱起来，用温水淋洗。

具体操作步骤

清洗完后用干毛巾擦干，稍候片刻。父母洗干净手等待下一步工作。

宝宝的臀部护理

没有发生红臀时：可扑少许爽身粉。父母先把粉倒在手心里，再扑在宝宝腹股沟、臀部等处，这样可以保护宝宝的皮肤。

已发生红臀时：可在局部涂护臀膏，如5%鞣酸软膏。在棉签上先挤上一点软膏，采取滚动式方式在新生宝宝红臀处涂抹，范围要超过红臀。注意经常保持宝宝臀部干燥。护理后应给宝宝更换干净的纸尿裤，再将脏尿裤拿走。

换纸尿裤的注意点

1	不要弄错纸尿裤的前后，有搭扣的是后边
2	不要用纸尿裤上缘覆盖宝宝肚脐，当脐部被遮挡时可以翻折下来
3	不能包得太紧，纸尿裤两侧留有1个手指的宽松
4	要拉出纸尿裤的荷叶边，以防大便漏出

小贴士

Xiao tie shi

1.每天晚上要用宝宝专用的便盆、毛巾、温水给宝宝清洗屁股，洗好后要清洗并消毒用具。

2.每次便后都要清洗便盆。

3.完成所有步骤后，操作者要用肥皂充分清洗自己的双手。

给女宝宝擦屁股的正确方法

1.女宝宝阴唇内侧容易积留大便，应先轻轻将其撑开，用柔软的湿巾擦拭干净。

2.一定要将柔湿巾由前向后擦，避免引起尿道炎或膀胱炎。

新生儿传统尿布的选择与更换

新生儿传统尿布应选用柔软、吸水性强、耐洗的棉织品，旧布更好，如旧棉布、床单、衣服都是很好的备选材料。也可用新棉布制作，经充分揉搓后再用，新生儿尿布的颜色以白、浅黄、浅粉为宜，忌用深色，尤其是蓝、青、紫色的。尿布不宜太厚或过长，以免长时间夹在腿间造成下肢变形，也容易引起感染。尿布在宝宝出生前就要准备好，使用前要清洗消毒，在阳光下晒干。

传统尿布的更换	
尿布的折叠	按照之前的痕迹进行折叠，通常是纵向对折一次后横向再对折一次，这样，尿布的上面就露在了外面
保留上面的腰带	内裤穿上后要在腹部中间处留出大约两根手指的间隙，并且将腰带留出来
尿布的使用	给宝宝换尿布时，要注意不能盖住宝宝的脐部。多余的部分男孩折叠到前面，女孩折叠到身后

小贴士

Xiao tie shi

一个宝宝一昼夜需20块尿布，平常要关注宝宝，及时给宝宝换尿布，如给宝宝喂奶前后都应检查纸尿裤了没有，妈妈用手指从宝宝大腿根部伸入摸摸就知道了。

尿布换下后，一定要及时清洗，先将尿布上的大便用水洗刷掉，再擦上中性肥皂，放置20～30分钟后，用开水烫泡，水冷却后稍加搓洗，大便黄迹就可很容易洗净，再用水洗净晒干备用；如尿布上无大便，只需要用水洗2～3遍即可。

新生儿纸尿裤的更换

步骤	更换方法
把褶皱展平	将新尿布展开，把褶皱展平，以备使用
彻底地擦拭屁股	打开脏污的尿布，用浸湿的纱布擦拭屁股，不能有大便残留
取下脏纸尿裤	慢慢地将脏纸尿裤卷起，小心不要弄脏衣服、被褥或宝宝的身体

更换新纸尿裤	一只手将宝宝的屁股抬起，另一只手将新的纸尿裤放到下面
穿好新纸尿裤	将纸尿裤向肚子上方牵拉，注意左右的间隙粘好
保留腰部的纸带	在腰部留出妈妈两指的间隙，将腰部的纸带粘好即可

小贴士

Xiao tie shi

为避免大肠杆菌通过尿道进入宝宝体内引起炎症，擦拭女孩屁股时一定要按照从前向后的顺序。男孩的阴囊和"小鸡鸡"包皮里面很容易残留脏东西，妈妈在清洗的时候要仔细。

给新生儿挑选合适的内衣

在给宝宝穿新内衣前，要仔细检查包装内外的各种丝线、针头、装饰扣、别针等是否已经全部取下。内衣领口内侧的标签也要除去。

宝宝内衣样式的选择

1岁以内宝宝服的搭配方法

正确的穿衣方法会给刚出生的宝宝细致的呵护，根据不同的季节挑选合适的内衣和外衣，会给新手父母带来极大的方便。

和尚服

新生儿到3个月宝宝的内衣，可以方便地和其他内衣搭配。

三角包臀衣

穿着贴身舒适，行动方便。适合3个月以上的宝宝穿着。

长款和尚服

新生儿到3个月左右宝宝的内衣，可以和短内衣搭配。

蝴蝶衣

下摆为两片的设计，下裆使用按钮连接，即使小脚活动也不会敞开。

1周岁到18个月

这个年龄的宝宝基本上都会走了，活动的范围扩大了，四肢有了更大的活动余地，这个时候妈妈就要选择肩部带扣子的套头衫或者全开襟的衣服。

2岁以上的宝宝

这个年龄段的宝宝穿衣就比较随意了，内衣的选择范围也比较广泛，以舒适轻便为主即可。

给新生儿穿衣裤的步骤

穿衣服的方法

←1.让宝宝仰卧在床上，如果是前开口的衣服，就把衣服展开，让宝宝躺在衣服上，妈妈一只手将宝宝的手送入衣袖，另一只手从袖口伸进衣袖，慢慢将宝宝的手从衣袖中拉出。同时妈妈的另一只手将衣袖向上拉。再用相同的方法穿对侧衣袖。

←2.如果是套头的衣服，妈妈就用两只手的拇指撑开领口，轻轻套在宝宝的头上。经过宝宝的前额和鼻子时，要用手把衣服伸平托起来。

←3.拉起宝宝的左胳膊伸进左边的袖口里，右边也重复相同的动作。然后整理好衣服。

←4.妈妈的手从裤管中伸入，拉住宝宝的脚，将裤子向上提，即可将裤子穿上。

小贴士

Xiao tie shi

如果选择给宝宝穿开裆裤，最好在周岁之前改穿封裆裤。在宝宝学习爬行的时候，穿开裆裤容易使细菌进入尿道口引起急性膀胱炎。尤其是女宝宝，更要引起注意。男宝宝穿开裆裤容易无意中玩弄生殖器，而养成手淫的习惯。冬季穿开裆裤宝宝的腹部也很容易受凉，发生腹痛和腹泻。

脱衣服的方法

←1.可以让宝宝躺在床上，如果宝宝穿的是套头的衣服，妈妈可以用拇指把衣服撑开，把手伸进衣服内撑着衣服，这样宝宝的脖子就可以穿过去，但是不能让衣服遮住宝宝的眼睛和鼻子。然后撑开衣服的袖口，将宝宝的手臂缓缓抽出。

←2.帮宝宝脱裤子很简单，只要将宝宝的两条腿轻轻拉出裤管就可以了。

新生儿护肤品选择

如今市场上销售的婴幼儿护肤用品可谓琳琅满目、五花八门。由于宝宝专用的护肤产品用料严格，工艺讲究，所以受到了很多父母的欢迎。婴幼儿期通常指出生四周后到六周岁这段年龄，在婴幼儿时期，皮肤娇嫩柔软。随着人体的生长发育，皮肤也不断地经历着变化。因此，根据婴幼儿的皮肤特点，应选择与其适应的护肤品，切勿使用成人的护肤品。

由于宝宝护肤品每次用量较少，一件产品往往要用相当长的时间才能用完，因此产品稳定性要好，购买时除注意保质期外，还应尽量购买小包装产品。避免购买和使用有着色剂、珠光剂的产品，同时宝宝护肤品应尽量少加或不加香精，因配制香精用的有些原料往往对皮肤有刺激。

新生儿护肤品的特点	
稀	宝宝的护肤品要比成人的护肤品稀一点。宝宝的产品与成人的不一样，不能用成人的眼光来衡量宝宝的产品
泡沫少	宝宝的护肤品虽然稀稀的，但是有一定的黏度，泡沫不是很高。泡沫越多越不好，因为泡沫全部是有刺激的
洗后滑	洗了之后，感觉还是滑滑的，好像没有洗，实际已经起到作用了，宝宝排水量大没有太多的污垢。总而言之，不能用大人的眼光来要求宝宝

新生儿皮肤特性	
皮脂	出生后不久的宝宝，总皮脂含量与成人的相当接近，大约出生后一个月，总的皮脂量开始逐渐减少；幼儿时期，由于激素受控，皮脂分泌量少，所以婴幼儿皮肤较为干燥，但到了青春期，性激素开始活跃，分泌皮脂的能力提高，皮肤干燥情况就会获得改善
含水量	皮肤最外层的角质层能保护皮肤不受外界物理和化学因素的影响。从皮肤护理的观点出发，角质层含水量变化是个很重要的因素。新生儿皮肤含水量为74.5%，婴幼儿为69.4%，成人水分最低为64%
pH值	皮肤pH值一般在4.2～5.5。新生儿出生两周内是接近中性的，胎盘的pH约为7.4。由此可知，新生儿的皮肤不能有效地抑制细菌繁殖，即抗感染能力较低
出汗	新生儿与成人的汗腺数是一样的，但在每单位面积上的汗腺数是不同的。如成人平均为120/平方厘米，而宝宝500/平方厘米。汗腺虽然在新生儿皮肤上生长，但此时它分泌汗的能力是很低的，大约要到二周岁后功能才会健全。由此可知，婴幼儿的皮肤性质与成人的皮肤性质是有所不同的。首先，婴幼儿的皮肤含水量高，pH值高；其次，单位面积上出汗多；还有，婴幼儿总皮脂量低，皮肤较干燥。因此，婴幼儿用的化妆品，除了对皮肤、眼睛没有毒性外，还应特别讲究其护理和安全性，婴幼儿用化妆品具有高保护性、高安全性，低刺激性等特点

每天给新生儿洗澡

每天给新生儿洗澡是有益的，季节不同每天洗澡的次数也不同。夏天可以洗2～3次，冬天可在中午最暖和时洗一次。新生儿有个干净的身体，夜间会睡得安稳。由于新生儿的身体还不结实，所以在洗澡时要用手托住其头部和颈部。

新生儿沐浴的基本操作	
用温水洗脸	用温水清洗宝宝的脸，尤其注意耳朵后面、耳郭里面、脖子的褶皱处。这时先不要将宝宝的包被拿掉
擦洗头部	用纱布挤一点温水在宝宝头上，将沐浴液搓出泡沫来揉在纱布上洗头发
擦洗其他部位	一只手将包被拿掉，另一只手托住宝宝的脖子，脱下尿布，用纱布盖住肚脐，这阶段的宝宝脐部容易感染，应避免弄湿。把他的双手双脚拉开，擦洗腹股沟、膝盖、肘腕处
擦洗背部	用空出的一只手放在宝宝头部的后方，支在两耳之后，缓慢将宝宝的重心转移到这只手上，将宝宝轻轻翻过来。擦洗宝宝屁股上方褶皱处和尿布覆盖的部位

清洗生殖器官	将宝宝的双腿往外掰，如果是女婴，擦拭屁股时一定要按照从前向后的顺序，小阴唇和阴道间的蛋白样分泌物不必擦洗。为男婴清洗时绝不要把男婴的包皮往上推以清洗里面，这样易撕伤或损伤包皮
尽快换上衣服	宝宝沐浴结束以后，要马上用预备好的毛巾擦拭干净。不要忘记脖子下及腋下等。尽快给宝宝穿上准备好的内衣，以免着凉

小贴士
Xiao tie shi

1.擦干水时，要用毛巾拍吸，不要用力的擦干，以免刺激宝宝娇嫩的肌肤。2.不必每次洗澡的时候都清洗眼睛，在需要清洗的时候再清洗。3.清洗宝宝耳郭时，用棉签比较方便。4.洗澡时间安排在喂奶前1～2小时，以免吐奶。每次不超过10分钟。5.新生儿皂的选择应以油性较大而碱性小、刺激性小的新生儿专用皂为好。

让新生儿睡个好觉

睡眠时间的长短与质量的好坏，直接影响到宝宝的身体发育和心智发展。良好的睡眠，可以促进宝宝的生理发育，增强宝宝的智力和体力。

宝宝睡眠环境有要求

每天在规定时间进行日光浴

重要的是让宝宝学着感知白天和黑夜的不同。总的说来，睡眠不规律是宝宝的普遍特征。但如果宝宝睡到早上室内还是保持较暗的光线，是不利于宝宝调整作息规律的。从还不能辨别黑夜白天的低月龄起，就让宝宝感受早上拉开窗帘的明亮和夜间关灯的黑暗。逐渐地建立起规律的作息时间。

睡前沐浴有利于睡眠

一般在睡前1小时洗澡。洗澡的时间不要拖得太晚，甚至到深夜。规定好每天洗澡的时间，大约在睡前的1个小时即可。由于洗澡后的体温升高不利于入眠，所以洗的时间不宜过长。水温在38℃～40℃即可。

白天睡眠不要太多

要在某种程度上规定白天的睡眠时间。虽然，宝宝在白天睡眠的时候也要尽量营造同夜间相似的舒适氛围，但却不需要营造同夜间一样的阴暗环境。正常的家务发出的声响也不用特别注意。要注意不能让宝宝在白天的睡眠时间太长，以免影响到夜间的睡眠。某种程度上说，就是要在规定好的时间唤醒宝宝。

夜间哭泣的时候，要及时给予抚慰

夜里哭泣的现象，在宝宝开始认人和缠人以后会越发严重。夜里睡眠变得很易醒，因为宝宝会担心妈妈不在身边而感到不安，这时候，妈妈要尽量地陪伴在他身边，让他感觉到踏实安稳。对于夜间哭闹的宝宝，妈妈可以轻轻地拍拍宝宝，他就可以继续睡觉了。

营造夜间安静的氛围

明亮和嘈杂的环境不利于宝宝的熟睡。每当到宝宝睡眠的时间，就要把灯关掉，使房间变暗，保持足够安静。另外，当宝宝睡觉的时候，给他换上睡衣，作为提醒宝宝接下来要睡觉的信号。

睡眠中的疾病信号

频繁翻身

大多数宝宝睡着后会在床上翻滚，这是因为宝宝睡不踏实，所以时常翻动身体，有些时候可能是被子太厚，宝宝不舒服而自我翻滚调整；也有些父母担心宝宝受冻，让宝宝穿着衣服睡觉，宝宝不舒服就会不断翻滚；还有些宝宝是睡前进食过多，睡觉后不好消化难受而翻滚。

抓耳摇头

如果宝宝在睡眠时总是哭闹，同时还出现摇头、抓耳朵，伴随有发热症状，这代表宝宝可能患上了外耳道炎、湿疹或中耳炎。此时应该马上检查宝宝的耳道是否有红肿现象，皮肤是否有红点出现，如果有的话，那必须赶紧送往医院诊治。

大汗

宝宝在刚入睡或者即将醒来的时候满头大汗是属于正常的，但是如果不仅仅是大汗淋漓，还有其他不适的表现，父母就需要多加留意，注意照顾，必要的时候得去医院检查、治疗。如果宝宝伴有四方头、出牙晚、囟门关闭过迟等症状，就有可能患有佝偻病。

四肢抖动

一般来说，如果宝宝白天过于疲劳的话，晚上睡觉时就会出现四肢抖动的情况。但是需要留意的是，当宝宝睡觉时听到较大响声出现抖动是正常的。相反的，若是没有任何反应，而且平时总爱睡觉，那么应该留心宝宝是否是耳部出现问题。

手指或脚趾抽动

宝宝睡醒后手指或者脚趾不断抽动而且伴随肿胀，这时要仔细检查宝宝的手指、脚趾，看看是否被头发或者其他的纤维丝状物缠住，或者是否有蚊虫叮咬的痕迹。总而言之，由于这个时候的宝宝往往不能准确表达自己的一些状况，所以父母除了安排好宝宝充足的睡眠以外，还应当在宝宝睡觉或者啼哭的时候多多观察异常情况，以免延误治疗。

咀嚼

如果宝宝在睡后不断地有咀嚼动作，极有可能是得了蛔虫病，或者是白天进食过多引起的消化不良。这个时候得去医院检查一下，如果排除了蛔虫病，就该注意调整宝宝的饮食了。

小贴士
Xiao tie shi

宝宝的骨骼可塑性很大，躺在软床上，会增加脊柱的生理性弯曲度，使脊柱两旁的韧带和关节负担过重，时间久了，不仅容易造成腰部疼痛，还容易形成驼背或侧凸畸形。太硬的床当然也不好，不利于宝宝全身肌肉的放松与休息，容易疲劳。

早产儿的照顾

早产儿月龄应该补足胎龄（40周）后再计算，称为校正胎龄。如果宝宝早产1个月，在评估宝宝生长发育时，应按照减一个月的标准进行评估。

早产儿生理特点

胎龄在28～37周之间的活产婴儿，称为早产儿。

项目	足月儿	早产儿
皮肤	肤色红润，皮下脂肪饱满，毳毛少	呈鲜红薄嫩，水肿发亮
头发	头发分条清楚	乱如绒线头
耳壳	软骨发育良好，耳壳成形、直挺	缺乏软骨，可折叠，耳壳不清楚
指甲	达到或超过指尖	未达指尖
乳腺	结节大于4毫米，平均7毫米	无结节或结节小于4毫米
跖纹	遍及整个足底	足底纹理少
外生殖器	男婴睾丸正降，阴囊皱裂形成；女婴大阴唇发育，可覆盖到小阴唇及阴蒂	男婴睾丸未降，阴囊少皱裂；女婴大阴唇不发育，不能覆盖小阴唇及阴蒂

早产儿的喂食方法

乳品种类	适用范围
母乳	对于体重大于2 000克、无营养不良高危因素的早产或低出生体重儿，母乳仍是出院后首先的选择
母乳+母乳强化剂	极（超）低出生体重儿，尤其出院前评价营养状况不满意者需要继续强化母乳喂食至胎龄40周，此后母乳强化剂的热卡密度应较住院期间略低，如半量强化，根据生长情况而定
早产儿配方奶粉	人工喂食的极（超）低出生体重儿需要喂至胎龄40周；如母乳喂食体重增长不满意可混合喂食
早产儿出院后配方奶粉	各种营养和能量介于早产儿配方奶粉和标准婴儿配方奶粉之间的一种早产儿过渡配方，适用于配方奶粉喂食的早产儿、低出生体重儿或作为母乳的补充
婴儿配方奶粉	适用于出生体重大于2 000克、无营养不良高危因素、出院后体重增长满意、配方奶粉喂食的早产儿低出生体重儿或作为母乳的补充

第二章

Di er zhang

饮食与营养

母乳喂养

DIYIJIE

对于新生儿来说，母乳是最理想的食物，与配方奶相比，母乳含有的营养素更多，所以新妈妈最好喂宝宝母乳。

坚持母乳喂养

对于刚出生的宝宝来说，最理想的营养来源莫过于母乳了。因为母乳的营养价值高，且其所含的各种营养素的比例搭配适宜。母乳中还含有多种特殊的营养成分，如乳铁蛋白、牛磺酸、钙、磷等，母乳中所含的这些物质及比例对宝宝的生长发育以及增强抵抗力等都有益。此外，母乳近乎无菌，而且卫生、方便、经济，所以对宝宝来说，母乳是最好的食物，它的营养价值远远高于任何其他代乳品。

母乳的主要营养成分	
蛋白质	大部分是易于消化的乳清蛋白，以及抵抗感染的免疫球蛋白和溶菌素
脂肪	含有不饱和脂肪酸。由于母乳中的脂肪球较小，易于宝宝吸收
糖	主要是乳糖，有利于钙、铁、锌等营养素的吸收，还能增强宝宝消化道抗感染能力
牛磺酸	母乳中含量适中，牛磺酸和胆汁酸结合，可促进宝宝消化
钙、磷	虽然含量不多，但比例适宜，易吸收

母乳与配方奶的对比

等量的母乳和配方奶，两者热量和营养成分相差无几，但进入宝宝体内，两者并不相同。

母乳中的蛋白质比配方奶中的蛋白质易于消化（宝宝3个月后才能很好地利用配方奶中的蛋白质），母乳中的铁60%可被吸收，而配方奶中的铁的吸收率不到50%。此外，母乳方便、安全，经济，尤其母乳中不但不含细菌，而且还含有从母体中带来的免疫抗体。

母乳的几个阶段

初乳

量少，每次喂哺量仅15～45毫升，每天250～500毫升。质略稠而带黄色，含脂肪较少而蛋白质较多（主要为免疫球蛋白），维生素A、牛磺酸和矿物质的含量颇丰富，并含有更多的抗体和白细胞。初乳中还含有生长因子，可以刺激小儿未成熟肠道的发育，为肠道消化吸收成熟乳作了准备，并能防止过敏物质的吸收。初乳虽然量少，但对正常宝宝来说已经足够了。

过渡乳

总量有所增多，含脂肪最高，蛋白质与矿物质逐渐减少。

成熟乳

蛋白质含量更低，每日泌乳总量多达700～1 000毫升。由于成熟乳看上去比配方奶稀，有些妈妈便认为自己的奶太稀薄。其实，这种水样的奶是正常的。

晚乳

总量和营养成分都较少。

前奶

外观比较清淡的水样液体，内含丰富的蛋白质、乳糖、维生素、无机盐和水。

后奶

因为含有较多的脂肪，故外观较前奶白，脂肪使后奶能量充足，它提供的能量占乳汁总能量的50%以上。

不宜母乳喂养的情况

这些情况不宜母乳喂养	
乙型肝炎患者	乳母为乙型肝炎患者，HbsAg为阳性时，应暂缓母乳喂养。解决的方法是：在宝宝出生后2小时内，进行疫苗注射，宝宝产生抗体后，妈妈就可以进行母乳喂养了
乳房疾病患者	乳母患乳房疾病时，如乳腺炎等，应暂缓母乳喂养。解决的方法是：一定要在得到治疗后，再进行母乳喂养，在此期间可将乳汁挤出或用吸奶器吸出，经消毒后喂给宝宝
心脏病、肾脏患者	乳母患有严重的心脏病、肾脏疾病等，不宜进行母乳喂养。但若心功能、肾功能尚好，可以适当进行母乳喂养

禁止母乳喂养的情况

这些情况禁止母乳喂养	
白血病病原体携带者	乳母为白血病病原体携带者时，不要进行母乳喂养，以免淋巴细胞内的病毒随母乳进入宝宝体内
艾滋病患者	乳母为艾滋病患者，禁止母乳喂养
宝宝患有苯丙酮尿症	若宝宝患有苯丙酮尿症等特殊遗传代谢疾病，不宜进行母乳喂养

母乳喂养的正确方法

宝宝出生后多长时间开始喂奶

宝宝出生后，应尽早进行哺乳，这样可以促进妈妈乳汁分泌。初乳含有丰富的抗体，应该及时让宝宝吃上妈妈的初乳。一般情况下，若自然分娩的妈妈、宝宝一切正常，0.5~2小时就可以开奶。

哺乳次数、时间与喂奶量

出生后1~3天的宝宝，按需哺乳，每次喂10~15分钟（要遵循按需哺乳的原则，根据个体差异而定）。出生后4~14天的宝宝，每2~3小时喂奶一次，每次喂15～20分钟，每次喂30～90毫升（要遵循按需哺乳的原则，根据个体差异而定）。

15～30天的宝宝，每隔3小时喂奶一次，每次15～20分钟。喂奶时间可安排在早上6、9、12时；下午3、6、9时及夜间12时、后半夜3时，每次喂奶70～100毫升（要遵循按需哺乳的原则，根据个体差异而定）。

定时喂奶还是按需喂奶

有的妈妈不了解母乳喂养的方法和新生儿的生理特点，常常较早地给新生儿定时喂奶，这种喂奶方法对新生儿和妈妈都不利。专家认为，新生儿应按需喂奶，宝宝想吃就喂，妈妈奶胀就喂，这样就能满足母婴的生理需求。刚刚出生的新生儿吸吮力强，这是让他学习和锻炼吸吮能力的最佳时刻，不必拘泥于定时喂奶，因此，硬性规定喂奶时间和次数，就不能满足其生理需求，必然会影响其生长发育。按需喂奶、勤喂奶，还能促进母乳分泌旺盛，有利于宝宝吃饱喝足，可促进宝宝生长发育。

母乳喂养的姿势

妈妈可以坐在床上或椅子上给宝宝喂奶。宝宝3个月之前不宜采用卧位哺乳的方式，以免妈妈睡着了，乳房堵住了宝宝的鼻子，造成窒息。

母乳喂养时不要只将乳头塞进宝宝嘴里，应该连乳头下面的乳晕部分也塞入宝宝嘴里，因为宝宝不是用舌头吸吮，而是用两颊吸吮，用上下唇挤压乳窦。

刚开始喂母乳时，应该让宝宝两侧乳房换着吃，没有受过刺激的乳头，如果宝宝连续吸15分钟，就很容易发生皲裂。

无论选择哪种姿势，请确定宝宝的腹部是正对自己的腹部，这有助于宝宝正确地吮吸。也不要只用双手抱着宝宝，应将宝宝搁在自己的大腿上，否则，哺乳后容易引起腰酸背痛，影响休息。

侧抱法

侧向抱着宝宝，用妈妈的手腕支撑着婴儿的颈部，颈部地来回扭动不利于婴儿的吸吮。侧抱便能让婴儿的嘴正好对着乳头。

直立抱法

让宝宝坐在妈妈的大腿上，妈妈的手支撑着宝宝的身体和颈部。适合乳头扁平或短小的妈妈。

白天母乳哺喂怎么进行

先用温水洗干净乳头，以免上面附带的细菌进入宝宝口中引起宝宝口腔或咽喉发炎。乳母在沙发或椅子上坐着，然后在哺乳乳房一侧的脚下搁一只小凳子架起这侧腿，将宝宝的头枕在妈妈的胳膊弯上，胳膊弯舒适地放在架起的腿上。把这侧乳头连乳晕一起放入宝宝嘴中，要尽可能让宝宝嘴唇能裹着乳晕，这样可以促使泌乳。一侧吃空后，再以同样姿势把宝宝换到另一侧乳房、胳膊弯和腿上。

宝宝吃饱睡着后要及时抽出乳头，不要让他老含着乳头，因为那样不仅不利于宝宝口腔和妈妈乳头的卫生，还易引起宝宝依恋乳头的不良习惯，甚至会引起宝宝的呕吐或窒息。

夜间母乳喂养怎么进行

夜晚乳母的哺喂姿势一般是侧身对着稍侧身的宝宝，妈妈的手臂可以搂着宝宝，但这样做会较累，手臂易酸麻，所以也可只是侧身，手臂不搂宝宝进行哺喂。或者可以让宝宝仰躺着，妈妈用一侧手臂支撑自己俯在宝宝上部哺喂，但这样的姿势同样较累，而且如果妈妈不是很清醒时千万不要进行，以免在似睡非睡间压着宝宝，甚至导致宝宝窒息。

晚上哺喂不要让宝宝含着乳头睡觉，以免造成乳房压住宝宝鼻孔使其窒息的危险，也容易使宝宝养成过分依恋妈妈乳头的娇惯心理。另外，产后育儿，妈妈自己身体会极度疲劳，加上晚上要不时醒来料理宝宝而导致睡眠严重不足，很容易在迷迷糊糊中哺喂宝宝，所以要小心以防出现意外。

怎样教宝宝吮吸母乳

宝宝第一次吮吸妈妈乳头的小嘴含接姿势要正确，如果第一次就错误吮吸，往后要纠正困难较大。开始喂奶时用乳头触碰宝宝的嘴唇，此时宝宝会把嘴张开。让乳头尽可能深地放入宝宝口内，使宝宝身体靠近自己，并且使其腹部面向并接触你的腹部。宝宝的嘴唇和牙龈要包住乳晕（乳头周围的深色区域）。一定不要让宝宝只用嘴唇含住或吸吮乳头，这样可以避免乳母的不舒适。如果宝宝吃奶位置正确，嘴唇应该在外面，而不是内收到牙龈上。可以看到宝宝的下颚在来回动，并且听到轻微的吞咽声。宝宝的鼻子会接触乳房，但是可以呼吸到足够的空气。如果觉得疼痛，说明姿势错了。将宝宝从乳头上移开，再试一次。将手指轻轻放在宝宝的嘴角让宝宝停止吮吸乳房。

用奶瓶喂养的正确姿势

1.注意查看奶嘴是否堵塞或者流出的速度过慢。如果将奶瓶倒置时呈现"啪嗒啪嗒"的滴奶声就是正确的。

2.喂宝宝奶粉时最常用的姿势就是横着抱。和喂母乳时一样，也要边注视着宝宝，边叫着宝宝的名字喝奶。

3.母乳喂养时，宝宝要含住整个乳头才能吮吸到乳汁，在喂奶粉时也要让宝宝含住整个奶嘴。

4.避免造成宝宝打嗝，在喝奶时应该让奶瓶倾斜一定的角度，以防止空气大量进入。

母乳喂养的注意事项

如何判断母乳不足

与配方奶不同的是母乳的量是没法目测的，因此很多的妈妈常怕宝宝吃不饱，怕宝宝营养跟不上会影响宝宝的正常发育。在出生后的第一个月里，如果宝宝每天体重增加30克，那么就说明奶水足够宝宝所需了。

	判断方法
1	宝宝含着乳头30分钟以上不松口
2	明明已经哺乳20分钟，可间隔不到1小时又饿了
3	体重增加不明显

母乳过多的应对措施

要检查宝宝含乳头的方法是否正确，母乳过多很有可能是由于宝宝含乳头方法不当引起的。妈妈在漏奶和喷奶的时候，宝宝很难含住乳头，所以妈妈可以在喂奶前，用手挤出一些奶，让奶流得慢一些或者改变喂奶姿势，或者用剪刀式托乳房的姿势喂奶，可以使乳汁流速变缓，让宝宝能够很好地含住乳头。

试试用一侧乳房喂上2～4次如果宝宝乳头含得很好，但是母乳仍然过多，妈妈可以试试用一侧乳房喂上2～4次。在两个小时之内只用同一侧的乳房喂养宝宝，适当挤出一点另一侧乳房的奶缓解涨奶的不适。

母乳喂养的常见问题

喂奶后妈妈倒头就睡

新手妈妈经过分娩、产后护理婴儿的劳累，身心疲惫不堪。喂完奶后，很多新妈妈倒头就睡，其实这对宝宝来说比较危险。但新生儿胃入口贲门肌发育还不完善，很松弛，而胃的出口幽门很容易发生痉挛，加上食道短，喝下的奶，很容易反流出来，出现溢乳。当新生儿仰卧时，反流物呛入气管，极易造成窒息，甚至猝死。新手妈妈喂完奶倒头就睡，危险就在这里。

添加乳品以外的饮品

母乳喂养、混合喂养以及人工喂养的新生儿都不需要添加乳品以外的饮品。新生儿胃肠道消化功能尚没有发育完善，各种消化酶还没有成型，肠道对细菌、病毒的抵御功能很弱，对饮品中所含的一些成分缺乏处理能力。如果给新生儿喝其他饮品，可能会造成新生儿消化功能紊乱，引起腹泻等症。

用微波炉给宝宝热奶

如今微波炉已经成为常备的家用电器，大多数人以为它是完全无害的，很多新妈妈会用微波炉给宝宝热奶，其实它可能带来一些健康隐患。

虽然微波炉可以快速加热食物，但不推荐用它来加热宝宝奶瓶。宝宝奶瓶可能摸起来是凉的，但是其中的液体可能已经非常烫，会烫伤宝宝的口腔和喉咙。而且，在密闭容器中的液体膨胀可能会造成爆炸。

对于挤出的母乳来说，一些保护因子可能被破坏。在微波炉当中加热可能会造成配方奶成分的轻微改变。对于宝宝配方食品来说，这可能意味着某些维生素的损失。

晚上哺喂是件很辛苦的事，刚经历生产艰辛的妈妈会觉得精疲力竭，所以要想办法使晚上哺喂宝宝的时间间隔比白天延长一些，傍晚睡前，或者晚上喂宝宝时每次让宝宝吃饱些就可以延长间隔时间。开始宝宝会按照惯性醒来要吃，只要妈妈注意一步步延长间隔时间，晚上母乳喂养次数就可以逐渐减少。3个月后，如果宝宝夜间不醒，可以不必弄醒喂奶。4～6个月时逐渐减少喂夜奶的次数。

哺乳期妈妈应注意的要点

乳房胀痛

有些妈妈的乳汁很难被吸出。如果乳汁在乳房储存过量，就会造成乳房胀痛。最好的解决方式是让宝宝将乳汁都吮吸出来，但如果乳汁量大大超过宝宝所需，可以每次哺乳后挤出剩余乳汁。

乳塞引起乳腺炎

乳房的疏导管部分堵塞使乳汁不能顺利地流出，造成部分乳汁残留在乳房中，这就叫乳塞。乳塞容易引起炎症，甚至诱发乳腺炎。细菌通过裂伤的乳头进入乳房，引发炎症，也可能引发乳腺炎。

乳头咬伤

宝宝在吮吸乳头的时候，突然地用力会导致咬伤乳头，引发炎症。宝宝在出牙期，咬伤妈妈的情况就更容易发生。如果妈妈的疼痛达到不能忍受的程度时可以使用乳头保护器来哺乳。在哺乳之前，用冷冻过的纱布做冷湿布，将乳头围起来，可以缓解疼痛。

妈妈体力消耗大

母乳喂养，对妈妈来说的确是个很大的负担。由于夜间也需要哺乳，很容易造成睡眠不足。当爸爸的也要尽可能地辅助妈妈做些诸如给宝宝洗澡等事情，来分担妈妈的负担。而当宝宝白天睡觉的时候，妈妈最好也能稍稍地睡一小会儿，以补充睡眠。

母乳在日常饮食上应该注意的问题	
1	增加蛋白质的摄取，最好每餐有一半以上为动物性蛋白质的食物，如肉、鱼、奶、蛋等
2	逐渐地给宝宝增加水果、蔬菜及水分的摄取量
3	完全素食者应另增加维生素B_{12}的营养补充
4	不乱服成药及其他刺激性食物。食物会借由母乳传送，继而影响到宝宝的身体，所以哺乳期的妈妈最好避免食用刺激性的食物，像咖啡、茶、烟、酒及麻辣火锅等

防止宝宝吐奶的方法

把宝宝的脸部贴在妈妈的胸前

把宝宝的脸部贴在妈妈的胸前，然后轻轻地抚摸后背。由于妈妈的腹部挤压到宝宝的腹部，因此宝宝很容易就会打嗝。

坐在膝盖上

让宝宝坐在膝盖上，然后用一只手撑住宝宝头部和胸部，用另一只手轻轻地拍打后背。

将宝宝扛在肩膀上

抱住宝宝，然后扛在肩膀上，使宝宝的腹部贴到妈妈的肩膀上。由于宝宝的腹部受到肩膀的挤压，因此容易打嗝。

抚触，是给宝宝的第一份爱

通过对宝宝皮肤的刺激使身体产生更多的激素，促进对食物的消化、吸收和排泄，加快体重的增长。抚触可以活动宝宝全身，使肢体长得更健壮，身体更健康。抚触还能帮助宝宝睡眠，减少烦躁情绪。对宝宝的抚触力度一定要轻，以免伤害其幼嫩的血管和淋巴管。为宝宝做抚触时，按摩者的手要从宝宝的头抚摩到躯体，然后从躯体向外抚摩到四肢。这种抚触手法与一般的成人按摩正好相反。

全身抚触的顺序	
全身	全身运动就是给宝宝热身。抚触者坐在地板上伸直双腿，为了安全铺上毛巾，让宝宝脸朝上躺在你的腿上，头朝你双脚的方向。在胸前打开再合拢他的胳膊，这能使宝宝放松背部，肺部得到更好的呼吸。然后上下移动宝宝的双腿，模拟走路的样子，这个动作使宝宝大脑的两侧都能得到刺激
脸部	用你最柔软的两只手指，由中心向两侧抚摸宝宝的前额。然后顺着鼻梁向鼻尖滑行，从鼻尖滑向鼻子的两侧
胳膊和双手	用一只手轻握着宝宝的左手并将他的胳膊抬起，用另一只手按摩宝宝的左胳膊，从肩膀到手腕，然后轻轻摩擦宝宝的小手，将他的手掌和手指打开。另一侧做同样的动作。这可以增加宝宝的灵活性
胸膛和躯干	两手分别从胸部的外下侧向对侧肩部轻轻按摩，然后由上而下反复轻抚宝宝的身体，如果他表现出不舒服的样子，换下一个姿势。这个动作会使宝宝呼吸循环更顺畅
腹部	轻轻地用整个手掌从宝宝的肋骨到骨盆位置按摩，用手指肚自右上腹滑向右下腹，左上腹滑向左下腹。腹部按摩帮助宝宝排气、缓解便秘
腿部和脚部	用一只手扶着宝宝左脚踝，把左腿抬起，用另一只手按摩宝宝的左腿，从臀部到脚踝，然后用手掌抚摸宝宝的小脚丫，从脚后跟到脚趾自下而上的按摩。另一侧做同样的动作。按摩腿脚能够增强宝宝的协调能力，使宝宝的肢体更灵活
背部	如果你的宝宝不介意后背朝上，可以试着让他俯卧在你腿上，用手掌从宝宝的脖子到臀部自上而下的按摩。也可以让宝宝平躺，用一只手托起宝宝的臀部，另一只手轻轻地从脖子慢慢向下揉搓宝宝的脊梁骨。背部按摩有助于增强宝宝的免疫力

宝宝抚触需要注意些什么

给新生儿做抚触时，手法的力度要根据宝宝的感受做具体调整。通常的标准是做完之后如果发现宝宝的皮肤微微发红，则表示力度正好；如果宝宝的皮肤不变颜色，则说明力度不够；如果只做了两三下，皮肤就红了，说明力量太强。另外随着宝宝年龄的增大，力度也应有一定的增加。

抚触对宝宝有什么好处

宝宝和妈妈零距离接触是让宝宝最高兴的事，让他排除了心理上对陌生世界的恐惧。宝宝抚触就是指妈妈的双手轻柔地触摸宝宝的皮肤，这不仅仅可增加妈妈与宝宝之间的感情，还可以刺激宝宝神经系统，促进宝宝智力发育。抚触让宝宝感觉到被爱和被关怀，满足了情感上的需要，建立起自尊和自信。

安抚哭闹的新生儿

新生儿出生就会大声啼哭，以后会一阵阵地哭。哭闹，实际上是宝宝的一种语言表达方式，凉了、热了、饿了、寂寞了等，新生儿都会哭，找到原因，使宝宝舒适了，宝宝就会停止哭泣。哭泣是新生儿的"语言"，所以了解宝宝的哭声，并给予积极的抚慰和帮助，这对于宝宝的健康成长很有意义。

了解新生儿的哭声	
饥饿时	宝宝饥饿时哭声很洪亮，哭时头来回活动，嘴不停地寻找，并做着吸吮的动作。只要一喂奶，哭声马上就停止，而且吃饱后会安静入睡，或满足地四处张望
寒冷时	宝宝冷的时候，哭声就会减弱，并且面色苍白、手脚冰凉、身体紧缩，这时应该把宝宝抱在温暖的怀中或加盖被子，宝宝觉得暖和了，就不会再哭了
太热时	如果宝宝哭得满脸通红、满头是汗，身上湿湿的，可能是因为太热了，只要减少铺盖或衣服，就会停止啼哭
尿床时	有时宝宝睡得好好的，突然大哭起来，好像很委屈，赶快打开被子，若纸尿裤湿了，换块干的，宝宝就安静了。尿布没湿，那是怎么回事？也可能是宝宝做梦了，或者是宝宝对一种睡姿感到不舒服，想换换姿势可又无能为力，只好哭了。那就拍拍宝宝告诉他"妈妈在这儿，别怕"，或者给他换种睡姿，他又能接着睡着

疫苗接种

新生儿出生后按照免疫接种程序免费接种必须接种的疫苗，而计划免疫管理类疫苗和扩大免疫服务类疫苗则属自费疫苗。

重视接种疫苗

新生儿要重视接种疫苗，现在由于医学比较发达，因此国家有明文规定，新生儿出生时，都要按程序接种疫苗。但有些父母并不了解新生儿接种疫苗的项目和方法，因此不能严格按照科学的方法为宝宝接种疫苗。这对宝宝的身体健康影响很大，所以为宝宝接种疫苗一定要重视。

新生儿需要接种的疫苗

接种疫苗的种类	
卡介苗	正常宝宝应在出生48小时至1个月内接种卡介苗，以刺激体内产生特异性抗体，预防结核病
乙肝疫苗	正常情况下，宝宝应在出生24小时内接种第一针乙肝疫苗。满1个月时接种第二针乙肝疫苗

新生儿有眼眵怎么办

新生儿眼屎多的一个原因是宝宝体内有积热，即通常所说的"上火"。如果是这样，你可以尝试给宝宝喂些去火的饮料，如蜂蜜或者是果汁之类，观察几天。

如果宝宝睡醒后眼睫毛粘在一起，或者内侧眼角有脓液，或鼻泪管堵塞或出现泪囊炎，要尽快去看医生。宝宝 泪囊炎以先天性较常见，表现为单侧或双侧出现溢泪，逐渐变为脓性分泌物，压迫泪囊区有脓性分泌物回流。究其原因，多数由于鼻泪管在鼻腔的下端出口被堵塞所引起，有的是因管道发育不全而形成褶皱、瓣膜或黏膜憩室。由于鼻泪管闭锁，分泌物潴留，常发展成慢性泪囊炎。

如果是这种情况，可不是人们所认为的"上火"，"热气"之类。发生此种情况的宝宝父母，应带宝宝到医院检查，确诊后采取相应的治疗措施。可在医生的指导下局部点眼药水并按摩泪囊，用相应的抗生素眼药水控制感染，每日多次向下按摩泪囊区，促使自身管道的发育和通畅。

新生儿大便怎样才算正常

新生儿最初3日内排胎便，颜色为深绿色或黑色，没有臭味。胎便是由胎儿期肠黏膜分泌物、胆汁及咽下的羊水组成，出生后12小时开始排泄，在二三天内排完。正常新生儿大便因喂奶成分不同而不同。母乳喂养的宝宝，大便次数多，每日6～7次，呈金黄色，较稀，但无奶瓣；喂牛奶的宝宝，大便次数较母乳喂养少，每日4～6次，大便呈浅黄色，较干，这些都属正常现象。如果大便次数超过6～7次，而且有奶瓣及黏液，或水分增多就是病态，应设法寻找原因，给予治疗。

新生儿有些问题不是问题

脚趾甲长进了肉里

很多父母惊讶地发现，新生儿的脚趾甲似乎长进了肉里，而且周围还发红，于是担心不已。但大多数情况下，这是正常的。新生儿的趾甲与成人的相比，弯度更大，边缘藏入肉中的程度更深。一个非常简单的办法就可以检验它是否正常：用手指轻轻地捏住宝贝的脚趾，如果趾甲确实是刺进了肉中，趾甲周围的皮肤会很软，像水肿的感觉，而且新生儿也会大哭。

现在脚扁平，并不意味着将来也是

新生儿的脚底扁平或者有很小的弓度是很正常和健康的，相反，如果他的脚底呈现出很大的弓形，反而提示可能有神经或肌肉发育的问题存在。一般情况下，宝宝的脚弓到4～6岁之间才发育完全。

足内翻或者弓形腿，先不要过度担心

胎儿在子宫中的高难动作很难描述，总之是他的腿和脚都最大限度地弯曲，甚至出生后还照样弯曲，直到两个月后慢慢可以舒展。只要他的腿和脚可以轻轻地而且没有痛感地摆弄到正常位置，就不用太担心。若几个月以后还是这样，可以去找医生查一查。

关于母乳喂养的问答

第一次给宝宝喂奶应在何时

问 宝宝刚出生，第一次喂奶在什么时间比较好？

答 宝宝出生半个小时之内，就应让宝宝吸吮妈妈的乳头。因为宝宝出生后20～30分钟内的吸吮反射最强，所以即便此时妈妈没有乳汁也可让宝宝吸一吸，这样不但可尽早建立妈妈的催乳反射和排乳反射，促进乳汁分泌；还利于妈妈子宫收缩，减少阴道流血。宝宝出生后接触妈妈越早，持续时间越长，对宝宝的心理发育越好。

母乳喂养的宝宝不容易感冒吗

问 母乳喂养的宝宝不容易感冒，这样的说法正确吗？

答 母乳里富含各种免疫物质，在最初的1个月里可以降低宝宝消化系统感染的可能。然而，宝宝在母体的时候是通过胎盘来获取免疫物质的，所以患感冒的可能性与喂奶粉的宝宝没有大的区别。

怎样喂养1周内的宝宝

问 宝宝出生第一周，在这一周内怎样喂养比较好呢？

答 在宝宝出生的第一周内，妈妈可给宝宝每2小时哺乳1次。如果妈妈乳汁不足，一般可在间隔时间之内用小匙给宝宝喂些温开水，切忌喂糖水和用奶瓶喂水。此时的宝宝还不宜接触各种精制提炼的糖（如白糖、蜂蜜、糖浆等），如果食用过量会使脑部进入疲劳状态，易导致宝宝不健康发胖。还需要注意的是，由于宝宝此时的睡眠节奏还未养成，夜间应尽量少打扰宝宝的睡眠，喂养的间隔也可由2小时逐渐延长至4～5小时，这样可以防止宝宝在睡眠中因饥饿而醒来。

怎样喂养2周内的宝宝

问 宝宝出生第二周了，喂养的时间是多少？间隔多久比较好呢？

答 从第二周开始，可逐渐延长哺乳间隔时间，保持一昼夜哺乳8～10次。如果母乳充足，可养成按时喂乳的习惯，每次喂乳时间保持20分钟左右。由于每个宝宝都是独立的个体，因此在喂养时不要拘泥于书本，要根据宝宝的需要决定哺乳的次数及每次哺乳时间的长短，也许在刚开始哺乳时，哺喂的次数很多，也无时间规律，但经过一段时间后，一定会渐渐形成规律。

应该采用什么样的喂奶姿势

问 宝宝刚出生没多久，怎样进行喂奶才舒服，什么样的姿势才能使他不哭闹呢？

答 喂哺宝宝应保持舒适的体位，且保持心情愉快，全身肌肉松弛，这样有利于乳汁的排出，喂哺时宝宝的身体要与妈妈的身体紧密相贴，宝宝的头与双肩要朝着妈妈乳房方向，嘴与乳头的位置是水平的且不要让宝宝的鼻部受到压迫。刚开始喂母乳时，不要只将乳头塞进宝宝嘴里，应该连乳头下面的乳晕部分也塞入宝宝嘴里，因为宝宝不是用舌头吸吮，而是用两颊吸吮，用上下唇挤压乳窦。

1个月宝宝为什么需要多喂水

问 我家宝宝1个月了，是混合喂养，要多给宝宝喂水吗？不知道喂水有哪些好处，需要喂多少呢？

答 无论用混合方法喂养的宝宝还是人工方法喂养的宝宝，都应给宝宝喂水。摄入体内的水，只有1%～2%可供组织生长需要，其余都经过肾脏、呼吸、皮肤、肠道等器官排出，由于3个月内的宝宝肾脏浓缩尿的功能较差，而奶粉中蛋白质和盐分较多，因此需要补充水分供代谢需要，年龄越小的宝宝相对需水量更多些，一般每日每千克体重包括喂养的奶量在内，需水量120～150毫升。

如何判断宝宝吃饱了

问 宝宝刚出生没多久，怎样才知道他有没有吃饱？

答 从妈妈乳房的感觉看，喂哺前乳房比较丰满，喂哺后乳房较柔软且妈妈有下乳的感觉。从宝宝的情况看，能够听到连续几次到十几次的吞咽声；两次喂哺间隔期内，宝宝安静而满足；宝宝平均每吸吮2～3次就可以听到下咽一大口的声音，如此连续约15分钟就可以说明宝宝吃饱了。若宝宝光吸不咽或咽的少，说明奶量不足。宝宝每周平均增长125克以上。宝宝大便软，呈金黄色糊状，每天大便2～4次，尿布24小时湿6次或以上，也可判断为宝宝吃饱了。此外，如果吃奶后宝宝安静入眠，说明宝宝吃饱了；如果吃奶后还哭，或者咬着乳头不放，或者睡不到两小时就醒，则说明奶量不足。

1个月宝宝怎样母乳喂养

问 请问足月的宝宝，母乳喂养，每次吃奶大概需要多长时间，每次喂奶，应间隔多久？

答 吃空为止，大概每侧5分钟左右，如果宝宝吮吸3～4下，还没有吞咽，证明已经没有奶水了，一般间隔1.5～2小时，最好按需喂养。

宝宝只吃一侧乳房可以吗

问 1个月的宝宝，母乳喂养，有时宝宝吃不到10分钟，就睡过去了，想换另一侧吃奶，都不行了，请问有什么方法能让宝宝每次都能吃到两侧乳房的奶水呢？

答 新妈妈刚开始喂母乳时，应该让宝宝两侧乳房换着吃，没有受过刺激的乳头，如果宝宝连续吸15分钟，就很容易发生皲裂。但不必每次都让宝宝吃两侧。吃饱了满足地睡去，说明宝宝已经吃够了。而且，新生儿的共同特点，就是吃吃睡睡，吃一会儿睡了，醒来再吃时可换另一侧。

1个月宝宝如何混合喂养

问 宝宝刚出生1个月，我的乳汁不足，其他妈妈说可混合喂养，想问一下混合喂养需要注意些什么？

答 母乳不足添加牛奶或其他代乳品与母乳混合喂养时，应先喂母乳，然后再添加其他代乳品以补充不足部分，这样可维持母乳分泌，使宝宝尽可能吃到更多的母乳。如果代乳品选择配方奶，应严格按照配方奶说明为宝宝调制奶液，不要随意增减奶粉的量和浓度。按照奶粉包装上的说明为宝宝调制奶液，如奶粉罐的小匙有的是4.4克的，有的是2.6克的，一定要按包装上的说明调配。

怎样能让新生儿不吐奶

问 怎样能让新生儿不吐奶？

答 尽量不要让宝宝平躺着吃奶，每次喂奶之后，将宝宝的头竖起来，靠在妈妈肩上，用手轻拍宝宝的后背，直到宝宝打嗝为止。

宝宝为什么经常吐奶

问 宝宝为什么老吐奶啊？

答 由于此时宝宝的胃肠道尚未发育成熟，开始喂奶时会出现吐奶的现象，但随着月龄增长吐奶现象会慢慢消失。值得注意的是对吐奶的现象不能掉以轻心，如果妈妈喂养不当就会导致宝宝出现吐奶，因此在每次喂奶结束后，妈妈应抱起宝宝，把宝宝的头靠在自己的肩上，轻轻拍打宝宝的背部，约5分钟让宝宝打几个嗝，直到宝宝把喂奶时吞入的空气排出后，再将宝宝放到床上。

宝宝睡前要吃多少奶

问 宝宝40天了，有时吃饱了也不睡，等要睡的时候又要吃几口奶才肯睡，有时只是咬几下乳头。不知道这样是否正常？

答 宝宝睡前要吃奶才睡觉是正常的。尽量不要让宝宝含着乳头睡觉，以免妈妈睡着了，乳房堵住了宝宝的鼻子，造成窒息。

睡着了仍需继续哺乳吗

问 我家宝宝出生2个月了，为什么宝宝老是吃着吃着就睡着了啊，睡着后需要继续喂奶吗？

答 宝宝吃饱睡后要及时抽出乳头，不要让他总含着，以免影响宝宝口腔和妈妈乳头的卫生，还易引起宝宝依恋乳头的不良习惯。

只用奶粉喂养会不会造成宝宝过胖

问 宝宝2个月了，每天只用奶粉喂养，由于奶粉的热量很高，喂的次数也很多，这样会使宝宝的体重超标吗？

答 现在的奶粉热量同母乳相当，所以如果按照规定的用量及频率喂是不会造成宝宝过胖的。但是，同母乳喂养的宝宝相比还是会稍胖。

宝宝吐奶了怎么办

问 我的宝宝5个半月了，有时候吃完奶以后会将奶全部吐出来，这是什么原因？

答 小宝宝在半岁之前吐奶是正常的，过了半岁，吐奶现象会慢慢消失，所以妈妈不要担心，在吃完奶后竖着抱宝宝轻轻地拍几下，使宝宝把喂奶时吞入的空气排出即可。

吃什么食物使奶水分泌多

问 宝宝3个多月，可是我的奶水不够给他吃，他又不肯吃奶粉，真是把我给急死了，不知道我吃什么东西奶水才多？

答 建议多吃些花生炖猪蹄，很有效的，也可以吃鲫鱼炖豆腐。如果觉得这样过于麻烦，还有一个更简单的办法，那就是喝孕产妇奶粉。

服用双黄连口服液后母乳变少怎么办

问 近来出现咽干、咳嗽，经医生诊断后是患有风热感冒，喝了双黄连口服液，却导致母乳变少，该怎么办？

答 妈妈不要焦虑，越焦虑奶越少。放松心情，奶水就会多起来了。要坚持让宝宝多吸吮，因为这是刺激泌乳的最好办法。

宝宝饭量小有没有问题

问 宝宝8个月了，饭量很小，有时好好吃饭，有时不好好吃饭，大家都说她"好瘦啊"，没有吃过母乳，有什么好办法吗？

答 建议坚持让宝宝吃饭，尽量不要给她零食吃，多多运动，才能让宝宝有好的胃口。

出了月子，还要保持一日多餐吗

问 我是给宝宝喂母乳的，出了月子还需要一日多餐吗？

答 一日多餐会让妈妈的奶水更充足，营养更全面，奶水足够时，没必要一日多餐。辣的、容易上火的食物，要少吃，以免影响泌乳。

宝宝不愿用奶瓶怎么办

问 宝宝8个多月了，由于我没什么奶水，打算换乳。因为宝宝一直是母乳喂养，没用过奶瓶，现在试着让他吸，他碰都不碰，有时还哭。该怎么办呢？

答 妈妈不要焦虑，越焦虑奶越少。放松心情，奶水就会多起来了。要坚持让宝宝多吸吮，因为这是刺激泌乳的最好办法。

6个月宝宝可以停止喂母乳吗

问 宝宝6个月了，想给宝宝断母乳，请问这个时期的宝宝可以停止喂母乳吗？

答 出生后的8～12个月时，可以给宝宝换乳。不要过早，因为宝宝消化功能很弱，添加过多的辅食，会引起消化不良、腹泻等。

宝宝如何换乳

问 可以给宝宝一下子换乳吗？

答 我觉得换乳还是要根据宝宝和妈妈的情况，一般宝宝8～12个月后就可换乳了，如果妈妈的奶量很足，又不影响工作，建议给宝宝多吃一段时间，哪怕吃到两岁。如果这些条件不具备，5月和10月是换乳的最好季节，换乳后要给宝宝喝奶粉，这样效果才是最好的。

妈妈在沐浴后多长时间才可以喂宝宝

问 一般在沐浴后多久才可以让宝宝喝奶？

答 妈妈沐浴后15分钟后就可以喂宝宝喝奶了，宝宝也是沐浴后15分钟左右才能喝奶。

混合喂养

DIERJIE

　　混合喂养时，先喂母乳，再添加其他乳品以补充不足部分，这样可以在一定程度上维持母乳分泌，让宝宝吃到尽可能多的母乳。妈妈一定要注意不能让宝宝过量饮奶，否则会导致肥胖。

怎样进行混合喂养

　　妈妈分娩后，经过尝试与努力仍然无法保证充足的母乳喂养，或因妈妈的特殊情况不允许母乳喂养时，可以选择混合喂养。每次哺乳时，先喂母乳，再添加其他乳品以补充不足部分，这样可以在一定程度上维持母乳分泌，让宝宝吃到尽可能多的母乳。按照奶粉包装上的说明为宝宝调制奶液，一定要按包装上的说明调配，不要随意增减量影响浓度。

如何选用奶粉

　　1岁以内的宝宝，适合喂养母乳化奶粉，也就是配方奶。3岁以上的幼儿可以喝鲜奶。奶粉在制作过程中，一些维生素被破坏了，尤其是维生素C。鲜奶中原来微小的脂肪粒，在加工成奶粉时变大了，使奶粉中脂肪和蛋白质的消化率降低。另外，鲜奶中钙含量也高，糖含量低，比较适合3岁以上幼儿食用。

　　在选择奶粉时还要注意：包装要完好无缺，包装袋上要注明生产日期、生产批号、保存期限，保存期限最好是用钢印打出的，没有涂改嫌疑。奶粉外观应是微黄色粉末，颗粒均匀一致，没有结块，有清香味，用温开水冲调后，溶解完全，静止后没有沉淀物，奶粉和水无分离现象。如果出现相反情况，说明奶粉质量可能有问题。

如何选用橡胶乳头

孔的大小可随宝宝的月龄增长和吸吮能力的变化而定，新生儿吸吮的孔不宜过大，一般在15～20分钟吸完为合适，若太大，乳汁出得太多容易呛着宝宝，应买孔小一点的奶嘴，但也不能太小，以免宝宝吃起来太费劲。小孔奶嘴的标准是：将奶瓶倒过来，1秒钟滴一滴左右为准。此外，橡胶乳头也不能太硬，发现不好时应马上换掉。随月龄增加乳头孔可以加大一些，宝宝4～5个月时以每次奶在10～15分钟吸完、不呛奶为合适。

如何选用奶瓶

奶瓶的材质分为玻璃和塑料两种。玻璃的奶瓶耐热易清洗，比较实用；塑料的奶瓶轻便，外出携带方便。一定要选择合格的塑料奶瓶，不合格的塑料奶瓶对宝宝有致癌作用。奶瓶的容积不同，品牌也有所不同。比如用于盛装果汁和白开水的奶瓶就有50毫升的，也有240毫升的，具体可以根据宝宝的饮用量加以选择。

奶瓶的清洗和消毒

洗奶瓶是件很麻烦的事情，可以提前准备好盛满水的大碗，将用后的奶瓶浸泡到碗里，过一会再洗。也可以将使用过的奶瓶里灌满干净的水，就不会使配方奶粘到壁上，以后再清洗也很容易。清洗过后一定要注意给奶瓶消毒。

	清洗和消毒的方法
1	可以用专用的奶瓶洗涤剂，也可以使用天然食材制的洗涤剂，用刷子和海绵彻底地清洗干净
2	奶嘴部分很容易残留奶粉，无论是外侧还是内侧都要用海绵和刷子彻底清洗
3	为了防止洗涤剂的残留，奶嘴要冲洗干净，最好能将奶嘴翻转过来清洗内部
4	锅里的水沸腾以后，就可以消毒干净的奶瓶和奶嘴。奶瓶较轻容易浮起，将奶瓶内注满水即可沉没
5	在煮沸3分钟可将奶嘴取出；奶瓶煮沸5分钟取出。煮沸结束后，放在干净的纱布上沥水，之后放在盒子内即可

配方奶喂养基本知识

　　配方奶喂养时，妈妈一定要注意不能让宝宝过量饮奶，否则会导致肥胖，使宝宝体内积存不必要的脂肪，加重心脏、肾脏和肝脏的负担。为了使宝宝健康地成长，配方奶的日需量要控制在900毫升以下，如果分6次哺喂，每次要控制在150毫升以下，若分5次喂养，每次不超过180毫升。

配方奶的冲泡

　　起初，无论是妈妈还是宝宝遇到配方奶喂养都会感到不知所措，下面就告诉你如何冲制配方奶及如何喂养。

	冲泡方法
1	向奶瓶内注水：将沸腾的开水冷却至40℃左右，然后将其注入奶瓶中，但要注到总量的一半
2	配方奶正确的定量：使用配方奶附带的量匙，盛满刮平。由于不同的器具体积不同，所以要注意根据标示取用
3	将配方奶加到奶瓶里：在加配方奶的过程中要数着加的匙数，以免忘记所加的量
4	轻轻摇晃，以免成团：轻轻地摇晃加入配方奶的奶瓶，使其溶解。该步骤是必须要做的。上下振动时容易产生气泡，要多注意
5	加足开水，进一步溶解：用40℃左右的开水补足到标准的容量。盖紧奶嘴后，再次轻轻地摇匀
6	用皮肤试温度：用手腕的内侧感觉温度的高低，稍感温热即可。如果过热可以用流水冲凉或者放入凉水盆中放凉

小贴士

Xiao tie shi

　　3岁以内的宝宝，适合喂养母乳化奶粉，也就是配方奶。奶粉外观应是微黄色粉末，颗粒均匀一致，没有结块，有清香味，用温开水冲调后，溶解完全，静止后没有沉淀物，奶粉和水无分离现象。如果出现相反情况，说明奶粉质量可能有问题。3岁以上的宝宝可以喝鲜奶。鲜奶中脂肪粒大，使奶中脂肪和蛋白质的消化率降低。另外，鲜奶中钙含量也高，糖含量低，比较适合3岁以上幼儿食用。

夜间冲泡

　　为了让宝宝一哭就能马上喝到配方奶，可在床边准备好奶瓶、配方奶粉、开水等冲配方奶粉时的必需品，还要准备好换用的尿布及为出汗更换而准备的衣服等。

	夜间冲泡方法
1	为了让宝宝一哭就能马上喝到奶，可在床边准备好奶瓶、配方奶粉、开水等冲配方奶时的必需品。还要准备好换用的尿布及为出汗更换而准备的衣服等
2	准备好的开水，可以放到盛着凉水的盆中冷却。如果水温在60℃以上，会破坏配方奶中的维生素C
3	将热水倒在奶瓶中在冰箱里冷却，这样就能大大缩短冲泡的时间
4	提前准备好两个保温杯，一个里面装有热水，一个里面装有凉开水，当宝宝要喝奶的时候将这两个保温杯中的水混合再冲配方奶粉，将会更加快捷

　　夜间频繁哺乳要持续2～3个月的时间，之后就会逐渐地减少夜间哺乳的次数。睡前可以喂宝宝些配方奶，以保证夜间醒来的时候母乳充足。在宝宝白天睡觉的时候，妈妈也要抓紧时间补充自己的睡眠。

用奶瓶哺喂养的方法

　　1.确认奶嘴没有堵塞：注意查看奶嘴是否堵塞或者流出的速度是否过慢。如果将奶瓶倒置时呈现"啪嗒啪嗒"的滴奶声就是正确的。

　　2.抱着哺乳：喂配方奶时最常用的姿势就是横抱。和喂母乳时一样，也要边注视着宝宝，边叫着宝宝的名字喝奶。

　　3.让宝宝含住奶嘴的根部：喂母乳时，宝宝要含住妈妈的乳头才能很好地吮吸乳汁，同样，在喂配方奶时也要让宝宝含住整个奶嘴。

　　4.哺乳时倾斜奶瓶：空气通过奶嘴进入到奶瓶中，会造成宝宝打嗝。所以在喝奶时应该让奶瓶倾斜一定角度，以防空气大量进入宝宝体内。

5.打嗝的处理:即便是抱着的情况下,宝宝也会打嗝,这时可以轻轻地拍打宝宝的背部,这样就能防止吐奶。

6.让宝宝倚在肩膀上:让宝宝倚在肩膀上,通过压迫其腹部,也可以让症状加以缓解。为了防止弄脏衣物,可以在妈妈的肩膀上放块手绢。

配方奶喂养的注意要点

1.避免漫不经心地喂奶:当宝宝喝奶时,妈妈一定要避免漫不经心,小心别让宝宝喝呛,哺乳的时间要按照妈妈预先设定的执行。

2.观察每天的食用总量:偶尔一次没有达到规定量也没有关系,每天的总量达标就可以。但是最好不要把上次剩下的奶再给宝宝喝。

3.避免拖拖拉拉地喂奶:严格避免脱脱拉拉地喂宝宝喝奶,这样会影响宝宝的肠胃消化。

4.每次的喂奶时间在10～15分钟:妈妈要掌握好宝宝吃奶的时间和速度。

5.试着变换各种奶嘴:要针对不同月龄段的宝宝,改变奶嘴的材质、形状及孔的大小,来改善宝宝的喝奶情况。

6.用换乳食物补充营养:进入换乳期后,要用牛奶来补充钙及蛋白质,并配合其他食物给宝宝提供均衡的营养。

宝宝厌食配方奶怎么办

很少有天生就拒喝配方奶的宝宝,但是如果突然在某一天不爱喝了,妈妈就会非常着急,越着急宝宝就越不喝。此时,妈妈应该注意做到以下几点:

先尝试换成奶粉,或者把配方奶浓度调稀,要是还不行就将橡皮奶嘴换一换。不要在喂完母乳后喂配方奶,要单独添加配方奶,因为母乳和配方奶味道不同,喝惯母乳的宝宝就会拒喝配方奶。对于因为不喜欢奶瓶而不喝配方奶的宝宝,不要将奶嘴强行塞入宝宝嘴中,这样只会起反作用。

对于无论如何都不喝配方奶的宝宝来说,可以喂一些果汁、凉开水等辅食,并尽快过渡到泥糊状食物。要注意的是不要把厌食配方奶的宝宝看做病人,有的时候宝宝厌食配方奶是为了防止肥胖症而采取的自卫行为,在这样的情况下,妈妈就应该给宝宝补充果汁和水,不能继续喂配方奶,以减轻宝宝内脏的负担。

可以在宝宝躺着的时候哺乳吗？

答 不可以，一定要抱着哺乳。哺乳期是宝宝与妈妈建立情谊的重要时期。人的咽喉部和耳内部是相通的，由于躺着喂奶时奶水可能会流入耳朵造成中耳炎，所以请妈妈还是抱着宝宝喂奶。

如何判断宝宝是否吃饱

每个宝宝的胃口都不一样，配方奶的喂量也会不同，所以如何判断宝宝是否吃饱很重要。

判断方法	
宝宝下咽的声音	宝宝平均每吸吮2～3次就可以听到咽下一大口，如此连续约15分钟就可以说是宝宝吃饱了。若宝宝光吸不咽或咽得少，说明奶量不足
吃奶后有无满足感	如吃奶后宝宝安静入眠，说明宝宝吃饱了；若吃奶后还哭，或者咬着奶头不放，或者睡不到两小时就醒，说明奶量不足
注意大小便次数	宝宝每天小便8～9次，大便4～5次，呈金黄色稠便，这些都可以说明奶量够了。如果尿量不多（每天少于6次）、大便少、呈绿稀便或尿呈淡黄色，则说明奶量不够
看体重增减	足月宝宝头1个月每天增长25克体重，头1个月增加720～750克，第二个月增加600克以上。喂奶不足或奶水太稀导致营养不足是体重减轻的因素之一

宝宝打嗝时怎么办

喂奶的时候无论怎样小心，宝宝还是会打嗝。这里给新手妈妈提供可以马上解决打嗝的方法。

	解决方法
1	尽量将宝宝的身体竖抱，这样就容易让饱嗝很快地出来，通常是让宝宝趴伏在妈妈的肩膀上
2	可以轻轻地拍打宝宝的后背，可以将胃部的气体逐渐地赶出来
3	只要竖着抱着15分钟以上打嗝。抱着的时候也可以使用背带
4	宝宝打嗝的时候，一般要直立地抱。而在睡觉的时候最好让宝宝侧卧，以免吐出的奶水堵塞气管

人工喂养时可喂些果汁

母乳喂养的宝宝，由于母乳中含有维生素C，所以即使不添加果汁，宝宝也不会营养不良。人工喂养的宝宝，只要添加了复合维生素也不会营养不良。此外，人工喂养的宝宝添加适当的果汁，可以有效地防止宝宝便秘。

番茄汁

材料：番茄1/2个，温开水适量。

做法：1.将成熟的番茄洗净，用开水烫软剥去皮，然后切碎，用清洁的双层纱布包好，把番茄汁挤入小碗内。

2.用温开水冲调后即可喂食。

甜瓜汁

材料：甜瓜1个（约40克），水1/2杯。

做法：1.甜瓜洗净后去皮，去除籽和瓤后切小块。

2.装到盘里，用小匙挤压成汁。

3.用等量的凉开水稀释。

4.将稀释后的果汁放入锅内，用小火煮一会儿即可。

菠萝汁

材料 ： 菠萝1/4个，柠檬汁少许。

做法 ： 1.将菠萝去皮后切成小块。

2.放入榨汁机中搅拌，倒出后和柠檬汁一起搅匀即可食用。

关于混合喂养的问答

宝宝出现下列现象是奶粉的问题吗

问 宝宝现在40多天了，混合喂养，大便金黄色、水状、有奶瓣，伴有黏液，请问是什么原因，什么样的奶粉适合小宝宝，宝宝不爱喝水怎么办，怎样辨别宝宝脱水？

答 母乳喂养的婴儿大便次数1天是3～6次，不用担心，有奶瓣是因为宝宝的肠道还没有能力吸收。奶粉要适合宝宝才是最好的，爸爸妈妈要在更换奶粉的过程中不断找答案。宝宝的味觉很敏感，你给他吃了甜的他下次肯定就不吃淡的了，所以妈妈要慢慢给宝宝一个过渡，慢慢地他就会喝水了。如果宝宝胃口正常是不会脱水的。

宝宝吃配方奶粉还要补钙吗

问 宝宝13个月大，每天吃600毫升奶粉，并且搭配着吃鱼肝油，还需要另外补充钙粉吗？

答 如果宝宝不缺钙，建议爸爸妈妈不要给宝宝盲目补钙，而是要带宝宝去医院测下血清钙含量，看医生建议怎么补，补多了会影响宝宝的健康。因为补钙首先是在确定宝宝不缺少任何营养的微量元素的情况下，才应该要给宝宝补钙，所以盲目的补钙并不会增强宝宝的体质。爸爸妈妈要注意及时地带宝宝去医院检查。

可以用沸水冲泡配方奶吗

问 第一次调配配方奶，可以用沸水冲泡配方奶吗？

答 不可以，会造成部分营养流失。沸水冲泡即便不能造成全部营养的流失，但维生素等营养物质也会被破坏，故不要用沸水冲泡。

宝宝换奶粉后身体不适怎么办

问 我家宝宝52天，人工喂养，最近1周换了一个牌子的奶粉，然后就出现排气很臭及干呕的现象，排便次数也由以前的1天1次或1天半1次，变成1天3～4次了。是不是换奶粉后消化不良啊？正常的这么大的宝宝应该1天排便几次，如果奶粉换的仓促了，现在应该怎么办？

答 宝宝换奶粉要慢慢换的，两种奶粉要掺和着喂，新奶粉一开始只能少量且慢慢增加，直至替代原来的奶粉。1个多月的宝宝，一天是会几次大便的，只要大便是金黄色的话就没问题，若大便里有没消化的奶瓣就可能是消化不良。

宝宝不吃奶粉，母乳量不够怎么办

问 宝宝刚刚3个月，混合喂养。现在不吃奶粉，母乳也不够，怎么办？

答 如果还有母乳就转移到奶瓶里，用奶瓶喂宝宝，让宝宝适应奶瓶，但切忌强行将奶嘴塞入宝宝嘴中，这样只会起反作用。再用母乳加冲好的温奶粉给宝宝吃，他就会喝奶粉了，如果是按时按量喂养的，宝宝应该会喝。妈妈可以连续试几次，让他不抗拒配方奶粉的味道，那你喂几次后，不加自己的母乳就行了。妈妈可以试试，不过记得母乳加配方奶一定要当时弄当时吃，吃不完就倒掉，不要超过4小时。

宝宝一直拉糊状的大便是什么原因 ∽

问 宝宝4个月了，人工喂养，从出生到现在一直拉糊状的大便，但都不是成条状，奇臭无比，是什么原因？

答 建议妈妈每次冲奶粉的时候加多一点水，奶粉少一点，等宝宝大便正常后再慢慢调回来，宝宝4个月了，也可以添加其他辅食。

宝宝奶粉喂养，大便发绿怎么办 ∽

问 我家宝宝6个月了，从3个月开始奶粉喂养，大便总是有些发绿，是什么原因？

答 宝宝消化不良或者是奶粉中的铁吸收不了的原因。建议妈妈换个牌子的奶粉试一下吧。别让宝宝吃太凉的东西，多注意保暖。

16个月宝宝喝配方奶的限量是多少 ∽

问 我家宝宝16个月大了，换乳以后每天会喝很多配方奶，大概有700～800毫升，不知道这么大的宝宝每天的喝奶量有没有限制？

答 宝宝多喝点配方奶也不是坏事，但是妈妈最好是给宝宝吃其他的辅食加配方奶，这样会更有利于宝宝健康。

宝宝不爱喝奶粉怎么办 ∽

问 宝宝7个月了，开始是母乳喂养，现在混合喂养，可是宝宝不喝奶粉，尤其是用奶瓶就拒绝喝，为什么呢？

答 宝宝习惯母乳喂养后，就不喜欢使用奶瓶，可以尝试用匙喂的方式给宝宝喝奶粉。

喝剩的奶粉可以要吗 ⌇

问 宝宝快6个月了，厌奶已有2个月了，有时给他冲150毫升奶粉他喝不了，剩很多倒了有些浪费。我想知道这种情况奶粉还能不能要，如果能要的话可以保存多久，会不会滋生细菌？

答 宝宝的奶粉冲好后，最多放置一个小时，若室温高的话，最多放置半个小时。时间长了，就会滋生细菌。

过敏体质宝宝喝什么奶粉 ⌇

问 宝宝已快7个月了，自从满月后身上湿疹就没有断过，去各大医院治疗过，但效果不明显，宝宝有可能属于过敏体质，这样的情况该吃什么奶粉？

答 特别敏感的宝宝可以选择低敏奶粉，一般情况下爸爸妈妈可以给宝宝先尝试少量的普通奶粉来看其饮用后的效果，如果宝宝对普通的奶粉不产生过敏现象，可以直接给宝宝喝普通的奶粉，既经济又可以达到营养全面。因为奶粉多款，品牌也多，不是每个大众品牌都适合每个宝宝，如果多款试下来都不好的，就可以尝试低敏奶粉。

为什么冲泡的奶粉有泡泡 ⌇

问 宝宝现在吃的奶粉，冲好后有好多泡泡，是什么原因，奶粉会不会有问题呢？

答 每种奶粉的配方是不一样的，所以冲出来的奶也是有的泡沫多，有的泡沫少，有时也可能是水温的问题，应该没什么问题的。

哪种牌子奶粉适合8~9个月宝宝

问 我家宝宝现在8个月零8天，白天上午和下午各加一次米粉、蛋黄和一些水果泥，应该怎样添加奶粉？

答 配方奶粉一定要吃，辅食是不可以代替奶粉的。要选择宝宝吃后不上火的奶粉。

宝宝吃配方奶粉大便干怎么办

问 9个月的宝宝大多是配方奶粉喂养，只有在晚上才会吃一点母乳，辅食吃得也很少，高兴了吃点，不高兴一口都喂不到嘴里。我们的喂养方法是180毫升水，加6匙配方奶粉，再加一匙合生元米粉，一次差不多都能吃完。但是宝宝大便干，睡觉也特别晚，有时候甚至到十二点多才睡觉，这是为什么？

答 大便干可能是宝宝还不适应这款奶粉，因为每种奶粉的配方是不同的，建议更换奶粉品牌。最好选含低聚果糖的即益生元的奶粉。益生元的配方接近母乳，口味清淡，对宝宝肠胃刺激小，含有益生元能帮助宝宝肠道益生菌的生长，宝宝喝后不热气、不上火，排便顺畅。如果宝宝精神好时，要多跟他玩，他玩累了吃饱了就会睡觉了。

宝宝换奶粉品牌会影响健康吗

问 我家宝宝快3岁了，喝过3种品牌的奶粉，听说宝宝需要定期换一下奶粉品牌，是这样吗？

答 如果你的宝宝用一个牌子比较好，建议不要总换奶粉，有的宝宝肠胃功能比较脆弱，经常换牌子会导致宝宝腹泻。

要不要换种奶粉吃

问 宝宝9个多月了，出生后一直吃雅培牛奶，听说吃一种奶粉会导致营养不全面，可否更换奶粉品牌呢，宝宝上个月到现在只长身高不长体重，换种奶粉会不会效果好些？

答 9个月可以吃辅食了，及时添加辅食可以保证宝宝营养的均衡，锻炼宝宝的咀嚼和吞咽能力。通过各种口味的辅食能帮助宝宝锻炼味觉的发育，还能防止日后偏食现象，养成良好的饮食习惯。奶粉都是分年龄段的，因此营养配方还是比较全面的。

10个月宝宝原是母乳喂养，必须添加奶粉吗

问 我家宝宝出生就是纯母乳喂养，5个多月添加了辅食，现在除母乳之外，还吃米粉、面条、米饭、肉泥、鱼泥、菜泥、果泥等，另外补充挪威鳕鱼肝油和钙液。我想问一下母乳喂养的宝宝都要添加奶粉吗，应该要如何添加，要吃到多大呢？

答 宝宝10月了，可以给宝宝换乳了，因为母乳在6个月后就不能满足宝宝生长需要的营养了，要给宝宝添加辅食了。

宝宝不用奶瓶怎么办

问 宝宝快10个月了，还没有换乳。宝宝抗拒奶瓶，每次喝水和奶粉都需要用匙子喂。让他吸奶嘴他就一直咬，就是不吸，有什么好办法解决呢？

答 这是吃母乳宝宝的普遍问题，很少有吃惯母乳还会喜欢使用奶瓶的情况。10个月的宝宝可以不用奶嘴，尝试着用吸管杯，也可以直接用小碗喝水了。如果还是想让他用奶嘴就只能耐心地慢慢来，需要一段时间。建议选择软一些的奶嘴，选择那种黄色的乳胶的效果会好一些。

宝宝吃奶粉上火怎么办

问 宝宝喝奶粉上火了，不知道怎么办？

答 可以在奶粉里加点奶伴侣或者葡萄糖，平时可以给宝宝多喝点水。因为每种奶粉的配方是不同的。

宝宝喝奶的量如何掌握

问 每次喝的量超过奶瓶的最大刻度，会不会喝得太多？

答 在奶瓶上画的刻度仅仅是参考标准，所以饮用过量也没有关系。如果宝宝肚子饿了，多喝一些也是可以的。

给宝宝选奶粉时应该注意些什么

问 我家宝宝之前喝的是贝因美的，想给他换另外一种品牌的奶粉。可是有经验的妈妈建议不换，那么在更换另一种品牌的奶粉时应该注意些什么问题呢？

答 建议妈妈不妨选一些专业生产宝宝奶粉的老资格的品牌，宝宝还小，还是主要以奶粉为主，所以妈妈在选择上一定要慎重。1岁以内的宝宝，适合喂养母乳化奶粉，也就是配方奶粉。在选择奶粉时还要注意：包装要完好无缺，包装袋要注明生产日期、生产批号、保存期限，保存期限最好是用钢印打出的。奶粉外观应是微黄色粉末，颗粒均匀一致，没有结块，有清香味道，用温开水冲调后，能够完全溶解，静止后没有沉淀物，奶粉和水没有分离现象。如果出现相反的情况，说明奶粉的质量可能有问题。

辅食喂养的基础课

DISANJIE

辅食添加不但可以补充宝宝的营养，还是一个培养宝宝吞咽能力、自理能力的好机会，而且也是形成良好饮食习惯的基础。

为什么要喂辅食

什么是辅食

宝宝在生长过程中，当母乳或牛奶等乳制品所含的营养素不能完全满足其生长发育的需要时，需要父母在宝宝4～6个月大的时候，开始给他添加乳制品以外的其他食物，这些逐渐添加的食物就称为辅食。

添加辅食的原因

母乳的构成成分中有90%是水分，其余是蛋白质、乳糖、脂肪和维生素等。在宝宝出生后的4～5个月内，这些营养成分是足够的，但之后若还只食用母乳和奶粉的话，就会出现体内铁、蛋白质、钙质和维生素等缺乏的状况。宝宝的身体需要从食物中摄取营养素来促进生长，维持健康。比如，对宝宝来说，缺乏铁会导致气色不佳，身体瘦弱，成长缓慢等。

何时开始添加辅食比较好

宝宝体重已达到出生时的2倍

若宝宝出生时体重3.5千克，则体重到7千克就可以逐渐添加辅食了。出生体重2.5千克以下的低体重儿，添加辅食时，体重也应达到6千克。

喂奶的次数和量增多

即使每天喂奶多达8～10次或一天吃配方奶达1000毫升，仍发现宝宝有饥饿感或有较强的求食欲，这表明宝宝营养需求在增加，此时就可以添加辅食了。

观察宝宝的运动能力

宝宝有支撑的话能够坐立，俯卧时抬头挺胸，能用双肘支持其重量。宝宝开始有目的地喜欢将手和玩具放在口内，此时就可以进行辅食喂养了。

留意宝宝是否有进食意向

别人吃东西时宝宝会有兴趣地观看，跟着食物从盘子到嘴里的过程。当小匙碰到宝宝口唇时，宝宝会作出吸吮动作，能将食物向后送，并吞咽下去；当宝宝触及食物或妈妈的手时，露出笑容并张口，这些都说明宝宝有进食愿望。相反，如试喂食时，宝宝头或躯体转向另侧，或闭口拒食，则提示可能添加辅食为时过早。添加辅食一般可以从宝宝4～6月开始。通常生长速度快、较活泼好动的宝宝要比长得慢又文静的宝宝需要早一点添加辅食，此外，人工喂养又比混合喂养及母乳喂养的宝宝添加辅食要早。过早或过晚添加辅食对宝宝的发育都是不利的。太早了，宝宝的消化系统还不能够负担，会引起宝宝胃肠感染、食物过敏等不良反应；而过晚添加辅食大家都知道会引起宝宝营养不良。除此之外，吃辅食如同宝宝爬行一样，都是宝宝发育过程中必不可少的一步，这一过程不断刺激宝宝牙齿、口腔发育，提高宝宝的咀嚼功能和吞咽功能，训练宝宝口腔各部位的协调性，为宝宝早日开口说话打下良好的基础。

不同阶段喂辅食的原则

添加的辅食必须与宝宝的月龄相适应

过早添加辅食，宝宝会因消化功能尚不够成熟而导致消化功能发生紊乱；过晚添加会造成宝宝营养不良，甚至会因此拒吃非乳类的流质食物。

由一种到多种

随着宝宝的营养需求和消化能力的增强，应逐渐增加辅食的种类。开始只能给宝宝吃1种与月龄相宜的辅食，尝试3～4天或1周后，如果宝宝的消化情况良好，排便正常，可再尝试另一种，千万不能在短时间内一下增加好几种。宝宝如果对某一种食物过敏，在尝试的几天里就能观察出来。

从稀到稠

宝宝在开始添加辅食时都还没有长出牙齿，只能给宝宝喂流质食物，逐渐再添加半流质食物，最后发展到固体食物。

从少量到多量

每次给宝宝添加新的食物时，一天只能喂一次，而且量不要大，以后逐渐增加。

从细小到粗大

换乳初期食物颗粒要细小，口感要嫩滑，以锻炼宝宝的吞咽功能，为以后过渡到固体食物打下基础。在宝宝快要长牙或正在长牙时，妈妈可把食物的颗粒逐渐做得粗大，这样有利于促进宝宝牙齿的生长。

发现宝宝不适时要立刻停止添加新食物

宝宝吃了新添加的辅食后，要密切观察宝宝的消化情况，如出现腹泻，或便里有较多黏液，要立即暂停添加该食物，等宝宝恢复正常后再重新少量添加。

不可很快让辅食替代乳类

6个月以内，主要食物应该以母乳或配方奶粉为主，其他辅食只能作为一种补充食物，不可过量添加。

吃流质或泥状食物的时间不宜过长

不能长时间给宝宝吃流质或泥状的食品，这样会使宝宝错过发展咀嚼能力的关键期，可能导致宝宝在咀嚼食物方面产生障碍。

添加的辅食要新鲜且口味好

给宝宝制作食物时，不要注重营养忽视了口味，这样不仅会影响宝宝的味觉发育，为宝宝日后挑食埋下隐患，还可能使宝宝对辅食产生厌恶，影响营养的摄取。

培养宝宝进食的愉快心理

给宝宝喂辅食时，首先要营造一个快乐和谐的进食环境，最好选在宝宝心情愉快和清醒的时候喂食。

推迟添加辅食的情况

早产儿

早产儿因其吸吮—吞咽—呼吸功能发育缓慢，应相应推迟添加辅食的时间。

有家族性食物过敏史

即使妈妈将辅食做得再好吃，也免不了宝宝出现呕吐、腹泻或长痱子等过敏反应。此时宝宝肠胃功能尚不成熟，如果出现过敏反应，就不要喂引起过敏的食物了。食物过敏的几种可能表现：胀肚；嘴或肛门周围出现皮疹；腹泻；流鼻涕或流眼泪；异常不安或哭闹。若出现上述任何现象，都应停止添加辅食。

鸡蛋过敏的话，以下食物也不能吃			
蛋类	其他的蛋类	乳制品类	牛奶、奶粉、乳饮料、奶酪、酸奶、鲜奶油
加工食物	火腿	肉类	牛肉、牛内脏
点心类	果酱面包、炸面圈、蛋糕	点心类	蛋糕、布丁、水果罐头
调味料	汤里的味精	油脂类	黄油、人造黄油

大豆过敏的话，以下食物也不能吃	
豆类	毛豆、豌豆、豆角、菜豆、豆芽、花生
豆制品	豆腐、油豆腐块、油炸豆腐、豆腐渣、黄豆面
谷类	高粱米
点心类	羊羹、煎饼
调味料	酱油、大酱、花生黄油、沙拉酱、大豆油、植物油、人造黄油

各类辅食的喂食过程

喂水果的过程

从过滤后的鲜果汁开始，到不过滤的纯果汁，然后到用匙刮的水果泥再到切的水果块，再到整个水果让宝宝自己拿着吃。

喂菜的过程

从过滤后的菜开始，到菜泥做成的菜汤，然后到菜泥，再到碎菜或菜汤煮、菜泥炖、碎菜炒。

喂谷类的过程

从米汤开始，到米粉，然后是米糊，再往后是稀粥、稠粥、软饭，最后到正常饭。面食是从面条、面片、疙瘩汤，再到饼干、面包、馒头、饼。

喂肉蛋类的过程

从鸡蛋黄开始，到整鸡蛋，再到鱼肉、鸡肉、猪肉、羊肉、牛肉。

制作辅食的要诀

婴幼儿的免疫力比较弱，很容易受到细菌感染，因此，在给婴幼儿准备食物时一定要注意卫生，此外新妈妈在制作辅食时还要注意以下要诀：

口味偏淡，不宜吃盐

4个月左右的宝宝，由于肾脏功能尚不完善，不宜吃盐。宝宝摄取的钠主要来源有母乳或配方乳以及市售辅食和家庭自制食物，一般来说，前两者就能满足宝宝对钠的需要，家庭自制食物用盐如不控制好，会使宝宝摄入的钠明显增多，加重肾脏负担。因此在菜泥、果泥、蛋黄、肝末及碎肉等自制辅食中，应不加盐。8～9个月龄时宝宝开始吃菜粥或烂面条时，可再考虑加少许盐，以能尝到一点咸味为度。此外，在添加顺序上，应先添加蔬菜，后添加水果，因为先尝到水果甜味的宝宝，有可能会拒绝蔬菜。

及时更换辅食种类

宝宝把喂到嘴里的辅食吐出来，或用舌尖把饭顶出来，用小手把饭匙打掉，或把头扭到一旁等，这些都是表现出他拒绝吃这种辅食。家长要尊重宝宝的感受，不要强迫。等到下一次该喂辅食时，更换另一品种辅食，如果宝宝喜欢吃了，就说明宝宝暂时不喜欢吃前面那种辅食，一定先停一个星期，然后再试着喂宝宝曾拒绝的辅食。这样做对顺利过渡到正常饮食有很大帮助。

辅食是购买还是自己做

添加辅食的时间、品种、次数、多少，是自制还是购买现成的，都要具体情况具体分析。如果妈妈要上班，祖辈或保姆看护宝宝，他们不会制作辅食，自然应该购买现成的最好，妈妈可以在购买现成的辅食的基础上，再做一些简单的辅食。

要逐渐培养宝宝自己吃饭的习惯

出生6～7个月的宝宝已经能够独自坐着，这时就可以开始训练宝宝用手抓着吃。由于宝宝还不会咀嚼食物，所以应将宝宝的食物煮烂，切成小块，或是选择能在口中溶化的食物，如土豆、地瓜等。

出生8～10个月的宝宝就可以在饭桌上吃饭了，妈妈可以将食物放在饭桌上，让宝宝自己取食。宝宝会慢慢学会自己吃，并会感受到独立进食的快乐。

辅食的喂养进程

辅食添加的过程表

【月龄】	【出生4~6个月】	【出生7~9个月】
换乳时期	初期	中期
嘴的情况 ▶	将小匙轻轻接触宝宝嘴唇，当他们伸出舌头后，放入食物。由于宝宝是在半张口的状态下咀嚼食物，所以会有食物溢出的情况出现	含在嘴里慢慢咀嚼食物
舌头的情况 ▶	当口中进入非流质食物即伸舌的情况消失，开始会前后移动舌头吃糊状食物	一旦学会前后上下动舌头，表明宝宝开始会吃东西了
长牙的程度 ▶	即便未到长牙的月龄，发育早的宝宝已经开始长下牙	下牙开始长出，但还不能完成咀嚼，个别发育早的宝宝已开始长上牙
换乳进行法 ▶	除了喂果汁以外，也可以尝试添加蔬菜、水果汁混于米糊里喂食，辅食开始一两个月后再行调整浓度	将剁碎的蔬菜以及碎肉添加到米粥里。用颗粒状物质锻炼宝宝的咀嚼能力
换乳食的程度 ▶	黏糊状食物，可以沾在小匙上的程度	像软豆腐一样的程度

【出生10～12个月】	【出生13～15个月】	【出生16～36个月】
末期	结束期	幼儿期
能用牙龈压碎和咀嚼食物	除了难以咀嚼的、硬的食物外，基本可以和成人进食一样的食物	利用长出的前牙咬碎食物，板牙则被宝宝用来咀嚼食物
熟练使用舌头做上下摆动等动作	舌头的使用已然接近成人能力，可以用舌头移动食物	基本可与成人一样使用舌头
8个月时长出两颗下牙和4颗上牙	1周岁左右板牙开始长出	尖牙会在16～18个月左右长出，两颗板牙长出则要到20个月左右，部分发育快的婴儿全部牙齿可能长全
已经可以吃稀饭，也可将蔬菜煮熟后切成碎块喂食	可喂食稀饭、汤、菜，还可添加些较淡的调味料	米饭、杂粮饭、汤菜均已可喂食
软硬程度应控制得像香蕉一样	可咀嚼柔软且易消化的软饭	米饭可以喂食，别的食物选择原则也以软、嫩为先

各阶段辅食添加的顺序

为宝宝添加辅食的食材不是父母根据自己的喜好来选择的，要科学、理性地选择适合宝宝的食材，按照以下的添加顺序，循序渐进，宝宝一定会吃得健康、吃得开心。

汁—泥—半固体—固体

辅食的状态应该是由汁状开始，如稀米糊、菜汁、果汁等，到泥状，如浓米糊、菜泥、果泥、肉泥、鱼泥、蛋黄等，再到半固体、固体辅食，如软饭、烂面条、小馒头片等。

初期—中期—后期—结束期

可以从宝宝4个月开始添加汁泥状的辅食，算是辅食添加的初期。从宝宝6个月开始添加半固体的食物，如果泥、蛋黄泥、鱼泥等。宝宝7～9个月时可以由半固体的食物逐渐过渡到可咀嚼的半固体食物。宝宝10～12个月时，大多数宝宝可以逐渐进食固体食物。

谷物—蔬菜—水果—肉类

首先应该给宝宝添加谷类食物，而且是加入了含铁的营养素，如婴儿含铁营养米粉，之后就可以添加蔬菜，然后就是水果，最后才开始添加动物性的食物，如鸡蛋羹、鱼肉、禽肉、畜肉等。

小贴士

Xiao tie shi

传统意义上认为最早给宝宝添加的食物当然应该是蛋黄，其实真正给宝宝的第一餐应该添加精细的谷类食物，而最好的就是强化铁的婴儿营养米粉。

这是因为精细的谷类不宜引发过敏反应，而且在宝宝出生后4～6个月，这个时期宝宝对铁的需求量明显增加，从母体储存到宝宝体内的铁逐渐消耗殆尽，母乳中的铁含量又相对不足，如果不额外补充铁，就容易发生缺铁性贫血。而婴儿特制米粉中含有适量的铁元素，且比蛋黄中的铁更容易被宝宝吸收。

辅食的食材

宝宝各个阶段选择的辅食是不一样的，辅食的性状也是不一样的，最好先由米粉开始。当宝宝适应米粉之后，再尝试其他谷类的食物。再陆续添加蛋黄、蔬果汁、蔬果泥、鱼汤等。

【月龄】	【类别】	【食材】
从出生4个月开始	谷类	米粉
	蔬菜类	马铃薯、黄瓜、地瓜、角瓜、南瓜
从出生5个月开始	蔬菜类	萝卜、西蓝花
	水果类	苹果、香蕉、梨、西瓜（有过敏症状的宝宝可从出生13个月后再开始食用）
从出生6个月开始	谷类	大米
	面食类	乌冬面（压碎后食用）
	蔬菜类	胡萝卜、菠菜、大头菜、白菜、莴苣
	肉类	牛肉（里脊）、牛肉汤、鸡胸脯肉
	海藻类	紫菜、海藻
	豆类	豌豆、黑豆、花生、栗子
从出生7个月开始	谷类	黑米、小米、大麦、玉米（有过敏症状的宝宝可从出生13个月开始食用）
	菜类	洋葱
	水果类	香瓜
	海鲜类	鳕鱼、黄花鱼、明太鱼、比目鱼、刀鱼（有过敏症状的宝宝可以选择性食用）
	海藻类	海带
	蛋类	蛋黄（有过敏症状的宝宝可以出生1周岁后再开始食用）
	豆类	大豆、豆腐、水豆腐（有过敏症状的宝宝可从出生13个月后再开始食用）
从出生8个月开始	乳制品类	酸牛奶（有过敏症状的宝宝可从出生13个月后再开始食用）

【月龄】	【类别】	【食材】
从出生9个月开始 ▶	谷类 蔬菜类 水果类 海鲜类 ▶ 蚌类 乳制品 坚果类 调料类	黑米、绿豆 黄豆芽、绿豆芽 哈密瓜 白鲢 牡蛎 婴儿用奶酪片（有过敏症状可从生13个月开始食用） 芝麻、黑芝麻、野芝麻、松仁、葡萄干 香油、野芝麻油、食用油、橄榄油
从出生10个月开始 ▶	谷类 蔬菜类 水果类 海鲜类 ▶ 蛋类	麦粉（有过敏症状的宝宝可从出生13个月后再开始食用） 萝卜 熟柿子、葡萄（压碎去籽后） 虾（有过敏症状的宝宝可从出生25个月后再开始食用），干虾汤 鹌鹑蛋黄
从出生11个月开始 ▶	谷类 蔬菜类 肉类 水果类 海鲜类 乳制品类 调料类 其他 ▶	红豆 大辣椒、青椒、蕨菜猪肉（里脊）、鸡肉（所有部位） 柿子 干银鱼(将银鱼泡在水里等完全去除盐分后再做成宝宝辅食，做汤要从13个月后再开始食用)，飞鱼子 液体酸牛奶（这时期可以食用，但因酸牛奶里含有防腐剂建议少食用。如果有过敏症状还可在宝宝13个月后开始使用），黄油（有过敏症状的宝宝应在适应鲜牛奶后食用） 大酱 果冻类、面包（有过敏症状的宝宝应在医生指导下食用）

【月龄】	【类别】	【食材】
从出生12个月开始	谷类	薏苡
	面食类	面条、乌冬面、意大利面、荞麦面(有过敏症状的宝宝可从25个月后再开始食用)、粉条
	蔬菜类	韭菜、茄子、番茄、竹笋
	肉类	牛肉（里脊和腿部瘦肉）
	水果类	橘子、柠檬、菠萝、杧果、橙子、草莓、猕猴桃
	海鲜类	鱿鱼、蟹、鲅鱼、干明太鱼、金枪鱼（有过敏症状的宝宝可以选择性食用）
	蚌类	干贝、蛏子、小螺、蛤仔、鲍鱼（有过敏症状的宝宝应在25个月后再开始食用所有蚌类）
	乳制品类、蛋类	蛋清、鹌鹑蛋清（有过敏症状的宝宝应在出生后25个月开始食用）、鲜牛奶（有过敏症状的宝宝应咨询医生食用）、炼乳
	调料类	盐、白糖、酱油、番茄酱、醋、沙拉酱、蚝油
	其他	玉米片、蜂蜜、蛋糕、香肠、火腿肠、鸡翅
从出18个月后开始	乳制品	奶酪
	坚果类	南瓜子
	调料类	红干椒面、红干椒酱
从出生24个月开始	肉类	猪肉（五花肉）
	海鲜类	黄花鱼、干虾
	坚果类	花生、杏仁（如果有过敏症状的宝宝可选择性食用）
	其他	巧克力、鱼丸（切成小块，注意喂食安全）

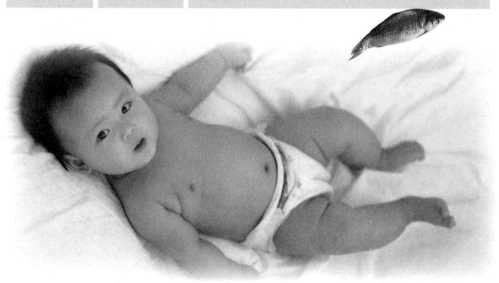

不同食材的摄取量

20克米
20克米相当于一平匙

20克浸泡的米
见高于匙半厘米

10克西蓝花
切碎后一匙或两个
鹌鹑蛋大小

20克西蓝花
相当于3个拇指的量

20克嫩角瓜
将角瓜切成1.5厘米
厚度的片

10克马铃薯
按5厘米×2厘米×1
厘米标准切成条状
或直接切碎至一匙

20克马铃薯
大约4片直径4厘米
的马铃薯片的量

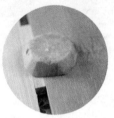
20克地瓜
厚度为20厘米直径
为5厘米的一块的量

10克南瓜
剁碎后一匙的量

20克黑豆
35～45粒

10克豆腐
碾成一匙的量

20克豆腐
两匙的量

20克南瓜
6块直径10厘米的南
瓜片的量

10克胡萝卜
剁碎后压为一匙

20克胡萝卜
将4厘米直径的胡萝卜
切成2厘米厚度的片

10克菠菜
切碎后半匙左右

20克菠菜
茎叶长度大约为12
厘米的蔬菜一片

10克洋葱
一个拳头大小的洋
葱的1/16

20克洋口蘑
一个中等大小的
口蘑

20克冬菇
一个中等大小的冬菇

20克金针菇
食指扣到拇指第一
节拉紧的一把

20克豆芽
食指扣到拇指第一
节拉紧的一把

10克苹果
压成汁后一匙

10克白色海鲜
煮熟后压成一匙

10克牛肉
剁碎后放置2/3匙或
两个鹌鹑蛋大小

20克牛肉
满满压满一匙的量

20克小银鱼
切碎后两匙

食材的大小和粗细

	【初期】	【中期】	【后期】	【完结期】
	【4~6个月】	【7~9个月】	【10~12个月】	【13~15个月】

米
4个月开始

将米磨成粉后制成
10倍粥，粥黏稠度
以似酸奶为宜

5倍粥做成类似沙拉
酱黏稠度

呈现饭粒形态，压
上去易碎的稀饭

比成人的饭略多放
一点儿水

	【初期】 【4～6个月】	【中期】 【7～9个月】	【后期】 【10～12个月】	【完结期】 【13～15个月】

马铃薯
4个月开始

将切好的马铃薯放于粥内煮	蒸煮3分钟然后压碎	切成5毫米大小的块后蒸煮3分钟	切成7毫米大小的块后蒸煮3分钟

苹果
5个月开始

将纱布滤过的苹果汁煮一会儿	将研磨好的苹果泥煮一会儿	切成5毫米大小的块	切成7毫米大小的块

西蓝花
5个月开始

磨泥之后与米一起煮粥	去掉硬茎部分,将余下花的部分切碎	将花的部分用热水烫后切成5毫米的块	将花的部分用热水烫后切成7毫米的块

胡萝卜
6个月开始

磨泥后与米一起煮粥	煮熟后压成颗粒	切成5毫米大小的块后煮3分钟	切成7毫米大小的块后煮3分钟

	【初期】 【4～6个月】	【中期】 【7～9个月】	【后期】 【10～12个月】	【完结期】 【13～15个月】

菠菜
6个月开始

开水里烫过后将叶 压碎过滤汤汁	开水烫后切碎叶	开水烫后切成5毫米 大小的片	开水烫后切成7毫米 大小的片

牛肉
6个月开始

牛肉切片放入开水 中烫后再切块磨成 粉末	牛肉切片后，再放 入开水中烫后再切 成碎块	牛肉切片后放入开 水里烫后切成3毫米 大小的块	牛肉切片后放入开 水里烫后切成5毫米 大小的块

鸡胸脯肉
6个月开始

开水烫后切块磨粉	开水烫后切成 颗粒状	先切片后放入开水 里烫后切为3毫米 的块	切片放入开水里烫 后切为5毫米的块

鸡蛋
7个月开始

不喂			
	熟鸡蛋黄碾为碎末	熟鸡蛋黄分为小块 喂食	喂食煮熟的鸡蛋

	【初期】 【4～6个月】	【中期】 【7～9个月】	【后期】 【10～12个月】	【完结期】 【13～15个月】
白色海鲜 7个月开始	不喂	将煮熟的去皮和无刺的海鲜压碎	将无皮和刺的海鲜煮熟切成5毫米大小喂食	将无皮和刺的海鲜煮熟切成7毫米大小喂食
面条 7个月开始	煮成碎碎的烂面条	将面条切成5毫米长的段煮熟	将面条切成1厘米长的段煮熟	将面条煮熟即可
南瓜 7个月开始	煮成南瓜泥	将南瓜煮熟搅碎	将南瓜切小块煮熟	将南瓜切块煮熟
豆腐 7个月开始	将豆腐捣碎成泥蒸熟即可	将豆腐捣碎成小块蒸熟	将豆腐切小块蒸熟	将豆腐切块蒸熟

辅食食材的选购方法

虾米

虾米是上乘干鲜，选购虾米首先要看是海产还是湖产的。海产的味道鲜美可口，肉质肥嫩厚实；湖产的不论味道、肉质都较逊色。

优质的虾米外观整洁，呈淡黄而有光泽；肉质紧密坚硬，色泽鲜艳而又发亮的，这说明是在晴天时晾制的，大多数是淡的；色暗而不光洁的，是在阴雨天晾制的，一般都是咸的。虾身弯曲者为好，说明是用活虾加工的；直挺挺的，不大弯曲者较差，这大多是用死虾加工的。品尝时，咀嚼一下，鲜中带微甜者为上乘，盐味重的则质量较差。

变质的虾米往往表面潮润，虾皮体形不完整，暗淡无光泽；为灰白至灰褐色，肉质或酥松或如石灰状，以手握一把后，黏结不易散开，有霉味。

带鱼

带鱼以其生产方式不同。分为钩带、网带、毛刀3种。

1.钩带是用钓钩捕捞的带鱼，体形完整，鱼体坚硬不弯，体大鲜肥，是带鱼中质量最好的。

2.网带是用网具捞捕的带鱼，体形完整，个头大小不均。

3.毛刀就是小带鱼，体形损伤严重，多破肚，刺多肉少。

不论哪种带鱼，凡新鲜的都是洁白有亮点，呈银粉色薄膜。如果颜色发黄，有黏液，或肉色发红，属保管不当，是带鱼表面脂肪氧化的表现，不宜购买。

虾仁

购买时须注意，新鲜和质量上乘的虾仁应是无色透明，手感饱满有弹性。看上去个大、色红的则应当心。

小贴士
Xiao tie shi

解冻前看起来质量上乘的冰虾，解冻后却发现，虾仁不仅没有正常的口感、味道，还存在掉颜色现象。一些经营者在加工虾仁时，用福尔马林防腐保鲜，再放到工业火碱中浸泡，使其体积膨胀吸水，增加重量，然后用甲醛溶水固色和着色，使虾体色泽鲜艳。这种冰虾不宜选购。

鸡蛋

可用日光透视：用左手握成窝圆形，右手将蛋放在圆形末端，对着日光透视。新鲜鸡蛋呈微红色，半透明状态，蛋黄轮廓清晰；如果昏暗不透明或有污斑，说明鸡蛋已变质。

可观察蛋壳：蛋壳上附着一层霜状粉末、蛋壳颜色鲜明、气孔明显的是鲜蛋；陈蛋正好与此相反，并有油腻感。

牛肉

新鲜的黄牛肉呈棕红色或暗红色，剖面有光泽，结缔组织为白色，脂肪为黄色，肌肉间无脂肪杂质。新鲜的水牛肉呈深棕色，纤维较干燥。新鲜的牦牛肉肉质较嫩，微有酸味。

羊肉

新鲜的绵羊肉，肉质较坚实，颜色红润，纤维组织较细，略有些脂肪夹杂其间，膻味较少。新鲜的山羊肉，肉色比绵羊的肉色略白，皮下脂肪和肌肉间脂肪少，膻味较重。

猪肉

健康猪肉：一般放血良好，肉呈鲜红色或淡红色。切面有光泽而无血液，肉质嫩软，脂肪呈白色，肉皮平整光滑，呈白色或淡红色。

死猪肉：放血极度不良，肉呈不同程度的黑红色，肉的切面有许多黑红色的血液渗出，脂肪呈红色，肉皮往往是青紫色或蓝紫色。

猪肝

粉肝、面肝：质均软且嫩，手指稍用力，可插入切开处。做熟后味鲜、柔嫩。不同点在于前者色如鸡肝，后者色赭红。

麻肝：反面有明显的白色络网，手摸切开处不如粉肝、面肝嫩软，做熟后质韧，易嚼烂。

石肝：色暗红，比粉肝、面肝、麻肝都要硬一些，手指稍着力亦不易插入，食用时要多嚼才能烂。

病死猪肝：色紫红，切开后有余血外溢，少数生有脓水疱。如果不是整个的，挖除后，虽无痕迹，但做熟后无鲜味，再加上做汤、小炒加热的时间短，很难杀死其中的细菌。

灌水猪肝：色赭红显白，比未灌水的猪肝饱满，手指压迫处会下沉，片刻复原，切开处有水外溢，做熟后味道差，未经高温易带有细菌。

莲藕

莲藕的质量以修整干净，不带叉、不带后把、不带外伤，质脆嫩，不蔫、不烂、不冻者为佳。

四季豆

选购四季豆时，应挑选豆荚饱满、肥硕多汁、折断无老筋、色泽嫩绿、表皮光洁无虫痕者。

柑橘

选购柑橘时，应挑选果形端正、无畸形、果色鲜红或橙红、果面光洁明亮、果梗新鲜者。

西瓜

选购西瓜时，要注意以下几方面。

观色听声：瓜皮表面光滑、花纹清晰、底面发黄的，是熟瓜；用手指拍瓜听到"嘭嘭"声的，是熟瓜；听到"当当"声的，是还没有熟的瓜，听到"噗噗"声的，是过熟的瓜。

看瓜柄：绿色的，是熟瓜；黑褐色、茸毛脱落、弯曲发脆、卷须尖端变黄枯萎的，是不熟就摘下的瓜；瓜柄已枯干，是"死藤瓜"，质量差。

看头尾：两端匀称，脐部和瓜蒂凹陷较深、四周饱满的是好瓜；头大尾小或头尖尾粗的，是质量较差的瓜。

比弹性：瓜皮较薄，用手指压易碎的，是熟瓜；用指甲划要裂，瓜发软的，是过熟的瓜。

用手掂：有空飘感的，是熟瓜；有下沉感的，是生瓜。

试比重、看大小：投入水中向上浮的，是熟瓜；下沉的，是生瓜。同一品种中，大比小好。

观形状：瓜体整齐匀称的，生长正常，质量好；瓜体畸形的，生长不正常，质量差。

大米

优质米颜色白而有光泽，米粒整齐，颗粒大小均匀，碎米及其他颜色的米极少。当把手插入米时，有干爽之感。然后再捧起一把米观察，米中是否含有未熟米（即无光泽、不饱满的米）、损伤米、生霉米粒。同时还应注意米中的杂质，优质米糠粉少，带壳稗粒、稻谷粒、砂石、煤渣、砖瓦粒等杂质少。

面粉

面粉是由小麦磨制烘干而成的。分为标准粉、富强粉和强力粉3种。优质面粉有面香味，颜色纯白，干燥不结块和团。劣质面粉水分重、发霉、结团块、有恶酸败味，不能食用。

冬菇

一级冬菇：要求菇面完整有花纹，底色黄白，肉质厚实不翻边，菇面不小于1元硬币，气味淡香，无烟熏糊黑，无虫蛀霉变，无杂质。

二级冬菇：菇面无花纹，其他和一级相同。

三级冬菇：菇面无花纹，底色黄白或深棕，身干味香，无虫蛀、霉烂、糊黑，无杂质，菇面和碎块不小于1.2厘米；再次的为等外级。

面粉

面粉是由小麦磨制烘干而成的。分为标准粉、富强粉和强力粉3种。优质面粉有面香味，颜色纯白，干燥不结块和团。劣质面粉水分重、发霉、结团块、有恶酸败味，不能食用。

黑木耳

黑木耳掺假主要是用红糖或盐水等浸泡，或趁湿黏附沙土以增加重量。没有掺假的黑木耳，直观表面黑而光润，有一面呈灰色；用手触摸觉干燥，无颗粒感；嘴尝无任何异味。掺假的黑木耳，看上去朵厚，耳片黏在一起；手摸时有潮湿或颗粒感，嘴尝或甜或咸；掺假黑木耳分量要比没掺假的要重。优质黑木耳应色黑、片薄、体轻、有光泽。

干菜

干货包括干菜类和山珍海味类。干菜类包括笋干等，品种繁多。选购标准是：干燥、整齐、不霉、无虫，能保持原来的色泽。

辅食食材的储存方法

保有食物原味及口感

一旦掌握正确的冷冻技巧，那么保持食物在冷冻之后仍旧维有原先的新鲜和美味就是一件轻而易举的事了。

冷冻应及时：不能只冷冻剩余的食物，应该在原料新鲜的时候就加以及时冷冻。因为只有当食物十分新鲜时及时地冷冻，才能保证食物鲜美的味道。

保鲜膜外须加上保鲜袋：为了防止保鲜膜本身的细孔导致保存食物时出现干燥或串味等现象，要在速冻食物时放入封好的保鲜袋中，但这时候不能直接使用微波炉解冻。

为防氧化及时排出空气：保鲜最大的敌人就是空气。因为食材往往因为接触到空气而容易氧化，特别是那些鱼、肉等含脂肪类较多的食物，最容易氧化。所以，针对此类食材应隔绝空气进行保存。因为即使冷冻了，如果未隔绝空气，它们仍然会继续氧化，因此，冷冻时应选择密封的保鲜袋或者其他相应容器，并且尽量排掉空气。

猪肉片

平时将猪肉片冷冻起来，等到食用时再解冻，既方便又卫生。在冷冻时可以用保鲜膜直接将新鲜猪肉片冷冻保存，也可以将猪肉片调味后再冷冻。

使用保鲜膜隔开肉片：1.肉与肉之间用保鲜膜隔开，使用保鲜膜隔开猪肉片，每片肉用保鲜膜包裹3～4层之后再并排放置。2.包上保鲜膜后速冻，保鲜膜包上后进行速冻，用金属容器将包好的肉片进行速冻。3.放入冷冻保鲜袋，当需要完全冷冻时，将肉片放入保鲜袋中速冻。

解冻方法：若时间充足则将肉片放入冰箱保鲜室自然解冻，反之则可使用微波炉解冻。

鸡翅

为了去掉鸡翅所特有的味道，冷冻时应先用水冲洗干净去除异味，然后吸干水分之后直接冷冻或者调味后再冷冻。

直接冷冻：1.洗净后吸干水分，洗干净之后再吸除水分，在用水洗干净去除异味之后，使用纸巾吸干水分。2.速冻后放入冷冻保鲜袋，速冻之后放入冷冻保鲜袋，再用保鲜膜将鸡翅间隔放置后再放入保鲜袋冷冻。

解冻方法：可以放在保鲜室自然解冻，也可以使用微波炉解冻。如果做炖菜则可直接使用。

辅食食材的料理方法

蔬菜类

只要理清各种相应的食材，制作相应的辅食食材也就不是一件多么困难的事情。下面就介绍南瓜、油菜等常用的换乳食材的相应简单的处理方法。

【油菜】

1.先用开水将油菜烫一下，去掉最外层的菜叶，保留最好的部分。烫完菜之后，记得用凉水冲一下。

2.将剩下的油菜去掉茎后的菜叶部分一张张叠放起来。

3.按照5毫米的间隙切叠好的这部分菜叶。

4.此时的菜叶已切成丝状，可以给6个月之后的任何月龄的宝宝食用。

【南瓜】

1.因为南瓜本身较为厚实，皮也较硬，所以切起来就得有一定技巧，应该用刀沿着瓜身上的条纹切成块。

2.将切成块状的南瓜皮朝下放置，然后再用匙清除瓜子。

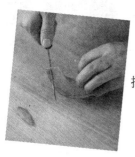

3.用刀轻轻去掉下部的皮。

4.最后将去皮无籽的南瓜块切碎。

【番茄】

1.在番茄蒂的反方向部分用刀划出十字形口，然后放入开水中烫一下。

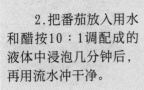

2.把番茄放入用水和醋按10：1调配成的液体中浸泡几分钟后，再用流水冲干净。

3.剥掉番茄的皮，然后将番茄蒂挖掉。

4.用刀将番茄分成4等份后去籽，再切成块状或者丝状。

肉类

宝宝食用的肉类应该选择容易消化的鲜嫩的肉，要将筋剔除掉。或者将肉剁成肉馅再做给宝宝吃亦可，那样既利于保持肉的香味也方便宝宝消化。但是做肉馅儿相对来说费劲些，所以可以一次性多做一些，然后预留起来，随用随取。

【牛肉】

4．在切肉的时候，应该按照肌肉的走向纹理垂直切，这样不仅容易切，吃起来味道也会不一样。切片后也可以剁碎备用。

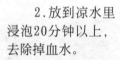

2．放到凉水里浸泡20分钟以上，去除掉血水。

1．首先去除脂肪和筋。

3．切割成3毫米厚度的薄片后煮熟。如果只是作为辅料配合别的食材，那可以预先用开水烫一下。

海鲜类

海鲜营养丰富、味道鲜美，但是一定要清洗干净后再给宝宝食用。尤其是要去除掉一些海鲜身上的黏液，一些贝壳类的海鲜还要去壳。

【贝壳类】

1．用刀将煮熟的贝壳打开后，取出里面的肉。

2．辅食用不到贝壳的内脏，所以用刀去除内脏部分。

4．把肉块剁碎，直至成为肉酱。

3．把剩下的肉斜切成块。

【鲜虾】

1.首先把虾头和虾壳去掉，然后捏住虾的尾部将尾巴也去掉。

2.把虾横着切成两部分，然后再去掉背上的腥线。

3.将平坦的一面放置朝下，将虾段切成片。

4.将虾片剁碎。

【多肉的鱼】

1.将鱼鳞和鱼鳍去掉，再把鱼切成大小适宜的块。

2.选择肉多的放在盐水里冲洗干净。

3.再用洋葱汁或者梨汁去除掉腥味。

4.放入水中煮至水开为止。将煮熟的鱼肉捞出，剔除掉鱼皮和鱼刺，将剩下的鱼肉搅拌成泥。

水果类

一般宝宝都喜欢水果，所以这是最适合宝宝的食材。但是现在的水果在种植过程中都会喷洒农药，所以喂食前一定要将外皮去掉避免污染。

【哈密瓜】

2.将瓜竖着分成16等份。切的时候先把刀尖插进去，方便切瓜。

4.用刀把距离瓜皮1厘米左右的坚硬部分挖出来扔掉，留下娇嫩的果肉部分。

1.将哈密瓜浸泡在水醋比例为10：1的混合液中或者用毛巾沾了擦拭，然后用流水冲洗。

3.瓜子用刀刮出来扔掉。

【猕猴桃】

2.从猕猴桃的蒂部开始去皮，用刀将靠近蒂部的较硬的部分挖出。

4.中间的白色部分比较难嚼，可以去掉。

1.因为猕猴桃表面的毛会导致过敏，所以使用前先用刷子在水下洗刷干净。

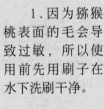

3.竖着切成4等份。

菌类

给宝宝吃的蘑菇不用过分清洗，因为那样会造成营养的流失。

【口蘑】

1. 把茎部较硬的部分去掉，只取用伞帽部。
2. 用刀朝着伞帽部去皮。
3. 把平坦部位向下，切成片。
4. 将片切成碎块即可使用。

坚果类

虽然坚果的营养很丰富，妈妈也喜欢用来喂食宝宝，但是需要小心的是别让坚果的碎粒噎着宝宝。

【栗子】

1. 带皮的栗子要放在温水里浸泡半个小时以上。
2. 把刀在栗子尖的部位划开口后，从上而下地去皮。
3. 把去皮的栗子放在水中煮开10分钟左右。然后再放入凉水中浸泡几分钟。
4. 用刀把内皮去掉并且把栗子磨成碎块。

【核桃】

2. 用毛巾把核桃表面的水分擦干。

1. 把带壳的核桃放入水中煮几分钟后放入适当的盐，这样有利于去壳。

3. 自然冷却后用刀沿着裂缝切开，取出中间的核桃仁。

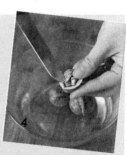

4. 将果仁放入温水中浸泡10分钟再取出沥干。

最佳食材的搭配方案

方案 1
猪肉＋卷心菜＝维生素K

提高钙质吸收率，帮助骨骼成型，预防骨质疏松症

人体虽然对维生素K的需要量少，但其却是促进血液正常凝固及骨骼生长的重要维生素，且新生儿极易缺乏，因此，为宝宝准备的日常菜谱中，一定要注意对维生素K的摄取。一般黄绿色蔬菜都含有丰富的维生素K，如卷心菜、菜花、豌豆、韭菜等。猪肉中含有宝宝生长发育必不可少的蛋白质，而卷心菜含有丰富的维生素、纤维素、钙和磷，这些物质能促进宝宝骨骼发育，卷心菜和猪肉同食，增加了菜肴的滋养性，荤而不腻，素而不淡，营养更加全面。

方案 2
猪肉＋鸡蛋＝维生素A

能够预防病毒入侵，强化肌肤及黏膜

猪肉富含蛋白质，也含有部分的锌，和富含维生素A、维生素C的食材搭配组合，能有效提高人体免疫力。维生素A多存在于乳制品、鸡蛋、动物内脏、鱼类中，而黄花菜、菠菜都是富含维生素C的食物。

方案 3
牛肉＋萝卜＝多种维生素

增强机体免疫功能，提高抗病能力

萝卜富含多种维生素，能有效提高免疫力，如维生素C能刺激体内制造干扰素，用来破坏病毒以减少与白细胞的结合，保持白细胞的数目；维生素E能增加抗体，清除滤过病毒、细菌和癌细胞。而牛肉富含的蛋白质也是构成白细胞和抗体的主要成分，且萝卜中的淀粉酶能分解牛肉中的脂肪，使之得到充分的吸收，二者同食，营养价值更高。

方案 4
鸡肉＋金针菇＝赖氨酸、锌

增强机体生物活性，促进宝宝身高和智力发育

金针菇含有较全的人体必需氨基酸成分，并富含锌质，对宝宝的身高和智力发育有良好的作用，人称"增智菇"。鸡肉的优质蛋白质能强壮身体，而金针菇具加速营养素吸收利用的作用，二者搭配同食，有相得益彰的效果。

方案 5

猪肝＋荸荠＝磷

促进人体生长发育

荸荠中含的磷是根茎类蔬菜中较高的，对牙齿骨骼的发育有很大好处，还可促进体内碳水化合物、脂肪、蛋白质的代谢，十分适合宝宝食用。而猪肝富含蛋白质、卵磷脂等，也可促进宝宝智力和身体发育，二者同食，营养更佳。

方案 6

鸡蛋＋虾仁＝钙

强健骨骼、牙齿，预防骨质疏松症

和鸡蛋相似的是，虾仁、鲜贝、蟹肉这几种海鲜食物都富含蛋白质和多种微量元素，而其钙含量远远高于鸡蛋，二者同食不但营养全面，口感更是极其鲜美，故非常适合成长发育中的宝宝食用。

方案 7

牛奶＋西芹、油菜＝维生素群

强身健体，促进生长发育

西芹、油菜所富含的维生素群可提高人体对牛奶中营养物质如钙的吸收，可促进宝宝健康成长。

方案 8

鲫鱼＋蘑菇＝钙、蛋白质

排解便秘，滋补清肠

鲫鱼营养丰富，蘑菇滋补清肠，搭配同食，可理气开胃、止泻化痰、利水消肿、清热解毒，对身体健康十分有益。特别是婴幼儿比较容易缺钙，鲫鱼加蘑菇的搭配方案非常适合宝宝。但是鲫鱼鱼刺较多，食用时要特别小心。

方案 9

虾＋鸡蛋＝DHA、卵黄素

促进神经系统及身体发育，健脑益智

虾和鸡蛋皆是很好的蛋白质来源，并富含对宝宝成长非常关键的氨基酸、DHA等营养物质，搭配同食，更增美味和营养。

方案 10

薏米＋栗子＝维生素C

维持肌体正常功用，提高免疫力

薏米与栗子都是药食兼用的食物，均含有较高的碳水化合物、蛋白质、淀粉、脂肪以及多种维生素和宝宝所必需的多种氨基酸。

方案 11

红薯＋牛奶＝钙质

强健骨骼牙齿

红薯煮熟后，部分淀粉发生变化，比生食时增加40%左右的食物纤维，在防治慢性病的作用方面非常突出，加上富含钙质的牛奶同食，保健效果更佳。

方案 12

菠菜＋胡萝卜＝维生素A

促进身体发育，保护血管

菠菜与胡萝卜同食可促进胡萝卜素转化为维生素A，以防止胆固醇在体内血管壁沉积，保护心脑血管。

方案 13

韭菜＋豆芽＝维生素C

提高免疫力，预防疾病

韭菜、豆芽都富含食物纤维，可促进消化、排解便秘，二者搭配同食更可加速体内脂肪的代谢，达到控制宝宝体重的功效。

此外，韭菜还与鸡蛋、豆干、豆腐、蘑菇、鲫鱼、肉类相宜，适宜与这些食材搭配食用，对身体有益。

方案 14

苦瓜＋鸡蛋＝优质蛋清

制造肌肉与血液的必需原料，维持机体正常生理机能

鸡蛋含优质蛋清和其他多种人体所需营养成分，与苦瓜同食可使营养更全面均衡，宜搭配同食。

此外，苦瓜还宜与胡萝卜、鹌鹑蛋、茄子、洋葱、瘦肉搭配同食，可促进营养物质的吸收，使功效互补，益于身体发育。

方案 15

南瓜＋山药＝淀粉酶

健脾益胃，促消化

山药可补气，南瓜富含维生素及食物纤维，同食可提神补气、降脂减肥，让宝宝的身体更强壮。

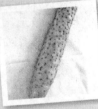

此外，南瓜还宜与绿豆、猪肉、莲子同食，都有防治肥胖的作用，可保健身体。

方案 16

莴苣＋牛肉＝B族维生素

维持人体健康，促进皮肤、头发成长

莴苣是营养丰富的蔬菜，能刺激消化，增进食欲，有助于宝宝的睡眠。牛肉含有丰富的蛋白质，氨基酸组成比猪肉更接近人体需要。莴苣与含B族维生素的牛同食，可促进身体发育。

莲藕＋糯米＝碳水化合物

供给人体能量，调节细胞活动

莲子可滋阴除烦，糯米可补中益气、健脾养胃，与莲藕同食，可益气养血、补益五脏，对宝宝的身体健康极为有益。

此外，莲藕还宜与酸梅、百合、鳝鱼、猪肉同食，对人体有益。

方案 **18**

竹笋＋枸杞＝胡萝卜素、维生素A

保护眼睛，增强人体免疫力

竹笋与枸杞同食，可补充胡萝卜素、维生素A等竹笋所缺的营养素，对肝火重的宝宝比较有利。很多宝宝平时对着电视、电脑的时间长，影响视力的发育，竹笋和枸杞的搭配比较适合保护宝宝的眼睛。

方案 **20**

草莓＋酸奶＝乳酸菌

保护肠道，促进消化

酸奶中的乳酸菌有润肠通便、预防肿瘤的功效，草莓富含维生素C及钾，同食易产生饱腹感，营养又丰富，具有很好的保健效果。

方案 **19**

金针菇＋西蓝花＝维生素C

提高机体免疫力，预防感冒

西蓝花的维生素C含量极为丰富，可提高机体免疫力，增强肝脏解毒能力，预防疾病，与金针菇搭配同食，不仅能促进发育，还可益智补脑。

除此之外，金针菇还宜与豆腐、鸡肉、猪肚同食，可防病健身。

方案 **21**

西柚＋番茄＝维生素A

维持、促进免疫功能，保护视力

此搭配含丰富的维生素A及维生素C，番茄富含维生素A、维生素C，与西柚榨汁同饮，低热低糖，是肥胖宝宝的理想饮品。还可加入冰片饮用，口感更好。

辅食制作的工具

容器

在添加辅食初期，选择容器应挑无污染、可消毒的材质，大小以容易让食物散热为宜。因为这个时期基本都是妈妈拿着容器喂宝宝食用，所以并不是一定得挑轻巧、不易碎的容器。但是如果自己的宝宝在实际喂食过程中开始对容器感兴趣，总是试图自己去抓的时候，则应该选择轻而不易碎的容器，如果容器有抗菌功能更好。等到宝宝开始自己吃东西时应该选用防滑的容器。

水杯

选用适合宝宝用的水杯应是轻且不易碎的、双手把的，宝宝怎么摇晃这样的杯子也不容易打翻漏水，但这样的杯子不适宜拿来让宝宝独立练习喝水。也不能选用带吸管的水杯用作换乳时的断奶食练习用杯，因为吸管不易清洗。所以，这两种杯子一般都是在外出时选择使用，在家里的时候使用一般杯子就可以。

匙

喂食宝宝辅食的匙以茶匙大小为宜。匙的头部应浅些为好，这样喂食起来容易。宝宝也比较喜欢匙头圆而柔软的材质，因为那样不刺激宝宝的口腔。当宝宝开始自己吃东西的时候，选用轻而且有弧度的勺比较合适。市面上经常有卖很多把手柄处理成环状的婴儿用勺。

围嘴

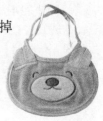

围嘴长度至少要能达到遮挡住腹部，因为这样才能接住宝宝掉落下来的食物残渣。同时还要留意围嘴的系脖部分，既要方便固定在身体上同时也要舒服，不然宝宝会抗拒围嘴。围嘴也得选用容易清洗的材质，以减少不必要的麻烦。

桌布

虽然辅食初期仍然可以在床上喂，但为了养成宝宝在固定位置吃饭的习惯，最好选择在餐桌上吃饭。宝宝应该跟父母一起在餐桌上吃饭。挑选容易放置带有安全带，可以调整高度的宝宝座椅。然后将桌布铺放在餐桌上，即使宝宝掉了很多食物也容易清理。

礤床儿

使用礤床儿就是为了避免蔬菜和水果中的营养成分被破坏和流失。因为在辅食初期，使用的材料量都小，使用礤床儿切成小颗粒比较方便而且不容易流失水分。如果是残留的食渣也方便用刷子清理。如果有水果汁残留，用刷子刷后放水里冲洗5分钟，再用开水消毒即可。一般一周用开水消毒一次比较妥当。

粉碎机

用杵打或者打磨食材的时候，粉碎机中心的很多小凹陷帮助要磨碎材料。用粉碎机来处理少量的食材或者不易碾碎的蔬菜。如果粉碎机的中心有菜渣剩下，可用刷子刷干净。

棉布

去除食渣和过滤汤的时候要用到。还可以在辅食的初期用于再次过滤磨碎或榨汁的材料。棉布在大型超市、药店均有售。把药店里买到的纱布或者婴儿用的纱布手巾叠起来也可以当棉布使用，然后在使用过后用肥皂洗干净后消毒，最后在阳光下晒干。

菜刀和菜板

辅食应该使用专用的菜刀和菜板。菜板应该选用容易清洁的并且有过抗菌处理的。能卷起来存放的塑料菜板比较受欢迎，因为它不仅占地少，清洁方便，而且比较方便把切碎的材料移到锅里。

榨汁机

榨取那些熟透而且水分较多的水果如橘子、鲜橙时，先将水果切成两份然后夹在帽部位左右摇晃，能更容易榨出汁。

迷你锅

在做辅食的时候使用特制的迷你锅会比较方便，因为它具有的较长的手柄非常便于制作那些需要不断搅拌的辅食。

筛网

相对于粉碎机来说，有些时候筛网更容易"过滤"和"捣碎"，但使用范围相对小一些，一般用于刚煮熟的热地瓜或者马铃薯等熟透的食物。

榨汁网

把少量水果放入网后用匙压住，便于榨出汁。这样就不用担心喂宝宝水果块会噎住宝宝喉咙。需要注意每次使用前后都得消毒。一般能在进口婴儿用品店买到。

削皮刀

将换乳食材切碎前先用削皮刀削成片状，方便下一步的切碎。一般有钢和瓷器两种刀片，妈妈可以根据自己需要选择。

捣碎器

对比粉碎机而言，捣碎器更容易处理煮熟的地瓜、马铃薯或者南瓜等，将热地瓜或者马铃薯放进去用捣碎器使劲一压，就可捣碎。

不同食物消化后的粪便

【类型】	【性状】	
喂养母乳宝宝的粪便 ▶	观察那些纯母乳喂养宝宝的粪便会发现，粪便是糊状或者凝乳状，颜色呈现黄色或者略有些发绿。如果看到宝宝的粪便呈现亮绿色，伴有泡沫，有可能是宝宝吃的母乳中前奶太多，后奶较少的缘故。前奶是妈妈乳房最先分泌出来的乳汁，含脂肪量相对较低。而后奶则是妈妈乳房最后分泌出的乳汁，脂肪含量较高，营养也最充分。如果要避免这种情况出现的话，下次妈妈可换个乳房让宝宝先吃	
喂养配方奶宝宝的粪便 ▶	喂养配方奶的宝宝的粪便是浆状的，色呈棕色，味道较浓，待宝宝开始吃辅食以后味道会更大	
补充铁元素以后的粪便 ▶	一旦宝宝开始补充铁元素后，粪便的颜色便会变成暗绿色，甚至接近黑色，这是正常现象，不必忧虑	
喂养辅食后的粪便 ▶	开始喂养辅食的宝宝，粪便在味道上会有很大的变化。粪便的味道会更大，颜色方面，仍旧使用母乳喂养的宝宝大便颜色往往是棕色或者深棕色	
食物没消化完的粪便 ▶	某些食物没有被宝宝完全消化完便会在粪便中带有一些相应的食物块。如果宝宝每次进食过多，咀嚼又不是很充分，那么粪便就可能出现食物块。如果粪便一直有这些食物块出现，就应该带宝宝去医院诊治其肠胃是否无法正常消化食物和吸收营养	

加热辅食的方法

[阶段]	[内容]	[方法]
第一阶段 ▶	预备一个合适的锅 ▶	锅应该比盛放辅食的容器要大一些以便均匀加热。容器的材质应该选用不锈钢或者陶瓷的，内热温度要超过180℃才安全。因为玻璃容器容易在加热时碎裂，所以不宜选择。
第二阶段 ▶	水线以到锅的2/3为宜 ▶	将放有辅食的容器放进锅里，然后加水，等水升到2/3锅高时停止，这样能避免水开后气泡进入容器内。
第三阶段 ▶	不加盖子 ▶	加盖子容易让依附在盖子面上凝成的水汽流进食物里，所以不应加盖。 
第四阶段 ▶	水开后闭火放置1分钟 ▶	水开后闭火，因为此时容器较烫，所以冷却1分后再取出。
第五阶段 ▶	成人先用嘴试下温度 ▶	把锅中取出来的辅食用匙搅匀，然后成人用嘴或者前臂内侧试下温度再给宝宝喂食。

小贴士

Xiao tie shi

把辅食放进微波炉专用容器或者耐热容器中，不加盖加热1分钟。因为微波炉很难均匀加热，所以取出后要搅拌均匀。喂之前要试下温度，地瓜或者糕加热前需要洒些水。不用用微波炉来加热那些容易变质的食物。这种食物应该用蒸锅来加热，等到冒热气后凉5分钟再食用。

让宝宝爱上辅食

[原因]		[危害]
就餐时间紊乱	▶	有的妈妈因为工作忙，或者按照宝宝的进食欲望安排，导致宝宝就餐时间紊乱，偏食、挑食
父母态度	▶	宝宝在成长过程中出现挑食的现象，这与父母的态度很有关系。此时，若家长过于怂恿就会促成宝宝吃饭挑食的坏习惯
未及时添加辅食	▶	在宝宝应该添换乳食物的关键时期没有添加，仍然母乳喂养或配方奶喂养，导致宝宝咀嚼能力发育缓慢，排斥需要咀嚼的食物
强制进食	▶	父母用强制或粗暴的手段逼宝宝吃东西，会使他产生逆反心理。因为不愉快情绪不仅会降低食欲、影响消化，而且会让宝宝产生对立情绪，这种强制进食往往会增加宝宝挑食的可能性
品种单一	▶	食物的种类、制作方法单一
吃零食	▶	在非用餐时间，任意地吃类似巧克力、蛋糕等零食。需要注意的是要适当地给宝宝吃零食，多吃会影响宝宝的食欲和胃口

小贴士

Xiao tie shi

宝宝不吃辅食的原因很多，有可能是宝宝不饿，宝宝不懂得如何吃食物。有的是妈妈在宝宝玩儿得正高兴的时候突然抱起宝宝喂食，还有可能是因为喂的量太大了，宝宝吃不下了。妈妈喂养宝宝要耐心，不要喂得快，而且要按照宝宝的食量喂养，也不要喂太多的食物。更不要总给宝宝吃一种食物，大人经常吃一样的东西也会倒胃口，所以饮食要有变化才能促进宝宝的食欲。

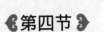

辅食添加初期：4～6个月

DISIJIE

在添加辅食的初期，父母一定不要强迫宝宝进食，只要每天吃一餐辅食就可以了，每餐的量也只需要30～40克。除了早上和晚上，父母可以随意安排吃辅食的时间。但是添加辅食的初期奶量不要减少。

4～6个月宝宝的变化

4个月宝宝	
1	扶宝宝坐起来时，他的头可以转动，也能自由地活动，不摇晃
2	可以用两只手抓住物体，还会吃自己的脚
3	能意识到陌生的环境，并表示害怕、厌烦和生气
4	哭闹时，成人的安抚声音，会让他停止哭闹或转移注意力
5	能从仰卧位翻滚到俯卧位，并把双手从身下掏出来
6	让宝宝站立，宝宝的臀部能伸展，两膝略微弯曲，支持起大部分体重
7	宝宝能一手或双手抓取玩具
8	宝宝会将玩具放到嘴里，明确做出舔或咀嚼的动作
9	会注意到同龄宝宝的存在

5个月宝宝	
1	已经出牙0～2颗
2	双手支撑着坐
3	物体掉落时，会低头去找
4	能发出4～5个单音
5	会玩躲猫猫的游戏

6	能熟练地以仰卧自行翻滚到俯卧
7	坐在椅子上能直起身子，不倾倒
8	成人双手扶宝宝腋下，让宝宝站立起来，能反复屈伸膝关节自动跳跃
9	宝宝能用双手抓住纸的两边，把纸撕开
10	爱照镜子，常对着镜中人出神
11	可以双手对击积木

5个月宝宝	
1	宝宝平卧在床面上，不需帮助能自己把头抬起来，将脚放进嘴里
2	不需要用手支撑，可以单独坐5分钟以上
3	能伸手够取远处的物体
4	成人拉着宝宝的手臂，宝宝能站立片刻
5	能够自己取一块积木，换手后再取另一块
6	发出"ba"、"ma"或者"ai"的音

确定初期辅食的添加信号

换乳开始的信号

一般开始添加辅食的最佳时期为宝宝4～6个月时，但是最好的判断依据还是根据宝宝身体的信号。以下就是只有宝宝才能发出来的该添加辅食的信号。

辅食最好开始于4个月之后

宝宝出生后的前三个月基本只能消化母乳或者配方奶，并且肠道功能也未成熟，进食其他食物很容易引起过敏反应。若是喂食其他食物引起多次过敏反应后可能引起消化器官和肠功能成熟后也会对食物排斥。所以，换乳时期最好选在消化器官和肠功能成熟到一定程度的4个月龄为宜。

辅食添加最好不晚于6个月龄

6个月大的宝宝已经不满足于母乳所提供的营养了，随着宝宝成长速度的加快，各种营养需求也随之增大，因此通过辅食添加其他营养成分是非常必要的。6个月的宝宝如果还不开始添加辅食，不仅可能造成宝宝营养不良，还有可能使得宝宝对母乳或者配方奶的依赖增强，以至于无法成功换乳。

可以添加辅食的一些表现

等到宝宝长到4个月后，母乳所含的营养成分已经不能满足宝宝的需求了，并且这时候宝宝体内来自母体残留的铁元素也已经消耗殆尽了。同时宝宝的消化系统已经逐渐发育，可以消化除了奶制品以外的食物了。

	可以添加辅食的具体表现
1	首先观察一下宝宝是否能自己支撑住头，若是宝宝自己能够挺住脖子不倒而且还能加以少量转动，就可以开始添加辅食了。如果连脖子都挺不直，那显然为宝宝添加辅食还是过早
2	背后有依靠宝宝能坐起来
3	能够观察到宝宝对食物产生兴趣，当宝宝看到食物开始垂涎欲滴的时候，也就是开始添加辅食的最好时间
4	如果当4～6个月龄的宝宝体重比出生时增加一倍，证明宝宝的消化系统发育良好，比如酶的发育、咀嚼与吞咽能力的发育、开始出牙等
5	能够把自己的小手往嘴巴里放
6	当成人把食物放到宝宝嘴里的时候，宝宝不是总用舌头将食物顶出，而是开始出现张口或者吮吸的动作，并且能够将食物向喉间送去形成吞咽动作
7	一天的喝奶量能达到1升

过敏宝宝6个月开始吃辅食

宝宝生长的前五个月最完美的食物就是母乳，因此母乳喂养到6个月也不算太晚，尤其是有些过敏体质的宝宝，添加辅食过早可能会加重过敏症状，所以这种宝宝可6个月后开始换乳。

添加初期辅食的原则、方法

添加初期辅食的原则

宝宝生长的前五个月最完美的食物就是母乳，因此母乳喂养到6个月也不算太晚，尤其是有些过敏体质的宝宝，添加辅食过早可能会加重过敏症状，所以这种宝宝可6个月后开始换乳。

添加辅食不等同于换乳

当母乳比较多，但是因为宝宝不爱吃辅食而用断母乳的方式来逼宝宝吃辅食这种做法是不可取的。因为母乳毕竟是这个时期的宝宝最好的食物，所以不需要着急用辅食代替母乳。对于上个月不爱吃辅食的宝宝，可能这个月还是不太爱吃，但是要有耐心等到母乳喂养的宝宝到了4个月后就会逐渐开始爱吃辅食了。因此不能由于宝宝不爱吃辅食，就采用断母乳的方法来改变，毕竟母乳是宝宝最佳的营养来源。

留意观察是否有过敏反应

待宝宝开始吃辅食之后，应该随时留意宝宝的皮肤。看看宝宝是否出现了什么不良反应。如果出现了皮肤红肿甚至伴随着湿疹出现的情况，就该暂停喂食该种辅食。

留意观察宝宝的粪便

宝宝粪便的情况妈妈也应该随时留意观察。如果宝宝粪便不正常，也要停止相应的辅食。等到宝宝的粪便变得正常，也没有其他消化不良的症状以后，再慢慢地添加这种辅食，但是要控制好量。

添加初期辅食的方法

妈妈到底该如何在众多的食材中选择适合宝宝的辅食呢？如果选择了不当的辅食会引起宝宝的肠胃不适甚至过敏现象。所以，在第一次添加辅食时尤其要谨慎些。

辅食添加的量

奶与辅食量的比例为8：2，添加辅食应该从少量开始，然后逐渐增加。刚开始时添加辅食时可以从米粉开始，然后逐渐过渡到果汁、菜叶、蛋黄等。使用蛋黄的时候应该先用小匙喂大约1/8大的蛋黄泥，连续喂食3天；如果宝宝没有大的异常反应，再增加到1/4个蛋黄泥。接着再喂食3～4天，如果还是一切正常就可以加量到半个蛋黄泥。需要提醒的是，大约3%的宝宝对蛋黄会有过敏、起皮疹、气喘甚至腹泻等不良反应。如果宝宝有这样的反应，应暂停喂养，等到7～8个月大后再行尝试。

添加辅食的时间

因为这个阶段宝宝所食用的辅食营养还不足以取代母乳或配方奶，所以应该在两顿奶之间添加。最好在白天喂奶之前添加米粉，上下午各一次，每一次的时间应该控制在20～25分钟。

第一口辅食

喂养4个月的宝宝，最佳的起始辅食应该是婴儿营养米粉。这种最佳的婴儿第一辅食，里面具有多种营养元素，如强化了的钙、锌、铁等。其他辅食就没有它这么全面的营养了。这样一来，既能保证一开始宝宝就能摄取到较为均匀的营养素，并且也不会过早增加宝宝的肠胃负担。一旦喂完米粉以后，就要立即给宝宝喂食母乳或者配方奶，每个妈妈都应该记住，每一次喂食都该让宝宝吃饱，以免他们养成少量多餐的不良习惯。所以，等到宝宝把辅食吃完以后，就该马上给宝宝喂母乳或配方奶，直到宝宝不喝了为止。当然，如果宝宝吃完辅食以后，不愿意再喝奶，那说明宝宝已经吃饱了。一直等到宝宝适应了初次喂食的米粉量之后，再逐渐地加量。

喂食一周后再添加新的食物

添加辅食的时候，一定要注意一个原则，那就是等习惯一种辅食之后再添加另一种辅食，而且每次添加新的辅食时候留意宝宝的表现，多观察几天，如果宝宝一直没有出现什么反常的情况，再接着继续喂下一种辅食。

初期的辅食食材

【南瓜】

富含脂肪、碳水化合物、蛋白质等热量高的南瓜，本身具有的香浓甜味还能增加食欲。初期要煮熟或者蒸熟后再食用。

【梨】

很少会引起过敏反应，所以添加辅食初期就可以开始食用。它还具有祛痰降温、帮助排便的功用，所以在宝宝便秘或者感冒时食用一举两得。

【香蕉】

含糖量高，脂肪、酸含量低，可以在添加辅食初期食用。应挑表面有褐色斑点熟透了的香蕉，切除掉含有农药较多的尖部。初期放在米糊里煮熟后食用更安全。

【苹果】

辅食初期的最佳选项。等到宝宝适应蔬菜糊糊后就可以开始喂食。因为苹果皮下有不少营养成分，所以打皮时尽量薄一些。

【萝卜】

富含对感冒咳嗽有很好效果的消化酶。可以在宝宝5个月大的时候开始喂食。根部的辣味较为浓重，应该使用中间或者叶子部分来制作辅食。

【西蓝花】

本身富含维生素c，很适合喂食感冒的宝宝。等到5个月后开始喂食，不要使用它的茎部来制作辅食，只用菜花部分，磨碎后放置冰箱保存备用。

【甜叶菜】

富含维生素C和钙的黄绿色蔬菜。因为纤维素含量高不易消化，所以宜5个月后喂食。取其叶部，洗净后开水汆烫，然后使用粉碎机捣碎后使用。

【鸡胸脯肉】

含脂量低，味道清淡而且易消化吸收。这个部位的肉很少引起宝宝过敏。为及时补足铁，可在宝宝6个月后开始经常食用。煮熟后捣碎食用，鸡汤还可冷冻后保存继续在下次使用。

【菜花】

能够增强抵抗力、排出肠毒素。适合容易感冒、便秘的宝宝。把它和马铃薯一起食用既美味又有营养。去掉茎部后选用新鲜的菜花部分，开水汆烫后捣碎使用。

【李子】

含超过一般水果3～6倍的纤维素，特适合便秘的宝宝。因其味道较浓可在宝宝5个月大后喂食。初时应选用熟透的、味淡的李子。

【西瓜】

富含水分和钾，有利于排尿。既散热又解渴，是夏季制作辅食的绝佳选择。因为容易导致腹泻，所以一次不可食用太多。去皮、去籽后捣碎，然后再用麻布过滤后烫一下喂给宝宝。

【桃、杏】

换乳伊始不少宝宝会出现便秘，此时较为适合的水果就是桃和杏。因果面有毛易过敏，所以5个月后开始喂食。有果毛过敏症的宝宝宜在1岁后喂食。

【油菜】

容易消化并且美味，是常见的用于制作辅食的材料。虽然富含铁，但因其阻碍硝酸的吸收，容易导致贫血，所以6个月前禁止食用。加热时间过长会破坏维生素和铁，所以用开水烫一下后搅碎，然后用筛子筛后使用。

【白菜】

富含维生素C，能预防感冒。因其纤维素较多不易消化，并且容易引起贫血，故6个月后可以喂食添加辅食初期选用纤维素含量少、维生素聚集的叶子部位。去掉外层菜叶，选用里面菜心烫后捣碎食用。

【蘑菇】

除了含有蛋白质、无机物、纤维素等营养素，还能提高免疫力。先食用安全性最高的冬菇，没有任何不良反应后再尝试其他蘑菇。开水烫一下后切成小块，再用粉碎机捣碎后食用。

【海带】

富含纤维素和无机物，是较好的辅食食料。附在其表面的白色粉末增加了其美味，易溶于水，故而用湿布擦干净即可。擦干净后用煎锅煎脆后再捣碎食用。

【胡萝卜】

富含维生素和矿物质。虽然辅食中常用它补铁，但它也含有易引起贫血的硝酸盐，所以一般6个月后食用。油煎后食用较好，换乳初期和中期应去皮蒸熟后食用。

【卷心菜】

适用于体质较弱的宝宝以提高对疾病的抵抗力。首先去掉硬而韧的表皮，然后用开水烫一下里层的菜叶后捣碎。最后再用榨汁机或者粉碎机研碎以后放入大米糊糊里一起煮。

常用食物的黏稠度

大米：磨碎后做10倍米糊，相当于母乳浓度。

鸡胸脯肉：开水煮熟切碎，再用粉碎机捣碎食用。

苹果：去皮和籽磨碎，用筛子筛完加热。

油菜：开水烫一下磨碎或捣碎，然后用筛子筛。

胡萝卜：去皮煮热后磨碎或捣碎，然后用筛子筛。

马铃薯：带皮蒸熟后再去皮捣碎，然后用筛子筛。

辅食初期的喂养问答

辅食是从4～6个月时开始的，可是水分补充，选用什么食材呢，怎样喂好呢？换乳前的问题是有很多的，首先，我们应该从解决问题开始。

问 母乳可以代替水分，果汁可以多喝吗？

答 为了让宝宝习惯母乳、奶粉以外的味道或者匙子，问题是给予的量，果汁含有糖分，给予过多便会使宝宝能量过剩或者哺乳量减少。一天30毫升的标准就可以。

问 多榨些果汁，放在冰箱保存可以吗？

答 这个时期喝果汁，目的是为了让宝宝习惯多种味道，所以没必要喂太多。如果保存起来，味道会下降，营养也会流失，所以尽量给予宝宝现做的果汁。

问 新榨的果汁需要每天都喂吗？

答 没必要每天喂，一般喂凉开水也可以。即使喂果汁也是为了让宝宝习惯母乳或者奶粉以外的味道，所以要根据宝宝的身体、心情或者是否喜欢再喂。

问 宝宝喝果汁有难受的表情，是水果选的不合适吗？

答 因为宝宝第一次品尝母乳和奶粉以外的味道，对宝宝来说，这是很恐怖的味道。用凉开水稀释变淡之后慢慢就习惯了。

问 宝宝3个月大时开始喂米汤，行吗？

答 辅食要从宝宝5～6个月大的时候开始喂，所以，米汤3个月大开始喂过早。在这个时期，想要给的话，一般都是以果汁、蔬菜汤为主的。过早换乳会导致能量过多、宝宝过于肥胖等问题，所以要注意！宝宝开始吃辅食的表情对妈妈来说是最欣慰的，但在换乳前，不要操之过急，要耐心对待！

问 把喂饭的小匙放到宝宝嘴边时，宝宝就哭的不张嘴，怎么办？

答 如果宝宝拒绝小匙，妈妈千万不要把小匙硬塞到宝宝嘴里，可以让宝宝休息一会儿，然后再试试。在宝宝情绪好的时候，用小匙盛上宝宝最喜欢的食物，反复放到宝宝嘴边，让宝宝慢慢适应小匙。

问 体型较胖的宝宝能否提前断奶？

答 宝宝断奶与体重没有直接的关系，所以妈妈最好还是按正常时间给宝宝进行断奶比较好。

10倍粥

材料 | 大米1/2杯，水1000毫升。

做法 | 1.把米淘好后，在水里浸泡1小时左右。

2.1份米兑10份水，用大火煮，煮沸后把火关小，煮至米烂。

3.关火，焖10分钟左右，用小匙将米粒捣碎即可喂给宝宝食用。

奶粉10倍粥

材料 | 10倍粥50克，配方奶10克。

做法 | 1.将牛奶倒入锅内，用小火煮开，倒入10倍稀释的粥，用小火再煮

3～5分钟，并用勺不停搅拌，直至变稠。

2.将粥倒入碗内，加入调好浓度的配方奶，搅匀，晾凉后即可喂食。

奶粉香蕉糊

材料 | 香蕉1/6根，配方奶1大匙。

做法 | 1.香蕉剥皮后捣碎（把香蕉两端切掉，只使用中间部分）。

2.将香蕉泥放入锅中，加入配方奶用大火边煮边搅拌均匀。

3.沸腾后把火调小，熄火后用漏勺过滤一下。

草莓葡萄汁

材料 | 草莓10颗，葡萄10颗。

做法 | 1.将草莓洗净，葡萄去皮、去籽。

2.将草莓、葡萄一起放入榨汁机中榨汁。

3.倒入碗中，加入少量的凉开水调匀即可喂食。

雪梨柠檬汁

材料　雪梨1/2个，配方奶1大匙，柠檬汁少量。

做法　1.把雪梨削皮、去核、切成小块。

2.将雪梨、牛奶和柠檬汁放进搅拌机内，搅拌30～40秒即可。

3.饮用前再加入适量清水稀释。

苹果胡萝卜汁

材料　苹果50克，胡萝卜75克。

做法　1.将胡萝卜切碎，苹果去皮切碎。

2.将胡萝卜放入开水中煮1分钟研碎，然后放入锅内用小火煮，并加入切碎的苹果，煮烂后即可。

苹果淀粉汤

材料　苹果50克，1/4杯水，水淀粉1大匙。

做法　1.将去了皮和核的苹果切碎，放入水中煮烂。

2.加入1大匙相同比例的水淀粉后煮成糊状，冷却后即可喂食。

糯米粥

材料　已泡好的糯米20克，水1/2杯。

做法　1.将已泡好的糯米，去除水分，用粉碎机打成末状。

2.把糯米末倒入锅里再加上适量的水，在大火中煮。

3.当水开始沸腾时，改用小火边煮边搅拌均匀。

4.熄火后用漏勺过滤一下即可。

桃汁

材料　桃1小块（约40克），水1/2杯。

做法　1.把桃洗干净后削皮，将核去除，然后把果肉用擦菜板磨好。

2.倒入与水果汁等量的水加以稀释。

3.将其放入锅内，再用小火煮一会儿即可。

梨汁

材料　小白萝卜1个，梨1/2个。

做法　1.将白萝卜切成细丝，梨切成薄片。

2.将白萝卜倒入锅内加清水烧开，用小火炖10分钟后，加入梨片再煮5分钟，然后过滤取汁即可喂食。

橘子汁

材料　橘子1个，水1/2杯。

做法　1.将橘子洗净，切成两半，放入榨汁器中榨成橘汁。

2.倒入与橘汁等量的水加以稀释。

3.将其倒入锅内，再用小火煮一会儿即可。

苹果汁

材料　苹果1/3个，水1/2杯。

做法　1.将苹果洗净，去皮，放入榨汁器中榨成苹果汁。

2.倒入与苹果汁等量的水加以稀释。

3.将稀释后的苹果汁放入锅内，再用小火煮一会儿即可。

香蕉杂果汁

材料 ： 香蕉1根，苹果1个，橙子1个。

做法 ： 1.将苹果洗净，剥皮去核，切成小块，浸于盐水中。

2.橙子剥皮，去除果囊及核，放入榨汁机中榨汁。

3.把香蕉剥皮，切成段。

4.将所有食材放入榨汁机中，搅拌30～40秒即可。

胡萝卜甜粥

材料 ： 大米2小匙，水120毫升，切碎过滤的胡萝卜汁1小匙。

做法 ： 1.把大米洗干净用水泡1～2小时，然后放入锅内用小火煮40～50分钟。

2.快熟时加入事先过滤的胡萝卜汁，再煮10分钟左右即可喂食。

番茄汁

材料 ： 砂糖少许，番茄1/2个，温开水适量。

做法 ： 1.将成熟的番茄洗净，用开水烫软剥去皮，然后切碎，用清洁的双层
纱布包好，把番茄汁挤入小碗内。

2.将砂糖放入汁中，用温开水冲调后即可喂食。

南瓜碎末

材料 ： 南瓜30克，温开水适量。

做法 ： 1.南瓜削皮，用水煮软，加汤捣碎。

2.用温开水调成糊状，或用蔬菜汤或者汤汁代替温开水也可以。

蛋黄糊

材料 : 鸡蛋1个，温开水1/2杯。

做法 : 1.将鸡蛋洗净，放在热水锅中煮熟，要煮得时间久一些。

2.然后取出去壳，剥去蛋白，将蛋黄放入研磨器中压成泥状。

3.最后用开水调成糊状，待凉至微温时即可喂食。

草莓番茄泥

材料 : 草莓20克，番茄30克，配方奶1大匙。

做法 : 1.将草莓搅碎用滤器过滤。

2.去除番茄的皮和籽，搅碎、用滤器过滤。

3.将过滤过的草莓泥和番茄泥在微波炉中加热约30秒。

4.最后加入配方奶调匀即可喂食。

大米燕麦粥

材料 : 大米20克，燕麦10克，清水2/3杯。

做法 : 1.提前一天将燕麦洗净后用凉水泡好，大米泡1小时即可。

2.将已泡好的大米和燕麦用粉末机打成末状。

3.将大米末和燕麦末放入平底锅中，添水用大火煮，当水开始沸腾时把火调小，煮到大米和燕麦都熟后熄火，用漏勺过滤一下即可喂食。

菠菜大米粥

材料 : 菠菜叶30克，10倍粥6大匙。

做法 : 1.将10倍稀饭盛入碗中备用。

2.将新鲜菠菜叶洗净，放入开水中汆烫至熟，沥干水分备用。

3.用刀将菠菜切成小段，再放入研磨器中磨成泥状，最后加入准备好的10倍粥中混匀即可喂食。

西瓜汁

材料 ： 西瓜瓤20克，水1/2杯。

做法 ： 1.将西瓜瓤放入碗内，用匙捣烂，再用纱布过滤成西瓜汁。

2.倒入与西瓜汁等量的水加以稀释。

3.将其放入锅内，在用小火煮一会儿即可。

胡萝卜番茄汤

材料 ： 胡萝卜1/3根，番茄1/3个，水2/3杯。

做法 ： 1.胡萝卜清洗干净，去皮；番茄氽烫去皮后搅拌成汁。

2.将胡萝卜磨成泥状。

3.锅中倒入少许水，放入胡萝卜泥和番茄汁，用大火煮开，熟透后即
可熄火。

大米栗子粥

材料 ： 已泡好的大米20克，栗子2个，水2/3杯。

做法 ： 1.将已泡好的大米用粉末机打成末状。

2.栗子煮熟后，皮去掉，趁热研磨。

3.将大米粉和栗子泥放入锅中，添水用大火煮。

4.当水沸腾后把火调小，煮到大米熟后熄火，用漏勺过滤一下。

地瓜蛋黄粥

材料 ： 地瓜适量，蛋黄1个，配方奶2大匙。

做法 ： 1.将地瓜去皮、炖烂并捣成泥状。

2.将鸡蛋煮熟之后，去除蛋白，把蛋黄捣碎。

3.将地瓜泥加配方奶用小火煮，并不时地搅动。

4.待粥黏稠时放入蛋黄泥，再用小火煮一会儿，边搅边煮。

香蕉泥

材料　熟透的香蕉1根，砂糖、柠檬汁各少许。

做法　1.将香蕉洗净，剥皮，去白丝。

2.把香蕉切成小块，放入搅拌机中，加入砂糖，滴几滴柠檬汁，搅成均匀的香蕉泥，倒入小碗内即可喂食。

胡萝卜汤

材料　胡萝卜50克，砂糖少许，清水1/2杯。

做法　1.将鲜嫩的胡萝卜洗净，切成小块，煮熟后，趁热捣碎。

2.锅内加入适量水，淹没胡萝卜泥即可，上火煮沸约2分钟。

3.用纱布过滤去渣，加入砂糖，调匀即可喂食。

碎菜粥

材料　菠菜10克，已泡好的大米20克，水2/3杯。

做法　1.将已泡好的大米研磨为末。

2.菠菜洗净后，用开水焯一下，切碎。

3.把大米放入锅中，用大火煮，当水

开始沸腾时把火调小，加入研磨好的菠菜末继续煮一会儿。

甜瓜汁

材料　甜瓜1个（约40克），水1/2杯。

做法　1.甜瓜洗净后去皮，去除籽和瓤后切小块。

2.装到盘里，用小匙挤压成汁。

3.用等量的凉开水稀释。

4.将稀释后的果汁放入锅内，用小火煮一会即可喂食。

鸡肉蔬菜汤

材料 ：鸡胸脯肉10克，胡萝卜1片，清水1/4杯。

做法 ：1.鸡肉加水煮熟后，捞出鸡肉，留汤水备用。

2.油菜用开水烫一下，切碎，胡萝卜切碎。

3.锅中加入鸡汤，放入切碎的蔬菜末同煮。

4.滤去蔬菜渣，留出清汤即可喂食。

海带蛋黄糊

材料 ：蛋黄1/3个，海带汤3大匙。

做法 ：1.将鸡蛋煮熟后，取出蛋黄碾碎。

2.锅中倒入海带汤，再放入碾碎的蛋黄，煮开即可喂食。

卷心菜南瓜汤

材料 ：卷心菜10克，南瓜10克，奶粉（母乳）1大匙，水1/2杯。

做法 ：1.选用卷心菜的嫩叶子，洗好后，用热水焯一下捣碎。

2.把南瓜子挖出来，然后削皮切成块，煮熟后趁热捣碎。

3.往锅内放入卷心菜、南瓜泥加水再用大火边煮边搅拌均匀，煮5分钟左右。

4.把奶粉（母乳）调好浓度后倒入锅中，再煮3分钟左右即可喂食。

藕粉

材料 ：藕粉1大匙，砂糖1小匙。

做法 ：1.取适量藕粉放入碗中，用少许冷开水将其调匀。

2.再用沸水冲开调拌成羹糊状，待凉至微温时即可喂宝宝食用。

奶粉麦片粥

材料　配方奶2大匙，麦片25克。

做法　1.将牛奶放入锅内煮开。

2.加入麦片搅动到麦片变稠 。

3.加入少量提子用小火煮一会儿，待开锅稍凉即可喂食。

蛋黄粥

材料　大米20克，清水2/3杯，蛋黄1/4个。

做法　1.把大米洗干净后加适量水泡1～2小时，然后用小火煮40～50分钟，搅碎。

2.将煮熟的鸡蛋剥去外壳，将蛋黄取出放入研磨器中研碎，放入粥锅中搅匀，再用小火煮10分钟左右即可喂食。

蛋黄菜糊

材料　蛋黄1个，番茄、洋葱、豌豆各适量，蔬菜汤适量。

做法　1.把番茄、洋葱洗净后切碎，豌豆煮软，剥皮后捣碎，再加适量蔬菜汤煮。

2.将煮熟的鸡蛋剥去外壳，取蛋黄放入研磨器中磨成泥。

3.向菜糊中倒入调匀的蛋黄泥混匀，继续用小火煮一会儿即可喂食。

豌豆汤

材料　豌豆30克，奶粉1小匙，水2/3杯。

做法　1.将豌豆煮熟，剥皮后捣碎，备用。

2.坐锅点火，锅内放入豌豆泥，加清水2/3杯子用大火边煮边搅拌均匀，煮2分钟左右。

3.把奶粉调好浓度倒入锅中，再煮1分钟左右即可喂食。

小米糊

材料 : 大米10克，小米30克，清水3/4杯。

做法 : 1.大米和小米洗净，用清水浸泡至少1小时。

2.锅内加入清水，放入泡好的大米和小米，小火煮熟。

3.煮至米粒开花后关火，用细孔筛子筛出米粒，碾碎，放入汤水中搅拌均匀即可喂食。

蔬菜清汤

材料 : 胡萝卜10克，卷心菜1片，清水1/2杯。

做法 : 1.胡萝卜切成薄片，再从中间一刀切两半。

2.将卷心菜叶切成大小均匀的块。

3.清水烧开后，放入胡萝卜片和卷心菜叶，煮至熟烂。

4.用细孔筛子滤去蔬菜渣，只留清汤即可喂食。

胡萝卜牛奶汤

材料 : 胡萝卜1块，牛奶3大匙。

做法 : 1.胡萝卜放入开水中，煮至熟烂后碾成泥。

2.锅中放入胡萝卜泥，加入牛奶，煮开即可。

橙汁南瓜羹

材料 : 南瓜10克，橙汁2大匙。

做法 : 1.将南瓜剔子去瓤，放入蒸锅中蒸熟。

2.将蒸熟的南瓜去皮，趁热碾成泥。

3.橙子用榨汁机榨汁。

4.将南瓜泥和橙汁放入锅内煮开即可喂食。

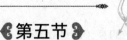

辅食添加中期：7～9个月

DIWUJIE

　　这个时期，宝宝胃蛋白酶已经开始发挥作用，这一阶段宝宝能接受的食物种类又多了很多。但这并不表明宝宝的消化功能已经接近成人了。父母在给宝宝做辅食的时候还是要很谨慎。

7～9个月宝宝的变化

7个月宝宝
1	能将腹部贴地，匍匐着向前爬行
2	能将玩具从一只手换到另一只手
3	能够坐姿平稳地独坐10分钟以上
4	可以自行扶着站立
5	能辨别出熟悉的声音
6	能发出"ma-ma"和"ba-ba"声音
7	会模仿成人的动作
8	已经能分辨自己的名字，当有人叫宝宝的名字时会有反应，但叫别人名字时没有反应
9	对成人的训斥和表扬表现出高兴和委屈
10	开始能用手势与人交往，如伸手要人抱，摇头表示不同意等
11	会自己拿着条状饼干有目的地咬、嚼

8个月宝宝	
1	爬行时可以腹部离开地面
2	能自发地翻到俯卧的位置
3	能自己以俯卧转向坐位
4	能用拇指和食指捏起小丸
5	能够理解简单的语言，模仿简单的发音
6	语言和动作能联系起来
7	能用摇头或者推开的动作来表示不情愿
8	能自己拿奶瓶喝奶或喝水

9个月宝宝	
1	能从坐姿到扶栏杆站立
2	爬行时可向前也可向后
3	扶着栏杆时能抬起一只脚，之后再放下
4	拇指、食指能协调较好，捏小丸的动作越来越熟练
5	会抓住小匙子
6	想自己吃东西
7	能区分可以做和不可以做的事
8	懂得常见人和物的名称
9	能有意识地叫"爸爸"、"妈妈"

确定中期辅食的添加信号

添加中期辅食6个月后进行

一般说来在进行初期的辅食后一两个月才开始进行中期辅食，因为此时的宝宝基本已经适应了除配方奶、母乳以外的食物。所以初期辅食开始于4个月的宝宝，一般在6个月后期或者7个月初期开始进行中期辅食添加较好。但那些易过敏或者一直母乳喂养的宝宝，还有那些一直到6个月才开始换乳的宝宝，应该进行1~2个月的初期辅食后，再在7个月后期或者8个月以后进行中期辅食喂养为好。

较为熟练咬碎小块食物时

当把切成3毫米大小的块状食物或者豆腐硬度的食物放进宝宝嘴里的时候，留意他们的反应。如果宝宝不吐出来，会使用舌头和上牙龈磨碎着吃，那就代表可以添加中期辅食了。如果宝宝不适应这种食物，那先继续喂更碎、更稠的食物，过几日再喂切成3毫米大小的块状食物。

长牙开始，味觉也快速发展

此时正是宝宝长牙的时期，同时也是味觉开始快速发育的时候，应该考虑给宝宝喂食一些能够用舌头碾碎的柔软的固体食物。食物种类可以更多，用来配合咀嚼功能和肠胃功能的发育，同时促进味觉发育。注意不要将大块的蔬菜、鱼肉喂给宝宝，应将其碾碎后喂给宝宝。

对食物非常感兴趣时

宝宝一旦习惯了辅食之后，就会表现出对辅食的浓厚兴趣，吃完平时的量后还会想要再吃，吃完后还会抿抿嘴，看到小匙就会下意识地流口水，这些都表明该给宝宝进行中期辅食添加了。

添加中期辅食的原则、方法

辅食添加中期的原则

7～9个月的宝宝，已经开始逐渐萌出牙齿，初步具有一些咀嚼能力，消化酶也有所增加，所以能够吃的辅食越来越多，身体每天所需要的营养素有一半来自辅食。

食物应由泥状变成稠糊状

辅食要逐渐从泥状变成稠糊状，即食物的水分减少，颗粒增粗，不需要过滤或磨碎，喂到宝宝嘴里后，需稍含一下才能吞咽下去，如蛋羹、碎豆腐等，逐渐再给宝宝添加碎青菜、肉松等，让宝宝学习怎样吞咽食物。

七八个月开始添加肉类

宝宝到了7～8个月后，可以开始添加肉类。适宜先喂容易消化吸收的鸡肉、鱼肉。随着宝宝胃肠消化能力的增强，逐渐添加猪肉、牛肉、动物肝等辅食。

让宝宝尝试各种各样的辅食

通过让宝宝尝试多种不同的辅食，可以使宝宝体味到各种食物的味道，但一天之内添加的两次辅食不宜相同，最好吃混合性食物，如把青菜和鱼做在一起。

给宝宝提供能练习吞咽的食物

这一时期正是宝宝长牙的时候，可以提供一些需要用牙咬的食物，如胡萝卜去皮让宝宝整根地咬，训练宝宝咬的动作，促进长牙，而不仅是让他吃下去。

小贴士 *Xiao tie shi*

由于宝宝已经开始长牙，所以能吃很多东西。妈妈在这一阶段应该发挥的作用，是让辅食的种类在宝宝的胃肠内能够接受的范围越多越好，扎扎实实地逐渐使辅食成为宝宝的主食。这一时期宝宝喜欢自己拿着吃，因此可以让宝宝自己拿着吃。

开始喂宝宝面食

面食中可能含有可以导致宝宝过敏的物质，通常在6个月前不予添加。但在宝宝6个月后可以开始添加，一般在这时不容易发生过敏反应。

食物要清淡

食物仍然需要保持味淡，不可加入太多的糖、盐及其他调味品，吃起来有淡淡的味道即可。

养成良好的饮食习惯

7～9个月时宝宝已能坐得较稳了，喜欢坐起来吃饭，可把宝宝放在儿童餐椅里让他自己吃辅食，这样有利于宝宝形成良好的进食习惯。

进食量因人而异

每次吃的量要据宝宝的情况而定，不要总与别的宝宝相比，以免发生消化不良。

保持营养素平衡

在每天添加的辅食中，蔬菜是不可缺少的食物。可以开始少尝试吃一些生的食物，如番茄及水果等。每天添加的辅食，不一定能保证当天所需的营养素，可以在一周内对营养进行平衡，使整体达到身体的营养需要量。

辅食添加中期的方法

每天应该喂两次辅食，辅食最好是稠糊状的食物。7～9个月主要训练宝宝能将食物放在嘴里后会动上下腭，并用舌头顶住上腭将食物吞咽下去。

【添加过程】	【用量】
蛋羹 ▶▶	可由半个蛋羹过渡到整个蛋羹
添加肉末的稠粥 ▶▶	每天喂稠粥两次，每次一小碗（6～8汤匙）。一开始可以在粥里加上2～3汤匙菜泥，逐渐增至3～5汤匙，粥里可以加上少许肉末、鱼肉、肉松、豆腐末等
馒头片或饼干 ▶▶	开始让宝宝随意啃馒头片（1/2片）或饼干，训练咀嚼及吞咽动作，刺激牙龈以促进牙齿的发育。母乳（或其他乳品）每天喂2～3次，吃辅食之前应该先喂母乳或配方奶，母乳吸尽了再喂辅食，中间最好隔开一点儿时间，以免添加的半固体辅食影响母乳中的铁吸收

中期辅食食材

【粗米】

具有大米4倍以上的维生素B_1和维生素E的营养成分，但缺点是不易消化，故在7个月后开始少量喂食。先用水泡上2～3小时后用粉碎机磨碎后使用。

【大麦】

不建议在辅食添加初期食用这种坚硬并且易过敏的食物。可以在6个月大后喂大麦茶，但是至少得7个月后再食用大麦煮的粥。

【大枣】

富含维生素A和维生素C。因为新鲜的大枣容易引起腹泻，所以要在宝宝1岁后再喂食。用水泡后去核后捣碎再喂食。等到泡水后煮开食用，剩余的要扔掉。

【玉米】

富含维生素E，对于易过敏的宝宝，等到1岁以后喂食则较稳妥。去皮磨碎后再行使用。使用时，先用开水烫一下会更为安全。

【鳕鱼】

最常见的用于辅食制作的海鲜类，富含蛋白质和钙，极少的脂含量，味道也清淡。食用时用开水烫一下后蒸熟去骨捣碎后喂食。

【洋葱】

因其味道较浓，宜在中期后食用。熟了的洋葱带有甜味，所以可在辅食中使用。富含蛋白质和钙。使用时切碎后放水泡去其辣味。

【香瓜】

富含维生素A、维生素B$_1$、维生素B$_2$。适合在多汗的夏季食用的水分高的碱性食物。去掉不易消化的籽后去皮捣碎，一般可放粥里煮，8个月大的宝宝可生食。

【鸡蛋】

蛋黄可以在宝宝7个月后喂食，但蛋白还是在1岁后喂食为佳。易过敏的宝宝也要在1岁后再喂食蛋黄。每周喂食3个左右。为了去除蛋黄的腥味，可以和洋葱一起配餐食用。

【黄花鱼】

富含易消化吸收的蛋白质，是较好的换乳食材。若是腌制过的可在一岁后喂食。为防营养缺失宜蒸熟后去骨捣碎食用。

【加吉鱼】

不仅含有丰富蛋白质、容易消化吸收，腥味还少。是常用的换乳食材。蒸熟或煮熟后去骨捣碎后食用。注意去骨时用卫生手套，既方便又保护自己。

【海带、莼菜】

富含促进新陈代谢的有机物。适合冬季食用的易吸收食材。因为含碘较高，故控制在一天一食。去掉表面盐分，浸泡1小时后切碎放榨汁机搅碎后使用。

【大豆】

富含蛋白质和碳水化合物，有助于提高免疫力。易过敏的宝宝还是宜在1岁后喂食。不能直接浸泡食用，应在水中浸泡半天后去皮磨碎再用于制作辅食的配餐。

【明太鱼】

　　含有大量的蛋白质和氨基酸，很适合成长期的宝宝食用。煮熟后去骨，然后和萝卜一起用榨汁机搅碎。鱼汤也可以用作辅食。

【刀鱼】

　　避免食用有调料的刀鱼，以免增加宝宝肾的负担。喂食宝宝的时候注意那些鱼刺。使用泡米水去其腥味，然后配餐。蒸熟或者煮熟后去刺捣碎食用。

【松子】

　　对大脑发育有益的富含脂肪和蛋白质的高热量食品。丰富的软磷脂对身体不适的宝宝很有帮助。易过敏的宝宝要在1岁以后食用。

【绿豆】

　　具备降温、润滑皮肤等作用，对有过敏性皮肤症状的宝宝特别有益。先用凉水浸泡一夜后去皮，或煮熟后用筛子更易去皮。若买的是去皮绿豆可直接磨碎后放粥里食用。

【哈密瓜】

　　富含钾、无机物、维生素和水。鲜嫩的果肉吃起来味道香甜可口。9个月大的宝宝就可以生吃了。挑选时应选纹理浓密鲜明的，下面部位摁下去柔软，根部干燥的。

【豆腐】

　　辅食里常见的材料，具有高蛋白、低脂肪、味道鲜的特点。易过敏的宝宝要在满1岁后再喂食。用麻布滤水后再使用。捣碎后和蘑菇或其他蔬菜一起使用。也可不放油煎熟后使用。

【黑米】

　　长期食用后可以提高身体免疫力，也适合便秘的宝宝。因为它的营养素是来自黑色素中的水溶性物，所以使用前要用水泡。然后简单冲洗后放入榨汁机里搅碎使用。

【黄豆芽】

　　富含维生素C、蛋白质和无机物。但需留意其头部可能引起过敏应去掉。可喂食9个月大的宝宝。去掉较韧的茎部后汆烫使用。因其不易熟透，要捣碎后喂食。

【酸牛奶】

　　选用无糖的酸牛奶或者无脂奶粉。虽然奶粉本身没有食品添加剂，但如果宝宝过敏，也要在满周岁后再喂食。宝宝嫌味道淡的话，可添加西瓜或者哈密瓜等水果后再喂食。

【牡蛎】

　　各种营养成分如钙、维生素、蛋白质等含量都高，对于贫血非常有效。煮熟后肉质鲜嫩。冲洗时用盐水，然后用筛子筛后滤水放入粥内煮。

【芝麻】

　　食用芝麻有助于大脑发育。野芝麻有益于咳嗽或者体质弱的宝宝。宝宝可能拒绝芝麻那浓浓的味道，所以开始时可少量添加。洗净后放锅内炒熟，然后研碎放入粥内食用。

【婴儿用奶酪】

　　富含蛋白质、维生素和脂肪。尤其是钙的含量高，蛋白质也容易被消化吸收。1岁前喂食的应该是含盐低、不含人工色素的婴儿用奶酪。若是易敏儿，则要1岁后再喂食。

【葡萄干】

富含抗氧化成分和促进肠蠕动的果胶成分。但含糖较高，所以要适量喂食。因为它可能呛入气管，所以要切碎后喂食。用凉水泡一段时间后喂食，不仅可去除食品添加剂还能增添口感。

【茶籽油】

可以帮助宝宝提高免疫力，增强胃肠的消化功能，促进钙的吸收，生长期的宝宝很是需要。其中的维生素E和抗氧化成分还可以预防疾病。可以低温烹饪或直接调用。

一眼分辨的常用食物的黏度

大米：有少量米粒、倾斜匙可以滴落的5倍粥。

鸡胸脯肉：去筋捣碎后放粥里煮熟。

苹果：去皮和籽后，切碎成3毫米大小的小块。

油菜：开水烫一下菜叶后，切碎成3毫米的段。

胡萝卜：去皮煮熟后，切碎成3毫米大小的小块。

海鲜：去掉壳蒸熟之后捣碎。

中期辅食中粥的煮法

泡米煮粥

【原料】 20克泡米，100毫升水（比例调控为1:5）

【做法】

↑1.把泡米用榨汁机磨碎，或者使用粉碎机用5倍水里的水一起磨碎。

↑2.把磨碎的米和剩下的水放入锅内。

↑3.先用大火边煮边用匙搅拌，等水开后用小火煮熟。

大米饭煮粥

【原料】 20克米饭，60毫升水（比例调控为1:3）

【做法】

↑1.将米饭捣碎后放入锅内倒水。

↑2.先用大火煮至水开后小火再煮，过程中用匙慢慢搅拌碎米饭粒。

辅食中期的喂养问答

在完全习惯辅食之后，宝宝已进入了辅食第二阶段，新妈妈们一定要在宝宝的吃法、体重、营养等方面多费心思。

问 宝宝不肯喝汤怎么办？

答 妈妈把费力做好的食物用匙喂宝宝，可是宝宝怎么也不吃，真是焦急啊！这时候，妈妈可以把匙放到下唇上，让宝宝嘴唇嚅动起来，从而将食物送到嘴里。刚开始宝宝嘴唇总闭着，不肯张嘴进食物，不要焦急，妈妈要有耐心，慢慢地宝宝就适应了，要相信宝宝的能力。

问 给宝宝添加新的食物好吗？

答 在宝宝身体正常且又对其他食物表现出兴趣的时候，妈妈可以考虑给宝宝更换新的食物了。但一定要注意控制食物的量。

问 感冒的时候可以停止辅食吗？

答 要根据感冒的状况来看，如果宝宝很健康，心情又很好，就不用停止。如果身体很糟糕，消化功能也下降，要喂一些有食欲又容易消化的东西。宝宝发热的时候，要补充点水分。

问 喂辅食后宝宝大便变稀了，怎么办？

答 大便变稀是开始喂换乳期食物时常发生的事情。若只是大便很稀，但宝宝和往常一样并没什么变化，健康又有食欲，心情也很好的话，就不要担心。

问 宝宝不吃菜，可以把菜拌在饭里喂吗？

答 主食、主菜和副菜一起吃，营养是很均衡的。可是，进食不仅是为了营养，味觉方面也很重要。如果宝宝只记住了拌饭的味道，那对味觉发育很不利，所以一定要逐渐改变这种拌饭喂法。

问 饭后宝宝就不太喜欢吃母乳了，营养能充足吗？

答 以前能吃很多母乳的宝宝，现在突然间不爱吃了，真让人担心，其实如果吃饭的量达到标准之后，饭后用奶粉（中期前半段时间100毫克，中期后半段时间50毫克）来代替母乳也可以。

问 大人嚼过的东西喂宝宝可以吗？

答 大人嘴里细菌很多，如果把嚼过的东西喂宝宝，或者嘴对嘴喂宝宝，这样都不好。如果对硬度不放心，那就煮软之后用匙子背部仔细碾碎，再加入少量水调得滑溜溜的就可以了。

辅食中期的食谱推荐

酸奶粥

材料：已泡好的大米30克，酸奶20克，水3/4杯。

做法：1.将已泡好的大米洗干净沥干，研磨成末。

2.锅中加入适量水煮开，放入大米末续煮至滚时稍搅拌，改小火熬煮30分钟。

3.再加入酸奶续煮片刻，即可喂食。

鸡汁粥

材料　鸡胸脯肉10克，干香菇3个，油菜1棵，已泡好的大米适量。

做法　1.将已泡好的大米用粉末机打成末状；鸡胸脯肉用水煮，撇去汤里的油，保留汤汁备用，取10克胸脯肉切0.3厘米大小的粒状。

2.干香菇泡发后，用沸腾的水煮一会，切成小丁。油菜洗净后，取嫩叶部分用沸水焯一下，再切碎。

3.把大米末和鸡汤汁放入锅里煮。

4.当水开始沸腾时，把火调小，将鸡胸脯肉粒和香菇末放入锅里煮，用小火煮5分钟，再放入油菜末煮一会儿，直到大米熟烂为止。

鳕鱼香菇粥

材料　已泡好的大米20克，鳕鱼20克，香菇15克，水2/3杯。

做法　1.将已泡好的大米用粉末机打成末状。

2.将鳕鱼洗净蒸一会儿，去掉鱼刺只取鱼肉部分，再切碎。

3.把香菇的根部去掉，洗净以后切成小粒。

4.把大米和水放入锅里用大火煮。

5.当水开始沸腾时把火调小，把鳕鱼粒、香菇粒放入锅里边搅边煮，一直到大米熟烂为止。

牛肉粥

材料　牛肉25克，已泡好的大米30克，水1/2杯，盐适量。

做法　1.将已泡好的大米打成粉末。

2.把洗净的牛肉剁成茸，加入盐拌匀。

3.把大米、牛肉茸、水放入锅里用大火煮，直到大米熟为止，然后熄火即可喂食。

鱼肉松粥

材料： 鱼泥25克，鸡蛋1个，砂糖少许，酱油适量。

做法： 1.将鱼蒸熟刮取半两鱼泥（注意剔除小刺），用砂糖和少许酱油拌匀。

2.鸡蛋去壳，搅匀。

3.坐锅点火，锅内加入清水，然后加入煨好的鱼泥，再用小火煮一会儿即可喂食。

鸡肝胡萝卜粥

材料： 鸡肝2个，胡萝卜10克，已泡好的大米20克，高汤4杯，盐少许。

做法： 1.将已泡好的大米研成末后，加入高汤，小火慢熬成粥状。

2.鸡肝及胡萝卜洗净后，蒸熟捣成泥，加入粥内，加盐少许，煮熟即可喂食。

油菜粟米粥

材料： 油菜50克，粟米50克，盐少许，香油1小匙。

做法： 1.将油菜去杂，连根洗净，入沸水锅中焯一下，捞出，码齐后将油菜切成小碎段（0.5厘米以内），盛入碗中备用。

2.将粟米磨碎放入沙锅，加水适量，大火煮沸后，改用小火煨煮1小时，待粟米酥烂，加入油菜小碎段，拌和均匀，加少许盐再煮至沸，淋入香油，搅拌均匀即可喂食。

核桃小米粥

材料： 核桃末20克，小米50克，砂糖各适量。

做法： 1.将小米淘洗干净，研磨成末，放入锅中加水煮至快熟时加入洗净的核桃末。

2.再煮至烂熟，调入砂糖即可喂食。

三文鱼粥

材料 ：三文鱼肉20克，粳米20克，葱花、盐各少许，清水适量。

做法 ：1.将三文鱼切碎成泥，放入碗内，加少许盐、拌匀稍腌一会。

2.粳米淘洗干净，浸泡1小时，用粉末机打成末状。

3.锅内放入清水和粳米末，当水沸腾时，加入鱼泥煮沸，即可喂食。

番茄土豆鸡末粥

材料 ：番茄1/2个，土豆泥适量，鸡蛋黄1个，熟鸡肉末20克，软米饭、香油各适量。

做法 ：1.将番茄洗净，用开水汆烫后去皮榨成汁。

2.将蛋黄、软米饭、土豆泥、适量清水放入锅内煮烂成粥。

3.再将番茄汁、熟鸡肉末拌入蛋黄粥中，加少许香油即可喂食。

核桃仁糯米粥

材料 ：核桃仁10克，已泡好的糯米30克。

做法 ：1.将泡好的糯米研磨成末状。

2.将核桃仁放入锅中微炒。

3.放凉后碾碎并剥去皮，和糯米末一同煮成烂粥即可喂食。

芹菜牛肉粥

材料 ：已泡好的粳米50克，牛里脊20克，芹菜末2大匙，牛骨高汤1杯，盐1小匙。

做法 ：1.将已泡好的粳米洗净沥干，牛里脊洗净切成细丝待用。

2.牛骨高汤加热煮沸，放入粳米和牛里脊续煮至滚时稍微搅拌，改中小火熬煮30分钟，加盐调味。在粥上撒上熟芹菜末即可喂食。

芝麻粥

材料：黑芝麻10克，大米30克，砂糖适量。

做法：1.先将黑芝麻炒熟后，放入研磨器中研成细末备用。

2.大米淘洗干净用开水浸泡1小时，用粉末机打成末状，再加入适量开水煮至米酥汤稠。

3.在粥中加入研碎的黑芝麻粉，继续煮一小会儿，加入砂糖拌匀即可喂食。

蛋黄奶酪粥

材料：已泡好的大米20克，鸡蛋1个，婴儿专用奶酪1/2片，水2/3杯。

做法：1.将鸡蛋煮熟后取出蛋黄并放入研磨器中捣碎。

2.将已泡好的大米搅碎成末放入锅内加适量水置火上煮粥，煮至七成熟时，将捣碎的蛋黄倒入锅内用小火煮，并不时地搅动，呈稀糊状时加入婴儿专用奶酪，搅拌均匀即可喂食。

豆苗碎肉粥

材料：豆苗20克，肉末10克，已泡好的大米20克，盐少许。

做法：1.将大米洗净，研磨成末，加入250毫升水，煲成粥。

2.把肉末煮烂后，放入研磨器中研成糊状，加入粥内混匀。

3.然后将豆苗煮烂研成泥状，放入粥内，加入少许盐调味即可喂食。

苹果麦片粥

材料：苹果1/3个，麦片20克。

做法：1.将水放入锅内烧开，下入麦片煮2～3分钟。

2.把苹果用匙子背研碎，然后放入麦片锅内，边煮边搅。

番茄鱼粥

材料　白鱼肉5克，番茄10克，5倍粥1/2碗。

做法　1.将白鱼肉放入微波炉加热8秒，捣碎。

　　　2.将番茄去皮，捻碎，和鱼肉一起放入5倍粥中，用小火煮一会儿，边搅边煮。

翡翠羹

材料　菠菜25克，鸡胸脯肉15克，水淀粉1大匙。

做法　1.菠菜洗净，去根，用开水焯一下，切碎。

　　　2.将熟的鸡胸脯肉切成0.3厘米大小的粒。

　　　3.把鸡胸脯肉、菠菜放入锅、添水用大火煮，至沸腾后把火调小，加入生淀粉调匀，盛入碗内即可喂食。

玉米胡萝卜糊

材料　黄玉米面2小匙，胡萝卜2片，清水1杯，香油少许。

做法　1.把胡萝卜蒸熟，然后压碎，将压碎的胡萝卜及玉米面一起放入煮开的水中。

　　　2.用小火边煮边搅拌，煮至胡萝卜和玉米面熟后，淋上一点点香油即可喂食。

红枣泥

材料　红枣20克，砂糖2克，水1/2杯。

做法　1.将红枣洗净，放入锅内，加入清水煮15～20分钟，至烂熟。

　　　2.去掉红枣皮、核，捣成红枣泥，用滤勺过滤一下。加入砂糖，调匀即可喂食。

鸡肉番茄汤

材料 ： 鸡胸脯肉（煮软碾碎）1大匙，番茄（切成粗块）30克，蔬菜汤适量。

做法 ： 1.鸡胸脯肉煮软碾碎。番茄去除皮和籽之后再切成粗块，备用。

2.把蔬菜汤煮沸，加入西红柿块后再煮沸，然后熄火，待凉后即可喂食。

豆腐鸡蛋羹

材料 ： 蛋黄1/2个，豆腐2小匙。

做法 ： 1.将鸡蛋煮熟，待微温时剥去外壳，取1/2个蛋黄放入研磨器中将其研碎。

2.把豆腐切成小块煮后控去水分并放到滤网中过滤，然后把蛋黄泥和豆腐泥一起放入锅内，加入肉汤，边煮边搅拌使其充分混合。

地瓜泥

材料 ： 地瓜20克，苹果酱1/2小匙，凉开水少量。

做法 ： 1.地瓜削皮后用水煮软，用匙子捣碎。

2.加苹果酱和凉开水稀释。

3.将稀释过的地瓜泥放入锅内，再用小火煮一会即可喂食。

豆腐蛋汤

材料 ： 蛋黄1/2个，海带汤1/4杯，豆腐少许。

做法 ： 1.将鸡蛋煮熟，待微温时剥去外壳，取1/2个蛋黄放入研磨器中将其研碎。

2.把蛋黄泥和海带汤一起放入锅内，然后上火煮，边煮边搅，待开锅后放入少许豆腐即可。

八宝粥

材料 | 大米20克、葡萄干、花生米（碎末）、红枣、绿豆各5克。

做法 | 1.将已泡好的大米入锅蒸熟，备用。

2.将泡好的绿豆，蒸熟。

3.将已准备好的葡萄干、花生米、红枣和水一起放入锅里煮，当水开始沸腾后把火调小，再把蒸过的大米饭和蒸熟的绿豆放入锅里边搅边煮。

鸡肉烩南瓜

材料 | 鸡肉25克，南瓜50克，小鱼干高汤1/4杯，水淀粉1大匙。

做法 | 1.将鸡肉洗净后切碎放入碗中备用。

2.南瓜洗净，去皮后切成小丁。

3.鸡肉、南瓜与高汤一起放入锅中，用小火煮至微软，最后慢慢淋入水淀粉，勾芡至稍微浓稠即可喂食。

玉米片牛奶粥

材料 | 无糖玉米片4大匙，牛奶5大匙，水3/4杯。

做法 | 1.将牛奶倒入锅中加热至温热。

2.无糖玉米片放入小塑料袋中捏成小碎片，再倒入大碗中，倒入温热的牛奶拌匀即可喂食。

蒸苹果

材料 | 新鲜苹果1个。

做法 | 1.将新鲜苹果洗净后带皮放入碗内入锅蒸熟。

2.待温凉时用小匙刮给宝宝食用。

奶香粥

材料 ： 粳米50克，牛奶50克，水3/4杯，盐适量。

做法 ： 1.粳米拣去杂物，淘洗干净浸泡1小时。

2.锅置火上，放入粳米和水，大火烧开后改用小火熬煮30分钟左右，至米粒涨开时，倒入牛奶搅匀，继续用小火熬煮10～20分钟，至米粒黏稠，溢出奶香味时即可喂食。

紫菜汤

材料 ： 水1/4杯，紫菜片1克。

做法 ： 1.在锅内放入水，用中火煮。

2.将烤紫菜片揉碎加入水中，继续用小火煮一会儿即可。

柳橙风味鱼肉

材料 ： 鳕鱼50克，橙汁20克，清水适量。

做法 ： 1.将50克的鳕鱼置于开水中煮软，去皮及鱼骨后捣烂，备用。

2.将准备好的橙汁及清水100毫升一同倒入锅中，并加入鳕鱼，用小火煮至熟透，并呈黏稠状时即可喂食 。

鸡肉粥

材料 ： 已泡好的大米20克，煮熟的鸡胸脯肉10克，鸡汤2/3杯。

做法 ： 1.将已泡好的大米煮熟备用。

2.鸡胸脯肉用水煮，撇去汤里的油，保留汤汁备用，切成0.5厘米大小的粒状。

3.把煮熟的大米饭和鸡汤放入锅里用大火煮。

4.当水开始沸腾时把火调小，将鸡脯肉粒放入锅里煮，一直煮到大米熟烂为止。

第六节

辅食添加后期：10～12个月

DILIUJIE

这个时期，父母可以用来为宝宝做辅食的食材更多了。其实父母可以在准备成人的饭菜前，先把做辅食的材料用小碗盛出。再在剩余的食材中加入更多的调味料就可以了。

10～12个月宝宝的变化

10个月宝宝	
1	能独站10秒钟左右
2	成人拉着宝宝双手他可走上几步
3	穿脱衣服能配合成人
4	能用手指着自己想要的东西
5	喜欢拍手
6	可以打开盖子
7	宝宝会用手指着他想要的东西说"拿"

11个月宝宝	
1	体型逐渐转向幼儿模样
2	牵着宝宝的手他就可以走几步
3	可以自己把握平衡站立一会儿
4	可以自己拿着画笔
5	能用整只手掌握笔在白纸上画出道道
6	向宝宝要东西他可以松手

12个月宝宝	
1	宝宝能独自走，并且走得很好
2	能站着朝成人扔球
3	能自己从瓶中取出小丸
4	能用笔在纸上乱画
5	把图画书或者卡片给宝宝，宝宝能按要求用手指对一张图画
6	会自己用匙吃饭
7	能区分自己和异性的身体

加快添加辅食的进度

宝宝的活动量会在10个月大后大大增加，但是食量却未随之增长。所以宝宝活动的能量已经不能光靠母乳或者配方奶来补充了，这个时候应该添加一定块状的后期辅食来补充宝宝必需的能量了。

对于成人食物有了浓厚的兴趣

很多宝宝在10个月大后开始对成人的食物产生了浓厚的兴趣，这也是他们自己独立用小匙吃饭或者用手抓东西吃的欲望开始表现明显的时候了。一旦看到宝宝开始展露这种情况，父母更应该使用更多的材料和更多的方法，来喂食宝宝更多的食物。在辅食添加后期，可以尝试喂食宝宝过去因过敏而未使用的食物了。

正式开始抓匙的练习

表现出开始独立欲望，自己愿意使用小匙。也对成人所用的筷子感兴趣，想要学使筷子。即使宝宝使用不熟练，也该多给他们拿小匙练习吃饭的机会。宝宝初期使用的小匙应该选用像冰激凌匙一样手把处平平的匙。

出现异常排便应暂停辅食

宝宝的舌头在10个月大后开始活动自如，能用舌头和上腭捣碎食物后吞食，虽然还不能像成人那样熟练地咀嚼食物，但已可以吃稀饭之类的食物。但即便如此，突然开始吃块状的食物的话，还是可能会出现消化不良的情况。如果宝宝的粪便里出现未消化的食物块时，应该放缓添加辅食进度。再恢复喂食细碎的食物，等到粪便不再异常后再恢复原有进度。

后期辅食添加的方法

添加后期辅食的原则

1岁大的宝宝在喂食辅食方面已经省心许多了，不像过去那样脆弱，很多食物都可以喂了，但是妈妈也不可大意，须随时留意宝宝的状态。

这时间段仍需喂乳品

宝宝在这个时期不仅活动量大，新陈代谢也旺盛，所以必须保证充足的能量。喝一点儿母乳或者配方奶就能补充大量能量，也能补充大脑发育必需的脂肪，所以这个时期母乳和配方奶也是必需的。配方奶可喂到1岁，母乳的时间可以更长。建议母乳喂养可到两周岁。即使宝宝在吃辅食也不能忽视喂母乳，一天应喂母乳或者配方奶3～4次，共600～700毫升。

每天3次的辅食应成为主食

若是中期已经有了按时吃饭的习惯，那现在则是正式进入一日三餐按时吃饭的时期。此时开始要把辅食当成主食。逐渐提高辅食的量以便得到更多的营养，一次至少补充两种以上的营养群。不能保障每天吃足5大食品群的话，也要保证2～4天均匀吃全各种食品。

添加后期辅食的方法

要养成宝宝一日三餐的模式，每天需要进食6次左右：早晚各两次奶，辅食添加4次。不仅要喂食宝宝糊状的食物，也要及时喂固体食物，以便能及时锻炼宝宝的咀嚼能力，从而更好地向成人食物过渡。

先从喂食较黏稠的粥开始

宝宝一天2～3次的辅食已经完全适应，排便也看不出来明显异常，足以证明宝宝做好了过渡到后期辅食的准备。从9个月大开始喂食较稠的粥，如果宝宝不抗拒，改用完整大米熬制的粥。蔬菜也可以切得比以前大些，切成5毫米大小，如果宝宝吃这些食物也没有异常，证明可以开始喂食后期辅食了。

食材切碎后再使用

这个阶段是正式开始练习咀嚼的时期。不用磨碎大米，应直接使用。其他辅食的各种材料也不用再捣碎或者碾碎，一般做成3～5毫米大小的块即可，但一定要煮熟，这样宝宝才能容易用牙床咀嚼并且消化那些纤维素较多的蔬菜。使用那些柔嫩的部分给宝宝做辅食，这样既不会引起宝宝的抵抗，也不会引起腹泻。

使用专用餐椅

宝宝除了使用专用的儿童餐具以外，还要在固定的位置进餐。

后期辅食食材

【面粉】

10个月大的宝宝就可以喂食用面粉做的疙瘩汤。为避免过敏，过敏体质的宝宝应该在1岁后开始喂食。做成面条剪成3厘米大小放在海带汤里，宝宝很容易就会喜欢上它。

【西红柿】

水果中含的维生素C和钙最为丰富。但不要一次食用过多，以免便秘。去皮后捣碎然后用筛子滤去纤维素，然后冷冻。使用时可取出和粥一起食用或者当零食喂。

【虾】

富含蛋白质和钙，但尤其容易引起过敏，所以越晚喂食越好。过敏体质的宝宝则至少1岁大以后喂食。去掉背部的腥线后洗净，煮熟捣碎喂食。

【鹌鹑蛋黄】

含有3倍于鸡蛋黄的维生素B₂，宝宝10个月大开始喂蛋黄，1岁以后再喂蛋白。若是过敏儿，则需等到1岁后再喂。煮熟后则较为容易分开蛋白和蛋黄。

【红豆】

若宝宝胃肠功能较弱，则应在1岁以后喂食。一定要去除难以消化的皮。可以和有助于消化的南瓜一起搭配食用。

【猪肉】

应在1岁后开始喂食油脂含量高的猪肉。它富含蛋白质、维生素B₁和矿物质。肉质鲜嫩，容易消化吸收。制作辅食时先选用里脊，后期再用腿部肉。

【鸡肉】

有益于肌肉和大脑细胞的生长。可给1岁以后的宝宝喂食鸡的任意部位。但油脂较多的鸡翅尽量推迟几岁后吃。去皮、脂肪、筋后切碎，加水煮熟后喂食。

【面包】

用于制作原料里的鸡蛋、面粉、牛奶等都容易导致过敏，所以1岁前最好不要喂食。过敏体质的宝宝更要征求医生意见后再食用。去掉边缘后烤熟再喂。不烤直接喂食容易使面包黏到上腭。

【黄油】

易敏儿应在其适应了牛奶后再行尝试喂食黄油。购买时选用天然黄油，才不需担心摄入脂肪过多。选择白色无添加色素的。用黄油制作的辅食尤其适合体瘦或发育不良的宝宝。

一眼分辨的常用食物的黏度

大米：不用磨碎大米，直接煮3倍粥，也可以用米饭来煮。

鸡胸脯肉：去掉筋煮熟后捣碎。

苹果：去皮切成5毫米大小的块。

油菜：用开水烫一下后，菜叶切成5毫米的碎片。

胡萝卜：去皮切成5毫米大小的块。

海鲜：去皮蒸熟，然后去骨撕成5毫米大小。

后期辅食中粥的煮法

泡米熬粥

【原料】 30克泡米，90毫升水。

【做法】

↑1.把水和泡米放入锅中用大火烧开。

↑2.水开后再换用小火熬。

↑3.一边用木匙搅拌一边小火熬至粥熟。

大米饭熬粥

【原料】 20克熟米饭，50毫升水。

【做法】

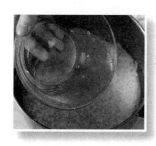

↑1.把水和米饭放进小锅。

↑2.开始用大火煮，水开后再用小火熬熟。

辅食后期喂养问答

后期宝宝可以吃很多种食物，这个时期并且容易出现偏食和好恶的情况。妈妈们请不要焦急，要以平静的心态，面带笑容来传递给宝宝吃饭的乐趣。

问 宝宝开始分辨好恶，怎样才能让宝宝吃不喜欢的东西呢？

答 宝宝的好恶很多情况是由妈妈造成的，所以请注意！一两次的不喜欢并不是讨厌，也许是因为不饿或者心情不好，不是真的挑食。这个时期挑食是宝宝成长中很平常的事，如果怎么也吃不下，不要勉强，只是不吃两三种东西，对健康没多大影响。

问 怎样让宝宝嚼好才咽下去？

答 初期的时候，食物种类比较少，菜谱也没什么变换，所以要逐渐地变化口味，让宝宝品尝各种食物的味道。等宝宝长大一点的时候再吃硬一些的食物，以免养成宝宝偏食的毛病。

问 宝宝什么时候可以开始一天喂3次？

答 一般情况下，宝宝一天可以开始喂3次的标准：

1.可以吃主食和主菜了。2.宝宝的舌头可以上下活动碾碎食物了。3.可以咬东西吃了。

问 平时吃得很多，可今天却不吃了，为什么？

答 食欲有一定的波动是很正常的，如果宝宝不肯吃饭，就重新审视一下菜单，是不是千篇一律没什么变化，可以改变一下口味。

问 宝宝只喜欢吃点心怎么办？

答 换乳后期最好不要喂给宝宝点心。点心作为营养的补充到末期再喂就可以了。如果宝宝一哭就喂点心，这样宝宝就会不吃其他食物了。点心还容易导致宝宝过胖，所以一定要注意!

问 好不容易做的饭，宝宝却不吃，弄得乱七八糟怎么办好呢？

答 这个时期宝宝喜欢用手拿，喜欢有触摸感。现在就是边玩边吃的时期，所以妈妈不用太敏感。可以试着让宝宝自己拿匙子吃，但是这个时期的宝宝还不能完全自己吃饭，所以，妈妈一定要看好时机，用匙子来喂。

问 比起辅食，宝宝还是很喜欢母乳，怎么办好呢？

答 如果是中期，可以多补充母乳或者酸奶，到了后期，母乳量根本满足不了宝宝营养的需求。所以，一定要做一些辅食，肚子饿的时候是宝宝最有食欲的时候，为了给宝宝补充一些营养，可以在宝宝肚子饿时再喂食物，慢慢宝宝也就习惯了。

辅食后期食谱推荐

鸡肝软饭

材料　鸡肝20克，已泡好的大米30克，水2/3杯，植物油、盐各少许。

做法　1.将已泡好的大米入锅蒸熟。

2.将鸡肝切成片，用开水焯一下，捞出后剁成泥。

3.锅内放点油，下鸡肝泥煸炒，加入适量的植物油和盐，炒透入味。

4.把已煸炒过的鸡肝泥和水放锅里煮，当水开始沸腾时把火调小，再把蒸过的米饭放入锅里边搅边煮，收汁一半即可喂食。

蒸南瓜粥

材料　鸡胸脯肉30克，南瓜1小块，软米饭1/2碗。

做法　1.将洗干净的鸡胸脯肉放入淡盐水中浸泡半小时，然后将其剁成泥，放入锅中加入一大碗水煮。

2.将南瓜去皮后洗净放入另外一锅内蒸熟后再放入研磨器中用勺子碾成泥。

3.当鸡肉汤熬成一小碗的时候，用消过毒的纱布将鸡肉颗粒过滤掉，将鸡汤倒入南瓜泥中，加入软米饭再稍煮片刻即可喂食。

豆腐鱼泥汤

材料　鱼泥25克，鸡蛋1个，豆腐50克，砂糖、葱末各适量。1.将鱼蒸熟刮

做法　取鱼泥（注意剔除小刺），用酱油、砂糖和少许植物油拌匀。

2.鸡蛋去壳搅匀。

3.用适量水和盐把豆腐煮熟，然后加入煨好的鱼泥，待熟时撒蛋花、葱末，煮熟便成。

黑芝麻糙米粥

材料 ： 糙米60克，黑芝麻2大匙，水适量，糖1小匙。

做法 ： 1.糙米洗净后沥干，浸泡30分钟。

2.锅中加清水煮开，放入糙米，搅拌一下，待煮滚后再改中小火熬煮45分钟，放入黑芝麻续煮5分钟，加入糖煮溶即可喂食。

菠菜紫菜粥

材料 ： 烤紫菜片（海苔）少许，菠菜3棵，软米饭1/5碗，水3/4杯。1.把菠

做法 ： 菜用开水烫熟后沥干水分，切成约1厘米长的小段。

2.把烤紫菜片用手撕碎。

3.将软饭和水放入锅内煮，当水开始沸腾时把火调小，把撕碎的紫菜放入锅里边搅边煮，至汤汁收干一半即可。

鸡肉什锦稀饭

材料 ： 鸡肉25克，生菜20克，胡萝卜泥1大匙，软饭1/5碗，鱼汤1杯。

做法 ： 1.鸡肉和生菜洗净、切碎。

2.将软饭与柴鱼高汤放入锅中，用小火煮开后放入鸡肉、生菜和胡萝卜泥，继续煮至汤汁收干一半即可。

鸡肉软饭

材料 ： 已泡好的大米50克，鸡胸脯肉20克，鸡汤1/2杯。

做法 ： 1.将已泡好的大米上锅蒸熟，备用。

2.鸡胸脯肉清洗干净用水煮熟，然后捞出来切成小块，鸡汤撇去油后盛到别的碗里。

3.把蒸好的饭、鸡胸脯肉放到锅里，再倒些做好的鸡汤，边搅边煮。

牛肉粥

材料 泡好的大米20克，牛肉末10克，萝卜10克，洋葱10克，酱油少许，水1/2杯。

做法 1.将已泡好的大米入锅蒸熟。

2.将牛肉末用酱油腌淡点。

3.将萝卜切成5毫米的小粒，将洋葱切末。

4.锅里加油，煸炒萝卜粒、洋葱末和牛肉末。

5.把已加工的大米饭、萝卜粒、洋葱末、牛肉末、水放入锅里用大火煮，边搅边煮，一直到大米熟烂为止。

黄瓜鸡肉粥

材料 大米30克，熟鸡胸肉1小块，黄瓜2片。

做法 1.黄瓜去皮洗净，鸡胸肉剁至极烂。大米洗净，加入浸过米面儿的清水浸1小时（米浸软能加速煲烂）。

2.把3/4杯或适量的水放入小煲内煲滚，放入大米及浸米的水，黄瓜也放入煲内煲滚，小火煲成稀糊。

3.取出黄瓜压成蓉放回粥内，鸡肉也放入，煲成稀糊，加入极少的盐调味。待温度适合时即可喂食。

杏仁苹果豆腐羹

材料 豆腐30克，苹果50克，香菇30克，杏仁30克，植物油、盐、水淀粉各适量。

做法 1.将豆腐切小块置水中泡一下捞起；冬菇切碎成茸和豆腐煮滚，用少许植物油、盐调味并用水淀粉勾芡成豆腐羹。

2.杏仁去衣，苹果切粒，同搅成茸。

3.待豆腐羹冷却，加杏仁、苹果糊拌匀即可喂食。

辅食添加结束期：13～15个月

DIQIJIE

这个阶段，要为宝宝进入幼儿期饮食打下扎实基础，所以做好铺垫是关键。要让宝宝一日三餐定时、定量、定点，好的习惯会影响宝宝一生的用餐习惯和餐桌礼仪。但在烹调方面还是要注意口味比成人的口味稍淡一些。

13～15个月宝宝的变化

13个月宝宝	
1	遇到不喜欢做的事的时候会摇头
2	能够清楚自己的五官在哪儿
3	听到音乐会跟着扭动跳舞
4	晚上排尿的次数少了
5	能够把东西从小盒子里面取出来，然后还能够放回去
6	可以自己爬上一些矮的物体
7	能够自己蹲下，然后转为坐着

14个月宝宝	
1	走起路来还不太稳，时而会摔跤
2	能够模仿一些动物的叫声
3	能够听懂更多的话了，认识的东西也更多了
4	有时生气了会打人
5	能够看成人的脸色了，对他严肃的时候他会害怕
6	会自己坐在自己的小腿上
7	当遇到成人说的话听不懂时，他会摇头
8	开始喜欢吃自己的小脚了

15个月宝宝	
1	走起路来稳多了
2	能够自己从矮的床上爬到地上
3	宝宝对身体各个器官的位置更加了解了
4	开始学会飞吻了
5	能够自己拿小匙吃饭了，但会弄得到处都是
6	会自己拿着玩具电话打电话了
7	能够看懂一些儿童书了，还会模仿书中的故事做动作

添加结束期辅食的信号

臼齿开始生长

臼齿一般在宝宝1岁后开始生长，已经可以咀嚼吞咽一般的食物了。类似熟胡萝卜硬度的食物，就完全能够消化了，稀饭也可以喂食了。随着消化器官的逐渐成熟，各种过敏性反应也开始消失。不能吃的食物也越来越少，能够品尝各式各样的食物了。这时期接触到的食物会影响到宝宝一生的饮食习惯，所以应该让宝宝尝试各类不同味道的食物。

独立吃饭的欲望增长

自我意识逐渐在这个时期的宝宝身上显现，自立和独立的心里也开始增强。要求自己独立吃饭的欲望也开始增强。肌肉的进一步发育，使得宝宝自己用小匙放入嘴中的动作变得越来越轻松，开始对小匙有了依恋。若是抢走宝宝手中的小匙，宝宝会哭闹。这一段时期的经历会影响到宝宝的一生，所以即使宝宝吃饭会很邋遢，但还是要坚持让宝宝练习自己吃饭。

结束期辅食原则与方法

添加结束期辅食的原则

大多1岁大的宝宝已经长了6～8颗牙，咀嚼的能力有了进一步加强，消化能力也好了很多。所以食物的形式上也可以有更多的相应变化。

最好少调味

盐跟酱油等调味品在宝宝1岁后已经可以适量使用了，但在15个月以前还是尽量吃些清淡的食物。很多食材本身已经含有盐分和糖分，没必要再调味。宝宝若是嫌食物无味不愿意吃时，可以适量加一些大酱之类的调料，尽量不要使用盐、酱油，如非必要也不要使用。给汤调味时可以用酱油或者鱼、海带来调味。因为宝宝一旦习惯甜味就很难戒掉，所以尽量避免在辅食中使用白糖。

不要过早喂食成人的饭菜

宝宝所吃的食物也可以是饭、菜、汤，但是不能直接喂食成人的食物。喂给宝宝吃的饭要软、汤要淡，菜也要不油腻、不刺激才可以。若是单独做宝宝的饭菜不方便的话，也可以利用成人的菜，但应该在做成人食物时，放置调料之前先取出宝宝吃的量。喂食的时候弄碎再喂以免卡到宝宝的喉咙。

不必担心进食量的减少

即使以前食量较好的宝宝，到了1岁时也会出现不愿吃饭的现象。饭量是减少了，体重也随之不增加，尤其是出生时体重较高的宝宝更易提早出现这种情况。不必太担心宝宝食欲缺乏和成长减缓，这是因为骨骼和消化器官发育过程中出现的自然现象，只需留意是否因错误的饮食习惯造成的即可。

添加结束期辅食的方法

宝宝长到1岁以后就可以过渡到以谷类、蔬菜水果、肉蛋、豆类为主的混合饮食了，但早晚还是需要喂奶。

将食物切碎后再喂

即使宝宝已经能够熟练咀嚼和吞咽食物了，但还是要留心块状食物的安全问题。能吃块状食物的宝宝很容易因吞咽大块食物而导致窒息。水果类食物可以切成1厘米厚度以内的棒状，让宝宝拿着吃。较韧的肉类食物，切碎后充分熟透再食用。滑而易咽的葡萄之类的食物应捣碎后喂食。

每次120～180克为宜

喂乳停止后主要依靠辅食来提供相应的营养成分。所以不仅要有规律的一日三餐，而且要加量。每次吃一碗（婴儿用碗）最为理想。每次吃的量因人而异，但若是距离平均值有很大差距，就应该检查下宝宝的饮食是不是出现了问题。不少时候，因为喝过多的奶或没完全换乳时食量不增。

每天喂食两次加餐

随着宝宝需求营养的增加，零食也成为不可或缺的部分。这段时期每天喂食两次零食为佳，早餐与午餐之间，午餐和晚餐之间各一次。在时间间隔较长的上午，可以选用易产生饱腹感的地瓜或马铃薯，间隔较短的下午可选用水果或奶制品。最好避免喂食高热量、含糖高、油腻的食物。摄入过多的零食会影响正常饮食，需留意。

小贴士
Xiao tie shi

宝宝1岁以后就可以将辅食变成主食。白天吃3顿，外加早晚各一次奶。对于已经断了母乳的宝宝，也要坚持喂食适量的配方奶。

结束期辅食食材

【薏米】

宝宝1岁以前不宜食用这种不易消化且易过敏的食物。但它较其他谷类更利于排除体内垃圾和促进新陈代谢。可用有机薏米粉加蜂蜜喂食。

【韭菜】

富含蛋白质、维生素A、脂肪和糖。能够帮助消化吸收肉类，具备润肠作用。但味道较浓，1岁后喂食较佳。搭配牛肉或猪肉食用。初次食用应少量。

【番茄】

番茄能预防疾病，但其酸性较大，所以不能在1岁前喂食。注意其吃完后易出现口边发疹的现象。适合用橄榄油炒着吃，容易吸取其脂溶性的有益成分。

【牛肉】

拥有丰富的成长期所需营养，铁的含量极高，有益于预防缺铁性贫血。两周岁前应经常喂食。使用煮熟的牛排，做汤时选用牛腿肉。

【面食】

刀切面、意大利面、米线都可以喂食。但因为不容易消化和可能导致过敏，所以应该切成适当长度后喂食。应教会宝宝怎么吃，避免他们不加咀嚼直接吞咽。

【茄子】

使用植物油配餐能够充分汲取不饱和脂肪酸和维生素E。应两周岁后喂食，避免接触性皮炎。冷藏会变质，所以应去水后用纸包装，常温下保存。

【芋头】

富含B族维生素、蛋白质、钙。适合与肉类搭配食用，能够帮助消化。淘米水煮食芋头可有效去除芋头里的毒性还有黏稠成分所带的涩味。应该戴手套处理芋头，以免弄疼手。

【菠萝】

富含维生素C、果糖、葡萄糖。搭配肉类食用，可帮助消化。带叶保存时，将叶子向下放置，这样有助于甜味散发在全部果肉中，味道愈加鲜美。

【杧果】

维生素A含量高，果肉鲜嫩，宝宝十分喜爱吃。但可能其含有防腐剂和农药，不宜1岁前食用。选择表面光滑无黑斑的杧果，可以放入保鲜袋内冷藏1周左右。

【草莓】

一天所需的维生素C可靠6～7粒草莓补充，但容易引起过敏，不宜1岁前喂食。白糖易破坏其中的B族维生素，不要配合食用，牛奶也不适合一起喂食。食用前用流水冲洗去表面残存农药。

【鱿鱼】

肉质坚韧、不易消化，宜1岁以后再喂食。鱿鱼干较咸，不宜喂食3岁以下的宝宝。如对鱿鱼过敏，那么也不要喂食章鱼。为保存营养成分，应高温下快速蒸熟后食用。

【柠檬】

富含维生素E，较浓的香味和较多的酸，易引起过敏，不宜喂食不到1岁的宝宝。切成适当大小或者榨汁，可以保存1个月左右。可以加柠檬汁到牛奶里去除其特有的腥味。

【猕猴桃】

富含维生素C、钾、钙、叶酸等营养成分，而且几乎没有农药。但其酸含量高，易过敏，所以应喂食两岁以上的宝宝。两周岁以前可少量喂食甜味较大的猕猴桃，不完全蒸熟后再喂食。

【蜂蜜】

其中的腊肠杆菌被肠黏膜吸收后容易引起食物中毒，轻者出现便秘，严重甚至会呼吸困难。添加蜂蜜的饼干或者饮料也绝不能喂食。1岁以后喂食，需要加水稀释或者添加到其他食物里食用。

【核桃】

富含营养大脑和坚固骨骼的脂肪酸。但核桃皮容易导致过敏，也可能引起窒息。所以不宜喂食1岁以前的宝宝。用水浸泡核桃后，使用牙签去皮磨碎后冷冻保存备用。

【鸡蛋清】

其优质高蛋白有助于宝宝发育，但也有较高的过敏成分，1岁前的宝宝不宜食用。煮熟后捣碎混合鸡蛋黄一起喂食，每周3个为宜。

【牛奶】

应在13个月后喂食。对于牛奶过敏的宝宝，奶酪及原味酸奶等奶制品也不能喂食。隔3天喂食100～200毫升，若无异常反应后再加量，但每天总量不得超过700毫升。

【螃蟹】

含有大量的必需氨基酸，脂肪量几乎为零，非常适合成长期的宝宝。但其甲壳易导致过敏，所以应两岁后再喂食。蒸熟后取其肉捣碎放于粥或者汤里喂食，每次少量喂食。

本阶段宝宝辅食材料加工方法

大米：泡米和水1：2，充分煮开。

鸡蛋：煮熟后剥去蛋皮捣碎。

苹果：去皮切成7毫米的块。

油菜：用开水烫一下后去水，切成7毫米的块。

胡萝卜：去皮切成7毫米的块，轻度煮熟。

海鲜：煮熟后去皮去骨，切成7毫米的块。

结束期辅食中饭的煮法

饭的煮法

【原料】 10克大米，80毫升水。

【做法】

↑1.将水和大米放入小锅里，加盖，调大火。

↑2.水开后去盖放掉蒸汽后再加盖，调至小火。

↑3.等米泡开，水剩至少许后再煮5分钟左右。然后灭火加盖焖10分钟左右即可。

成人米饭改成辅食

【原料】60克米饭，适量蘑菇等辅料，80毫升水。

【做法】

←1.将食材处理干净后煮熟。

←2.将煮熟的食材和米饭放置锅里，加水后再煮一会儿，等煮至水开饭熟为止。

辅食结束期喂养问答

问 只吃饭不吃菜，这样会不会营养不良？

答 首先把宝宝喜欢的饭和一种菜一起喂，习惯了之后，再逐渐减少饭量，多放菜，最终可以达到饭和菜分开吃的效果。喂饭的时候，妈妈可以不断地说"这次是鱼，很好吃的"，"这次是甜甜的胡萝卜"或者"太好吃了啊"等来喂宝宝，以提高宝宝的食欲。

问 宝宝在吃饭时总是来回走动，怎么办？

答 这是宝宝吃饭时普遍的一种表现，宝宝喜欢吃一会儿玩一会儿，常转移注意力。这时候如果宝宝玩的时间太长了就不要喂了，下一餐饿了自然就会好好吃饭。

问 不喜欢喝牛奶会不会缺钙？

答 宝宝讨厌牛奶的味道，妈妈就不要单独喂牛奶。试着做草莓牛奶或者牛奶果冻，不要局限于牛奶，酸奶酪或者奶酪都可以补充钙元素。

问 宝宝在吃饭时总是来回走动，怎么办？

答 这是宝宝吃饭时普遍的一种表现，宝宝喜欢吃一会儿玩一会儿，常转移注意力。这时候如果宝宝玩的时间太长了就不要喂了，下一餐饿了自然就会好好吃饭。

问 每次应该让宝宝吃几种食物？

答 让宝宝每一餐都吃很多种食物不太可能，所以，第一次太偏重主食的话，下一次就多吃一些副菜，1～2天内取得营养均衡就可以了，辅食要保证量充足。

问 面食选哪种比较好呢？

答 有很多形状、粗细、种类丰富的面食，像通心粉之类的宝宝都很喜欢，面食要做成宝宝容易吃的长度，一定要煮软再喂。

问 宝宝很喜欢柔软的面包，所以在早餐也喂一些糕点，可以吗？

答 对宝宝来说，喂糕点不太好。糕点不仅糖太多，而且还含有添加剂，所以最好不要喂，这样很容易导致宝宝龋齿或者肥胖，而且宝宝很容易记住浓重的口味，还是尽量少吃一些面包。

问 宝宝可以吃油炸的食物吗？

答 喂少量的话应该没有什么大问题，但不要喂太多，因为此时宝宝不能一次性很好地消化油炸食品，过多食用的话会使宝宝大便变稠，而且对消化也会产生负担。

水晶南瓜包

材料　澄面150克，糯米粉10克，胡萝卜泥100克，豆沙馅少许，砂糖10克，开水150克，叶绿素适量。

做法　1.将澄面加入糯米粉，将胡萝卜泥、白糖和匀放入盘中，上笼屉蒸50分钟，冷却待用。

2.再将澄面用开水和匀。

3.将胡萝卜面揪成剂（每个15～20克）包入豆沙馅，包成圆形，中间按扁，在边上刻出印，上面安个把儿。

4.将制好的半成品上屉蒸5分钟，出锅即可喂食。

文思豆腐

材料　南豆腐100克，火腿25克，鸡蛋清30克，香菇25克，鸡胸脯肉50克，油菜20克，竹笋25克，淀粉1小匙，盐1/2小匙。

做法　1.将嫩豆腐切成细丝，鸡脯肉、竹笋、火腿、香菇、油菜叶均切成丝，投入沸水锅中焯至断生，取出，备用。

2.将干净的锅放置火上，倒入开水，加入盐调味，待锅中的水烧开之后，放入以上各丝，小火慢煨，勾芡，淋入调好的鸡蛋清就可以了。

双米花生粥

材料　粳米50克，糯米30克，花生30克。

做法　1.先将粳米、糯米及花生分别洗净。

2.将花生放入锅里，加水煮至八成熟，将粳米和糯米一起放入锅里，煨至粥汤浓稠即可喂食。

山药萝卜粥

材料 : 粳米100克,山药20克,胡萝卜1/2个,水10杯,盐1小匙,香菜末1小匙。

做法 : 1.粳米洗净沥干,浸泡1小时,山药和胡萝卜均去皮洗净切成小块。

2.锅中加水煮开,放入粳米、山药、胡萝卜稍微搅拌,至再次滚沸时,改中小火熬煮30分钟。

3.加入盐拌匀,撒上香菜末即可。

小米鸡蛋粥

材料 : 小米100克,鸡蛋1个。

做法 : 1.将小米清洗干净,浸泡30分钟,然后在锅里加足清水,烧开后加入小米。

2.待煮沸后改成小火熬煮,直至煮成烂粥。

3.再在烂粥里打散鸡蛋,搅匀,稍熬一会儿放入红糖即可喂食。

鲜滑鱼片粥

材料 : 软米饭1碗,金枪鱼50克,香菜2小匙,香油1大匙。

做法 : 1.将金枪鱼切成0.7厘米大小的块。

2.锅里淋点香油,把金枪鱼放入锅里炒一会儿,等金枪鱼熟后再把软米饭和适量水放进去用大火煮开。

3.调小火继续煮,待粥在滚起,端离火位,出锅用碗盛起即可喂食。

火腿狮子头

材料 : 五花肉30克,木耳2朵,菜心3棵。

做法 : 1.将肉剁成泥,加干生粉搅至起胶,做成肉圆,放开水中火煮熟。

2.待水沸腾时,加入清洗干净的木耳、菜心等煮至汤浓白即可喂食。

青菜肉饼

材料 ： 肉末2大匙,青菜末2大匙,砂糖、酱油、植物油少许。

做法 ： 1.将肉末放锅内，加入2小匙水，用小火煮熟时加入少许酱油、砂糖调匀。

2.锅内放植物油，油热后将肉末倒入，炒片刻后将青菜末倒入一起翻炒，炒熟即可喂食。

红嘴绿鹦哥丝面

材料 ： 番茄1个，菠菜叶5片，豆腐1/2块，排骨汤、细面条各适量。

做法 ： 1.将番茄用开水烫一下，去掉皮，切成碎块。

2.菠菜叶洗净，开水捞一下除去草酸，再切碎；豆腐切碎。

3.放入少许油，倒入排骨汤，烧沸。将番茄和菠菜叶倒入锅内，略煮一会儿。再加入细面条，待面条软即可出锅。

馄饨

材料 ： 猪肉20克,干香菇1个,馄饨皮适量,肉汤2杯,韭菜、酱油各适量。

做法 ： 1.将猪肉精肉切碎，泡开的香菇、韭菜除去水分切碎，拌起做馅。

2.将馅用馄饨皮包好，放在肉汤里煮，并用酱油调味。

3.煮熟之后取出，冷却并切成小块。

酸奶酪

材料 ： 奶酪2大匙,香蕉1/4根,草莓2粒,砂糖1/2小匙。

做法 ： 1.在塑料薄膜上，放入剥皮的香蕉和切除果蒂的草莓，用擀面杖等碾成泥。

2.加入奶酪和砂糖，混匀，装到杯子里。

菠菜面

材料　菠菜20克，乌冬面100克，粟米蓉10克，盐少许。

做法　1.菠菜洗净，入开水烫软，捞起，切成菠菜蓉。粟米用水洗净，泡软，磨成泥状。

2.将乌冬面放入汤内，煮约5分钟，加入菠菜蓉、粟米蓉再煮至滚，加少许盐即可喂食。

三色鱼丸

材料　洗净鳕鱼肉100克，胡萝卜10克，青椒10克，花生油10克，鸡蛋1个，肉汤适量，水发木耳5克。

做法　1.鱼肉洗净，去刺，剁成泥，加蛋清、盐、淀粉、少量肉汤，顺时针搅拌成馅。

2.将鱼肉馅做成丸子，放入将要开的热水中，大火烧熟后，捞出；将胡萝卜、青椒、水发木耳洗净，切成丁。

3.炒锅烧油至热，加入葱末、姜末煸香，再加入青椒、木耳、胡萝卜，略炒，加汤。

4.待胡萝卜熟时，用湿淀粉勾芡，下入鱼丸，搅拌，淋上香油即可喂食。

香橙鸡蛋饼

材料　橙子1个，鸡蛋3个，植物油2小匙，牛奶、砂糖、豌豆（一般都用罐头里的，生的要先加工至半熟）各少许。

做法　1.橙子去皮切成小丁，泡在牛奶里。

2.打散鸡蛋，加入砂糖、盐、淀粉打匀，然后拌入鲜橙丁和豌豆，拌匀。

3.平底锅加少许油，倒入蛋液，小火煎熟即可。

学步期宝宝饮食

以蔬菜为主

　　幼儿期是仅次于宝宝期的发育阶段，如同宝宝期一样，蔬菜是宝宝吸收维生素和矿物质的主要来源。

　　这个时期，大部分宝宝都能从同大人一样的食物中摄取营养，只是尚不能充分消化这些食物，因此还必须做点幼儿适合吃的东西。

　　幼儿发育时期尚需大量蛋白质、脂肪、淀粉、维生素、矿物质，尤其以动物蛋白（牛奶、肉、鱼、蛋等）比较重要，因此，每餐都应该有一点，豆类及其制品。总之，在幼儿期里，要多吃蔬菜。

不要吃太硬或过生的蔬菜

　　幼儿吃的菜可以与大人吃的相近，不过，太硬、过生的蔬菜对宝宝还是不合适的。放些奶油把菜烧得烂糊些，最好多放点油。让宝宝多吃些蔬菜，海藻类及水果。饭可以和大人一样，吃得不多亦无妨。

增加菜的摄入量

　　2岁宝宝的体重约为大人的1/5。但吃的菜要为大人的2/3才行。宝宝发育需要吃肉、鱼、蛋、牛奶，以便从中摄取大量的动物蛋白，以补充减少的脂肪层。豆腐等豆制品也是很好的蛋白质来源。除了蛋白质以外，还得多吃些蔬菜、水果，否则营养是不全面的。除注意以菜为主食外，如不能满足食欲，再给吃些饭、面包、面条、薯类、香蕉等含碳水化合物的食物。

食物宜软、烂、碎

　　宝宝的牙齿正在逐步长出，2岁时基本出齐，咀嚼和消化能力比宝宝时期大为增强。但牙齿尚未完全出齐，咀嚼能力还相对较差，加之胃肠道蠕动及调节能力较低，各种消化酶的活性远不及成人。因此，消化功能仍还未发育完善，容易生病。

不愿吃蔬菜的时期

2岁的宝宝通常都不愿吃蔬菜,这是因为蔬菜纤维长,味道不好,且量又多。因此,要尽量将蔬菜炒得味道好些,使宝宝愿意吃。菠菜、胡萝卜等要切得细一点,混在蛋卷、肉丸、鸡蛋羹里,或按宝宝的口味,变变花样,往碗里盛得好看些。这样,宝宝会不知不觉地吃下去。如果宝宝实在不愿吃蔬菜,也不必硬逼着吃,可多吃些水果。

胃肠消化功能仍不完善

宝宝的牙齿正在逐步长出,2岁时基本出齐,咀嚼和消化能力比宝宝时期大为增强。但牙齿尚未完全出齐,咀嚼能力还相对较差,加之胃肠蠕动及调节能力较低,各种消化酶的活性远不及成人。因此,消化功能仍还未发育完善,容易生病。

食物种类要多样化

宝宝1岁后,母乳不再是他们的主食了。可是,他们的身体生长发育仍然需要多种营养素,这就必须得从多种多样的食物中摄取。各餐的食物搭配要合适,有干有稀,有荤有素。饭菜要多样化,每天不重复。比如,主食轮换吃软饭、面条、馒头、包子、饺子、馄饨、发糕、麻酱花卷、菜卷等,注意利用蛋白质互补作用,用肉、豆制品、蛋、蔬菜等混合做菜,一个炒菜里可同时放两三种蔬菜,也可用几种菜混合作馅,还可在午饭或早点吃些蒸胡萝卜、卤猪肝、豆制品等,以刺激宝宝的食欲,对食物产生吃的兴趣。

合理安排各餐营养素比例

按照早餐要吃好，午餐要吃饱，晚餐要吃少的营养比例，把食物合理安排到各餐中去。各餐占一天总热量的比例为早餐占30%，午餐占40%，晚餐占30%。为了满足宝宝上午活动所需热能及营养，早餐除主食外，还要加些乳类、蛋类和豆制品、青菜、肉类等食物，午餐的进食量应高于其他各餐。因为，宝宝已经活动了一上午，下午还有更长时间的活动。

注意增加每天的餐次

宝宝的胃要比成年人小，不能像大人那样在一餐中进食很多。可宝宝对营养的需求量却比大人多，因此，每天进餐次数不能像大人那样以一日三餐为标准，应该进餐次数多一些。一般来讲，1至1岁半的宝宝，每天进餐5～6次，即早、中、晚三餐加上午、下午点心各1次。在临睡前增加1次消夜，但3次加餐的点心不宜太多，以免影响正餐。

食物保持清淡无刺激口味

不能根据大人口味喜好来为宝宝做食物。应该以天然、清淡为原则，添加过多的盐和糖都会使宝宝的肾脏负担增加，并养成日后嗜盐或嗜糖等不良习惯；更不宜添加调味品、味素及人工色素等，这样会影响宝宝的健康。

养成与家人一起规律进餐的习惯

如果让宝宝与家人一起进餐，不仅可使他们获得必需的营养，同时还可以从和大人的交谈中学到均衡营养的常识，以及学会怎样去与别人分享食物。

注意饮食烹调的方法

烹调时，不仅要注意适合宝宝的消化功能，即细、软、烂、嫩，同时还应注意干稀、甜咸、荤素之间的合理搭配，注意食物的色、香、味，以此提高宝宝的食欲。

营造良好的进餐环境也很重要。不要以为宝宝需要的只是营养。其实，他们在进餐时，同时还需要一个良好的环境。这样，才有利于宝宝从小就形成对食物的正确选择。

营养食谱大点兵

黄瓜鸡肉粥

材料　米2汤匙，熟鸡胸脯肉1小块，黄瓜2片。

做法　1.黄瓜去皮洗净，鸡胸脯肉剁至极烂。米洗净，加入浸过米面的清水浸1小时（米浸软能加速煲烂）。

2.把3/4杯或适量的水放入小煲内煲滚，放入米及浸米的水，黄瓜也放入煲内煲滚，小火煲成稀糊。

3.取出黄瓜压成蓉，放回粥内，鸡肉也放入，煲成稀糊，加入极少的盐调味。待温度适合时，便可喂宝宝。

4.鸡肉蒸熟剁烂，放入粥内不会结成团（生剁的鸡肉则不易分散），喂给宝宝较安全。

玉米豆腐萝卜糊

材料　黄玉米面2匙，豆腐1小块，胡萝卜2片，清水1杯，香油少许。

做法　1.将锅置火上，放黄油熬至熔化，下入葱头略炒片刻，再放入面条、肉汤和盐一起煮。将鸡蛋调匀后倒入锅内，与面条混合均匀后盛入碗内，上笼蒸5分钟。

2.把番茄放在面条上即可。

3.把胡萝卜蒸熟后压碎，豆腐压碎。将压碎的胡萝卜和豆腐及玉米面一起放入煮开的水中。

4.用小火，边煮边搅拌，煮至菜和面熟后，淋上一点点香油即可。

水果藕粉

材料 : 藕粉50克，苹果（桃、杨梅、香蕉均可）75克，清水250克。

做法 : 1.将藕粉加适量水调匀。苹果去皮，切成细末。

2.将锅置火上，加水烧开，倒入调匀的藕粉，用小火慢慢熬煮，边熬边搅动，熬至透明为止，最后加入切碎的苹果，稍煮即可。

胡萝卜排骨汤

材料 : 胡萝卜50克，排骨25克，盐、姜末等各少许。

做法 : 在锅里加水2碗，放进排骨、姜片同煮，至水烧开后改用小火煲，约半小时后再加进切成大块的胡萝卜，继续用小火煲烂，加少量的盐即可喂食。

香菇汤

材料 : 鲜香菇100克，植物油2大匙，盐1小匙。

做法 : 1.将香菇洗干净，去掉蒂，热油放入锅中煸炒，加盐调味。

2.另起锅，锅内加水，加入煸炒好的香菇煎煮成汤即可食用。

双米豆粥

材料 : 取粳米40～50克，小米20～30克，芸豆30克。

做法 : 先将粳米、小米及芸豆分别洗净，将芸豆放入锅里，加水煮至八成熟，将粳米和小米一起放入锅里，一直煨至粥汤浓稠即可。

凤眼鹌鹑蛋

材料　鹌鹑蛋5个，虾胶50克，面包50克，生抽、花生油各适量。

做法　1.鹌鹑蛋煮熟去壳，每个切成两半，面包切片。

　　　2.将虾胶酿在面包上，鹌鹑蛋镶嵌在虾胶中间，蛋黄向上，下油锅炸至金黄色。

肉末烩小水萝卜

材料　瘦猪肉250克，小水萝卜1000克，植物油1小匙。

做法　1.将猪肉剁成碎末；小水萝卜洗净，切成1厘米见方的丁，用开水烫一下。

　　　2.将油放入锅内，热后先煸葱及肉末，放入酱油略炒，投入小萝卜炒匀，加水烧开，待将熟放入盐及鸡精、青蒜，用淀粉勾芡即可。

香菇豆腐汤

材料　干香菇25克，豆腐400克，鲜笋肉25克，黄豆汤750克，熟花生油2大匙，湿淀粉3小匙，盐1小匙，胡椒粉1小匙，葱花5克，香油1小匙。

做法　1.把香菇去蒂切成丝，豆腐切丁。

　　　2.鲜笋肉切成片，放入热油锅中迅速翻炒，盛出。

　　　3.将锅放置火上，倒入黄豆汤烧开，加入香菇丝、豆腐丁、鲜笋片、盐、胡椒粉、熟花生油，撇去浮沫，用湿淀粉勾芡，淋香油，撒上葱花即可。

香蕉发糕

材料　鸡蛋4个，盐1/4小匙，糖80克，香蕉肉240克，低筋面粉120克。

做法　1.蛋加糖隔水加热，打到蛋汁微温，打蛋器打约3分钟，至浓稠发白。

2.将面粉筛入轻轻搅拌，香蕉扒皮后压烂倒入模具搅拌，烤箱预热180℃，烤约40分钟。

花生酱蛋挞

材料　牛奶1杯半，花生酱1/3杯，鸡蛋2个，糖1匙，植物油适量。

做法　1.将牛奶与花生酱混合，拌匀；将鸡蛋打入碗中，打散搅匀；在牛奶、花生酱中，加入糖、鸡蛋液，拌匀。

2.将小蒸杯内层涂一层油，倒入牛奶蛋液花生酱，放入锅中，蒸约15分钟即可。

红汁番茄米粉

材料　番茄100克，洋葱30克，猪绞肉30克，蒜泥20克，芹菜10克，米粉30克，橄榄油1/4小匙，盐1/4小匙，鸡粉1/4小匙，辣椒酱1小匙，水1000毫升。

做法　1.将番茄切成丁，洋葱切碎备用。

2.把米粉用热水泡软沥干备用。

3.在不粘锅中用小火将调料与番茄、洋葱、猪绞肉、蒜泥、芹菜末、水一起煮成酱汁。

4.倒入沥干的米粉，抖炒一下即可食用。

肉丝干豆腐蒜苗

材料　猪肉50克，蒜苗200克，香干豆腐50克，姜丝少许。

做法　1.将猪肉洗净切成丝；蒜苗择洗好，切成3厘米长的段；豆腐干切成丝备用，锅置火上，放油烧热，下蒜苗翻炒片刻。

2.再放入姜丝、肉丝同炒，加入适量酱油，炒熟盛出备用。

3.锅内再放油烧热，放入豆腐丝炒几下，再将已炒好的肉丝、蒜苗放入同炒，放入适量盐，炒熟盛出即可。

家乡妈咪面

材料　鸡里脊肉100克，胡萝卜50克，香菇20克，蘑菇50克，芹菜末10克，红葱头10克，香菜末10克，菠菜50克，蔬菜面25克，青葱末20克，麻油1/4小匙，盐1/4小匙，鸡粉1/2小匙。

做法　1.把胡萝卜、香菇、蘑菇切成片，加水700毫升煮滚，放入调料调好味，制成面汤备用。

2.将鸡里脊肉、菠菜放入锅中煮滚。

3.将蔬菜面放入锅中煮透，过冷水再过一下汤后盛入碗。

4.在上面撒青葱末、芹菜末、红葱头、香菜末，倒入调好味的面汤即可。

豆腐汉堡

材料　豆腐30克，瘦猪肉20克，鸡蛋1/2个，淀粉1小匙。

做法　1.将瘦猪肉洗净，剁碎成泥状备用。

2.豆腐洗净，放入碗中压成泥，再加入肉泥、鸡蛋与淀粉搅拌均匀，最后搓成圆球状即可。

3.将生的豆腐汉堡放入热油锅中，用锅铲稍微压扁使其成饼状，用小火煎至两面均熟透即可。

各阶段辅食食材的种类参考

宝宝换乳之前，消化系统尚未完全发育成熟，因此要根据换乳的各个阶段给宝宝提供合适的食物。

○ 可以喂给宝宝吃	▲ 根据具体情况喂给宝宝吃	● 暂不适宜喂给宝宝吃

谷类

谷类是辅食重要的来源，其主要的成分是碳水化合物、维生素。

大米

辅食第一阶段 ○
辅食第二阶段 ○
辅食第三阶段 ○
辅食第四阶段 ○

主要的营养物质

◆B族维生素、食物纤维、钙

食用方法：用大米熬粥是制作辅食最基本的方法，根据时间和咀嚼能力的不同，需注意米粒的大小、水量，来熬制适合宝宝食用的粥。

面包

辅食第一阶段 ●
辅食第二阶段 ●
辅食第三阶段 ▲
辅食第四阶段 ▲

主要的营养物质

◆碳水化合物、维生素B$_1$、钙

食用方法：从第一阶段到第二阶段用粥送食，第三阶段可以做成棒状的让宝宝自己拿着吃，但面包热量较高，注意不要让宝宝对这类食物产生依赖感。

面条

辅食第一阶段 ▲
辅食第二阶段 ▲
辅食第三阶段 ○
辅食第四阶段 ○

主要的营养物质

◆碳水化合物

食用方法：由于挂面中揉有盐，要充分煮制，把盐溶解出来，换乳初期可选用乌冬面（盐分少），磨碎后给宝宝吃，中期开始选用挂面。

荞麦面

辅食第一阶段 ●
辅食第二阶段 ●
辅食第三阶段 ▲
辅食第四阶段 ○

主要的营养物质

◆碳水化合物、蛋白质

食用方法：由于引起过敏的可能性较高，不宜在第一阶段给宝宝食用。第四阶段视情况给宝宝少量吃，用水仔细清洗，去掉麦粉再食用。

糕点

辅食第一阶段 ●
辅食第二阶段 ●
辅食第三阶段 ●
辅食第四阶段 ▲

主要的营养物质

◆碳水化合物、维生素B$_1$

食用方法：易发生堵塞宝宝呼吸道的危险，在辅食前三阶段不建议食用。

通心粉

辅食第一阶段 ●
辅食第二阶段 ●
辅食第三阶段 ▲
辅食第四阶段 ○

主要的营养物质

◆碳水化合物、铁、维生素B$_1$、钙等

食用方法：是不错的辅食，但韧性大，不宜在第一阶段给宝宝食用。一定要切碎、煮软，以免堵塞宝宝的呼吸道。

燕麦片	辅食第一阶段 ○
主要的营养物质	辅食第二阶段 ○
◆铁、钙	辅食第三阶段 ○
	辅食第四阶段 ○

食用方法：燕麦易消化吸收，可以在第一阶段就给宝宝食用，是不错的辅食。

玉米片	辅食第一阶段 ○
主要的营养物质	辅食第二阶段 ○
◆碳水化合物、	辅食第三阶段 ○
铁、钙、钾	辅食第四阶段 ○

食用方法：辅食第一阶段就可以食用，可以与母乳或奶粉一起拌匀后做成糊糊。注意要挑选不含糖的玉米片。

薯类

与谷类相同，也是非常重要的能量来源，也可以将土豆制成土豆泥，地瓜制成点心。由于富含食物纤维，很多妈妈为防止宝宝便秘而积极将其作为辅食而使用。

地瓜	辅食第一阶段 ○
主要的营养物质	辅食第二阶段 ○
◆碳水化合物、	辅食第三阶段 ○
食物纤维	辅食第四阶段 ○

食用方法：地瓜在第一阶段就可以开始食用了，可搭配蔬菜或谷类将其捣烂成泥，让宝宝食用。

山药	辅食第一阶段 ●
主要的营养物质	辅食第二阶段 ▲
◆碳水化合物、	辅食第三阶段 ▲
钾、磷	辅食第四阶段 ▲

食用方法：并不是非吃不可的食物，视情况再喂食。山药泥建议从1岁半以后再开始喂食。

土豆	辅食第一阶段 ▲
主要的营养物质	辅食第二阶段 ▲
◆碳水化合物、	辅食第三阶段 ○
维生素B_1	辅食第四阶段 ○

食用方法：土豆煮熟后口感软糯，是使用较多的换乳食材，土豆芽中含有有毒物质，所以不要使用已经长芽的土豆。

芋头	辅食第一阶段 ○
主要的营养物质	辅食第二阶段 ○
◆维生素B_1、	辅食第三阶段 ○
食物纤维、钾	辅食第四阶段 ○

食用方法：芋头口感细软，绵甜香糯，营养价值近似于土豆，又不含龙葵素，易于消化而不会引起中毒，是一种很好的辅食食材。

蔬菜类

大部分蔬菜从第一阶段开始就可以喂食。富含维生素和矿物质，可以强健宝宝的肌肤及黏膜，促进眼睛发育，提高免疫力。在婴儿辅食中应用最多的蔬菜有南瓜、胡萝卜、油菜、番茄、黄瓜、青椒、菠菜、白菜、西兰花等。使用这些蔬菜时一定要仔细清洗，最重要的是将残留的农药清洗干净。

黄瓜

辅食第一阶段 ○
辅食第二阶段 ○
辅食第三阶段 ○
辅食第四阶段 ○

主要的营养物质

◆维生素C，膳食纤维，胡萝卜素

食用方法：黄瓜也是不错的辅食食材之一，选择浓绿，带刺，有光泽的黄瓜。可搭配其他蔬菜，剁的细一些，熬的时间长一些，弄碎后用勺子喂食。

南瓜

辅食第一阶段 ○
辅食第二阶段 ○
辅食第三阶段 ○
辅食第四阶段 ○

主要的营养物质

◆胡萝卜素、维生素C

食用方法：南瓜可与大部分的食材搭配食用，是理想的换乳食材。颜色越黄的南瓜，胡萝卜素含量越丰富，营养价值越高。

油菜

辅食第一阶段 ○
辅食第二阶段 ○
辅食第三阶段 ○
辅食第四阶段 ○

主要的营养物质

◆钙、维生素C、胡萝卜素、铁

食用方法：用油菜给宝宝做辅食时，要将油菜周围的坚硬部分挖去，这样才能将宝宝辅食做得软嫩，易于宝宝食用和消化。

卷心菜

辅食第一阶段 ○
辅食第二阶段 ○
辅食第三阶段 ○
辅食第四阶段 ○

主要的营养物质

◆维生素C、食物纤维，氨基酸

食用方法：用于辅食时，不要选择硬菜心，而要用菜叶叶端柔软的部分，切卷心菜时要与叶脉呈直角方向切。

胡萝卜

辅食第一阶段 ○
辅食第二阶段 ○
辅食第三阶段 ○
辅食第四阶段 ○

主要的营养物质

◆钙、胡萝卜素、钾、膳食纤维

食用方法：胡萝卜表皮营养十分丰富，去皮时尽量刮得薄一点，以防止营养损失过多。胡萝卜过油后能大大提高吸收率，因此辅食第四阶段要多使用油炒的方法。

番茄

辅食第一阶段 ○
辅食第二阶段 ○
辅食第三阶段 ○
辅食第四阶段 ○

主要的营养物质

◆钾、维生素C、番茄红素

食用方法：番茄是不错的辅食食材之一，虽然营养大部分都集中在皮上，但是由于皮不易被消化，而且残留农药，所以还是去掉比较好。

菠菜	辅食第一阶段 ▲
	辅食第二阶段 ○
主要的营养物质	辅食第三阶段 ○
◆胡萝卜素、B族 维生素、铁	辅食第四阶段 ○

食用方法：菠菜是辅食食材的佳品。菠菜茎和根部纤维含量较多，宝宝难以消化，所以在第一阶段只给宝宝食用菠菜叶端部分。

黄花菜	辅食第一阶段 ○
	辅食第二阶段 ○
主要的营养物质	辅食第三阶段 ○
◆胡萝卜素、钙、 维生素C	辅食第四阶段 ○

食用方法：选择鲜绿，有光泽的黄花菜。注意生的黄花菜含有秋水碱，一定要完全煮熟后再食用。

菜花	辅食第一阶段 ○
	辅食第二阶段 ○
主要的营养物质	辅食第三阶段 ○
◆维生素C、维生素B_1、 维生素B_2	辅食第四阶段 ○

食用方法：为了易于消化，适于制成汤类，要选择形状规则的菜花。在第一阶段可将菜花烫熟后碾成泥，第二阶段以后可将煮熟后的菜花直接放入粥中。

洋葱	辅食第一阶段 ○
	辅食第二阶段 ○
主要的营养物质	辅食第三阶段 ○
◆维生素C、 钾、磷	辅食第四阶段 ○

食用方法：洋葱是一种营养极为丰富的蔬菜，富含多种维生素、矿物质等各种微量元素。

青椒	辅食第一阶段 ○
	辅食第二阶段 ○
主要的营养物质	辅食第三阶段 ○
◆胡萝卜素、维生素 C、维生素E、钾	辅食第四阶段 ○

食用方法：青辣椒能增加体力，提高体内白细胞。要选择色浓，皮厚的辣椒。

白菜	辅食第一阶段 ○
	辅食第二阶段 ○
主要的营养物质	辅食第三阶段 ○
◆维生素C、膳食 纤维、钾、钙	辅食第四阶段 ○

食用方法：选择大菜心的白菜为佳。在切白菜时要尽量将纤维切碎。

豆、蛋、乳制品 ✿

　　大豆、豆制品，也富含促进成长的维生素、矿物质，易于消化，适合用来做辅食，只是对大豆过敏的宝宝需要多加注意。酸奶、奶酪等乳制品中富含优质蛋白质。将酸奶和蔬菜、薯类混合的话会变得口感滑溜，能促进宝宝的食欲。但由于奶酪盐分多，应少给宝宝吃。

大豆

辅食第一阶段 ▲
辅食第二阶段 ○
辅食第三阶段 ○
辅食第四阶段 ○

主要的营养物质

◆蛋白质、B族维生素、维生素E

食用方法：大豆富含优质的植物蛋白质，是制作辅食不错的材料。用开水浸泡大豆并除去外皮，捣烂后再喂食。由于担心过敏，也可在第二阶段以后再给宝宝吃。

豆腐

辅食第一阶段 ▲
辅食第二阶段 ○
辅食第三阶段 ○
辅食第四阶段 ○

主要的营养物质

◆蛋白质、B族维生素、钙、铁

食用方法：豆腐含有丰富的植物蛋白，可从第一阶段就开始使用，但一定要将豆腐完全煮熟后再喂给宝宝吃。

鸡蛋

辅食第一阶段 ▲
辅食第二阶段 ▲
辅食第三阶段 ○
辅食第四阶段 ○

主要的营养物质

◆钙、蛋白质

食用方法：鸡蛋黄在第一阶段就可以给宝宝食用，蛋白要等到辅食第三、四阶段再开始让宝宝食用（宝宝太小难以消化蛋白）。

奶酪

辅食第一阶段 ▲
辅食第二阶段 ○
辅食第三阶段 ○
辅食第四阶段 ○

主要的营养物质

◆蛋白质、钙、维生素A

食用方法：奶酪中蛋白质的含量丰富，但盐和脂肪的含量也较多，食用时应多加注意。第一阶段可根据具体需要使用少量的奶酪。

牛奶

辅食第一阶段 ▲
辅食第二阶段 ▲
辅食第三阶段 ▲
辅食第四阶段 ○

主要的营养物质

◆钙、蛋白质、维生素A

食用方法：牛奶可在宝宝第一阶段用于辅食的调味，不要直接饮用。由于担心过敏，最好等宝宝3岁后再直接饮用。

酸奶

辅食第一阶段 ○
辅食第二阶段 ○
辅食第三阶段 ○
辅食第四阶段 ○

主要的营养物质

◆蛋白质、B族维生素、钙、铁

食用方法：如果是无糖的普通酸奶的话，从第一阶段开始就可以食用，和水果蔬菜一起搅拌，咽食时的感觉很好，在辅食中使用广泛。

水产类

水产类脂肪成分较少，可补充优质蛋白质，鱼油所含的成分DHA、EPA具有促进大脑活性化的作用而备受关注，鱼肉必须经过加热烹调，生鱼片则不要给宝宝吃。

鳕鱼

辅食第一阶段 ○
辅食第二阶段 ○
辅食第三阶段 ○
辅食第四阶段 ○

主要的营养物质
◆蛋白质、B族维生素、维生素D

食用方法：鳕鱼脂肪含量少，从第一阶段开始就可以给宝宝吃，将皮和小骨刺去除，加热烹调后捣成泥给宝宝吃。

大马哈鱼

辅食第一阶段 ▲
辅食第二阶段 ○
辅食第三阶段 ○
辅食第四阶段 ○

主要的营养物质
◆蛋白质、DHA、维生素D

食用方法：大马哈鱼含优质蛋白质，肉质细嫩，在第一阶段可让宝宝食用，但也有可能会导致过敏现象，所以妈妈要根据具体情况喂给宝宝吃。

鱿鱼

辅食第一阶段 ●
辅食第二阶段 ●
辅食第三阶段 ▲
辅食第四阶段 ○

主要的营养物质
◆蛋白质、氨基酸、锌

食用方法：由于煮的话会变硬，不易咀嚼，作为辅食来使用时，一定要磨碎。也有出现过敏症状的宝宝，所以要从少量开始。

扇贝

辅食第一阶段 ●
辅食第二阶段 ●
辅食第三阶段 ▲
辅食第四阶段 ○

主要的营养物质
◆蛋白质、氨基酸、锌

食用方法：营养价值虽高，但肉身硬，加热烹调的话会变得更硬，建议后期再给宝宝吃。贝类罐头或干货虽然使用方便，但含有较多的盐分，不宜让宝宝过多食用。

虾

辅食第一阶段 ●
辅食第二阶段 ●
辅食第三阶段 ▲
辅食第四阶段 ○

主要的营养物质
◆钙、蛋白质

食用方法：为了防止宝宝食用后出现过敏现象，建议在辅食第三、四阶段再开始使用，要视宝宝的消化情况，再渐渐增加其用量。

小银鱼

辅食第一阶段 ▲
辅食第二阶段 ○
辅食第三阶段 ○
辅食第四阶段 ○

主要的营养物质
◆蛋白质、钙

食用方法：在辅食第一阶段就可以给宝宝食用。但由于小银鱼的盐分含量较高，一定要用开水汆烫，去除盐分后再食用。

水果类 ❧

水果中不仅含有大量的维生素C和B族维生素，而且含有丰富的钙、钾、铁和植物纤维。其中所含的葡萄糖是促进宝宝大脑发育的重要能量来源，可以榨汁制成饮料和酸奶混合，是不错的辅食。

草莓

辅食第一阶段 ▲
辅食第二阶段 ○
辅食第三阶段 ○
辅食第四阶段 ○

主要的营养物质

◆维生素C、钾、果胶

食用方法：草莓富含维生素C，在初期就可以给宝宝食用。要选择个头大、形状规则的应季草莓。

香蕉

辅食第一阶段 ○
辅食第二阶段 ○
辅食第三阶段 ○
辅食第四阶段 ○

主要的营养物质

◆糖、钾、果胶、B族维生素

食用方法：香蕉不仅容易消化，还含有果胶，能调整肠胃的功能，可以改善便秘。在初期就可以给宝宝食用，食用时要将根部切掉，是不错的辅食。

橘子

辅食第一阶段 ▲
辅食第二阶段 ○
辅食第三阶段 ○
辅食第四阶段 ○

主要的营养物质

◆维生素C、维生素A、食物纤维

食用方法：辅食第一阶段就可以给宝宝食用，可将其榨成汁或做成泥。

西瓜

辅食第一阶段 ○
辅食第二阶段 ○
辅食第三阶段 ○
辅食第四阶段 ○

主要的营养物质

◆胡萝卜素、维生素B_1

食用方法：在所有瓜果中，西瓜是含果汁最丰富的，含水量达到96%。西瓜果肉含有多种人体所需的营养成分和有益物质，是不错的辅食。

猕猴桃

辅食第一阶段 ▲
辅食第二阶段 ○
辅食第三阶段 ○
辅食第四阶段 ○

主要的营养物质

◆维生素C、果胶、钾

食用方法：猕猴桃口感好，含有很丰富的维生素C，在水果界堪称是"维生素C之王"。可以在第一、二阶段选用。

葡萄

辅食第一阶段 ○
辅食第二阶段 ○
辅食第三阶段 ○
辅食第四阶段 ○

主要的营养物质

◆维生素C、食物纤维、钾

食用方法：葡萄果肉、果汁都是天然营养成分，葡萄中的糖主要是葡萄糖，能很快被人体吸收，是不错的辅食之一。

<table>
<tr><td colspan="2">

苹果

主要的营养物质
◆糖、果胶、钾
</td><td>

辅食第一阶段 ○
辅食第二阶段 ○
辅食第三阶段 ○
辅食第四阶段 ○
</td></tr>
</table>

苹果	桃子
主要的营养物质 ◆糖、果胶、钾 辅食第一阶段 ○ 辅食第二阶段 ○ 辅食第三阶段 ○ 辅食第四阶段 ○	主要的营养物质 ◆维生素C、食物纤维、钾 辅食第一阶段 ○ 辅食第二阶段 ○ 辅食第三阶段 ○ 辅食第四阶段 ○
食用方法：苹果的口味好，营养成分高，一般可以从第一阶段开始让宝宝食用。注意要挑选新鲜、熟透的苹果。	食用方法：含有大量的果胶，可以积极的给易便秘的宝宝吃。

畜肉类

　　随着婴儿的逐渐长大，从母体带来的抵抗力也会逐渐减少，自身抗体的形成不多，抵抗力就会变差，缺铁、缺锌就会造成宝宝贫血、食欲不好。畜肉类含有丰富的铁和钙，在换乳中期后就可以开始喂给宝宝吃。将肉类切好，在每次熬粥的时候可以加适量的肉类，最好去掉油和肉筋，只用瘦肉。

鸡肉	牛肉
主要的营养物质 ◆蛋白质、钙、铁 辅食第一阶段 ● 辅食第二阶段 ○ 辅食第三阶段 ○ 辅食第四阶段 ○	主要的营养物质 ◆蛋白质、钾、钙 辅食第一阶段 ● 辅食第二阶段 ○ 辅食第三阶段 ○ 辅食第四阶段 ○
食用方法：从第二阶段开始可给宝宝喂食肉类，第一次最好喂鸡胸脯肉，可将熟透的鸡胸脯肉捣成肉泥喂给宝宝。观察宝宝食用后的反应，若无异常，则可逐渐加大喂食量。	食用方法：从辅食第二、三阶段再开始喂食牛肉。第二阶段先将牛肉炖至烂熟，捣成肉泥喂给宝宝，然后逐渐喂薄牛肉片和小牛肉丸子。

肝脏	猪肉
主要的营养物质 ◆蛋白质、铁、钙 辅食第一阶段 ● 辅食第二阶段 ▲ 辅食第三阶段 ○ 辅食第四阶段 ○	主要的营养物质 ◆蛋白质、铁、钙 辅食第一阶段 ● 辅食第二阶段 ▲ 辅食第三阶段 ○ 辅食第四阶段 ○
食用方法：开始时最好先选用新鲜松软且富含铁质的鸡肝。肝脏是容易变质的食品，一定要注意肝类食物的保质期。	食用方法：猪肉中含有较多的脂肪，所以要在第三阶段食用。猪肉主要用于清炖，而且要把肉炖至烂熟时才可让宝宝食用。

调料类

对于宝宝来说，辅食时期是宝宝记住食物的味道的关键时期。所以要尽可能地控制调料的使用。用酱油、酱和盐进行调味时应尽量少放。吃大豆过敏的宝宝选择调味料时，更要十分小心。

砂糖

辅食第一阶段 ▲
辅食第二阶段 ▲
辅食第三阶段 ▲
辅食第四阶段 ▲

食用方法：很多食物本身就含有糖分，在给宝宝制作辅食时最好少用砂糖，注意不要让宝宝养成爱吃甜食的习惯。另外，若过多的摄取砂糖会导致肥胖，应尽可能地控制食用。

胡椒

辅食第一阶段 ●
辅食第二阶段 ●
辅食第三阶段 ●
辅食第四阶段 ●

食用方法：胡椒的辛辣味会刺激宝宝的自律神经，最好不要在辅食中使用。

酱油

辅食第一阶段 ●
辅食第二阶段 ▲
辅食第三阶段 ▲
辅食第四阶段 ▲

食用方法：跟食盐一样，酱油不宜在宝宝第一阶段食用。即使到了第二、三阶段，也最好少用。

盐

辅食第一阶段 ▲
辅食第二阶段 ▲
辅食第三阶段 ○
辅食第四阶段 ○

食用方法：辅食中用盐要慎重，用盐进行调味时要控制在很小的量上。

蜂蜜

辅食第一阶段 ●
辅食第二阶段 ●
辅食第三阶段 ●
辅食第四阶段 ○

食用方法：蜂蜜中含有肉毒杆菌，有可能引起宝宝物中毒。在宝宝1周岁前，最好不要让宝宝食用蜂蜜。红糖的情况也类似，建议在第四阶段前不要给宝宝食用。

番茄酱

主要的营养物质

辅食第一阶段 ●
辅食第二阶段 ▲
辅食第三阶段 ○
辅食第四阶段 ○

食用方法：在第二阶段，为宝宝做菜汤时需要番茄酱，用量不要超过一小匙。在第一阶段，应该使用不含盐分的自制番茄泥。

各阶段辅食的软硬程度

给宝宝制作换乳辅食前，首先来了解并熟悉一下宝宝各阶段辅食的软硬程度。

	辅食第一阶段 （4～6个月）	辅食第二阶段 （7～8个月）	辅食第三阶段 （9～11个月）	辅食第四阶段 （1～1.5岁）
米	以1：10比例的米和水煮成的稀饭，煮好的米粒要充分磨碎至没有颗粒后再喂食	以1：7比例的米和水煮成的稀饭，米粒要磨到几乎看不见的程度，让稀饭呈现浓稠黏糊状	以1：5比例的米和水煮成的稀饭，米粒要磨到几乎看不到的程度，让稀饭呈现浓稠黏糊状	以1：1.2比例的米和水煮成的软饭，软硬度大概比大人吃的干饭再稍微软一点
胡萝卜	煮成糊状。胡萝卜切细末，用蔬菜汤煮至软烂，磨成糊状后，或煮稀泥状	煮成浓稠状，胡萝卜切小块煮至发软，切成细末后，加入水，煮成泥状	切小丁状，胡萝卜煮至软烂，切7毫米正方的小丁，以蔬菜汤煮软烂	切丁状。胡萝卜煮至发软，切成1厘米正方的小丁，若要加入其他蔬菜，都要切成与胡萝卜丁同等大小
鱼	煮成糊状，鱼肉用沸水煮熟，仔细剔除鱼皮和鱼刺，用研钵充分磨细后，煮成稀泥状	煮成浓稠状，鱼肉用沸水快煮后，剔除鱼皮和鱼刺，仔细捣碎。加少许盐煮开后，煮成泥状	鱼肉仔细剔除鱼皮和鱼刺，切成约1毫米正方的小丁，用蔬菜汤等汤汁煮开后，加水调匀，用淀粉勾芡	煎烤风味，鱼肉撒上少许盐和胡椒，用平底锅煎熟，剔除鱼皮和鱼刺，将鱼肉大致弄碎
肉	换乳初期不喂食肉类	煮成浓稠状，绞肉用沸水煮熟后，磨成稍微还能看到颗粒的程度。加少许盐煮开后，加入用水调匀的淀粉煮成泥状	做成肉丸，将绞肉揉成1～1.5厘米大小的圆形，放入加少许盐的开水中煮熟后，加入用水调匀的淀粉勾芡	做成汉堡，将绞肉揉成直径3～4厘米的小椭圆形，用沸水煮熟或用平底锅煎熟，加些番茄酱佐味
豆腐	煮成糊状，豆腐先用网筛过滤或磨成泥，加入高汤稀释后，加入用水调匀的淀粉，煮成稀泥状	煮成浓稠状，豆腐用刀剁碎后，加入高汤煮开，再稍微磨碎后，加入用水调匀的淀粉，煮成泥状	切小丁状，豆腐放入沸水中快煮一下后沥干水分，切成5～7毫米正方的小丁	切丁状，豆腐放入沸水中快煮后，切成7毫米～1厘米正方的小丁

辅食喂养与营养的问答

2个多月宝宝吃米粉为时过早吗

问 由于婆婆心急，宝宝才2个多月就给她吃米粉了，在奶粉里面添加米粉给宝宝吃，会对宝宝有影响吗？

答 一般在宝宝4个月的时候开始添加辅食。当宝宝出现腹泻、便秘症状时不可以添加。

2个月宝宝服用哪种钙好

问 2个月宝宝，服用哪种钙好？宝宝钙片要经常换着吃吗？

答 不建议这么小的宝宝就服用钙片，因为宝宝在6个月以前从母体中带出的各种营养已经充足，如果长期给宝宝服用钙片还会增加宝宝肾脏的负担。

3个月宝宝如何试探性添加辅食

问 宝宝3个月了，可以给宝宝添加辅食吗？该如何添加？

答 可以进行少量、试探性的辅食添加，一定要把果汁或蔬菜汁冲淡，并且在两次喂奶中间添加，适应后才能少加量或者更换辅食种类。

4个月宝宝贫血怎么办

问 宝宝现在4个多月了，什么也不吃，个子很小，经检查后医生说是贫血，需要打针。该怎么办？

答 可以给宝宝吃点硫酸亚铁，用来补血的，还可以给宝宝食补，吃点驴胶，这些都是补血的，方法很多，可以试试。

4个月宝宝每日如何补钙

问 我家宝宝快4个月了，每天应补多少钙？还要补别的什么吗？

答 最好去医院给宝宝测一下微量元素，如果缺再补，最好是食补，多吃些含钙锌铁丰富的蔬菜、食物。

4个月宝宝能吃零食吗

问 宝宝现在4个月了，可以给她吃零食吗？

答 米粉、蛋黄都可以吃。也可以适当地喂点零食。

4个月前的宝宝需要添加辅食吗

问 4个月前的宝宝需要添加辅食吗？如果过早添加有什么不良影响吗？

答 如正常母乳喂哺，宝宝在4个月内就不需要添加辅食，过早给宝宝添加牛奶或谷类食物，会使宝宝吸吮母乳次数减少，且过多的牛奶或谷类食物会加重宝宝的胃肠负担，导致消化不良、腹泻或超重等症状出现，影响宝宝的身体健康。

怎么给4个月宝宝添加辅食

问 宝宝已经有4个月25天了，最近我给他每餐的奶粉里加了一匙豆奶和一包菜粉，以后逐渐再加一餐米粉。请问这样喂养合适吗？

答 其实这样喂没什么不妥，目前宝宝还是以喝奶为主的，添加辅食的目的主要是让宝宝吃的营养多元化一些，也是为了以后过渡，熟悉各种味道，培养宝宝不挑食的好习惯。

5个月宝宝可以直接吃整个鸡蛋吗

问 宝宝要添加辅食了，可是蛋黄和蛋白实在不好分开，宝宝可以吃整个鸡蛋吗，请问要怎么弄才比较好？

答 最好不要给宝宝吃整个鸡蛋，鸡蛋中的蛋白质宝宝不好消化，可以整个煮，然后用一点开水把蛋黄调稀就可以给宝宝吃了。

5个月宝宝换乳后不喝奶粉怎么办

问 宝宝5个月了，自从不吃母乳后，一点奶粉也不喝，这样的情况应该怎么办？

答 如果宝宝辅食吃得好的话，不喝奶粉也可以，可以给宝宝喂点牛奶或豆浆，只要保证宝宝的营养充足就可以。

6个月宝宝不吃粥怎么办

问 前些时候给宝宝吃粥了，用骨头熬的，吃了一个星期，还可以，但是后来有两天没吃，最近几天都不怎么喜欢吃了，看到匙子就哭，这是什么原因？

答 宝宝刚6个月就给他喝骨头汤煮的粥有点早，宝宝肠胃比较弱，过早食用油不是很好，最好给宝宝喝不加油的粥。

6个月宝宝可以吃奶酪吗

问 6个月的宝宝可以吃奶酪吗？

答 对于宝宝来说，不要给他吃过多奶酪，注意不要买带口味的，如草莓，巧克力之类的，给宝宝买原味的奶酪即可。每天的喂量也不可以太多，宝宝现在还小，还在吃奶阶段，所以最好1天不要超过1小盒。

宝宝只吃母乳和米糊营养够吗

问 我家宝宝8个月半，他只吃母乳和鲫鱼汤饨的米糊，不知营养够不够？

答 食谱太单一了，8个月大的宝宝大部分食物都可以吃了，像各种水果、豆浆、鱼、肉以及各种青菜，都可以换着样做给宝宝吃。做的时候就是以精、细、烂、软，利于消化为宜。

9个多月宝宝不爱吃奶粉，有问题吗

问 我的宝宝9个多月了，一直都吃奶粉，可前段时间到现在就是不吃奶粉，除了奶粉其他的东西都吃，请问吃些什么才能让他有足够的营养？

答 鸡蛋、面条、蔬菜、水果都可以的，只要宝宝不挑食就不会缺乏营养了。

10个月宝宝可以吃大米饭吗

问 请问10个月的宝宝可以吃大米饭吗？

答 最好熬一些小米粥喂宝宝，易于消化。可以吃大米饭，只要宝宝想吃就可以给他吃，这个时候都开始吃辅食了，只要把饭煮软点就可以。

10个月宝宝缺少微量元素怎么办

问 宝宝10个月了，请问吃什么食物可以补充锌和铁等微量元素？

答 缺锌可以多吃肉和海鲜，这些食物里面含锌最高。缺锌还可以吃虾皮，苹果里面的锌对宝宝的身体也很有益。肉类和内脏当中的血红素铁的吸收利用率较高，对补充铁最为有益。多吃富含铁元素的食物，如肝、肾、血、心、肚等动物内脏，含铁特别丰富，而且吸收率高。

一日三餐正常饮食期: 16~36个月

DIBAJIE

宝宝从婴儿期以乳类为主食逐渐过渡到以谷类为主食，并加入蛋、肉、鱼、菜等混合食物的饮食，营养更加丰富。饮食的烹调方法及食材的选择也越来越接近成人，但在日常饮食中还要注意宝宝的饮食健康，以免造成消化吸收紊乱。

16~36个月宝宝的变化

	16~24个月宝宝
1	自己走路走得很稳
2	能双脚连续跳，但不超过10次
3	扶栏杆能自己上下楼梯
4	宝宝知道利用椅子或凳子设法去够拿不到的东西
5	可以倒着走
6	可以自己玩耍
7	开始长白齿
8	将2~3个字组合起来，形成有一定意义的句子
9	会要吃和喝的食物
10	能在家里模仿成人做家务
11	排便时会告知成人
12	能一张一张翻开书页
13	开始试着折纸
14	可以画线段
15	可以从头顶上方扔球

16	可以将杯子里的东西倒出来
17	能将5块积木摞起来
18	可以自己脱衣服、裤子
19	能向前踢球
20	宝宝说到自己时能正确地用代词"我"而不再用小名表示自己

25～36个月宝宝	
1	能双脚离地跳跃
2	上下楼梯更加自如
3	会自己穿鞋
4	会自己解扣子
5	会自己擦屁股
6	听到音乐时能跳舞
7	知道1与许多的意思
8	能快速地跑不会摔倒
9	会立定跳远
10	能用积木搭成房子、汽车等
11	可稳当的单脚站立
12	可以使用筷子
13	会提醒妈妈说错了故事的情节

进入正餐期的信号

开始于16个月

　　软饭已经熟悉，也开始对成人的食物感兴趣，这是可以结束完结期的信号。什么时候开始可以跟成人一起吃的婴儿食品呢？可以参照下面的适当时期。

　　虽然每个宝宝发育的情况和消化能力都不太一样，但大多数宝宝都可以在16个月左右正常地消化软饭了，有些宝宝都可以吃米饭了，并且产生了对以饭、菜、汤组成的成人的食物浓厚的兴趣。等到宝宝顺利地吃完完结期的软饭后，就可以开始正式地吃婴儿食了。

熟悉了匙叉

宝宝到16个月大后，肌肉愈加发达，对匙叉也更加熟悉。饭菜撒的数量和次数也减少，吃饭速度也在提升。虽不能像用匙那样熟练，但也可以独立使用水杯喝水了。不需成人的帮助即可喝掉杯里的牛奶或是水。即使撒饭，洒水，也不用帮忙，多给宝宝自己练习吃饭、喝水的机会。能习惯自己喝水、吃饭，使用匙、杯等餐具的宝宝，他们也更容易适应多品种的婴儿食。

基本1小碗（婴儿用碗）就可。但也要根据宝宝的消化能力和食欲来定他们婴儿食期间的饭量。即使同一个宝宝也要依据其当天的状态和零食量来定，有少吃的时候，也有多吃的时候。故而不必一定固守一天的量。切忌过多地喂食零食或者追宝宝喂饭。若宝宝身高、体重都合格，少吃、多吃一次并不要紧。

正餐期间的饮食原则

尽量避免宝宝偏食

18个月大的宝宝开始有脾气，对于喜爱或不喜爱的东西态度表现鲜明，同时也有了偏食的习惯，饭量也开始不再一致。若不及时矫正婴儿食期间偏食的坏习惯，就会养成以后看到不喜欢的食物就习惯性呕吐或者干脆一点儿不吃的坏习惯。要让宝宝改掉偏食的坏习惯，就得找到他拒绝食物的原因，然后通过更换食材和烹饪方法来打造成宝宝喜爱的食物。

谷类不能忽视

不少家长很重视让宝宝们进食鱼、虾、肉、菜等，往往就不够重视同样含有丰富营养物质的谷类。如果摄入谷类不足，同样会造成宝宝营养失衡。因为人体所需的70%以上热量和50%的蛋白质都可以由谷类提供，甚至它里面所含的B族维生素和矿物质也占据了饮食里的较大比例。

谷类里面含有70%~80%的碳水化合物，主要为淀粉多糖，是最重要的能帮助人体消化吸收的能源物质。它还含有大量的B族维生素。既有可增加食欲、帮助消化，促进宝宝生长发育的维生素B1，还有可预防口角炎、舌炎、唇炎的维生素B2，还含有其他生长必需的植物性蛋白质。含量丰富的矿物质：钙、铁、磷、钾、铜、锌、锰等。谷类中含有较少的脂肪（绝大多数不饱和脂肪酸，还有少量的磷脂）。这些都是人类大脑必需的营养成分，可以促进大脑的发育。

婴幼儿是一个特殊的群体。因为他们正处于身体、脑部发育的关键期，所以补充充足而合理的营养对他们来说至关重要，而这些营养主要由谷类来提供，所以家长要合理地安排好宝宝的饮食。

少吃油炸食品

很多宝宝都非常爱吃油炸食品中的炸薯片、炸马铃薯片等。超市里常有出售各种半成品油炸食品，比如说鸡块、羊肉串等。但常吃这种食品，对于宝宝的正常发育是非常不利的。

在制作油炸食品的过程里，油的温度非常高，会破坏食物里的大量维生素，从而使宝宝无法摄取到里面的维生素。如果炸制这些食品使用的还是反复使用过的剩余油，里面还会蕴藏着十几种不挥发的有毒物质，对宝宝身体非常有害。

此外，油炸的食物也非常不易被人体消化，容易让宝宝有饱胀感，影响到正常饮食。另外，炸油条、油饼等食物还会涉及过量摄入"铝"的问题。

饭菜要清淡

虽然宝宝现在可以吃成人的饭菜了，但最好还是忌食咸辣的饭菜。这个时期如果习惯吃咸的食物，就会让宝宝养成喜食口味重的食物，导致长大后可能只爱吃咸的食物。有些家长认为只要用水涮涮泡菜之类的食物就可以喂了，其实不然，这类食物即使用水涮了也不会去掉咸味。可以在制作泡菜之前用少量的盐或者酱油单独给宝宝做些清淡的泡菜。

小贴士

Xiao tie shi

外卖的食物不仅卫生上不过关，而且大多是刺激性的食物，热量高，还容易导致过敏。所以尽量避免婴儿食期间喂食外卖食品。

养成良好的饮食习惯

让宝宝定时、定量进食

婴幼儿时期是建立和培养良好饮食习惯的关键时期，如果这一时期引导不当，一旦形成不良的饮食习惯，以后要改正就非常困难。因此，父母要从婴儿时期就培养宝宝良好的饮食习惯。只有养成良好的饮食习惯，才会保证宝宝的进食量，让宝宝获得充分的营养，从而保证身体健康。

怎样养成定时、定量进餐的习惯

首先，父母要合理控制宝宝每天的进餐次数、时间和进食量，让三者之间有规律可循。到了吃饭的时间，就应让宝宝进食，但不必强迫他吃，当宝宝吃得好时就应表扬他，并要长期坚持。

其次，精心调配食物。烹调时需注意食物的色、香、味俱全，软、烂适宜，便于宝宝咀嚼和吞咽，可以调动宝宝用餐的积极性。还可以给宝宝买一些形态、色彩可爱的小餐具，让宝宝喜欢使用这些餐具进餐。

定时、定量喂养需灵活掌握

定量饮食也要灵活掌握。有的父母还会严格按照书上的标准，让宝宝吃饭，遇到宝宝偶尔不想吃的时候，父母也要千方百计地哄他吃下去。这种做法也是不可取的，父母要根据宝宝自身的情况而定，因为每个宝宝的发育情况、饮食量都有所不同，不能一概而论。目前，很多家庭存在强迫喂养现象，且"定量强迫"显著高于"定时强迫"。宝宝偶尔食欲缺乏是正常现象，如果父母过于纠缠在一定量的食物上，会使宝宝食欲更加降低。宝宝的厌食让父母更加焦虑，就用坚决的手段强迫宝宝进食，会使厌食的情况更加严重。

宝宝不像成人一样，有很强的时间观念。而且宝宝的肠胃没有养成定时的习惯，如果在玩要中途被打断，会增强宝宝对吃饭的厌恶感。一边玩一边吃饭更是饮食习惯的大忌，父母应该灵活地掌握宝宝定时喂养的方法。

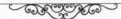

做个不挑食的宝宝

宝宝的挑食现象很普遍，是成长发育过程中的一种正常的阶段性现象。但这种现象如果不及时纠正，会引起宝宝营养摄入不均衡，对宝宝成长发育造成一定影响。父母们要从宝宝很小的时候注意宝宝的饮食习惯，对于挑食的宝宝要剖析其原因，以便对症下药。

父母言传身教

平时爸爸妈妈可经常在宝宝面前吃一些宝宝不太爱吃的食物。爸爸妈妈在吃的过程中还要表现出特别喜欢吃的样子，这样宝宝潜意识里会认为这些食物很好吃，因为爸爸妈妈都喜欢吃。长此以往，宝宝慢慢会喜欢上本来不喜欢的食物。

告诉宝宝食物的价值

每种食物都有其独特的营养价值，父母不妨对宝宝不爱吃的食物作以研究，了解它对宝宝生长发育的作用，并耐心跟宝宝讲解这些食物对他有什么好处。例如宝宝不吃胡萝卜，妈妈可以告诉他："吃胡萝卜对眼睛好。"

巧妙搭配食物

针对挑食的宝宝，爸爸妈妈可以巧妙地搭配各种食物，把宝宝喜欢的和不喜欢的食物进行"完美组合"，也可将宝宝不爱吃的食物来个"大变身"，以唤起宝宝的食欲，使他乐于尝试各种食物。

让宝宝从小吃杂食

最近，儿科医学专家指出，在婴幼儿时期给宝宝频繁地吃各种各样的食物，宝宝长大了以后，很少会有挑食的毛病。

表扬鼓励

父母要善于当面表扬宝宝在饮食方面的进步，如果宝宝某次吃了他平时不爱吃的东西，父母要给予鼓励，让宝宝更好地坚持下去。

添量喂养

父母可以在不告之的情况下，采用少量添加或逐步添加喂养的形式，在宝宝的日常食物中少量添加他挑剔的食物，以此让宝宝顺其自然地接受这些食物。

做个喜欢吃蔬菜的宝宝

众所周知，蔬菜的营养是非常丰富的，对宝宝的生长发育大有裨益，但是大多数宝宝似乎天生就对某些蔬菜很抗拒。不管父母怎么哄、怎么管宝宝就是不肯就范。难道就此放弃让宝宝多吃蔬菜的念头吗？当然不行，那么到底要怎么做呢？

告诉宝宝吃蔬菜的益处

不误时机地叮嘱宝宝多吃蔬菜的好处，当然不能讲得太深刻。父母要从宝宝的理解能力出发，用浅显的句子告诉宝宝，例如：多吃蔬菜就不生病了，不用打针了，也不用吃苦药了，还能长得高，变漂亮等，这样简单易懂的道理，宝宝比较容易接受。

从兴趣入手培养宝宝喜欢蔬菜

可通过让宝宝和自己一起择菜、洗菜来提高他们对蔬菜的兴趣，如洗黄瓜、番茄或择豆角等。吃自己择过、洗过的蔬菜，宝宝一定会觉得很有趣。

周围成人要做榜样

要让宝宝喜欢吃蔬菜，首先父母或其他成人要吃蔬菜。如果成人对蔬菜不感兴趣，只是一个劲地劝宝宝吃蔬菜，那是徒劳。因此，父母和宝宝一起吃饭时，即便对于自己不怎么爱吃的菜，也要尽量多吃，并边吃边称赞。

用故事诱发宝宝对蔬菜的兴趣

在给宝宝看故事书或动画片的时候，可以结合故事的情节来告诉宝宝吃蔬菜的好处。例如，大力水手吃菠菜才能变得更有力量，兔巴哥吃胡萝卜就可以变得很聪明，宝宝只要多吃蔬菜也会和他们一样。慢慢地，宝宝就会对吃蔬菜变得很有兴趣了。

对于有精力和条件的父母，可尽量变着花样，并在无意中让宝宝多摄入蔬菜，如将蔬菜以适合自己宝宝口味的方法烹调，或把蔬菜包在饺子或包子里面，或将各色的蔬菜搭配起来，做成五颜六色的蔬菜大拼盘，从而引发宝宝食欲，或做成蔬菜沙拉等。

培养吃早饭的好习惯

开始一天的生活之前，吃上一顿使人精力充沛的营养均衡的早餐是非常重要的。但仍然有不少人对此不以为然，马马虎虎对付了事，这样做是非常不对的。

很多宝宝不愿吃早餐的原因

一般起床后短时间内，宝宝没有胃口不愿吃早餐，可适当延后早餐时间。如果不吃早餐，一天所需的营养便需从午餐和晚餐中摄取，那样会对身体造成影响，甚至会影响到宝宝的生长发育。

早餐不吃对宝宝带来的不良影响

1.宝宝的脑部发育和智力发育会受到影响：长期不吃早餐会使得人的血糖供给低下，大脑的营养也不足，长期下去就会对大脑造成伤害。另外，早餐的质量跟智力发展也有密切的联系。据研究，一般进食高蛋白早餐的宝宝在课堂上的最佳思维普遍有所延长，而吃素的儿童情绪和精力都会呈较快下降趋势。

2.易患蛀牙：近年来美国科学家提供的一份研究表明，同那些天天进食早餐的同龄儿童相比，年龄在2～5岁经常不吃早餐的儿童发生蛀牙的概率是前者的4倍以上。

3.不吃早餐容易发胖：早上肚子填饱了，宝宝可以很好地控制他一天内的食欲，从而杜绝午餐和晚餐暴饮暴食的可能性，有利于控制体重。否则宝宝会在饥饿时进食零食或者暴饮暴食。

如何使宝宝开心地吃早餐

1.必须搭配一定谷类食物：比如说面包、面条、馒头、包子、烧饼、蛋糕、粥、饼干等。并且要做到各种谷类食物按粗细均衡搭配。

2.保证蛋白质的供给：鸡蛋、牛奶、豆类都包含丰富的蛋白质。每日早餐都要保证宝宝饮用250毫升牛奶或者豆浆，一个鸡蛋或者几片牛羊肉，从而保证宝宝摄入生长发育必需的蛋白质。

3.一定要用好的植物油做早餐：做凉拌菜时不要忘记滴入几滴植物油，里面的脂肪既能提供宝宝所需的热量，也能让菜更具香味，促进宝宝食欲。

4.保证一定量的蔬菜：可做凉拌黄瓜、萝卜、莴笋、白菜等蔬菜，豆腐、豆皮、豆干等豆制品或者凉拌海带等海产品，从而提供其他的营养素以及矿物质，还能刺激宝宝食欲。

让宝宝自己动手吃饭

对于宝宝强烈的"自己动手"的愿望，父母是阻止还是鼓励，是决定宝宝未来吃饭能力的关键。父母不妨索性给宝宝一把小匙，一双筷子，任他在碗里、盘子里乱戳乱捣，一口口地往嘴里送。结果当然是掉到桌上、身上、地上的比吃到嘴里的食物要多得多，然而不能否认的是，最初宝宝毕竟有一两口送到了自己嘴里。有过如此训练的宝宝，一般1.5岁以后就能独立吃饭了。

允许宝宝用手抓着吃

刚开始先让宝宝抓面包片、磨牙饼干；再把水果块、煮熟的蔬菜等放在他面前，让他抓着吃。一次少给他一点儿，防止他把所有的东西一下子全塞到嘴里。

把小匙交给宝宝

给宝宝戴上大围嘴儿，在宝宝坐的椅子下面铺上塑料布或旧报纸，给宝宝一把小匙，教他盛起食物往嘴里送，在宝宝成功将食物送到嘴里时要给予鼓励。父母要容忍宝宝吃得一塌糊涂。当宝宝吃累了，用小匙在盘子里乱扒拉时，把盘子拿开。

能自己吃饭后就不要再喂着吃

宝宝能独立地自己吃了，有时他反而想要妈妈喂。这时，如果你觉得他反正会自己吃了，再喂一喂没有关系，那就很可能前功尽弃。

宝宝碗里、盘子里的饭菜不要过多，温度适中，防止烫伤宝宝，或太凉吃下去胃不舒服。一次给宝宝一种菜，最好不要把几种菜混到一起，使宝宝吃不出味道，倒了胃口。宝宝的整个吃饭过程不能嫌麻烦。

养成细嚼慢咽的好习惯

宝宝在吃饭时应该细嚼慢咽，因为饭菜在口里多嚼一嚼，能使食物跟唾液充分拌匀，唾液中的消化酶能帮助食物进行初步的消化，而且可使胃肠充分分泌各种消化液，这样有助于食物的充分消化和吸收，可减轻胃肠道负担。此外，充分咀嚼食物还有利于宝宝颌骨的发育，可增加牙齿和牙周的抵抗力，并能增加宝宝的食欲。

但现实生活中，很多宝宝吃饭时都是狼吞虎咽。导致这样的原因有很多，包括家人的影响、宝宝的急性子、宝宝的吃饭时间有限等。

向宝宝解释细嚼慢咽的好处

对于大于3岁的宝宝，完全可以向他解释吃饭细嚼慢咽的好处及狼吞虎咽对身体的危害，讲时可举些例子，如某个宝宝吃饭太快，肚子疼了，打针很疼；某个宝宝吃饭太快长大后胃不好了，吃不下饭等。例子要简单浅显，可适当夸张一些。

规定宝宝不许提前离开餐桌

好多宝宝急着吃完饭去玩，这时父母可定一条用餐规矩，规定每个人在半小时内不许离开餐桌，这样宝宝即便吃完也脱不了身，也就不急着吞咽食物了。

创造一片轻松的用餐氛围

用餐期间父母尽量放松心情，创造一片温馨和谐的气氛，让宝宝由衷地喜欢餐桌上的气氛，宝宝会愿意多在餐桌上逗留，不会为逃离餐桌而"狼吞虎咽"。

小贴士 *Xiao tie shi*

有的宝宝食用花卷、馒头等主食时，习惯用汤就着吃，减少咀嚼次数；有的宝宝吃饭时总喜欢边吃饭、边喝水。这些都是不良的饮食习惯，影响食物的消化吸收，导致营养不良。所以尽量避免这种饮食方法。

正餐期喂养问答

宝宝吃鱼肝油过多会患结石吗

问 在网上看到说常吃鱼肝油易结石。看了之后很担心，宝宝一直在吃鱼肝油，吃鱼肝油真的会结石吗？

答 过量长期服用会发生维生素A中毒，症状与缺钙很相似。另外钙多了会沉淀容易造成结石，还会造成宝宝发育过早。

如何增进宝宝食欲

问 我的宝宝最近不怎么吃东西，请问怎么办？

答 建议早晨吃鸡蛋羹，软面条。中午吃软米饭，肉泥，蔬菜水果。晚上喝稀的小米粥，玉米糊等。另外可以多做几样宝宝平时喜欢吃的菜。

第三章
Di san zhang

一学就会的育儿要点

给宝宝洗澡

DIYIJIE

对于新手爸妈来说，给小宝宝洗澡可是一件大事，时常会手忙脚乱。水温、洗澡前的准备、洗澡的方法等等都要注意，原来洗澡里面也有"大学问"啊！

池浴

宝宝过了1个月后，就可以到浴缸里洗澡了，尽管要经历从开始到习惯的过程，但当爸爸妈妈能够娴熟地操作之后，宝宝将会体验乐在其中的感觉。

做好池浴前准备

在给宝宝脱衣服之前，要准备好替换的衣服等，尽可能地做好充足的准备。适合宝宝洗澡的水温在38℃～39℃，大人会稍感温凉。使用温度计测定水温，可以让操作者更放心。为了不使宝宝感到寒意，冬天的时候，要用淋浴喷头提前喷淋浴室的墙壁，将浴室预热。为了洗澡后能立即给宝宝穿衣服，最好提前将外衣、内衣及铺展开的尿布放在距离浴室较近的地方。

婴儿皂的选择	应以油性较大而碱性小、刺激性小的宝宝专用浴皂为好
清洗鼻子和耳朵时	只清洗你看得到的地方，而不要试着去擦里面
清洗婴儿的屁股时	每次使用一团棉花或是一块纱布，洗后要在温水中浸泡，彻底地清洗干净
清洗婴儿脐带残端时	将棉花用酒精浸湿，仔细清洗脐带残端周围皮肤的皱褶。然后用干净的棉花蘸上爽身粉，将残端弄干爽

池浴的基本操作

池浴的步骤	
暖和身体	先让宝宝在水中泡5分钟左右，这样宝宝的体温就会升上来
将沐浴液搓出泡泡	操作者坐在椅子上，让宝宝稳稳地躺在浴盆里，将沐浴液搓出泡泡来
洗脸	用起泡的沐浴液轻轻地从上到下擦拭宝宝的前额及嘴部周围。用拇指和食指伸到脖子的深处仔细地清洗
洗头	由于容易引起脂溢性湿疹，操作者在清洗的时候要用手指仔细地清洗
洗手和洗脚	洗手和洗脚：从手腕到手掌逐一地用手指轻轻滑洗。特别注意每根手指间的清洗。膝盖的内侧里面，很容易积存污垢，所以要重点清洗
洗腋下	将宝宝的胳膊擎起来清洗，由于是易出汗的部位，所以要好好地清洗，洗后可抹些爽肤粉
洗肚皮	不可太用力，可以采用顺时针方向清洗，特别是脐部更要轻轻地清洗
洗后背	将宝宝翻过身来，与肚皮一样的清洗方法，注意防止手滑
洗肛门及生殖器	为预防宝宝纸尿裤疹的发生，要仔细地清洗褶皱中的污垢
再到浴缸里暖和一下	残留的香皂容易引起湿疹，要用淋浴冲洗干净。最后让宝宝在水中泡5分钟左右

池浴完毕

　　洗澡结束后，应该尽快地将宝宝身上的水珠擦干，注意不要刺激皮肤，不可以用力摩擦，而且应注意擦干各个褶皱中的水分。用提前准备好的干毛巾将宝宝完全地包裹起来，之后抱到不冷的地方，哄宝宝睡觉。同时也要做好给宝宝保湿补水的工作。既可以补充母乳或配方奶，也可以补充凉开水或者矿泉水。

　　皮肤的护理：给宝宝的肌肤涂抹些保湿剂以作为皮肤的护理，当宝宝感到冷的时候，要穿好衣服后再涂抹，而如果宝宝身上很暖和的话，仅穿好尿布便可涂抹。

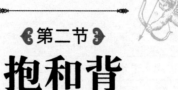

第二节
抱和背
DIERJIE

抱宝宝的姿势是很有讲究的，所以如何抱好宝宝是各位新手爸妈的必修课，一定要注意，宝宝发育得不同时期，抱他的方法也不同。

颈部结实之前的抱法

宝宝的体型不是一出生就形成的，刚出生的宝宝双臂呈W形，双腿呈M形，后背弯曲。妈妈在抱宝宝的时候要记得保持宝宝原有的体型。宝宝颈部结实前，如何托住颈部是抱宝宝的最关键之处。用妈妈的整个手掌支撑住宝宝的头部，颈部稳定才能确保宝宝的安全。如果手只托住宝宝的头部，就可能发生各种意外，是很不安全的。也会引起宝宝的哭闹。

横着抱

1.用毛毯或者浴巾包裹后抱起：在妈妈还没完全习惯抱宝宝的时候，可以用毛毯将宝宝包裹起来再抱起，这样就使人更放心。在包裹的时候，宝宝的手脚会不停地乱伸，注意这时不要太着急。

2.紧紧地抱在胸前：妈妈可以用左手的前臂抱着宝宝的后背，右手从下至上抱住宝宝臀部（反之也可以）。注意顺着宝宝弯曲的体型，以免损伤。

3.面对面紧紧地抱在胸前：可以让宝宝坐在妈妈的腰间。颈部结实的宝宝已经能够支撑住自己的身体，所以不必担心。颈部尚不结实的宝宝，妈妈要用肘部将其颈部稳稳地托住。

坐着抱

1.坐着抱妈妈也轻松：宝宝哭闹的时候，妈妈可以试着坐在椅子上，让宝宝朝前坐在大腿上。这样宝宝能看到周围的事物，就会很开心。

2.紧紧地抱在胸前：将身体靠在椅背上，妈妈就会很轻松。这样做妈妈和宝宝就会很紧密地接触，给宝宝安全感。

抱颈部未结实宝宝的要点		
正确	要点是指尖朝上	妈妈的手指尖朝上可以保证将宝宝的后背及颈部全部稳稳地托住，之后再抱起
错误	颈部不稳	妈妈的指尖横向相对，不能托住颈部，是很危险的做法

抱在腰间

让宝宝骑在妈妈的腰际以上抱着，即便是站着，妈妈也能很轻松，从新生儿期您就可以这样做。

不同情况下抱宝宝的方法	
1	情绪不好时——面向里竖抱：当宝宝情绪不好时，嘈杂的外部环境和视听觉刺激，会让他感到有压力
2	学说话时——和妈妈面对面交流：在和妈妈聊天的过程中，宝宝可以逐渐完成对词汇量的储备
3	醒着时——面向外竖抱：使宝宝的视野范围和妈妈保持一致，有助于妈妈将自己看到的景象描述给宝宝
4	困倦时——躺在妈妈的臂弯里面：为了让宝宝舒适地入睡，妈妈尽量用臂弯给宝宝架设一张小床
5	哭闹时——趴在妈妈怀里：当宝宝哭闹时，妈妈可以试着让宝宝趴在怀里，哼唱一首简单的童谣
6	学走路时——给宝宝支撑：宝宝刚开始学走时，腿部力量还不强，因此妈妈最好用双手给宝宝有力的支撑

拥抱是妈妈释放母爱的一个不可替代的载体，也是宝宝感受美妙世界，沐浴母爱，获得心智成长的必要环节。

颈部结实以后的抱法

进入该阶段，在抱着的时候就可以用劲，而且可以开始体验各种抱法的乐趣。

坐着抱

当妈妈感觉自己的体力不支时，可以将宝宝抱在胸前，自己靠在椅子上。

竖着抱

竖着抱视野很宽阔，宝宝也会很喜欢。因为已经学会熟练地抱着宝宝，所以抱着的时候不需要很用力。

抱在腰间

妈妈的手穿过宝宝的双腿间抱着，让宝宝双腿自然张开，以防骨关节脱臼。

玩耍时的四种抱法	
横着抱	已经过了横着抱时期的宝宝，再次横着抱，会重新体验到其中的乐趣
坐着向前抱着	宝宝很喜欢看到周围宽阔的环境，也很喜欢妈妈摆弄他的手和脚，坐着向前抱着，宝宝会很喜欢
完全向前直立地抱着	开始学走路的宝宝已经能够很好地支撑自己的身体，妈妈在同宝宝玩耍时只要稍稍用力即可
"海獭"抱	让宝宝坐在仰面朝上的妈妈的肚子上，可以体验到肚子和肚子亲密接触的感觉，而且宝宝也非常喜欢看到妈妈的脸

如何让宝宝安睡

DISANJIE

　　睡眠对婴儿的生长发育作用重大，因为在入睡初期的时候，生长激素分泌最多。如果睡眠不好，就会影响宝宝的生长，所以爸爸、妈妈要注意培养宝宝养成良好的睡眠习惯。

培养宝宝良好的睡眠习惯

　　睡眠有助于宝宝成长，而且能稳定宝宝的情绪。如果希望宝宝的身心均衡发展，就应该培养良好的睡眠习惯。从新生儿时期开始，必须掌握宝宝的睡眠节奏，及时纠正不良的习惯。下面介绍纠正宝宝不良睡眠习惯的方法，以及培养良好睡眠习惯的要领。

要想晚上熟睡，白天就必须多活动

　　宝宝在睡觉的过程中会逐渐成长。宝宝在睡觉的时候，体内会分泌出神经、大脑、身体发育所需要的成长激素，所以必须要保证正常的睡眠时间。睡觉不仅仅是为了休息，还为了宝宝身心的均衡发育。如果宝宝不能正常睡觉，或者缺乏睡眠，会影响到宝宝正常的生长发育，也会使宝宝的生活节奏被打乱，导致精神不稳定，容易形成神经质的性格，甚至会影响饮食、自理大小便等其他生活习惯。

　　为了让宝宝按时而有规律地睡觉，在睡觉之前，可以给宝宝沐浴，这样能让宝宝很快地进入睡眠状态。另外，可以给宝宝念童话故事书，或者唱摇篮曲，尽量让宝宝快快地进入梦乡。

经常观察宝宝的睡眠时间 ～◆～

在婴儿时期，宝宝一整天都会睡觉，但很快就能形成一定的睡眠频率。只要仔细地观察，就很容易掌握宝宝的睡眠规律。同时也要及时纠正错误的睡眠习惯。

不同年龄的平均睡眠时间

年龄	睡眠时间	年龄	睡眠时间
0～1个月	18～20小时	8个月～2周岁	13小时
1～4个月	16～17小时	2～3周岁	13小时
4～8个月	13～15小时	3～5周岁	11小时

培养宝宝自觉睡觉的习惯 ～◆～

在日常生活中，必须培养宝宝自觉睡觉的习惯。一般来说，宝宝满三周岁后就可以独自睡觉了。但应该根据宝宝的发展状况，选择合适的时机。有些宝宝白天能够独自睡觉，但一到晚上就离不开妈妈了。如果宝宝不肯独自睡觉，也不能强迫，最好能陪伴宝宝入睡。为了稳定宝宝的情绪，应该轻轻地拍打宝宝。只要宝宝入睡，就应该离开宝宝，而且第二天早上，要让宝宝知道昨晚独自睡觉的事实。另外，即使大人和宝宝在同一间卧室睡觉，也应该单独给宝宝准备被子，培养宝宝的独立性。

随着宝宝的成长，睡眠时间也会减少 ～◆～

新生儿的平均睡眠时间为18～22小时，满一周岁之前的平均睡眠时间为15～18小时，2周岁以后的平均睡眠时间为12～13小时。宝宝刚出生时，每天需要睡2～3次午觉，但满一周岁以后就应该减少为每日一次。当然，不同宝宝的睡眠时间存在着很大的差异，有些宝宝的睡眠时间很长，而有些宝宝的睡眠时间很短。即使睡眠时间短，但只要宝宝的体重和身高正常增加，就不用担心。如果宝宝由于身体异常而无法保证充足的睡眠时间，或者睡眠时间过长，就应该到医院接受检查。

按摩以下部位，宝宝就能很快入眠	
眉间	轻轻按摩眉毛之间的部位
眉毛	沿着眉毛，用指尖柔和地抚摸眉毛，宝宝就能安稳地睡觉
脚底	轻轻按摩宝宝的脚底，这样就有助于血液循环
额头	抚摸头部开始长头发的部位

分阶段的睡眠策略

新手爸妈们对宝宝宠爱有加，但却缺乏一些必备的育儿知识，对宝宝的睡眠状况不甚了解，下面就为新手爸妈们介绍一些培养宝宝睡眠习惯的相关知识。

0～5个月：培养有规律的睡眠习惯

在这个时期，原本只知道睡觉的宝宝会逐渐懂得玩耍，而且开始区分白天和夜晚，所以必须培养宝宝有规律的睡眠节奏。到起床时间，就应该拉开窗帘，让宝宝知道已经到了起床的时间。在晚上，全家人都应该在规定的时间内熄灯睡觉。经过反复的训练，宝宝就会很自然地习惯家人的生活节奏。但这都是最普通的情况，其实有些宝宝经常半夜睡醒，而且让父母也无法安稳地入眠。当宝宝哭闹时，有些父母会马上哄宝宝继续入睡，而有些父母则不予理睬，等宝宝哭闹完后继续入睡。当然，到底是应该哄宝宝还是任由宝宝哭闹，没有绝对正确的答案，只能根据宝宝的情况，由父母根据个体差异做出选择。

6～11个月：白天应该尽量活动

在这个时期，必须培养宝宝夜间熟睡的习惯。白天的活动量过少、夜间饥饿、午觉时间过长、生活节奏不规律都会让宝宝无法熟睡。所以为了让宝宝安稳地睡觉，白天应该多运动，尽量让宝宝感到疲倦。在日常生活中，应该给宝宝穿较薄的衣服，而且适当地调节室内温度。为了避免室内空气过于混浊，应该经常换气，并适当地调节湿度。不仅如此，父母不能猛烈地关闭房门，也不能大声喧哗，更不能用闪烁的电视画面刺激宝宝的神经。

13～18个月：培养规律的午觉习惯

在这个时期，大部分宝宝每天平均会睡上12～14个小时，其中包括1～2个小时的午觉。每个宝宝睡午觉的时间各不相同，有些宝宝在上午和下午分别睡一次，而有些宝宝在午餐前后只睡一次，还有些宝宝干脆不睡午觉。但在这个时期，不能从早到晚都让宝宝活动。宝宝满四周岁之前，每天最好适当地睡午觉。但午觉时间不能过长，否则晚上就很难入睡，而且不能熟睡。睡午觉时间最好不要超过1小时。

19～24个月：在指定的时间内入睡

在这个时期，宝宝已经习惯了父母的生活节奏，因此全家人都应该为宝宝营造出能够按时睡觉的环境。即使想看电视，也应该尽量克制，而且爸爸也应该早点回家，帮助妈妈照顾宝宝。另外，必须让宝宝形成"睡前意识"。在睡觉之前，必须换睡衣、刷牙并和家人道一声"晚安"。宝宝只要有了正确的睡前意识，就会很快养成独自睡觉的习惯。

24～36个月：独自睡觉的最佳时期

在这个时期，虽然宝宝能够独自睡觉了，但也不能强迫宝宝，而应该根据宝宝的状态，慢慢地培养宝宝独自睡觉的习惯。在这个时期，大部分宝宝都害怕黑暗，因此不愿意独自在自己的小房间内。在这种情况下，妈妈应该陪在宝宝身边，尽量稳定宝宝的情绪。不要强迫宝宝独自睡觉，或者批评宝宝太胆小，这样就容易伤害宝宝的心，影响宝宝的独立性。另外，可以让宝宝多玩游戏，等宝宝有了睡意，再让宝宝睡觉。

让宝宝快速安睡的方法

宝宝有睡眠问题是很常见的，不过，父母的态度却很不一样。有的父母能顺其自然平静地对待，有的父母则把它看做一种坏习惯来对待，弄得自己心烦意乱，精疲力竭。怎样哄宝宝入睡，这是年轻父母问得最多的一个问题。

晚上多睡，白天少睡

如果宝宝白天睡得过多，晚上就不能熟睡。所以午觉的时间不宜过长。宝宝在一周岁之前，上午和下午最好都睡一次午觉。但出生18～24个月以后，上午就不用睡觉了。另外，宝宝满三周岁以后，下午睡觉的习惯也会逐渐消失。

宝宝独自睡觉时，不能更换地方

为了培养宝宝独自睡觉的习惯，有些妈妈趁宝宝睡着时，悄悄地把宝宝送回儿童房，但这样不代表宝宝已经养成了独自睡觉的习惯。另外，通过这种行为，宝宝会认为父母在欺骗自己，会对父母产生不信任感。在培养宝宝的独立能力时，儿童房应该靠近父母的卧室，让父母能随时听得到宝宝的声音。

营造出睡觉的气氛

如果在宝宝睡觉的时候，爸爸妈妈还在看电视，或者屋里亮着灯，或者周围环境吵闹，那么宝宝就无法安稳入睡。为了让宝宝按时睡觉，家人应该为宝宝提供安静的睡眠环境。

用温水沐浴

沐浴不但能缓解宝宝的疲劳，而且能稳定宝宝的情绪。在宝宝睡觉之前，可以用温水沐浴，放松紧张的肌肉，有助于睡眠。宝宝在沐浴以后，很快就能进入梦乡。通常晚上8点后，大部分宝宝都会感到疲倦，所以要尽量提前沐浴。

听有节奏感的音乐或童话故事

当宝宝不能入睡的时候，可以给宝宝听有节奏感的音乐，或者讲童话故事。妈妈可以唱世上最优美的摇篮曲，刚开始，尽量用愉快的声音唱歌，当宝宝入睡时，应该放慢唱歌的速度。唱歌时，应该尽量降低音量。拍着宝宝入睡时，一开始应该用快节奏的节拍，然后逐渐转变为柔和、缓慢的节拍。听到抒情的音乐或童话故事，宝宝会很容易稳定情绪。

用娃娃或玩具稳定宝宝的情绪 ～∽

很多宝宝在睡觉时，都担心妈妈离开自己，不能安稳入睡。此时，可以给宝宝玩可爱的娃娃或玩具，稳定宝宝的情绪。如果宝宝离不开妈妈，也不要勉强宝宝单独睡觉。此时，妈妈要一直陪在宝宝身边，直到宝宝入睡。

点亮小台灯 ～∽

宝宝在二周岁时，就会拥有一定的想象力，开始害怕黑暗。在这个时期，应该照顾宝宝的情绪，不能关闭屋内全部的电灯，最好给宝宝点亮一盏小灯。当宝宝睡醒时，不应该马上做出反应，最好等上一段时间，同时观察宝宝的状态。即使宝宝哭闹，只要不予理会，宝宝就会继续睡觉。

培养自觉睡觉的意识 ～∽

宝宝每天临睡之前，应该让宝宝知道更换睡衣、刷牙和说"晚安"，这是不可缺少的流程。只要宝宝学会了睡前需要重复做的事情，就容易养成按时睡觉的习惯。另外，有些宝宝会半夜醒来排尿，因此最好培养宝宝睡前上洗手间的习惯，入睡前尽量不要喝水。

给宝宝提供舒适的睡眠环境 ～∽

只要有柔软的棉被、凉爽的空气，适当的湿度和温度，宝宝就可以安稳地入睡，为了使宝宝熟睡，首先要打造舒适的睡觉环境。

改善睡眠环境的方法	
经常换气	通常夏天要使用空调，冬天要使用加湿器，并要保证空气流通，经常换气。一般情况下，每隔一小时就要打开窗，让宝宝呼吸新鲜的空气
在阳光下消毒棉被	每隔2～3周必须洗一次棉被，而且要经常放在阳光下消毒
床铺与墙壁之间必须保持一定的距离	为了节省空间，大部分家庭都把床铺紧贴着墙壁摆放。但为了预防潮湿并保持通风，床铺和墙壁之间至少要相隔10厘米

纠正不良的睡眠习惯

宝宝吃得香睡得好才会健康成长，可就是有一些宝宝白天睡得非常好，可是晚上就是不睡，常常是后半夜才睡。对于这样的宝宝，妈妈一定要改正这种不良的睡眠习惯。

睡觉前经常哭闹

为什么会这样

对于爸爸妈妈来说，宝宝睡得安稳，就是莫大的幸福。但大部分宝宝都不能轻松入睡，睡觉前总是会哭闹不停，那是因为宝宝担心睡醒后再也看不到爸爸妈妈了。在医学中，这种现象被称为"分离焦虑症"。另外，宝宝午觉睡得太久、电视声音嘈杂或缺乏运动，都容易导致宝宝无法入睡。

解决方法

1～3周岁是宝宝最离不开妈妈的时候，只要一离开妈妈，宝宝就会感到不安。随着宝宝的成长，和妈妈分离引起的睡前哭闹现象会逐渐减少，因此不用过于担心。如果宝宝不肯离开妈妈，妈妈就应该在宝宝身旁唱摇篮曲，或者给宝宝讲童话故事，尽量稳定宝宝的情绪。

如果午觉时间过长，或者缺乏运动，就应该适当地改变生活节奏。一般情况下，必须让宝宝按时睡午觉，而且提供能够到室外活动的时间。另外，在睡觉之前还可以和宝宝做一些安静的游戏，以免在睡前神经太过亢奋。

只有含着手指或奶嘴才能入睡

为什么会这样

有些宝宝在睡觉前，喜欢习惯性地含手指，或者寻找奶瓶。大部分宝宝在嘴里含着东西时，才能得到满足感。

解决方法

让宝宝在睡觉前暂时吸吮手指，不会影响宝宝的成长，只要培养宝宝睡前刷牙、铺棉被、听故事等习惯，那么宝宝就会逐渐改掉吸吮手指的习惯。

睡觉时到处滚动

为什么会这样

在睡觉时，平时好动而脸部红润的宝宝喜欢到处滚动。这些宝宝的新陈代谢比较活跃，如果老老实实地盖上棉被睡觉，反而会影响健康。另外，精力旺盛的宝宝也会经常到处滚动。

解决方法

在睡觉时，如果宝宝喜欢踢棉被，或者到处滚动，就应该给宝宝穿上比较厚的衣服。另外，必须收拾周围的家具或容易撞伤宝宝的危险物品。不仅如此，性格散漫的宝宝在睡觉时容易翻滚，可以通过猜谜、画画等游戏方式来培养宝宝的注意力。

磨牙

为什么会这样

当宝宝对父母或兄弟姐妹感到厌恶时，或者无法靠自己的能力解决情绪问题时，就会容易出现磨牙的现象。另外，宝宝在开始长牙时，由于牙龈痒痛，也会经常磨牙。

解决方法

如果是因为心理原因导致磨牙，就应该寻找让宝宝产生心理压力的根源，及时地解决心理问题。例如，经常跟宝宝对话，或者像朋友一样跟宝宝一起玩游戏，充分表达对宝宝的爱。如果磨牙现象过于严重，就会影响恒齿的生长，此时应该到医院接受治疗。

宝宝户外运动

DISIJIE

　　宝宝是最不喜欢整天待在家里的人，所以只要天气允许，爸爸妈妈应该多带宝宝到户外活动，呼吸清新的空气，这对宝宝的身心健康有很大的好处。

健康宝宝的日光浴

时间

　　享受日光浴最好选择无风的晴天。夏天，最好在上午10点之前。春天和秋天，就可以在上午10点到下午2点之间。冬天可以随时享受日光浴。日光浴和散步的时间最长不要超过2个小时。

地点

　　光线充足的窗边、阳台，还可以在院子里或草坪上享受日光浴，但要尽量避免阳光直射。

好处

　　皮肤接触阳光，会产生维生素D，有助于骨骼和皮肤的生长。另外，日光浴还可以促进血液循环，让宝宝在晚上熟睡。由于能吸收新鲜空气，因此还有助于宝宝心肺的健康。

带宝宝到户外活动需注意的事项	
带能遮阳的帽子	为了避免宝宝脸部和头部受光线的直接照射，必须给宝宝佩戴上能遮阳的帽子
及时补充水分	结束日光浴以后，为了给宝宝补充足够的水分，应该给宝宝喂麦茶或适量的果汁
不适时中断日光浴	宝宝身体不舒服时，应该暂时中断散步和日光浴。等身体好转以后，再重新开始

不同月龄宝宝的户外活动

按自己制订的时间表去户外游玩，有利于养成良好的生活规律。

新生儿：最好不要外出活动

刚刚出生的宝宝身体还没有硬朗之前，不能完全适应气温的变化，该时期不适宜到户外活动。

1~2个月：每天呼吸30分钟新鲜空气

宝宝满月以后，就可以打开窗户让户外空气进入或者抱到阳台或庭院中，呼吸30分钟的新鲜空气，呼吸新鲜空气时要注意避免阳光直射。

3~6个月：以不感到疲劳的强度为宜

由于颈部已经结实，可以带宝宝到户外散步。2个小时以内的户外活动是宝宝能承受的。

7~12个月：一天两次户外活动

该阶段宝宝的饮食规律及作息规律基本已经养成，每天最好到户外活动两次，但要注意防紫外线，最好避开阳光直射的时间段出行。但为不打乱宝宝白天睡觉的规律，每天出去的时间最好是固定有规律的。

宝宝坐椅的选择及使用方法

宝宝在6周岁之前必须使用宝宝坐椅，宝宝坐椅是乘车外出时的必需品，要认真地挑选。

宝宝坐椅的类型

哺乳期宝宝坐椅

适合体重10千克以下，身高在75厘米以下的宝宝（新生儿到1周岁之间），坐椅的方向与车行进的方向相反。

换乳后宝宝坐椅

适合体重在10千克以上，身高在75厘米以上的1～4周岁宝宝。

安放坐椅的位置

宝宝坐椅要安放到后排座位上

最理想的安放位置在驾车者的后面，但是考虑到车的构造，在此安装有些难度。所以从方便的角度，可以安装在副驾驶后面的中间位置。

气袋很危险，一定要收好

如果将坐椅安放在了副驾驶后面的位置上，在发生意外的时候，气袋就会撑开，宝宝将会受到冲击力。

安装的方法	
夹好安全带	为防止系好的安全带松脱弹出，一定要将两头的夹子夹好，以免发生意外。正常朝前的座位使用安全带时都存在着一定的危险，所以家长们必须要多加注意
座位必须考虑体重的因素	不仅仅是要把坐椅固定好，还要系上安全带。当坐到座位上以后，安全带就会缓缓地收紧，要注意体重不能超过坐椅所能承受的重量

新生儿的日常照顾

DIWUJIE

照顾刚出生的小宝宝，会给你带来幸福与快乐，同时也会给你带来迷惑与烦恼，但是，过不了多久，你就能得心应手的照顾你的小不点儿，再不必为了不会照顾宝宝而沮丧了。

大小便训练时机和注意事项

自理大小便和大脑发育没有任何关系，但很多妈妈都希望自己的宝宝能早日自理大小便。因此，有些妈妈在自理大小便的这件事情上也要拿自己的宝宝跟别的宝宝做比较。一般情况下，出生18个月时，生理排泄功能基本上已趋于成熟，可以逐渐进行排便训练。下面就给各位新手爸妈来介绍一些大小便训练的秘诀。

18个月以后进行排便训练

每个妈妈都希望自己的宝宝能早日成长，但是，早日自理大小便的优点仅仅是让妈妈从换尿布的烦恼中解脱出来。其实，自理大小便和宝宝的发育没有任何关系，更不会影响宝宝的智商或运动神经。只有当调节膀胱和大肠的生理排泄功能成熟时，才能进行排便的训练。如果在排泄功能未成熟的情况下，逼迫宝宝自理大小便，会引起各种副作用。

在出生后18个月内开始进行排便训练的宝宝中，有很多宝宝到了4岁还不能自理大小便，但是从2周岁开始进行训练的宝宝在满3岁时，基本上都能自理大小便了。虽然每个宝宝都存在着个人差异，但排便训练一定要等到宝宝出生18个月以后才能开始进行。

在这个时期，宝宝能独自走路，而且能用简单的语言表达自己的想法。不仅如此，宝宝的神经和肌肉变得成熟，因此能够控制排便的欲望。

大小便自理训练具有深远的意义

大小便自理训练的目的并不是单纯地为了让妈妈摆脱换尿布的烦恼，而是为了培养宝宝独自到洗手间自理排泄的习惯。另外，大小便训自理练和宝宝的情绪、性格的形成有密切的联系。在这个时期，宝宝会因为能够自如地控制排便而感到自豪。通过大小便自理的训练，还可以培养宝宝便后洗手、整理房间的习惯。

当然，排便训练要在自然、和谐的气氛内进行，这样能稳定宝宝的情绪，还能够提高宝宝的自律性。

不要强迫宝宝进行大小便自理训练

一些专家建议，只要宝宝没有特别的异常症状，即使到了3～4岁时才会自理大小便也无大碍，操之过急反而会增加宝宝的心理压力。

如果强迫宝宝练习，反而容易导致便秘，甚至宝宝满了4岁还尿床，出现无法控制排便的遗粪症，而且会让宝宝感到紧张和不安。请不要忘记，大小便自理训练不是为了你，而是为了宝宝。

不能过于着急

在进行排便自理训练时，千万不能操之过急。每个宝宝都存在差异，有的宝宝不可能在短时间内自理大小便，有些宝宝需要一两个月时间，妈妈必须做好心理准备，耐心地等待。有时，宝宝还会出现失误，但不能因为一点失误就悲观失望。

排便自理训练前的3种条件	
能够独自走路	当大脑按照神经下达的指示控制肌肉时，身体就会从头部开始，逐渐控制下半身。宝宝可以独自走路，就表示大脑的皮质已经比较发达了，而且左右脑的发育基本平衡。在这个时期，大脑神经系统比较成熟，所以能够控制排便
能够听懂父母的话	如果宝宝听不懂"嗯嗯（大便）"或"嘘嘘（小便）"的意思，那么即使想排便，也无法用语言表达，因此不能进行排便训练。在进行排便训练之前，应该仔细观察宝宝能不能听懂简单的话
排尿间隔时间约为2小时	排尿的时间间隔非常重要。如果宝宝排尿的间隔时间恒定为2小时，就说明宝宝能够控制排尿了，因此可以进行排便训练

中途容易出现失误

有些宝宝虽然能够自理大小便，但偶尔还会出现失误。在这种情况下，很多父母就会不知所措。另外，有的宝宝在3岁时，本来已经习惯了排便器，但却又突然拒绝使用，即便坐在排便器之上，也不会排便。在这种情况下，应该认真分析宝宝的心理或周遭环境的变化。

如果宝宝在裤子内排便，绝对不能坐视不管，应该要再次提醒宝宝必须在排便器内排便，但不能责骂宝宝。另外，很多宝宝在晚上排便时容易出现失误。通常，3岁宝宝的膀胱已经发育完全，晚上是不用排尿的，因此没必要叫醒熟睡中的宝宝使其排便。

不能中断排便自理训练

排便自理训练通常是夏天进行的。在排便时，需要经常给宝宝脱衣服、脱裤子，所以排便训练最好在夏季进行。如果在冬天进行训练，可以把宝宝用的排便器放在室内，然后给男宝宝穿上带松紧带的裤子，给女孩穿上裙子，这样就便于排便。

有助于排便训练的宝宝用品	
辅助排便器	为了使宝宝稳稳地坐在排便器上，应该选择两侧都带有扶手的排便器
宝宝用排便器	目前，宝宝专用排便器的颜色和样式很丰富。另外，有的排便器还有带音乐播放器的功能，有助于进行排便训练
可携带排便器	可携带排便器不仅能在家中使用，外出时也方便携带。但要注意对排便器消毒，保证使用安全
脚垫	使用辅助排便器时，应该选购脚垫。当宝宝坐在排便器上时，如果两脚悬空，就会感到不安，因此最好垫上脚垫
排便器套	臀部接触冰凉的排便器，宝宝就降低使用意愿，因此必须准备能保暖的排便器套。这样，宝宝就能渐渐适应排便器了
童话书	经常给宝宝讲关于排便训练和大便的童话故事，自然激起宝宝的兴趣

出现便秘症状

在进行自理排便训练时，如果宝宝长时间坐在排便器上不排便，就应该检查宝宝是否有便秘的症状。如果饮食没有变化，就有可能是排便训练引起的。

强烈拒绝

宝宝接受排便训练，通常会承受巨大的压力。从爸爸妈妈的角度来看，排便时再简单不过的事情，经常无法容忍宝宝的失误，特别容易生气。但一定要记住，对宝宝来说，排便训练是非常辛苦的事情，因此当宝宝拒绝时，就应该暂时中断训练。

一看到排便器就哭

有些宝宝一看到排便器就哭。如果宝宝一直哭闹，那么就应该中断排便训练。可以把洗手间改装成游戏空间，或者在排便器前面摆放玩具娃娃，或者粘贴各种漫画图片，这些都能够消除宝宝对排便器的恐惧感。

大小便的训练秘诀

秘诀1：鼓励是成功的快捷方式

通常宝宝坐在排便器上的时间为2～3分钟，如果宝宝一直不排尿，就应该若无其事地对宝宝说"我们下次再尿吧"，即使宝宝不小心尿裤子了，也不应该责骂，而是要鼓励宝宝。在宝宝成功地控制了排便的时候，要及时的给予表扬。不能因为失误而责骂宝宝，那样十分伤害宝宝的自尊心。

秘诀2：先进行自理大便的训练

在排便训练中，应该先进行自理大便的训练。大部分宝宝都是先学会自理大便，学会自理小便的时间通常会比学会自理大便的时间晚6个月左右。

秘诀3：撤掉尿布

如果宝宝每天能自理50%的小便，就应该撤掉尿布，换上内裤。如果宝宝穿上内裤后尿裤子了，腿部就会有湿漉漉的感觉，这样宝宝慢慢的就能自觉学会自理小便了。

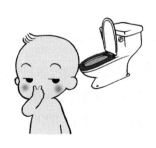

秘诀4：给宝宝示范排便时要做用力的动作

让宝宝在排便器上，然后一边说"嗯嗯"、"嗯嗯"。一边给宝宝做出排便时用力的动作，这样，宝宝会模仿父母的动作。在天气寒冷时，要给排便器垫上保暖的坐垫，太凉的排便器宝宝不喜欢坐。

四步让宝宝快速撤掉尿布

随着宝宝一天天的长大和爸爸妈妈们卓有成效的宝宝排便训练，宝宝现在已经能很好地在大人的陪同下排便了。那么是时候给宝宝撤掉尿布了，现在就教家长朋友们一个快速撤掉尿布的简单方法。

第一步：让宝宝学会"嘘嘘""嗯嗯"等排便用语

宝宝大小便时，应该经常使用"嗯嗯""嘘嘘"等语言，是宝宝逐渐习惯用语言表达自己的感觉。当宝宝想排尿时，还可以让宝宝自己去拿尿盆。经常检查排尿的时间和排大便的次数。另外，还要仔细观察宝宝的表情和行为。如果宝宝有诧异的表情，就应该主动劝宝宝"嗯嗯"或"嘘嘘"。

第二步：把排便器当玩具使用

每个宝宝的爱好都不相同，有些宝宝喜欢使用宝宝专用排便器，而有些宝宝喜欢使用洗手间里的排便器，必须根据宝宝的喜好，选择宝宝喜欢的排便器。通过关于大小便的画册，让宝宝明白必须在制定的地方排便。这样，宝宝就不会拒绝排便训练。宝宝用排便器必须摆放在指定的位置，而且冬天使用排便器的时候，应该要垫上保暖的垫子。为了让宝宝适应洗手间的排便器，还应该准备脚垫。

第三步：玩游戏一样进行排便训练

洗手间里也可以做很多有趣的游戏。例如，在宝宝专用的排便器上还可以粘贴五颜六色的贴纸，或者摆放可爱的玩具娃娃。爸爸妈妈应该经常让宝宝把卫生纸放进洗手间里，这样就能使宝宝明白卫生纸是洗手间里不可缺少的用品。

第四步：引导宝宝独自排便

在这个时期，宝宝遇到任何事情都想自己做，因此可以让宝宝独自穿内裤。第一次，妈妈可以帮助宝宝穿内裤，然后准备带松紧带的裤子和便于穿戴的衣服。应该让宝宝检查自己的裤子是否被弄湿。如果宝宝没有弄湿裤子或衣服，就应该夸奖他。内急时来不及坐到排便器上，宝宝就会容易尿裤子。此时，千万不能责骂宝宝，应该让宝宝知道弄湿裤子的原因，而且让宝宝把弄湿的衣服或裤子放进洗衣机内。

分阶段的排便训练

从宝宝两个月起就应该训练良好的排便习惯，使他按时排便，排便最好在清晨或晚上临睡前，早晨排便最好，晚上大便则可使宝宝夜里睡得踏实。

0～5个月：及时更换湿尿布，让宝宝体会清爽的感觉

宝宝弄湿了尿布后，要及时地更换尿布，使宝宝的臀部保持清洁、干爽的状态。换尿布的时间是妈妈和宝宝交流感情的重要时刻。换尿布时，应该经常跟宝宝说"来，我们换尿布吧"或者"换尿布的感觉怎么样啊？"

6～12个月：必须掌握排便节奏

在这个时期，宝宝膀胱的容量会不断增大，可以容纳一定量的尿液，因此排尿的间隔会逐渐增加，与此同时，排出大便的次数会愈来愈少。当宝宝有排尿感时，脸部表情大都会改变，当不小心尿裤子时，还会经常哭闹。在这个时期，应该仔细观察宝宝的表情，准确地掌握宝宝大小便的排便节奏。

13～18个月：让宝宝坐到排便器上

如果宝宝的排便节奏有一定的规律，就应该按时让宝宝坐到排便器上，或者带宝宝上洗手间。刚开始，不能急着进行排便训练，应该先让宝宝习惯排便器。另外，刚开始时不能急着让宝宝坐到排便器上，应该让宝宝把排便器当成玩具，逐渐习惯。

19～24个月： 全面进行排便训练

在这个时期，宝宝排尿愈来愈敏感。如果宝宝排尿后跟妈妈说"嘘嘘"，或者用肢体语言表达排尿的感觉，就应夸奖宝宝。有些宝宝在排便器上不排尿，等到离开排便器时就尿裤子，在这种情况下，绝对不能生气，要耐心的教他。

25～36个月： 让宝宝体验"唰"地排尿的感觉

当宝宝想要排尿时，就应该让宝宝体验在排便器上"唰"地排尿的感觉，这样宝宝很快就能自理大小便。但是，不能让宝宝长时间坐在排便器上。如果宝宝想从排便器上起来，就应该顾及到宝宝的情绪，立刻带宝宝离开排便器。如果宝宝成功地排便，就应该保持愉悦的心情夸奖宝宝。

只要宝宝能够控制排便节奏，自觉地到洗手间解手，那么排便训练就圆满成功了。另外，还必须培养宝宝排便后洗手的习惯。

排便训练失败时的策略

重新使用尿布

在排便训练中，应该先进行自理大便的训练。训练刚开始，宝宝可能在尿裤子后才会说"嘘嘘"，但妈妈不用着急，因为宝宝很快就能自理大小便了。

不能冷眼对待宝宝

不能说责备宝宝的话。要让宝宝感受到父母的爱，营造出和谐的气氛。这样子，当出现"嗯嗯"或"嘘嘘"的感觉时，宝宝才能寻求妈妈的协助。

诱导宝宝的好奇心

如果宝宝讨厌宝宝专用排便器，也不能强迫他使用。在这种情况下，可以在成人用排便器上安装辅助排便器，或者准备辅助脚垫。另外，还可以让宝宝蹲在报纸上排便。不仅如此，还应该让宝宝多看同龄小朋友在排便器上排便的样子。当宝宝愿意尝试时，就可以重新进行排便训练。

准备内裤箱

如果训练经常出现失误，就应该准备专门装脏内裤的"内裤箱"。让宝宝亲手把弄湿的内裤装进内裤箱里，能让宝宝认识到自己的失误，激发他获得成功。

在家中还是使用传统的全棉尿布好。因为经常更换尿布，不仅可以保持宝宝臀部皮肤干燥，还可在换尿布时查看宝宝皮肤有无尿布疹发生。

从心理卫生保健角度来看，在宝宝每次大小便后需要更换尿布，这样换尿布的次数比使用"纸尿裤"更换的次数明显增多，也就是说妈妈双手接触宝宝皮肤的机会增多，这种接触对宝宝是一个良好的刺激。

呵护宝宝的幼齿
DILIUJIE

每当宝宝笑起来的时候，就能露出整齐洁白的牙齿，这是每个妈妈都希望看到的。那么妈妈该怎样呵护宝宝的牙齿呢？下面就会告诉你宝宝牙齿的护理方法。

长牙的顺序

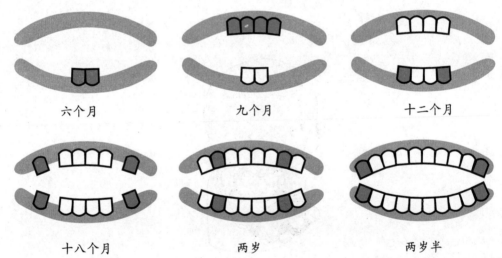

六个月	九个月	十二个月
十八个月	两岁	两岁半

幼齿的保健

1.宝宝出牙后，应及时添加辅食，锻炼咀嚼肌，促进颌骨和牙齿的发育，将面包干、烤馒头片或条索状的硬性食物让宝宝咬嚼，促进牙齿尽快萌出。

2.尽量让宝宝少吃糖，尤其是睡觉前最好不要吃糖。

3.妈妈要多留意观察宝宝是否吃空奶头、吸吮手指和睡眠姿势是否正确等，这些都可引起牙齿发育的异常。

4.平时要多给宝宝喂开水，避免食物残渣长时间残留在嘴里。

5.如果发现龋齿，应尽早治疗。

刷牙巾的使用

将刷牙巾缠绕到手指上

妈妈将自己的食指缠上刷牙巾，用其余的手指夹住刷牙巾的末端。

擦拭嘴的周围

不要急于擦拭牙齿，首先为了使宝宝适应，可以将嘴的周围及嘴唇擦拭干净。

擦拭牙齿

将手指伸进口中，轻轻地擦拭牙齿。

刷牙套的使用

妈妈用手指掀起嘴唇

妈妈一边用手指轻轻地掀起宝宝上唇，一边用牙刷轻轻地摩擦露出的上齿，下齿同上齿一样操作。

从上牙床的臼齿开始

臼齿萌发以后，妈妈就可以给宝宝刷牙了。沿着右上、左上、左下、右下的顺序刷起。

牙刷的使用

在刷齿根的时候，要将牙刷竖起

刷牙时不可太用力，牙刷的刷毛尖部容易刺激牙床。在刷容易残留脏东西的牙根时，可以将牙刷竖起来刷。

妈妈帮忙再刷一次

在宝宝自己刷完后，妈妈需要再刷一遍。在宝宝习惯了每天的牙齿清洁时，可以开始用小的牙刷。不一定需要牙膏，若要使用牙膏，也必须用婴幼儿专用的牙膏。

问 宝宝右侧牙床总是痒，有些发白，右侧口腔壁上有白色的疮，导致时常哭闹，是什么原因？

答 这是宝宝牙齿不够清洁的原因。当宝宝出牙以后，原则上就应该进行牙齿的清洁了（也就是刷牙），轻轻用婴儿专用的指套牙刷在牙齿表面清洁干净就可以了。

20颗乳牙出齐时就应该学习刷牙。

刷牙要用竖刷法，将齿缝中不洁之物清除掉，刷上牙床，由上向下，刷下牙床，由下向上。选用两排毛束、每排4～6束、毛较软的儿童牙刷。

第四章

Di si zhang

宝宝的智能开发

第一节

1个月宝宝的本领
DIYIJIE

1个月的宝宝，我们称之为新生儿期，这个时期新生儿的神经系统正处于迅速发展的时期，可以重点培养宝宝的视觉、听觉、感知觉和活动能力。

及早教育训练

新生儿的早期教育格外重要，爸爸妈妈应根据自己宝宝的情况每天进行10分钟的教育训练，具体内容如下：

适合1个月宝宝的早教训练	
听觉训练	用铃铛在宝宝耳边轻轻摇动，宝宝听到声响会转向铃声方向
视觉训练	把一个红球放在宝宝的眼前，引起宝宝注意，然后慢慢移动红球，宝宝的双眼会随着转动
触觉训练	当乳头触及宝宝的嘴边时，宝宝会做吮吸的动作。抚摸宝宝的皮肤，宝宝会露出舒适的微笑
发音训练	经常和宝宝讲话，虽然宝宝听不懂，但听到爸爸妈妈的讲话声、笑声，宝宝会感到舒适、愉快
抓握训练	把有柄的玩具塞在宝宝手中，让宝宝练习抓握
动作训练	洗澡后，给宝宝做被动操，让宝宝手足运动2～3分钟

多交谈

为了尽早启发宝宝的语言能力，爸爸妈妈应坚持每天都与宝宝讲话。譬如，在换尿布、喂奶、洗澡、洗脸时，都可以与宝宝讲话，可以轻轻地、柔和地告诉他：妈妈在为你做什么，你在想什么，你在笑，你快会叫爸爸妈妈了，并对他发出的声音表示鼓励。爸爸妈妈在和宝宝说话时，双眼要注视着宝宝，语音要尽量轻柔，与宝宝讲话时的表情要有所变化，不可以过于呆板。

逗笑

由于新生儿天生最爱看人脸，因而在宝宝清醒时，要多和新生儿面对面地交流。爸爸妈妈应以慈祥的目光注视宝宝，经常用笑脸吸引他的视线，这对促进宝宝视觉及脑功能的发育至关重要。在经常性的亲子对视和逗笑中，让宝宝轻松地认识爸爸妈妈的音容笑貌，并使视力得到发展。

大动作能力

抬头训练

抬头运动是宝宝动作训练中首要的一课。及早对宝宝进行抬头训练，可以锻炼颈、背部肌肉，有利于宝宝早一点将头抬起来，也可扩大宝宝的视野。训练宝宝的抬头能力，具体有以下方法：

俯卧抬头

一般在宝宝出生10天左右就可以进行，时间最好选在两次喂奶之间，每天让宝宝俯卧一会儿，并用玩具逗引他抬头，注意床面要尽量硬一些，但时间不要太长，以免宝宝太累。

竖抱抬头

在喂奶后，可竖抱宝宝，使他的头部靠在你的肩上，并轻轻地拍几下背部，促使宝宝打个嗝，以防止宝宝因刚吃饱而溢乳。不要扶住头部，让宝宝的头部自然立直片刻，如此每天4～5次，可以促进宝宝颈部肌力的发展，使头能早日抬起。

俯腹抬头

在宝宝空腹时，将他放在你的胸腹前，并使他自然地俯卧在你的腹部，然后把双手放在宝宝的背部进行按摩，逗引他抬头，宝宝有时会真的抬起头来。

四肢运动

第一步，让宝宝平躺着，握住宝宝双脚。

第二步，将左脚抬起，交叠于右脚上。注意，此时宝宝的腰部应该微微扭转。

第三步，恢复平躺，再换右脚交叠于左脚上，重复各10次。

精细动作能力

手的运动

新生儿手部发育的特点是一直呈握拳状，若把东西放在他的手掌中，他会抓住。一有东西碰到他的小嘴，他立即就会做出吸吮的动作，还往往会将自己的小手放入口中吸吮。这时可以给宝宝一个人工乳头或者帮助他寻找拇指，鼓励这种安慰行为。

抓握训练

把有柄的玩具塞在婴儿手中，让婴儿练习抓握；也可以用大人的手指触碰宝宝的手掌，让宝宝紧紧握住，在宝宝手中停留片刻后放开。

精细动作训练游戏

握紧的小拳头

★ 适合月龄：1～3个月的宝宝

游戏过程：躺在婴儿床里的小宝宝，小拳头是紧紧地握在一起的，这个时候妈妈可以打开宝宝的小拳头，把指头放到宝宝手掌心中，让宝宝感知妈妈，然后宝宝会把拳头慢慢握紧，反复练习，宝宝就会逐渐把手掌打开。

游戏目的：通过这个游戏，增强宝宝和妈妈的互动，增加彼此之间的信任感和幸福感。

认知能力

眼跟红球180°

在对宝宝进行一段时间的视觉训练后，宝宝的眼睛可以跟随红球运转180°，具体操作方法如下：

具体操作方法	
立刻注意大玩具	将醒目的玩具放在桌面上，然后把宝宝抱在桌边，轻轻地敲桌面，宝宝会立即明确地注意玩具
跟随移动物体，视觉跟过中线	宝宝仰卧，将其头偏向一侧，然后拿拨浪鼓给他看，宝宝注意后，慢慢地把物体从一侧移到另一侧，宝宝的双眼能跟随拨浪鼓到中线
视线跟随上下移动	仰卧时，将拨浪鼓从宝宝头上部向胸上部移动时，宝宝的双眼能跟着拨浪鼓上下移动
能环形跟随	仰卧时，把悬环拿到宝宝胸部上方，引起宝宝注意后，拿着悬环围绕宝宝面部转圈圈，宝宝的目光有时能跟随环转动，但不是很随意
在中线立即注意	当悬环或拨浪鼓到达宝宝胸上方中线时，宝宝能立即注意。操作时可将宝宝的头从侧位转过来

呼唤乳名

爸爸妈妈在宝宝的两侧，亲切地呼唤他的乳名，宝宝听到爸爸妈妈的声音后会出现注意的神情。如此经常呼唤宝宝的名字，就会使他慢慢熟悉家人的声音。

听柔和的声音

刚出生的宝宝应该多听一些柔和的声音。爸爸妈妈可将大豆或小石头装入塑料瓶内封好，在距离宝宝耳边10厘米左右摇，一天进行几次，可让他注意声响。

声响玩具

在宝宝床头上方吊挂发声的玩具，使之来回摆动，吸引宝宝看和听。也可以给他一些能出声音的手拿玩具，如摇铃、手鼓等，让他自己摇动或碰撞，以响声来引起他的注意。

看鲜艳图画 ❧

每天给宝宝看一些色彩鲜艳的图画。但这时宝宝的视觉发育还不太成熟，因此每幅画最好只有一个主题，譬如一个动物或一个人头像等。每次不宜看太多，3～4幅为宜，可以一边看一边对宝宝说图画的名称，一般每天重复看1～2次就可以。

认知能力训练游戏 ❧

给宝宝按摩
★ 适合月龄：1～5个月的宝宝

游戏过程：在宝宝睡醒的时候或是换尿布的时候，妈妈可以给宝宝做做按摩操。妈妈先将双手搓热，轻轻地从上至下按摩宝宝的四肢、手脚、胸腹、后背，动作要轻柔。按摩的同时可以轻唤宝宝的名字或为他念一段朗朗上口的童谣。这种按摩每天可以进行5～6次，每次3～5分钟。

游戏目的：这种轻柔的按摩揉搓会让宝宝血液更顺畅，有助于宝宝的身体发育。

床头响声玩具
★ 适合月龄：1～6个月的宝宝

游戏过程：在宝宝小床上方20～30厘米处悬挂他喜欢的声响玩具，最好是会不断抖动着的，以引起宝宝的注意和兴趣。当宝宝知道注视后，妈妈可以将玩具做水平或垂直方向移动，以促使宝宝的视线随玩具移动。

游戏目的：训练宝宝的视觉能力和听觉能力。

声音在哪里
★ 适合月龄：1～5个月的宝宝

游戏过程：妈妈可以依次打开手机音乐，让手机发出声音，然后让宝宝去寻找声音的来源，在宝宝找到的时候妈妈可以说："原来是手机在响啊。"

游戏目的：通过这种有意识的让宝宝寻找声源的训练和语言的暗示，让宝宝为以后认识声音打下基础。

情绪和社交能力

追视

1个月的宝宝视线已经可以跟踪运动的物体，为实践这种能力，妈妈可以同他玩跟踪游戏。例如，当面对面抱着宝宝时，可以在宝宝的眼前上下或左右晃动带有图案的物体，但应注意要保证物体在宝宝的视野范围内。

视觉转移

每天给宝宝看一些色彩鲜艳的图画。但这时宝宝的视觉发育还不太成熟，因此每幅画最好只有一个主题，譬如一个动物或一个人头像等。每次不宜看太多，3～4幅为宜，可以一边看一边对宝宝说图画的名称，一般每天重复看1～2次就可以。

寻找声音

让宝宝寻找声源，是训练宝宝听力的好方法。将宝宝熟悉的发声玩具，藏在宝宝身穿的衣服内，或者藏在旁边枕头下、被子里，让宝宝听到玩具的声音并去寻找。

培养宝宝好情绪的游戏

奶香的触摸
★ 适合月龄：1～6个月的宝宝

游戏过程：当爸爸妈妈抱着宝宝时，宝宝会触摸爸爸妈妈。这时爸爸妈妈就可以把宝宝的手放在自己的脸上，让他的手触摸自己的鼻子、嘴、头发和眼睛。

游戏目的：让宝宝温柔的触摸爸爸妈妈，可以使宝宝感受到爸爸妈妈对他无时无刻无微不至的关怀与爱。

咿咿呀呀2个月

DIERJIE

宝宝每天都会给爸爸妈妈带来惊喜，随着他的不断成长发育，2个月的宝宝不只是个头变大了，而且他的本领也变得更强了，这时，爸爸妈妈要多给宝宝训练和帮助哦。

宝宝运动能力发展

2个月的宝宝，运动能力已经有很大的发展，并且会做一些简单的动作。这时，宝宝的双手也有了相应的发展变化，原来紧紧握着的小拳头也逐渐松开了。

宝宝动作特征

到2个月的月末时，一些宝宝就可以竖抱起来了，只是仍有些摇晃，对于发育较好的宝宝则可以把上半身支撑起来一小会儿，甚至能够在爸爸妈妈的帮助下尝试学习翻身的动作了。如果你给他小玩具什么的，他有时会有意无意地抓握片刻。在你要给他喂奶时，他会立即做出吸吮动作。此时宝宝的小脚也很喜欢踢东西。

大运动

1.在宝宝仰卧时，妈妈可以观察到宝宝两侧上下肢对称地待在那儿，能使下巴、鼻子与躯干保持在中线位置。

2.在宝宝俯卧时，大腿贴在小床上，双膝屈曲，头开始向上举起，下颌能逐渐离开平面5～7厘米，与床面约呈45°角，如此稍停片刻，头会又垂下来。

3.在将宝宝拉腕坐起时，宝宝的头可自行竖直2～5秒。

4.如果扶住宝宝的肩部，让他呈坐位时，宝宝的头会下垂使下颌垂到胸前，但能使头反复地竖起来。

精细动作

1.在用拨浪鼓柄碰撞宝宝的手掌时，他能握住拨浪鼓2～3秒钟不松手。

2.如果把悬环放在宝宝的手中，宝宝的手能短暂离开床面，无论手张开或合拢，环仍在手中。

宝宝面部协作

2个月的宝宝，动作发育处于一个非常活跃的阶段，宝宝可以做出许多不同的动作，特别精彩的是面部表情，会越来越丰富。

有时在睡眠中，宝宝会不老实，会做出哭相，撇着小嘴好像很委屈的样子；有时宝宝又会出现无意识的微笑。其实，这些面部动作都是宝宝吃饱后安详愉快的表现，说明宝宝处在健康成长的状态中。

8周的宝宝在俯卧位时身体离开床的角度可达45°，但还不能持久，所以宝宝俯卧时，家长一定要注意看护，防止因呼吸不畅而引起窒息。

通过小手认识世界

在发育的过程中，宝宝的小手比嘴先会"说话"，他们往往先认识自己的手，有许多时候他们会两眼盯着自己的小手很仔细地看个没完，因此，手是宝宝认识世界的重要器官。

2个月的宝宝，手已经开始松开了，而不再一直紧握拳头，有时会两手张开，摆出想要拿东西的样子，有时看到玩具会乐得手舞足蹈；在吃奶时往往会用小手去触摸。爸爸妈妈要把握这个机会，多训练宝宝的手部动作，以利于智力的开发。这时，可以选一些不同质地、适合宝宝小手抓握的玩具或物品，比如拨浪鼓、海绵条、绒布头、纸卷、小瓶盖或积木等。

训练触摸和抓握能力

宝宝的手虽然还不能完全张开，但也要有意识地放一些玩具在他手中，如拨浪鼓、塑料捏响玩具等，以训练他的抓握能力。

在训练的开始，可先用玩具去触碰宝宝的小手，让他感觉不同的物体类型。待宝宝的小手可以完全展开后，就可将玩具柄放入他的手中，并使之握紧再慢慢抽出；大人也可以将食指或带柄的玩具塞入宝宝手中使其握住，并能留握片刻。

训练宝宝的小手，应选择一些带柄易于抓握、并且会发出响声的玩具比较适合，如摇棒、铃棒、串珠等，但要注意：装有珠子和小铃的玩具一定要结实，以防脱落后被宝宝误食。

手眼协调练习

握着宝宝的手，帮助他去触碰、抓握面前悬挂的玩具，每当抓到玩具妈妈就鼓励宝宝一下，如此可促进宝宝手眼的协调。

"爬行"与侧翻训练

爬行通常是从6～7个月开始练习的，宝宝到8～9个月时才会随意爬行。但我们这里所说的"爬行"，只是表示宝宝俯卧时有向前窜行的动作，并非是真正的爬，这也是宝宝的一种天生的本能反应。

"爬行"训练

在训练宝宝练习俯卧抬头时，可用一只手抵住宝宝的足底。虽然，此时的宝宝的头和四肢还不能离开床面，但宝宝已经会用全身的力量做出类似爬行的动作了。

转侧练习

训练时，要用宝宝最感兴趣的发声玩具，在他的头部左右两侧逗引，使宝宝头部侧转，去注意玩具。每次训练时间可在2～3分钟，每日3～4次即可。这个训练可促进宝宝颈部肌肉的灵活性和协调性，为侧翻身做好准备。

动作智能开发小游戏

摸摸长长
★ 适合月龄：2～5个月的宝宝

游戏过程：妈妈可让宝宝躺在小床上，完成一些并不太难的伸动作，如果宝宝累了，爸爸妈妈就摸着宝宝的身体说"摸摸长长"喽！

游戏目的：通过这些训练能让宝宝更灵活。

培养宝宝的语言能力

虽然多数宝宝都是1周岁左右时才会真正说话，但他们的语言能力却是不断成长发展的。一般来说，2个月的宝宝就已经有语言能力了，通过宝宝的语言能力还可以看出他的记忆与认知能力也在快速的发展。

训练宝宝语言能力

这时宝宝偶尔会发出"a、o、e"等字母音，并且有时能发出咕咕声，像鸽子叫似的；在与妈妈对视时，会呈现灵活的、机警的和完全清醒的表情；在与其他人接触时，有时能以发音来回答社交刺激，能集中注意。对出生2个月的宝宝，爸爸妈妈要注意和他多说话，以激发宝宝的语言能力。

要多引导宝宝说话

在平时与宝宝接触时，不要不理会他，而要多与宝宝交谈。比如，在给他换尿布时，先让宝宝光着小屁股玩一会儿，产生一种轻松感，这时宝宝会欢快地把腿抬起、放下。这时，妈妈就可说"嗨，好宝宝，跳跳、蹦蹦！""妈妈给换一块干净的尿布布。"在反复这样做几次之后，每当宝宝露出屁股时，只要说跳跳、蹦蹦，宝宝就会伸腿、踢脚。

说话时要面向宝宝

在跟宝宝说话时要面向他，这样宝宝就会盯着你的口型，也想说出同样的话。当突然发现自己发出了和你同样的声音时，宝宝就会异常快乐。

宝宝在开始说话时，仅是无意识的，而且较容易忘记，作为家长切不可操之过急，要有耐心地去巩固宝宝无意识时说出的话，一天甚至几天能让宝宝记住一两句话，就已经很不错了。

训练宝宝发音

宝宝在2个月时，就有发音能力了。训练宝宝的语言能力，要多让宝宝发音、出声，爸爸妈妈可用亲切、温柔的语音来对宝宝说话，并要正面对着宝宝，以让他看清大人的口型，一个音一个音地发出"a、o、e"等母音。这样，练习一会儿，应停下来歇一会儿，而后从头再练一会儿，一天反复几次即可。

训练宝宝的视觉、听觉

2个月的宝宝，其感觉器官发育得非常快，在视觉与听觉上会有很大的变化，所以，这时务必抓紧对宝宝的训练，使感官跟上体质发育的水平。

视、听觉发展与训练

这时的宝宝，视觉也有了很大的发展，接近3个月时就已经能辨别彩色与单色了，并且会对色彩很有偏爱，往往喜欢看那些明亮鲜艳的颜色，尤其是红色，不喜欢看暗淡的颜色。

2个月宝宝的听力有很大发展，对大人说的话能够做出反应，对突然的响声能表现出惊恐。到8周时，有的宝宝已经能辨别声音的方向，并且能安静地听音乐，对噪声表现不满。

视觉训练

一般来说，宝宝喜爱的颜色依次为红、黄、绿、橙等，所以，爸爸妈妈要经常用红色的玩具来逗引宝宝。

视、听觉刺激训练

对于宝宝的视觉与听觉不但要训练，还要进行合理的刺激与开发：

	听觉刺激训练
1	宝宝的手里放一个轻的且会响的玩具
2	在宝宝的耳旁搓揉纸张，然后再换另一边
3	让宝宝听摇铃声，注视摇铃，引导宝宝去摇动它，使它发出声音
4	从房间的不同地方向宝宝说话或摇铃铛，看他会不会听到，会不会用眼睛追寻声音的来源

进行视、听觉刺激训练时要经常重复，让宝宝通过重复来学习。此外，重复还有助于宝宝认知能力的发展。

	听觉刺激训练
1	给宝宝看自己的小脚小手，并一起摇动它们
2	当宝宝不想注意周围环境的时候，放个玩具在他手中
3	拿光亮的东西，如手电筒，用不强烈的光线慢慢扫过宝宝的视线
4	将宝宝放在不同的高度，如地板上、沙发上，让他学会从不同的高度看东西
5	将宝宝放在房间不同的地方，让他由不同的角度看家庭摆设
6	将色彩明亮的丝带绑起来，挂在宝宝的小床上，让宝宝可以看到但是碰不到
7	在宝宝房间的墙上或床顶上挂些图片、照片或彩色壁纸，并且要经常更换，给宝宝色彩刺激
8	当宝宝躺在小床上时，拿一面镜子放在离他眼睛18～20厘米的地方，让他感受自己的动作和镜中影子的关联性

开发宝宝听力的小游戏

最初的交流
★ 适合月龄：1～3个月的宝宝

游戏过程：大笑、谈话、点头对宝宝来说都是特别重要的交流方式。与你的宝宝进行愉快的"交谈"，尽管宝宝还不会说话，但是要使他能尽快学会如何交流。让宝宝看着你嘴唇的活动，多运用一些身体语言。从不同的方向与他对话，这样他会感受到来自不同方向的声音，会感觉很奇妙。

游戏目的：这个游戏可以锻炼宝宝的听觉能力。

训练宝宝社交及自理能力

虽然2个月大的宝宝还不懂什么是社交，也不具备生活自理能力，但他们的生长发育与感觉行为已经启动，正在潜意识里发展这些能力，因此，对宝宝的各方面能力及早培养、全面开发是很有益的。

宝宝社交能力训练

培养宝宝的交往能力，要注重宝宝的情绪。当宝宝发脾气时，爸爸妈妈要有相应的反应，同时要注意观察宝宝在不同情况下的哭声，掌握他的情绪规律，尽量满足他的需要，这样，在与妈妈交往的过程中逐渐地培养最初的母子感情与交往能力。

	2个月宝宝的社交能力水平
1	对镜中影子有拍打、亲吻和微笑等表情
2	宝宝仰卧着玩时，会把自己的脚放到嘴里
3	在逗他玩时，宝宝有微笑、发声或手脚乱动等反应
4	会把玩具放到嘴里咬嚼
5	将玩具放在他够不到的地方时，宝宝会移动身体努力去够

良好的排便习惯训练

训练宝宝养成良好的排便习惯。首先要观察宝宝的生活规律，一般在睡醒及吃奶后及时把大小便为好，但不要把得过勤。在开始把时，宝宝不一定配合，但也没有必要每次把的时间太长，慢慢地定时加以训练，使宝宝逐渐形成排便的条件反射，养成良好的大小便习惯。在把宝宝排便时，要坚持正确的把便姿势，并辅以其他条件刺激，譬如以"嘘嘘"诱导把尿；以"嗯嗯"配合大便等。

培养宝宝健康的心理

宝宝的情绪和情感随着成长不断地发展，应多给予爱抚及亲切的面容以培养宝宝良好的情绪和情感，爸爸妈妈和颜悦色、反复多次的爱抚语言，不但能促进宝宝大脑的发育，还能培养宝宝健康的心理与情感。因此，平时一定要重视和宝宝的交流，并要通过对视、倾听、说话、拥抱等方法，满足宝宝最初感情交流的需要。

给宝宝做按摩与抚触

要先从宝宝的头部开始，接着是宝宝的脸、脖颈、肩膀、手臂、胸部、腹部、背部、腿和脚，最后再从脖颈到脚左右对称地进行按摩。按摩时的动作要以轻柔为主。在刚开始时轻轻地抚摩，然后观察宝宝的反应并可增加一点手力，轻柔地推动皮下肌肉的活动。

按摩时要观察宝宝的表情，如果宝宝有愉快的表情，就表明他需要这种按摩。宝宝每个身体部位一般可按摩2～3遍，小的身体部位可用手指尖或手指按摩，大的身体部位可用掌心或整个手掌按摩，初次按摩几分钟即可，以后可逐渐延长至20分钟。

不要宝宝一哭就安慰

如果知道宝宝不是饿了，他也没有什么危险和病痛，也没有尿湿，可当你把他放在床上睡觉时他却"哇、哇"地哭闹个不停，你完全可以等几分钟再去看他。当宝宝利用哭闹让你注意他时，这时你的态度要坚决、冷淡。但爸爸妈妈要搞清楚宝宝异常地长时间啼哭的原因，因为他可能非常烦躁甚至生病了，如果是因为这种情况使宝宝哭闹不停，那你就要对他多多关照，并要带他去看医生。

学翻身的3个月

DISANJIE

第3个月，宝宝已经完全脱离了新生儿的特点，进入了婴儿期，眼睛变得有神了，能够有目的性的看周围的东西，而且，可以试着让宝宝自己学翻身了。

翻身及其他动作训练

我们知道，刚刚出生的宝宝每天只能躺在床上或摇篮里。但随着一天天成长，宝宝在不知不觉中坐起来了，站起来了，跑起来了……这是怎么回事？这是宝宝的运动智能在发展。

宝宝通过运动才使身体强壮起来，才使自己成长，然后才渐渐长大。而在3个月时，则是宝宝动作训练的关键时期，如果这时宝宝的动作智能发展得好，其体质成长就会很快，在这个时期一个最主要的训练动作就是训练宝宝"翻身"。

宝宝学翻身大训练

3个月的小宝宝主要是仰卧着，但在体格发育上已有了一些全身的肌肉运动，因此，要在适当保暖的情况下使宝宝能够自由地活动，特别是翻身训练。

如果宝宝没有侧睡的习惯，那么妈妈可让宝宝仰卧在床上，自己拿着宝宝感兴趣并能发出响声的玩具分别在左右两侧逗引，并亲切地对宝宝说："宝宝，看多好玩的玩具啊！"宝宝就会自动将身体翻过来。

训练宝宝的翻身动作，要先从仰卧位翻到侧卧位，然后再从侧卧位翻到仰卧位，一般每天训练2～3次，每次训练2～3分钟。

引导宝宝做抬头训练

让宝宝做抬头练习，不仅锻炼了宝宝颈部、背部的肌肉力量，还能增加肺活量，使宝宝较早地面对世界，接受较多的外部刺激。对宝宝抬头训练时，要掌握好时间与规律。最好在宝宝清醒空腹情况下进行训练，也就是喂奶前1小时。

俯卧抬头

训练时，床面要平坦、舒适且有一定的硬度。让宝宝俯卧在床上，妈妈拿色彩鲜艳有响声的玩具在前面逗引，说："宝宝，漂亮的玩具在这里。"促使宝宝努力抬头。抬起头使头与床面成45°，到3个月时能稳定地抬起90°，与此同时，妈妈可将玩具从宝宝的眼前慢慢移动到头部的左边，再慢慢地移到宝宝头部的右边，让宝宝的小脑袋随着玩具的方向转。宝宝的抬头训练时间可从30秒开始，然后逐渐延长，每天练习3～4次，每次俯卧时间不宜超过2分钟。

扶肩抬头

扶肩是练习抬头的另一种方法。吃完奶之后，妈妈在拍嗝的时候，让宝宝趴在自己的肩上，轻轻地拍他的后背，实际上也是锻炼宝宝颈椎的力量。在练习时，妈妈让宝宝坐在哪只手臂上就让宝宝趴在哪一边的肩上，宝宝的脸贴在妈妈的脸上，既可以保护宝宝又不影响训练。对于1～3个月的宝宝，均可以在拍嗝的时候让他练习抬头。

直立抬头

妈妈一手抱宝宝，一手撑住他的后背部，使头部处于直立状态，边走边变换方向，让宝宝观察四周，促使他自己将头竖直。

当宝宝用双臂支撑前身而抬头时，妈妈可将玩具举在宝宝的头前，左右摇动，使他向前、左、右三个方向看，用肘部支撑，使头抬得更高些，锻炼颈椎和胸背肌肉。通过这个训练，宝宝颈椎、胸背的肌力会大大增强。

宝宝手部动作发育及训练

这时宝宝的手经常呈张开状，可握住放在手中的物体达数分钟，扒、碰、触桌子上的物体，并将抓到的物体放入口中舔。但手与眼协调能力还不强，常抓不到物体，就是抓物也是一把抓，即拇指与其他四指方向相同。

如果两个同样年龄大小的宝宝，用靠近小指侧边处取物的宝宝手的动作就没有用拇指侧取物的那个宝宝发育得好。此外，手的抓握往往是先会用中指对掌心一把抓，然后才会用拇指对食指钳捏。

一个小宝宝如果能自己用拇、食指端拿东西，就表明他的手的动作发育已相当好了。宝宝先能握东西，然后才会主动放松，也就是说宝宝先会拿起东西，然后才会把东西放到一处。

宝宝的抓握训练内容	
让宝宝主动抓握	可以用带长柄的玩具触碰宝宝手掌，他能抓握住并举起来，使玩具留在手中半分钟；此外，用悬环也能抓住举起来
让宝宝用手指去抓衣物	在宝宝仰卧时，能用手指抓自己的身体、头发和衣服，有时也能将玩具抓举起来
让宝宝两手张开或轻握拳	由于宝宝这时能双手张开，因此当给他玩具时，不需要再撬开手，很容易便放到手中

宝宝认知及感觉智能训练

科学研究发现，宝宝在生命的最初3个月，大脑发育十分显著，并且已经建立了思维和反应方式，这意味着在这个时期如果帮助宝宝良好地开发智能，会建立他一生中的社会、体格和认知能力。所以，在3个月时对宝宝的智能、潜能开发非常重要。

宝宝视、听觉能力训练

3个月的宝宝，视觉与其他感觉已有了很大的发展，开始对颜色产生了分辨能力。头和眼已有较好的协调性，视听与记忆能力已经建立了联系，听见声音能用眼睛去寻找。在听觉上发展也较快，已具有一定的辨别方向的能力，听到声音后，头能顺着响声转动180°，通过训练宝宝的视觉能力，可以提高他的适应能力。

如果是高兴的时候，宝宝会手舞足蹈并发出笑声，能发出连续的声音及拉长音调，以引起大人的注意。在安静时，自己会咿呀发音，能把头转向叫他名字的人。

这时宝宝的眼睛已经能看见8毫米大小的东西，双眼能随发光的物体转动180°，眼睛更加集中灵活，对妈妈的脸能集中而持久注视。

宝宝认知和感官能力训练

认知能力训练

宝宝在3个月时，能区分不同水平方向发出的声音，并寻找声源，能把声音与嘴的动作相联系起来。这说明了宝宝感觉与认知的成长发育是很显著的。

3个月宝宝的认知能力标准	
玩具能握在手中看一眼	仰卧时，将玩具放在手中，经密切观察，宝宝确实能注视手中的玩具，而不是看附近的东西。但他还不能举起玩具来看
持久的注意	把较大的物体放在宝宝视线内，宝宝能够持续地注意
见物后能双臂活动	让宝宝坐在桌前，若将方木堆和杯子分别放在桌面上，宝宝见到物品后会自动挥动双臂，但还不会抓取物体

宝宝感官训练

爸爸妈妈应尽量多地给予宝宝感观训练。在宝宝睡醒时，要用手经常轻轻触摸他的脸、双手及全身皮肤。在哺乳时，可让宝宝触摸妈妈的脸、鼻子、耳朵及乳房等，以促进宝宝的早期认知活动。

认知能力开发小游戏

笑一笑
★ 适合月龄：2～5个月的宝宝

游戏过程：妈妈可以抱着宝宝轻轻地、缓慢地前后摇摆着，同时轻轻地抚摸宝宝，当宝宝对你微笑时，要表扬他、亲吻它，并让他知道这样使你很开心。或者用宝宝喜欢的玩具逗宝宝，让宝宝在这个游戏过程当中开心地笑起来。

游戏目的：这个游戏能让宝宝笑口常开，让宝宝在婴儿时期就能每天保持开心的心情和状态，为以后宝宝的健康成长和乐观的人生态度的形成，创造一个良好的开端。

交往能力与生活习惯训练

良好的交往能力与生活习惯，离不开后天的培养与训练。即使再聪明再有天赋的人，也要通过日常的交往行为来和他人建立良好的关系，所以，聪明的宝宝要从小就培养他的交往能力，让宝宝学会并知道如何与他人交往。

如何让宝宝学会与成人交往

人的交往能力是天生的，但也离不开后天培养。爸爸妈妈应该知道自己的小宝宝是具有一定智慧和能力的，因此要让宝宝学会和成人交往。这时，宝宝还能来回张望寻找亲人，亲人走近时手舞足蹈，伸手要抱。宝宝还可用面部表情表示喜悦、不快、厌倦和无聊等。

这时宝宝往往用目光期待着喂奶，看到妈妈的乳房或奶瓶时，会表现出高兴样子。此外，有时宝宝见到人，不用逗引，能自动微笑，并且发声或挥手蹬脚，表现出快乐的神情。

作为爸爸妈妈，除了在生活上关心宝宝外，还要与宝宝有情感的交流。平时要用亲切的语调多和宝宝说话。一般，在3个月时，宝宝就会模仿成人的发音。在宝宝咿呀自语时，妈妈要与宝宝主动交流，当宝宝发出各种各样的声音时，还要用同样的声音回答他，以提高宝宝发音的兴趣，并会模仿大人的口型发出不同的声音。

多与宝宝交流

爸爸妈妈即使在做家务时，也可以在宝宝看不到的地方与宝宝进行交流，或放一些胎教音乐、儿歌之类，让宝宝在欢乐的气氛中自己咿呀学唱，为以后说话打下基础。妈妈还应多逗引宝宝，多使他发笑，宝宝在3个月时已经能笑出声来。

培养良好的交往情绪

对宝宝的情绪表情，妈妈不要不闻不问，而要有相应的反应。同时，妈妈要注意观察宝宝不同情况下的哭声，掌握他的规律，尽量满足他的需要，使宝宝在与妈妈交往的过程中逐渐培养好最初的母子感情，让宝宝学会主动与大人交往，在看到爸爸妈妈时能主动发音，逗引大人讲话。

宝宝为何爱"吃"手指

如果宝宝"吃"手指的情形很严重，就必须观察宝宝的生活情形。这可能是因为妈妈过于忙碌，无法全心全意照顾宝宝；或是过于宠爱；或是宝宝内心遭到挫折时，没有人拥抱他。关于宝宝"吃"手指的问题，一般有以下2个原因：

为了缓解不安全感

宝宝往往对这个世界既好奇又惊恐，如果在他的身边出现一些突发事件，如摔到地上，就很容易使宝宝从此产生不安全感以及情绪焦虑等现象，因而把自己的手指放进嘴里当做安慰。

妈妈喂奶方式不当

如果妈妈在喂奶时抱宝宝的姿势不当，不能使宝宝躺在臂弯里感到很舒服；或喂奶的速度太快，没能满足宝宝吸吮的欲望；或是宝宝的肚子吃饱了，但是在心理上还没能得到充分的满足，都会通过"吃"手指来满足自己的需要。

喂奶时多注意事项	
1	在喂奶的时候不要心急，要等宝宝主动吐出乳头的时候再离开
2	边喂奶边观察宝宝的表情，看他是不是有一种满足感，是不是躺得很舒服
3	当宝宝独自玩耍一段时间后，如出现哭闹、烦躁的现象，应及时把宝宝抱在怀里，这样会给宝宝带来亲切和愉快的感觉，而不去无聊地吃手指

宝宝音乐智能培养与训练

音乐可以训练听觉能力，增强乐感和注意力，并能陶冶宝宝的性情。其实，音乐在发挥每个宝宝与生俱来的潜力上扮演着独一无二的角色，在架构一个能让宝宝健康自信地成长的和谐安全的环境中极为重要。

给宝宝一个快乐的音乐环境

给宝宝一个快乐的音乐环境，对他的身心发育有辅助作用。妈妈可以鼓励宝宝用一些简单的动作击打小鼓或有声玩具，宝宝会随着音乐节拍扭动身体，使宝宝的肢体语言表达得更加丰富多彩。

做音乐游戏

一些音乐游戏，对宝宝的感知发展很有意义。因为音乐游戏，可以使用节奏和旋律的自然手段来和宝宝进行情感互动，使宝宝在充满音乐的环境中生活并感知音乐的魅力，例如亲子园里的奥儿夫音乐课等活动。

按时播放音乐

每天选一个相对固定的时间，给宝宝听一点轻音乐或古典音乐，可以使宝宝的注意力集中，情绪安定下来。3个月后，宝宝就会开始出现自己有喜好的表情，对熟悉的音乐常会面露笑容，而对陌生的则会有疑惑的表情。

在音乐中宝宝能感受到乐趣，而且还能有利于宝宝睡眠，不需要哄就能入睡。此外，还能使宝宝情绪健康，而且注意力、记忆力、想象力、语言能力都发展不错，这些都有音乐的功劳。

训练宝宝辨别音乐来源

宝宝1个月时，就能辨别音乐的来源，在安静的时候，还会将头侧向声音的来源。到3个月的时候，宝宝会对音乐更加敏感。

给宝宝听不同的音乐

要给宝宝听很多不同的曲子，一段乐曲一天可反复播放几次，每次十几分钟，过几天后再换另一段曲子。训练宝宝听音乐应选择比较舒缓优美的歌曲，不要听太激烈或声音过强的音乐，以免损害小儿的听觉神经系统。

训练宝宝绝对辨音

利用音感钟或绝对音感铁琴，先让宝宝只听一种单音，例如"Do"，每次反复弹奏3～5分钟，每天1～3次，听3～5天。3～5天之后再更换下一个单音。等宝宝熟悉各种单音之后，就可以让他听各音阶之间的差异，或弹奏简单乐曲，接着可增加各种不同乐器声音辨识的训练及演奏出的不同音乐训练。接下来，可准备一些自然音乐，如流水声、鸟叫声等，可以帮助宝宝放松大脑。

和宝宝一起说儿歌、听乐曲

和宝宝一起说儿歌，可以刺激宝宝的听觉能力，激发兴趣，唤起宝宝的情感，熟悉妈妈的声音。例如，念"布娃娃，真可爱，不吵不闹好乖乖"。

和宝宝一起听乐曲，可以发展宝宝听觉，培养宝宝的注意力和愉快的情绪。也可以结合宝宝的生活起居，如入睡前、吃奶时等，放些相适应的音乐，以促进宝宝进入梦乡和激发愉快的情绪。

小贴士
Xiao tie shi

通过美妙的旋律让宝宝感受美好的生活，使他全面发展，成为一个具有高度文化素养的人。还可以提高宝宝的听觉感受，促进情感体验，陶冶情操，久而久之，可使宝宝左右大脑平衡发达。所以，经常听音乐的宝宝更聪明。

为宝宝选购合适的玩具

一些有趣的玩具在宝宝的体力和智力的发展中，有着很重要的作用。通过玩玩具，可以增加宝宝的肌肉锻炼，促进动作的发展，并能使大脑潜能得以合理开发，增长智力，还能使宝宝的注意力更集中。

触摸和抓握玩具最适合宝宝玩

到3个月时，宝宝小手动作就有了很大的发展，可以将两手握在一起放在眼前玩。但此时，他的小手还不能主动张开，所以这时给宝宝买玩具要有意识地放一些带有细柄的玩具在他手中，如花铃棒、拨浪鼓、哗啷棒、塑料捏响玩具等。

在刚开始时，教宝宝玩玩具可以先用玩具去轻轻地触碰宝宝小手的第一、二指关节，让他感觉不同的物体。等宝宝的小手能完全展开后，将玩具柄放入宝宝手中，使之握紧再慢慢抽出。此外，也可以等宝宝抓住玩具后，握住他的手，帮其摇出响声，同时讲"摇啊摇！"以引起宝宝视听的关注。

给宝宝选择玩具要注意

给宝宝选择玩具要以安全为主，而最安全的玩具应当是用布类做成的玩具。表面的布类要无毒，里面的填充物也要求无毒，不能混有尖硬的物体，也不应为颗粒细末状物体，否则一旦破裂后易呛入宝宝的气管。

若是选择吊车、小车、悬车玩具，应以红色为基调，采用单一的色彩和形状。但选用这类玩具时必须注意一些问题，比如，那些带有小装饰品的玩具易招灰尘，因此应选用那些结构简单，不易招灰尘的玩具；应考虑到悬吊玩具万一掉下来怎么办，为此在安装悬吊玩具时必须注意，吊装方法一定要稳妥可靠，万无一失，同时还要考虑玩具与宝宝睡床的位置关系，保证宝宝能斜着看到玩具。

那些很薄的塑料制玩具，宝宝咬一口就会破，出现切口是很危险的。另外，有些玩具带有铃铛；宝宝有时会把它吞入口中，这一点请务必留心。选可以按出声的娃娃和动物玩具时，必须选用声音柔和的，因为声音强烈的玩具会使宝宝受惊。

总之，这个年龄段为宝宝选择玩具，最好是带柄易于抓握能发出响声的，如摇棒、哗铃棒、小摇铃等各种环状玩具。但有一点还要注意，那些装有珠子和小铃的玩具一定要结实，以防脱落后被宝宝误食导致窒息。

开怀的4个月

DISIJIE

4个月的宝宝，做动作的姿势越来越娴熟，这时爸爸妈妈可以与宝宝玩一些游戏来开发宝宝的智力。

宝宝的肢体运动与动作训练

4个月大的宝宝，做动作的姿势较前熟练多了，而且能够呈对称性。当你把他抱在怀里时，宝宝的头能稳稳地直立起来。由于这时期的宝宝，大部分的时间都是在床上或摇篮里躺着，是手眼协调能力训练的最佳时期。

锻炼宝宝手部抓握能力

4月大的宝宝，手的动作又有重大的发展，开始有了随意的抓握动作，并出现手眼的协调和五指的分化。这时期的宝宝，很喜欢在自己胸前玩弄和观看双手，对自己的双手发生了浓厚的兴趣，喜欢把两只手握在一起。喜欢抓东西，抓了东西喜欢放到嘴里，抓起来后又喜欢放下或扔掉，把东西抓在手里敲打。

训练宝宝的手部的动作，可以在宝宝的周围放一些玩具或在小床上方悬挂一些玩具，如拨浪鼓，响铃、圆环等玩具，让宝宝能看到并伸手可以抓到，以锻炼他手部抓握的能力及手眼协调能力。具体训练方法有以下几项：

训练抓握

爸爸可以将挂着的带响声的玩具，拿到宝宝面前摇晃，使其注视，然后将玩具放在宝宝伸手可抓到的地方，激发宝宝去碰和抓。如果宝宝抓了几次，仍抓不到玩具，就将玩具直接放在他的手中，使他握住，然后再放开玩具，教他学抓。

训练抱奶瓶

妈妈在给宝宝喂奶时，会看到宝宝往往会把双手放在乳房或奶瓶上，好像扶着似的。这是宝宝接近和接触物体动作的开始，妈妈可以通过训练宝宝去触摸乳房或奶瓶培养这个动作。

培养准确抓握能力

把宝宝抱在桌前，桌上放几种不同的玩具，让其练习抓握。每次放3～5种，经常变换，可以从小到大，反复训练宝宝准确的抓握能力。

宝宝手臂活动训练

宝宝手臂的活动能力，是随着身心的发展而发展的，因此，爸爸妈妈应多让宝宝做些手臂运动。4个月大的宝宝，刚开始抓握东西时，眼睛并不看着手，看东西时也不会去拿，眼和手的动作是不协调的。在后来，经过多次地反复地抚摸、抓握物体，使视觉、触觉与手的运动之间发生了联系，才逐步开始有了手眼的协调，也就是说能用眼睛看着东西，然后用手去抓。

双臂训练

妈妈将玩具拿到宝宝胸部的上方时，宝宝看到玩具后，他的双臂便活动起来，但手不一定会靠近玩具，或仅有微微地抖动；如将玩具放在桌面上，宝宝看到后，也会出现自动挥举双臂的动作，但并不要求抓到玩具。

训练伸手接近物体

妈妈抱着宝宝靠在桌前，爸爸在距宝宝1米远处用玩具逗引他，观察宝宝是否注意。慢慢地将玩具接近，逐渐缩短距离，最后让宝宝一伸手即可触到玩具。如果宝宝不会主动伸手朝玩具接近，可引导他用手去抓握、触摸和摆弄玩具。

抓住近处玩具

抱起宝宝，将玩具放在距宝宝一侧手掌约2.5厘米处的桌面上，鼓励宝宝抓取玩具时，他能一手或双手抓取玩具。

宝宝翻身、拉坐练习

4个月的宝宝，已经可以多做一些翻身与拉坐练习了，这能锻炼他的活动能力。

宝宝翻身练习

当宝宝在仰卧时，妈妈拍手或用玩具逗引使他的脸转向侧面，并用手轻轻扶背，帮助宝宝向侧面转动。当宝宝翻身向侧边时，妈妈要用语言称赞他，再从侧边帮助他转向俯卧，让他俯卧玩一会儿，然后，将宝宝翻回侧边仰卧，休息片刻再玩。这个训练可以让宝宝全身得到运动。

宝宝拉坐练习

当宝宝在仰卧位时，妈妈可握住他的手，将他缓慢拉起，注意要让宝宝自己用力，妈妈仅用很小的力气，以后逐渐减力，或只握住妈妈的手指拉起来。通过这个训练，宝宝的头能伸直，躯干上部能挺直，还能使颈和背部肌肉得到锻炼。

靠坐训练

让宝宝背靠着枕头、小被子、垫子等软的东西半坐起来。其实，宝宝是很喜欢靠坐的，因为靠坐比躺着看得远，双手可以同时摆弄玩具。

宝宝靠坐时，妈妈应在旁边照料，不宜离开。因为宝宝会用腿蹬踢，导致身体下滑而躺下，或者重心向左右偏移，身体倒向一侧。靠坐时间不宜太久，初学的宝宝可在3～5分钟，坐稳后也不宜超过10分钟。通过这个训练，可以练习宝宝腰部肌肉力量，为独坐做准备。

训练宝宝抬头能力

4个月的宝宝在俯卧时，会抬头到适当高度，两眼朝前看，面部与床面呈90°，并能保持这个姿势。这时要及时地训练宝宝多做抬头锻炼。

用玩具逗引抬头

妈妈用色彩鲜艳带声响的玩具给俯卧的宝宝看，然后，再将玩具慢慢向上移动，逗引宝宝抬头。通过这个训练，使宝宝随玩具抬起头，能锻炼颈背肌肉。

前臂支撑的抬头锻炼

在宝宝俯卧位时，妈妈站在宝宝前面，逗引他用前臂支撑上身，挺起胸部抬头看大人。

宝宝肢体动作训练	
在俯卧位时	如果宝宝的一只手臂伸直，另一只弯曲，就表现出要从他伸出的手臂上被动翻身倾向。但由于体位关系，可能会不自主地滚向仰卧位。这时，如果妈妈用手将宝宝的胸腹托起悬空的话，他的头、腿和躯干能保持在一条直线上
在仰卧位时	宝宝平躺在床上时，双手会自动在胸上方合在一起，并且手指互相接触，两手呈相握状；这时宝宝会出现抬腿动作，可以趁机训练
在坐位时	妈妈扶宝宝坐起，当头保持稳定时，头会向前倾，手臂或躯干移动或转头时，头基本稳定，只是偶尔晃动。如果宝宝的躯干上部挺直以维持坐姿时，只是腰部有弯曲，这时妈妈可以辅助宝宝坚持一会
将物体放到嘴里的动作训练	妈妈将物体放在宝宝手中，有时他会有将物体放到嘴里的动作，但动作比较笨拙，或者是一再努力尝试，这时一定要抓紧训练

宝宝的语言能力训练

4个月的宝宝，在语言发育方面进步较快。高兴时，嘴里会发出"咯咯咕咕"的声音，好像在跟你对话。爸爸妈妈一定要抓住宝宝的这个特点，开发他的语言能力。

4个月宝宝语言能力的培养

4个月的宝宝已经能够对人和物发声，在宝宝看到自己熟悉的人或玩具时，能发出"咿咿呀呀"的声音，好像在用自己的语言说话；当妈妈在宝宝背后摇铃时，宝宝会把头转向声源；有时宝宝会以低音调的声音改变口腔气流，发出哼哼声和咆哮声；有时会以笑或出声的方式，对人或物"说话"。

多和宝宝说话

爸爸妈妈在照顾宝宝的过程中，要多跟宝宝说话，最好是面对宝宝，结合实物，一字一字地发出单个音节。爸爸妈妈说话的时候，一定要让宝宝看清楚自己的口型，有利于很好地模仿。

鼓励宝宝发音

爸爸妈妈要经常与宝宝说话并逗引和鼓励宝宝发音，即使宝宝只是发出"咿咿呀呀"的声音，也要及时应答，这样会使宝宝愉快、兴奋，愿意再次发出声音。

"辅音游戏"，培养宝宝语言能力

4个月的宝宝，就可以懂得"爸、妈"是指人，而且知道是哪一个，说"爸爸"就能看爸爸，说"妈妈"就看妈妈，还能知道他们是自己最亲的人，有时还会张大嘴巴发出类似"爸、妈"的声音。但是，宝宝的这些能力必须在4个月时开始练习，否则，懂话与说话的时间就会延迟，从而影响语言能力的发展。

爸爸可以用口唇使劲发"爸"的音，并用手指着爸爸的照片，告诉宝宝这就是"爸爸"，要尽量使声音与人联系起来；当宝宝伸手去拍打玩具时，妈妈说"打打"或"拍拍"。

宝宝知道大人喜欢听他发音就会使劲大声喊叫，并有意识地把声音拉长或者重复地叫，这时大人可用鼓掌表示鼓励，使宝宝经常自己大声发音，做发音的游戏。

宝宝视觉与听觉训练

宝宝一生下来就已经具备视觉与听觉能力，但这些能力还很微弱。在4个月时，随着丰富的环境刺激及影响，视觉与听觉便会迅速发展起来。这时，一定要做好宝宝视觉与听觉的训练培养。

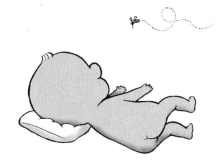

宝宝的视觉发育与训练 ⌒⌒⌒

4个月的宝宝，在视觉方面开始与手的动作相协调，这时爸爸妈妈要及时进行培养训练。

注视小物

妈妈可以选择在白色的餐巾或毛巾中央，放一粒红色的糖豆，并逗引宝宝注意看这粒小东西。观察宝宝能否看到这粒糖豆，在开始时，宝宝扒弄糖豆动作不准确，可能先用手去拍打，后来用五个手指把糖豆扒到掌心，但常常抓不准容易掉下来。只要能扒弄糖豆就说明宝宝手眼协调能力良好。妈妈还要注意宝宝的动作，不要让他把糖粒放入口中，以免发生危险。

追视滚球

妈妈把宝宝抱坐在膝上，在有镜子的桌前，把球从桌子的右侧滚向左侧，再从左侧滚回右侧。这时，妈妈从镜中可以看到宝宝的眼睛和头跟着球转动，球滚动的速度不宜过快，以避免宝宝视觉疲劳。此外，也可以左右推动惯性车，宝宝的眼睛也会跟着小车追视。

关于4个月宝宝的视觉训练，除了上述的训练外，还可以采取以下几种方法，并且这几种训练方法不但能促进宝宝的视力发展，还能培养宝宝爱思考的习惯。

宝宝思维性视觉训练	
颜色训练法	家长可以让宝宝多看各种颜色的图画、玩具及物品，并告诉宝宝物体的名称和颜色。使宝宝对颜色的认知发展过程大大提前
声音训练法	用玩具发出的声音，吸引宝宝转头寻找发声玩具，每日训练2～3次，每次3～5分钟，以拓宽宝宝视觉广度
大小远近训练法	爸爸妈妈选择一些大小不一的玩具，从大到小，放在桌上吸引宝宝注视，吸引宝宝用手去抓握。训练宝宝注视远近距离不等的物体有助于宝宝的视力的发展

宝宝的听觉发展与训练

4个月的宝宝，听觉发育也已经有了很大的变化，能分辨出大人发出的声音，如果听见妈妈的说话声就会很高兴，并且开始发出一些声音，好像是对大人的回答。这时爸爸妈妈也应及时地培养与训练。

爸爸妈妈要想办法吸引宝宝去寻找前后左右不同方位以及不同距离的发声源，以刺激宝宝方位感觉能力的发展。爸爸妈妈还应该让宝宝从周围环境中直接接触各种声音，这样可以提高宝宝对不同频率、强度、音色声音的识别能力。通过这些听觉训练，可以促进宝宝的听力发展，培养宝宝的认知能力。

宝宝的社交与认知能力培养

4个月的宝宝，在用肚子趴着时，可伸直双臂撑起上身向四周看；会去抓拨浪鼓等玩具；可放声大笑，高兴时会发出长而尖的叫声；可自然地微笑；会注意很小的物体；能认出爸爸及其他亲人。可以说，这个时期宝宝的社交行为与认知能力已有很大的发展。

培养宝宝的社交智能

社交能力强的宝宝，会出现自发微笑迎接人的神态。当宝宝见到熟人，能自发地微笑，主动地进行社交活动。提升宝宝的社交能力，能培养他良好情绪，使宝宝愉快地成长。

经常抱宝宝出去玩

经常抱宝宝出去玩，让宝宝多接触人，有助于宝宝社交能力的培养，而且还能减缓宝宝即将出现的怕生现象。

经常和宝宝对话

妈妈用亲切的声音在宝宝背后叫他的名字，当宝宝将头转向你时，要亲切和蔼地向宝宝笑笑，并说："啊，是在叫你呀，真乖！"这样能训练宝宝将头转向叫他名字的人，并能培养宝宝发出声音。

多让宝宝参与聊天

当你和别人在聊天时，不妨也让宝宝参与进来，要知道，宝宝会试着用各种新的方法与你交流，简直变成了你家的单人乐团，并且对自己很满意。

培养宝宝的认知能力

指灯游戏
★ 适合月龄：4～8个月的宝宝

多让宝宝玩指灯的游戏，可以握住宝宝的小手，教他用手指灯。为了引起宝宝的兴趣，可将灯打开再关上，问他："灯呢？"让他用手指，每天至少5～6次，等宝宝记住了再认第二个物品。

躲猫猫游戏
★ 适合月龄：4～7个月的宝宝

爸爸妈妈用毛巾把脸蒙上，俯在宝宝面前，然后让他把爸爸妈妈脸上的毛巾拉下来，并笑着对他说："喵儿"，玩过几次之后，宝宝会把脸藏在衣被内同大人做"藏猫猫"游戏。

培养宝宝自我意识能力

4个月的宝宝，自我意识已经开始发育，这时可以对宝宝进行一些有目的的自我意识能力训练，以促进宝宝自我意识的发展，掌握一些与自己相关的信息。

叫名字游戏
★ 适合月龄：4～6个月的宝宝

平常在生活中，当宝宝在跟别人玩耍时，可以先叫别人名字，然后再叫宝宝的名字，看看有无反应，看他是否回头。当宝宝听名并回头向你笑笑时，要将他抱起来亲吻，并说"宝宝，你真棒"，"真聪明"，以示表扬。

照镜子游戏
★ 适合月龄：4～6个月的宝宝

将宝宝抱坐在镜子前，对镜中的宝宝说话，以此来引导宝宝注视镜中的自己和家长及相应的动作，可促进宝宝自我意识的形成。

宝宝的智能成长与教育

4个月大的宝宝，在视觉、听觉与其他感觉方面发育得很灵敏。在这个时期可以带宝宝到户外或街心花园，看花草和树木，瞧瞧狗和猫玩耍，观察各种人物活动等。多进行早期阅读，最好家长能选一些合适的读物读给他听。但要注意，宝宝的图书应以画为主，并要主题突出、单一，画得逼真形象、一看明了的那种；不要给宝宝看那些内容很复杂，画得很小的图画书。此外，还要多与宝宝交流。

通过这些智能教育，在发展视觉刺激的同时，结合语言，增加宝宝的认知与理解能力。以启发全面智能，促进成长教育。

4个月宝宝成长智能教育训练

4个月的宝宝，在认知能力上发展很大，小脑袋能转向声源；会偶然注意一会儿；并且非常注意地望着面前的人；能大声笑；能够辨认妈妈了；在语言方面会高声地叫，也会咿呀作声。

在动作方面，如果让宝宝俯卧，他能抬头至90°；竖抱时头稳定；扶着腋下可以站片刻；仰卧时自己能将身体翻向一侧；在帮助下可以仰卧翻身；还会做一些细小的动作，比如能把自己的衣服或小背子抓住不放等。

4个月的宝宝还会用手舞足蹈和其他的动作表示愉快的心情；并且开始出现恐惧或不愉快的情绪。这时期，爸爸妈妈一定要做好宝宝的智能教育。

认知教育

4个月后宝宝的手已不再是握拳状了，而是逐渐张开，准备去抓东西了。这个时期，可放一些小玩具，如花铃环、小积木、花铃棒等在宝宝面前，或把这些玩具吊起来，训练宝宝去拿。可能开始时宝宝只是有伸手的意识，尽管全身都在用力，可还是不能准确拿到。

此时，爸爸妈妈可以将玩具靠近宝宝，使他抓到，并让他体验到抓住玩具的喜悦，这样能给宝宝增加信心，直到他自己能较准确地抓握住玩具。

表情教育

情感是人对客观事物的一种反应，是对人的需要表现出的主观态度，是人的一种心理活动，它的外在表现就是表情。

因此，爸爸妈妈在和宝宝玩耍时，要有意识地对他做出不同的面部表情，如笑、怒、淡漠等等，要训练宝宝分辨这些面部表情，使他逐渐学会对不同的表情有不同的反应，并学会正确表露自己的感受与情感。

语言教育

经常和宝宝对话，可引导宝宝发音，启发语言能力。爸爸妈妈多和宝宝说话，特别是强调性地说一些人或物体的名称，看到什么说什么，如妈妈、奶奶、苹果、电视、椅子等。

要清晰地说出这些物体的准确名称，要给予宝宝准确的名称刺激，使他逐渐理解这些名词，为今后建立这一物体的正确概念及培养正确的语言能力打下基础。

生活教育

宝宝手的动作发育相当快，这时就要在生活中让他体验手的工具作用。比如，在平时吃奶、喝水时，可让宝宝学会自己拿奶瓶，如果他还不能自己拿住，那也要让他扶一扶，这样既锻炼了宝宝手的活动，又可使宝宝有触觉体验，同时还是宝宝生活自理能力最初的培养。

4个月宝宝即可进行早期阅读活动

早期阅读的范围非常宽泛，婴幼儿凭借色彩、图像、成人的言语以及文字等来理解以图为主的儿童读物的所有活动都属于早期阅读。

宝宝能力特点

专家认为，在宝宝4个月大时，就可以带他进行早期阅读了。在他的头部可以稳定地竖立起来时，就可以抱着他一起看一些色彩鲜明、线条清晰、每页只有一两幅图案的画册。

宝宝能力培养方案

在让宝宝阅读时，最好边看边用清晰、正规的语言说出图案的名称，同时让宝宝的手指去触摸图案，不要在意宝宝是否听得懂，只要多次重复即可。让宝宝阅读时，所选图案的内容最好是宝宝经常看到的，如香蕉、苹果、皮球等，这样容易获得更深刻的印象。每天都应该有一个相对固定的时间抱着宝宝一起阅读，让宝宝养成阅读的习惯。时间可以从最初的2～3分钟逐渐延长到10～20分钟。

妈妈爸爸需要注意的是，早期阅读是一个循序渐进的过程。宝宝的个体差异比较大，有的宝宝进入某个阶段早些，有的宝宝则晚些。因此，爸爸妈妈要做到因材施教。而且，在阅读过程中，爸爸妈妈要以搂抱等身体接触以及微笑、谈话来向宝宝传递爱的信息，以使宝宝喜欢上阅读。

亲子智能游戏大开发

所有的爸爸妈妈，都希望自己的宝宝聪明可爱、拥有高智商，长大之后能够事业成功、生活幸福。因此，爸爸妈妈们就应该多观察宝宝的潜在能力，并且施以适宜的教育和亲子训练，以最大限度挖掘宝宝的潜力。

培养亲子关系的互动游戏

与宝宝做亲子游戏，可以边玩边互动提升宝宝人际智能。在游戏中，宝宝得到更多与他人互动的机会，为他形成良好的社交能力打下基础。游戏中，宝宝通过对现实生活的模仿，再现社会中的人际交往，练习着社交的各种技能，不知不觉中就提升了人际智能。作为爸爸妈妈，平时应利用短暂时间与宝宝在一起玩一会儿，不要总是在特殊日子里如妇幼节，才想起亲近宝宝的重要性，而是要在平时就多与宝宝在一起，多跟宝宝说话、做游戏，抚摩宝宝的皮肤，满足宝宝的亲情渴望。

抓到你了

★ 适合月龄：4～6个月的宝宝

游戏过程：妈妈可以先抱起宝宝，然后对宝宝说"我抓到你了，小东西。"，然后妈妈用手轻触宝宝的小肚子。反复重复这个游戏几次，然后妈妈可以对宝宝说："这次应该轮到你了，快来抓住妈妈！"这时妈妈需要抱起宝宝，教宝宝用手轻触妈妈的脸。

游戏目的：妈妈和宝宝之间的接触可以给宝宝带来奇妙的感觉，加强亲子关系。

换尿布，摸球球

★ 适合月龄：4～8个月的宝宝

游戏过程：给宝宝换尿布的时候，是锻炼运动技能的好机会。妈妈可以在天花板上吊一个妈妈够得到而宝宝够不到的气球。在换尿布时，让球慢慢晃动，宝宝很快就会被球吸引，然后就会伸手去够球。换完尿布后，把宝宝抱起来，让他摸摸球。

游戏目的：可以分散宝宝的注意力，帮助妈妈更顺利地完成帮宝宝换尿布的过程，还能锻炼宝宝手臂的肌肉力量。

晚安，我的宝贝

★ 适合月龄：4～7个月的宝宝

游戏过程：爸爸妈妈对宝宝说得越多，宝宝就会越早步入牙牙学语阶段。充满爱意的语言可使宝宝更加容易进入甜蜜的梦乡。妈妈可以一边抚摸宝宝的头，一边说一些充满爱意的语言。让宝宝在拥抱和温柔的话语之间感受到被爸爸妈妈爱着的幸福。

游戏目的：每天晚上睡觉之前和宝宝进行这种爱的交流，既可以促进宝宝和爸爸妈妈之间感情的交流，又为宝宝学会说话做了启蒙教育。

运动游戏智能开发大行动 ∽

作为爸爸妈妈，不知你发现没有，宝宝常常会兴奋地向你摆动着小手、小脚，其实他是在对你说："跟我玩玩吧"，因此，爸爸妈妈何不利用空闲时间和宝宝一起来玩玩运动游戏呢？

宝宝要学习的内容可不少，动作的学习是其中的一个重要任务，并且越早对宝宝进行身体运动方面的训练，对宝宝智能开发的作用就越大。所以，爸爸妈妈，一起行动吧！

看我的旋风腿
★ 适合月龄：4～7个月的宝宝

游戏过程：爸爸妈妈将各种宝宝玩的玩具，例如洋娃娃、小毛绒玩具放在宝宝腿伸直所能触及的范围内，接着爸爸妈妈用手拿着宝宝的脚去踢玩具，多次重复后，示意宝宝自己"大胆展示旋风腿"！

游戏目的：锻炼宝宝的腿部力量和内心的勇气。

浴巾滑梯
★ 适合月龄：4～7个月的宝宝

游戏过程：爸爸与妈妈各拿着大浴巾的一头，将宝宝放在大浴巾中，然后，提高浴巾的一头，让宝宝在浴巾中体验下滑的感觉。

游戏目的：这个游戏有利于增强宝宝的家庭感以及触觉和空间感知觉。

好朋友，碰一碰
★ 适合月龄：4～7个月的宝宝

游戏过程：这个游戏很好做，先让宝宝的左手碰右脚，接下来再让宝宝的右手碰左脚，或者双手同时碰双脚，在游戏时，爸爸妈妈可以跟宝宝说："我们的手和脚是好朋友，一起来碰碰！"

游戏目的：通个这个游戏，有利于提高宝宝的手腿协调动作。

玩具说话了

★ 适合月龄：4～8个月的宝宝

游戏过程：把准备好的玩具，摆放在婴儿床边，以便宝宝可以抓起它们。或在宝宝的面前一边晃动玩具一边说，"嗨，宝宝，你好吗？"在晃动玩具说话时，爸爸妈妈可以根据不同的玩具变换说话的语调，以给宝宝倾听不同声音。

游戏目的：通过模仿各种小动物的典型叫声让宝宝对这些小动物有最初的印象，通过不同声音的语调变换，让宝宝对游戏和玩具产生更大的兴趣和好奇心。

宝宝的翻身游戏大集合

翻身，是宝宝第一次真正意义上的全身运动，要借助头部、胸部、四肢等的力量，将身体翻转过来。翻身训练对接下来的肢体大动作——坐、爬、站、走、跑、跳——奠定了坚实的基础，同时翻身过程中的游戏交流，同样有助于宝宝感官能力的发展。因此，爸爸妈妈应多帮宝宝进行翻身练习。

摆弄翻身法

★ 适合月龄：4～8个月的宝宝

游戏过程：摆弄翻身，就是将宝宝翻身姿势事先摆好，借助外力帮助翻身。让宝宝仰卧，然后在左侧放一个小玩具逗引他，让他有去拿的冲动。这时将宝宝的右腿放到左腿上，将右手放在胸上，轻轻地推宝宝的肩膀，使其抬离平面，一边拿玩具逗宝宝，一边用手推背部，帮助他顺利翻身。

游戏目的：帮助宝宝顺利翻身。

亲子翻身法

★ 适合月龄：4～8个月的宝宝

游戏过程：让宝宝俯卧或者仰卧在爸爸或妈妈的身上，通过爸爸或妈妈的翻身，带动宝宝的翻转。但注意，要与宝宝保持一定的距离，不要压到他。

游戏目的：这种亲子接触，不仅会让宝宝有安全感，同时，在共同翻转的过程中，会让宝宝有了新鲜的刺激，愿意去尝试。

第五节

爱玩的5个月
DIWUJIE

保费包的成长发育可以说是日新月异的，5个月的宝宝越来越会玩儿了，这时应注意培养宝宝的认知能力。

5个月宝宝智能开发与教育

5个月大的宝宝，在智能与身体发育上都是突飞猛进的。在高兴的时候，能发出重复音节，如"baba、dada、mama"等音；看到妈妈乳房或奶瓶会笑并挥手蹬腿表示高兴；到穿衣镜前，逗引他观看镜中人像，会对镜中人笑。这时，智能开发与教育不容忽视。

5个月宝宝的智能发育状况

用"日新月异"来形容宝宝的能力成长特征，是再恰当不过了。当宝宝变成一个活泼可爱的小能人时，身心成长都发生了巨大的变化：从紧握小手到双手自由操作，从不会说话到简单的言语交流……这些都离不开爸爸妈妈的细心教养。

5个月的宝宝智能、感官、身体发育都会发生很大变化，在成长发育上有很多明显的特点，家长要根据自己宝宝的情况，酌情进行教育培养。

认知能力特征

宝宝在5个月时，对人就有了辨别能力，开始出现怕生的表现，这时宝宝开始注意镜子中自己的脸或手，而且还会轻轻拍镜子中自己的影子。有时还能主动与人交往，在接触人时，甚至会以伸手拉人或发音等方式与人交往。

语音发育特征

5个月的宝宝已经能对人或对物发声，当看到熟悉的人或玩具时，能发出咿咿呀呀的声音，像是说话的样子。如果在宝宝背后摇铃铛，宝宝会主动地对声音做出反应，并将头转向声源，会主动与人或玩具说话。

社会交往特征

5个月的宝宝看到奶瓶、水等食物时会兴奋，两眼盯着看，表现出高兴或要吃的样子。除了喜欢与妈妈对话外，还喜欢在妈妈的膝上跳跃着玩。并且能辨别陌生人，知道区别陌生人和熟人，见到陌生人往往会表现出严肃的表情，不像对家里人那样容易熟悉，此外，已经开始向爸爸妈妈或其他人索取玩具。

运动发展特征

宝宝在5个月时，动手的活动就更多了，只要是宝宝能看得见的东西，不管是什么东西都要伸手去抓了。并且，这时的宝宝会坐在大人膝上玩，能伸直腰。

运动发展的具体表现	
大运动发展	5个月的宝宝在靠垫坐着的时候，能直腰，并能从仰卧位转到侧卧位
精细动作发展	宝宝在5个月时就可以两手抓触悬挂着的玩具，能主动取物，但动作仍不够准确，也不够协调，仍不能用手指捏东西

感觉发育特征

宝宝从出生到5个多月时，感觉的发展十分迅速。

感觉发育的具体表现	
嗅觉和味觉	宝宝在5个月时，能比较稳定地区别酸、甜、苦等不同的味道；对食物的任何改变都会非常敏锐地做出反应
听觉	宝宝在听觉方面也有很大的发展，5个月时能分辨不同的声调并做出不同的反应，如听到严肃的声音会害怕、啼哭，听到和蔼的声调会高兴、微笑
视觉	5个月的宝宝在视觉上，能感觉到颜色的深浅、物体的大小和形状，能注视远距离的物体，如飞机、月亮、街上的行人和车辆，能主动关注周围环境中的事物

5个月宝宝的教育"功课"

宝宝成长发育是非常快的，如果不能及时地抓住宝宝在各个年龄段应该学习与掌握的东西，就会错过这个智能开发的最佳时期。

5个月以后的宝宝，记忆能力已基本形成，开始有了自我意识，并模糊地开始知道自己的名字；大脑也开始学会分析所见的事物；在语言上可以发出单音；喜欢别人逗他玩。

针对5个月宝宝成长的快速发展，根据宝宝5个月的成长特点，爸爸妈妈可以教自己的宝宝训练或学习以下各项智能发展游戏。

语言学习

逗引发音：多跟宝宝说话，逗引宝宝注视爸爸妈妈的口型，教他模仿发音。

认识自己名字：爸爸妈妈可以叫宝宝的名字，看宝宝有没有反应。一般宝宝对声音都会有反应，但却不一定是因为懂得自己的名字，所以爸爸妈妈可以先说别的小宝宝名字，再叫宝宝，看宝宝有什么反应，并要反复训练几次。

认知学习

寻找事物：爸爸妈妈将玩具从宝宝眼前落地，发出声音，看看宝宝是否用眼睛去寻找。此外，爸爸妈妈也可以轻摇玩具引起宝宝的注意，然后走到宝宝视线以外，用玩具的声音逗引宝宝，或者把玩具塞入被窝，看宝宝是否能找到。

认识物名：训练宝宝听到物名后，去看物品并用手指物品。

大动作学习

抬头：让宝宝俯卧着，训练宝宝抬头，让宝宝的胸部离开床，抬头看前方。

靠坐：让宝宝靠在沙发或小椅上坐着玩，或者由爸爸扶着宝宝坐着。

扶站、蹦跳：爸爸用双手扶着宝宝腋下，让宝宝站在自己的大腿上，保持直立的姿势，并用手扶着宝宝双腿跳动。

翻身：用玩具逗引宝宝左右翻身，从仰卧位翻成俯卧位。

精细动作学习

伸手抓握：在宝宝面前放上各种物品，让宝宝伸手抓握，然后把物体移远一点再训练他抓握。

手指灵活运动：训练宝宝的手指灵活性，就要让他多抓住玩具敲、摇、推、捡等。

吞咽能力学习

妈妈可以给宝宝一块饼干或其他食物，让他学习吞咽。

情绪社交学习

照镜子：宝宝和妈妈同时照镜子，对镜子说话和做表情，让宝宝分辨妈妈的面部表情，让宝宝也模仿各种表情。

藏猫猫：妈妈可以继续与宝宝玩用毛巾遮住脸的藏猫猫游戏。

举高：爸爸或妈妈把宝宝举高又放下，让宝宝体验升降的感觉。

宝宝的感触发展及训练

宝宝从诞生开始，到出生后的半年内是感觉能力发展的最快时期，比如当宝宝饿了时就要吃奶，他会利用哭声将饥饿的感觉传递给妈妈。妈妈来了，宝宝首先是用耳朵在捕捉妈妈靠近的声音，然后就会停止哭泣，或者哭得稍微小声了些。

触觉发展训练

平时，应多让宝宝学抓或摸各种各样的东西，以培养手的抓握能力与感触能力，让他抓一抓、摸一摸不同的物品的不同之处，学习如何区分，比如丝绸、羊毛、棉花、缎子、海绵、餐巾纸等等，都可以让宝宝去触摸并感受它们的相同与不同之处。

通过这样的训练，可以激发起宝宝旺盛的求知欲，并能使其感触能力得到更迅速的发展。

宝宝"咀嚼"能力教育训练

宝宝的口唇虽然生来就有寻觅和吸吮的本领，但咀嚼动作的完成则需要舌头、口腔、面颊肌肉和牙齿彼此协调运动，必须经过对口腔、咽喉的反复刺激和不断训练才能获得。因此，习惯了吸吮的宝宝要学会咀嚼吞咽需要一个训练的过程。

在宝宝4～5个月时（最晚不能超过6个月）就可通过添加辅食来训练其咀嚼吞咽的动作，让宝宝学习接受吸吮之外的进食方式，为以后的换乳和进食做好准备。

吞咽咀嚼训练的开始，妈妈可用小勺给宝宝喂半流质食物，如米糊、蛋黄泥等。刚开始，妈妈也许会发现，宝宝或多或少会将食物顶出或吐出。这是正常的现象，因为之前的宝宝习惯了吸吮，尚未形成与吞咽动作有关的条件反射，以后只要多喂几次即可。

语言、听觉与视觉训练

语言的发育是一个极其复杂的过程，需要经过一个相当漫长的时间，才能渐渐地成熟起来。通常，宝宝从不会说话到会说话要经历3个阶段，也就是首先要学会发音，然后会理解语言，最后才会表达语言。5个月大的宝宝，正处在发音的年龄阶段，这时比前一阶段明显地变得活跃起来，发音明显增多。

5个月大的宝宝在听觉与视觉上，正处于快速形成阶段。这时宝宝的视力能注视较远距离的物体，并且在听觉方面也有很大的发展，听到声音后能很快地将头转向声源，并能表现出集中注意听的样子。

5个月宝宝的语言发育及训练

宝宝在5个月时，语言能力明显变得活跃起来，发音明显增多，发出的声音除了声母和韵母大量增多外，还有一个特点是发重复的连读音节，如"ma—ma—ma""ba—ba—ba""da—da—da"等。虽然这些音没有实质的意义，但这些音却为以后正式说出词和理解词做出了准备。这时宝宝对自己发出的声音很感兴趣，常常会不厌其烦地反复出声，在大人的逗引下，会笑出声甚至发出尖声叫。

让宝宝玩出伶牙俐齿 ❧

有许多的爸爸妈妈，都很在意宝宝是不是"会说话"，却忽略了在宝宝学会说话前所应该发展的沟通能力。从语言的发展进程上来看，宝宝能理解、听得懂的语汇，比他实际说出的语汇至少多出3～5倍。因此，多让宝宝知道并了解一些事物是很有必要的。

培养宝宝的语言能力，可以先提供给宝宝足够的视觉与听觉刺激，例如将看到的事物和正在做的事情，不断地讲给他听，让宝宝能在脑中联结语言和日常生活中的事物，进行语言储备。

找声音

训练宝宝对声源的反应。妈妈可以常常在宝宝的两侧说话，让他学习转向声源，或是拿一些铃铛、发声玩具做辅助，让宝宝试着辨别声音是从哪里发出的。当宝宝找到正确声源时，就可以将发声玩具交给他把玩，作为奖赏。

还可以拿块布或纸盒将声源和发声玩具盖住，让宝宝去寻找声音来源。这个游戏可以帮助宝宝建立"听觉的物理恒存概念"。

沟通训练

沟通语言训练，妈妈可以半躺在床上，让宝宝面对面坐在自己的大腿上，并和蔼地与宝宝进行交谈，也可以一边抚摸一边与宝宝说话。

对于几个月的宝宝，比起说话能力本身，非语言的沟通能力，如哭、肢体动作，或是眼神、手势等反而更为重要，这些都是语言发展能力的重要指标。因此，爸爸妈妈要先学习观察宝宝的行为，尝试了解他的意图，以免错失与宝宝沟通的机会，否则，宝宝会因为没有得到你的鼓舞而变得越来越不爱表达！

小嘴巴，动一动 ❧

宝宝语言能力的发展，并不只是局限在"词汇"的发展，灵活的小嘴巴也是宝宝说话的关键。宝宝的嘴唇、舌头、脸颊、声带、咽喉肌肉越协调，宝宝以后就越能比较"口齿清晰"地发音、说话。

培养宝宝的语言能力，可以通过一些口腔动作的小游戏，让宝宝体会发声的乐趣，提高口腔动作的灵活度，促进语言的发展。

玩舌头

在宝宝的嘴唇周围涂上一些奶油或糖水，让宝宝试着将舌头伸出嘴巴外面上下左右动，可以提高舌头灵活度。

吹一吹

在宝宝还小的时候，可以多在他的脸颊上轻轻地吹气，让他感受那股气流。当宝宝大一点的时候，让他模仿你把嘴嘟起来，试着吹吹看，如果他不太会吹，可以利用一些小道具，例如小风车、羽毛或小纸片等来启发他。

玩嘴巴

当宝宝可以"抿"嘴唇时，就可以开始跟宝宝玩"亲嘴"的游戏，这不仅能促进宝宝双唇闭合的能力，也可增进宝宝与妈妈的亲密感。这些"吸"的动作可以促进脸颊肌肉的力量及双唇闭合的力量。

5个月宝宝的视、听觉发育与训练

对这个月龄的宝宝，爸爸妈妈可以用选择观看法来检查视力发育得是否正常，这是一种筛查的方法，可以早期判断宝宝的视力发育情况，也可以带宝宝去儿科进行这方面的检查。此外，更要注重宝宝视、听智能的训练及培养。

听觉智能训练

爸爸妈妈在做事情的时候，别忘了加上语言，比如在洗澡时，也要一边洗一边对宝宝说话。

	跟宝宝讲话时，要注意以下几点
1	讲话时声音清晰，语调抑扬顿挫，不能用平铺直叙的低调子
2	少许夸张地做着手势，多多提问，如"肚子饿了吗？""尿湿了吧？"
3	这时宝宝会因为你的提问而做出回应，喉咙里会发出"咕噜咕噜"的响声，这是宝宝会说话的第一步
4	此时，妈妈还要注意，要一边对宝宝说话，一边温柔地注视着他的双眼，等待着他的回答。不管从他的嘴里说出什么来，也马上学着他的样子跟着说

视觉智能训练

宝宝在5个月时，可以在晚上将房间灯光调暗一点，将宝宝抱在身上，妈妈拿手电筒，让光点在墙上移动，引导宝宝去看移动的光点。

当宝宝注意到了光点以后，可以将光点做上下、左右及圆周运动，以吸引宝宝快速地去追看。

看较小物品：宝宝在5个月左右时，视觉能力得到了充分发展，除了让他注意看大的物品外，还要让他注意看较小的物品，如围棋子、黄豆、纽扣等。但是，要注意防止较小的物品被宝宝抓入口中。

开关灯：可以在较暗的房间里，用数个不同颜色的灯，爸爸或妈妈随意按亮其中一个灯，让宝宝注意灯的开和关。通过这种训练，能锻炼宝宝眼球调节光线的能力。

看动画片：5个月以后的宝宝，每天可以让宝宝看几分钟的动画片，这对训练宝宝的视觉能力是有帮助的，但是还要注意，最好让宝宝距电视机3米以上。

认知能力训练与社会交往

5个月大的宝宝，在看到熟悉的人或玩具时，能发出咿咿呀呀的声音，好像宝宝在对人"说话"。这说明，宝宝在社交与认知智能上已有很大的发展，已经能对人及物发出声音。此外，5个月的宝宝很爱玩，当他看到小铃铛等小玩具时，能将玩具拿起来，并把它放到嘴里，而不是像以前仅仅把手放到嘴里。

教宝宝学认日常用品

这时爸爸妈妈应有计划地教宝宝认识他周围的日常事物了。实际上，宝宝最先学会的是在眼前变化的东西，如能发光的、音调高的或会动的东西，像灯、收录机、机动玩具、猫等。

首先，宝宝的认物能力一般分为两个步骤：一是听物品名称后学会注视，二是学会用手指。

开始时，爸爸妈妈在指给他看东西，他可能东张西望，但要想方设法吸引他的注意力，坚持下去，每天至少5～6次。

通常，宝宝学会认第一种东西时要用15～20天，学会认第二种东西时要用12～18天，学会认第三种东西用10～16天。但也有时1～2天就学会认识一件东西。这要看你是否敏锐地发现他对什么东西最感兴趣。其实，宝宝越感兴趣的东西，认得就越快。因此，要一件一件地学，不要同时认好几件东西，以免延长学习时间。

只要教的得法，宝宝5个半月时就能认灯，6个月时能认其他2～3种物品。7～8个月时，如果你问："鼻子呢？"他就会笑眯眯地指着自己的小鼻子了。

破坏大王
★ 适合月龄：5～9个月的宝宝

游戏过程：把不同的纸张分别递给宝宝，让它自由地揉搓或撕掉。每种纸都让他多感受几次。

游戏目的：宝宝通过对各种纸张的多次触摸，体验纸张的感觉，培养宝宝的创作能力。

让宝宝顺利度过"认生期"

随着视觉和听觉器官的发育，情感意识的逐渐明晰，宝宝跟他的主要看护者开始建立起一种熟悉的情感联系，从而产生从生理到心理的依赖感。因此，对那些没见过或极少看见的人，会感到非常陌生，会因未知而产生恐惧心理，进而开始排斥陌生人，寻求亲近人的保护。可以说，认生标志着宝宝意识情感的发展，意味着宝宝开始跟周围环境建立起联系。这时，爸爸妈妈要想办法帮宝宝度过认生期。

性格活泼宝宝的安度法	
联谊活动	家长可以经常带着宝宝去别人家做客，或者邀请亲朋好友到自己家里来，最好有与宝宝年龄相仿的小朋友，这样同龄之间的沟通障碍要小得多，渐渐让宝宝习惯于这种沟通，提升交际能力
时刻安全	遇到宝宝认生时，妈妈要马上让宝宝回到安全的环境，比如抱到自己怀里，放回到婴儿车里，不要勉强或强迫他接受陌生人的亲热，这样只会让他更加紧张，认为妈妈不要他了，所以，要及时安抚

性格内向宝宝的安度法	
多接触陌生人	抱着宝宝，主动地跟陌生人打招呼、聊天，让宝宝感到这个陌生人是友好的，是不会伤害他的
慢慢接近	想要接近宝宝，最好拿着他最熟悉最喜欢的玩具，这样他会慢慢转移注意力，缓解认生的恐惧心理
户外锻炼	平时要多带宝宝到户外去，多接触陌生人和各种各样的有趣事物，开拓宝宝的视野

健身体操训练与音乐培养

音乐是一门听觉艺术。音乐在培养听力方面的作用是任何其他学科所无法相比的，它使人耳聪；有同时看多行乐谱的能力，使人目明；音乐是时间的艺术，它使人反应敏锐；还可以使人产生丰富的联想；它还可以锻炼人具有顽强的毅力、高度集中的注意力及合作精神。

因此，从小开展各种训练听觉的游戏，培养宝宝倾听音乐的兴趣，不但能让宝宝感受到音乐的美，还有助于开启宝宝的智力。

将宝宝的声音融入游戏

5个月的宝宝会从身边的事物开始记起，外界发生的事情最能引起他的兴趣，并能体验快乐感觉，尤其是音乐，因此应多让宝宝听各种音乐，以感受声音的不同。

这时，一定要多给宝宝一些他喜欢的视听享受。比如，多给宝宝唱他喜欢的歌，或看到他喜欢的节目开始时，宝宝就会显现出高兴的样子。如果能将宝宝喜欢的歌或音乐带到游戏中，就可以加强他的能力。因为，这是他熟悉的，一定会玩得很高兴，这对身心发展是极有益处的。

听音乐盒的声音

当着宝宝的面转动音乐盒的开关，做几次后，宝宝便会知道一转动那个小东西就会发出声音来。每当音乐停止时，他会用手指触摸开关，让妈妈转动它。这种过程可帮助宝宝发展智力。

随音乐舞动

让宝宝伴随音乐起舞，让他的身体随着音乐舞动，培养乐感细胞。这个游戏一开始，要好好帮助宝宝，让他随着音乐的节奏摇动。

健身操锻炼健康的宝宝

他们很少表现强烈的情绪，无论是积极的还是消极的。他们总是缓慢地适应新环境，开始时有点"害羞"和冷淡，但一旦活跃起来，就会适应得很好。

第一节

两手胸前交叉

预备姿势

爸爸妈妈两手握住宝宝的腕部，让宝宝握住大人的拇指，两臂放于身体两侧。

动作要点

第1拍将两手向外平展，与身体成90°，掌心向上，第2拍两臂向胸前交叉，重复共2个8拍。

第二节

转体、翻身

预备姿势

宝宝仰卧并腿，两臂屈曲放在胸腹部，左手垫于宝宝背颈部。

动作要点

第1～2拍轻轻将宝宝从仰卧转为左侧卧，第3～4拍还原，第5～8拍大人换手，将宝宝从仰卧转为右侧卧，后还原，重复共2个8拍。

激发宝宝脑潜能的游戏

促进宝宝运动能力的游戏

运动是宝宝健康成长的第一步，因此，爸爸妈妈一定要训练好宝宝的运动能力。下面几种锻炼方法，可以起到不同的锻炼效果。

毛毯荡秋千
★ 适合月龄：5~7个月的宝宝

游戏过程：爸爸和妈妈用一张毛毯或薄被，让宝宝躺在中间，毯子两端由大人抓稳后前后摇荡。

游戏目的：由于外力的摇摆，会促使宝宝自己将头的位置做变换以保持稳定姿势，能训练宝宝的平衡感。

抱高高游戏
★ 适合月龄：5~9个月的宝宝

游戏过程：刚开始玩时，不能一下就把宝宝举得过高，只能先举到与大人视线交会的高度，并且注意不要忽上忽下、速度过快，要慢慢来。

游戏目的：抱高高的游戏几乎是所有宝宝的最爱，可训练宝宝的平衡感。

培养宝宝创作和想象力的游戏

森林动物小聚会
★ 适合月龄：5~9个月的宝宝

游戏过程：爸爸或妈妈先把准备好的小动物玩具摆放在一边，把小马拿给宝宝看之后就学着马的声音，模仿一下马奔跑时的叫声。接着把玩具鸭子拿给宝宝看，学鸭子摇摇摆摆地走和"嘎嘎嘎"地叫……

游戏目的：可以锻炼宝宝的模仿能力、记忆能力、创造能力、创新能力以及语言能力，这是一个可以锻炼宝宝综合能力的小游戏。

"坐"起来的6个月

DILIUJIE

6个月的宝宝，运动能力已有了很大的提高，此时注意培养他独自坐的能力。并增加与宝宝对话的次数，让宝宝模仿爸爸妈妈的话语。

训练宝宝"坐"及模仿动作训练

6个月的宝宝，运动能力已以有了很大的发展。在大运动上，已经能够熟练地翻身，并且能稳稳当当地坐上一会儿；在精细动作上，手的抓握能力已经相当强，不但可以牢牢地抓住东西，而且还会自己伸手去拿。因此，在宝宝半岁时，一定要加强动作方面的锻炼，使宝宝的动作智能发育得更完善。

需要注意的是如果不遵循婴儿动作发育的规律，脱离宝宝自身的发育状况，盲目训练，这样的话不但没有好的效果，反而会给宝宝的发育带来不利。因此，爸爸妈妈在训练自己宝宝的运动能力时一定要适可而止。

宝宝的翻身能力及训练

6个月的宝宝在仰卧时，前臂可以伸直，手可以撑起，胸及上腹可以离开床面，开始会自己从俯卧位翻成仰卧位。如果爸爸妈妈在一边用玩具逗引，宝宝能动作熟练地从仰卧位自行翻滚到俯卧位。

让宝宝练习翻身，可以锻炼他的背、腹部、四肢肌肉的力量。训练时宜先从仰卧翻到侧卧开始，爸爸妈妈可以用玩具在宝宝身体上方的一侧慢慢移向另一侧，引诱宝宝并帮助他完成翻身动作。然后再锻炼宝宝从侧卧翻到俯卧，最后从俯卧翻成仰卧。当宝宝学会了翻身，就为他自己探索世界迈出了第一步。

宝宝坐立能力与训练

宝宝在6个月时，用双手向前撑住后，能自己坐立片刻。其实，宝宝从卧位发展到坐位是动作发育的一大进步。这样，宝宝的视野大大地扩大了，就能更好地接受外界的信息，这对他的智力发展相当有利。虽然这时候宝宝还不能够站立，但两腿能支撑大部分的体重。

刚满6个月的宝宝，好像突然对翻身失去了兴趣，平躺的时候，老是翘起头来，拽着爸爸妈妈的手就想要坐起来。这是宝宝要学坐的信号，爸爸妈妈要为宝宝创造这个锻炼的机会，通过一些游戏，帮助宝宝学习坐立起来。

坐坐站站

妈妈双手扶住宝宝的腰部或腋下，扶成站姿，让宝宝的两腿成45°分开，然后双手扶腰，将宝宝身体向下推按至坐姿，然后顺势仰卧下去，片刻之后再扶坐、站立，反复进行3～6次。这个训练使宝宝由躺变为站，由站又坐了下来，姿势的变化中，会让宝宝非常开心，非常有成就感，身体也会随之硬朗起来。但是，在训练时，要留心手法，注意保护宝宝的胳膊和腰部。

独坐练习

在宝宝会靠坐的基础上，可以让宝贝进行独坐练习。爸爸妈妈可以先给宝宝一定的支撑，以后逐渐撤去支撑，使其坐姿日趋平稳，逐步锻炼颈、背、腰的肌肉力量，为独坐自如打下基础。

扶坐练习

宝宝仰卧，可以让他的两手一起握住妈妈的拇指，而妈妈则要紧握宝宝的手腕，另一只手扶宝宝头部坐起，再让他躺下，恢复原位。若宝宝头能挺直不后倒，可渐渐放松扶头的力量，每日练数次，锻炼宝宝腹部肌肉，增加手掌的握力及臂力。

宝宝练坐3不宜	
不可单独坐	不可以让宝宝单独坐在床上，以防有外力或宝宝动作过大而摔下床。可以将宝宝坐的空间用护栏围起来，以保证安全
不要跪成"W"型	在练坐时，不要让宝宝两腿成"W"状或两腿压在屁股下坐立，这样容易影响宝宝腿部的发育，最好是采用双腿交叉向前盘坐
不宜坐太久	刚开始学坐时，时间不宜太久，因为这时宝宝的脊椎骨尚未发育完全，时间过长容易导致脊椎侧弯，影响生长发育。宝宝开始练坐时，最好能在他的背后放个大垫子，帮助他保持身体的平衡

宝宝平衡感训练小游戏

平衡感训练，与锻炼宝宝眼球的追视能力、专注力、阅读力、音感能力、触觉和语言能力都有关，所以锻炼宝宝的平衡感也是极其重要的。

学爬行小游戏

★ 适合月龄：6～10个月的宝宝

游戏过程：可以将宝宝放在俯卧位，爸爸或妈妈可先将手放在宝宝的脚底，利用宝宝腹部着床和原地打转的动作，帮助他向前爬行。

游戏目的：这个游戏能锻炼宝宝的平衡感，提升宝宝的爬行能力，还能扩大宝宝的视野。

蹲下、起立

★ 适合月龄：6～10个月的宝宝

游戏过程：爸爸或妈妈站在宝宝两侧，喊"蹲下"时爸爸妈妈一起拉着宝宝蹲下，喊"起立"时再一起站起，等宝宝熟悉后，爸爸妈妈放开手，喊着"蹲下""起立"让宝宝自己跟着口令做动作。

游戏目的：锻炼宝宝全身肌肉，提高宝宝反应的灵敏度和协调性。

飞翔游戏

★ 适合月龄：6～10个月的宝宝

游戏过程：爸爸妈妈可以用两手并拢平举，让宝宝俯卧在自己的两只手臂上，让宝宝两手分开做小飞机状，然后爸爸边唱歌边左右摇晃和走动。还可以把宝宝抱到爸爸的小腿面上，宝宝的头朝向爸爸的头，然后爸爸躺在地板上，抓住宝宝的两只小手，爸爸上下移动双腿，整个游戏要抓牢宝宝。

游戏目的：这个游戏能锻炼宝宝的平衡感。

培养宝宝语言与感触能力

6个月的宝宝，正处于语言能力发展的第二个阶段，也是连续发音的阶段。这个时候宝宝语言能力的特点是多重复。

这时的宝宝，当你在背后呼喊他的名字时，宝宝会主动转头寻找呼喊的人；在他不愉快时会发出喊叫，但不是哭声，当宝宝哭的时候，会发出"妈"全音；能听懂"再见、爸爸、妈妈"等，还能用声音表示拒绝，高兴时还会发出尖叫。

宝宝语言能力培养方案

宝宝成长到6个月时，会发"dada、mama"音节，无所指；还能发出"mama"等双唇音，无意识；此外，还会模仿咳嗽声、舌头咔嗒声或咂舌音。

宝宝能对自己熟悉的人以不同方式发音。如对熟悉的人发出声音的多少、力量和高兴的情况与见陌生人相比有明显区别。在培养宝宝语言能力时，可以根据不同的年龄特点来进行。

增强对话次数

通过和妈妈等周围亲人的接触和对话，可以培养宝宝的语言能力。这个时期的宝宝，常常会主动与他人搭话，这时无论是妈妈还是家里其他亲人，都应当尽量创造条件和宝宝交流或"对话"，为宝宝创造良好的发展语言能力的条件。随着语言能力的发展，也提高了宝宝的交往能力。

积极练习发音

爸爸妈妈可以继续训练宝宝发音，如叫"爸爸、妈妈、拿、打、娃娃"等，家长要多与宝宝说话，多逗引他发音，还要引导宝宝用动作来回答问题，如"再见，欢迎"等，这样可以积极地训练宝宝发音，促进宝宝的语言能力的发展。

听音乐和儿歌

爸爸妈妈要定时用录放机或VCD放一些儿童乐曲，提供一个优美、温柔和宁静的音乐环境，提高宝宝对音乐的理解能力。

通过训练宝宝听觉，可以培养宝宝的注意力和愉快情绪，也有利于宝宝语言能力的发展。

宝宝语言发展游戏训练

6个月时，是宝宝语言能力发展的第二个阶段，也是语言能力着重培养的阶段，爸爸妈妈千万不可错这个好机会。

听称呼对号

★ 适合月龄：6～10个月的宝宝

游戏过程：在游戏过程当中，妈妈可以将部分身体隐藏起来，然后对宝宝说"妈妈在哪里？"，宝宝会用目光寻找妈妈，然后再对宝宝说"爸爸在哪里？"让宝宝找爸爸。

游戏目的：可以锻炼宝宝的语言能力，培养宝宝的逻辑思维能力，加强宝宝肢体能力的锻炼。

敲小鼓，鼓励宝宝发音

★ 适合月龄：6～10个月的宝宝

游戏过程：爸爸妈妈在宝宝的背后轻轻地敲小鼓，让宝宝把头转向你，这时再敲鼓，并将鼓递向宝宝，微笑地说："你真乖，你玩玩吧"。

游戏目的：逗引宝宝高兴地发出声音，并能用手去拿小鼓。

游戏过程：爸爸妈妈要跟宝宝面对面地讲故事。在阅读时，爸爸妈妈要自问自答，让宝宝去听；给宝宝讲时，要拉长最后一个字音，并且阅读要绘声绘色。

游戏目的：培养宝宝的语言能力以及对图形的认识能力。

培养宝宝认知能力

6个月的宝宝已经能够区别亲人和陌生人，看见看护自己的亲人会高兴，从镜子里看见自己会微笑，如果和他玩藏猫猫的游戏，他会很感兴趣。这时的宝宝会用不同的方式表示自己的情绪，如用哭、笑来表示喜欢和不喜欢。认知能力已有很大发展，与他人的交往能力也有了很大的进步。

宝宝的认知能力及培养

6个月龄的宝宝，能力已相当强，不但头可以竖得很稳，视野也更加广阔，这时宝宝对周围的事物开始感兴趣，因此，爸爸妈妈要利用宝宝对某些事物感兴趣这一特点，首先教会他认识这些事物。

6个月大的宝宝，能觉察正在玩的玩具被别人拿走，并会以哭表示反抗；而在4个月之前婴儿从不觉察消失了什么；5个月后，能听到或追随失落之物转头寻找；只有到了6个月才真正觉察别人拿走自己的东西，而且强烈反抗，这是认知智力上的一大进步。

培养宝宝的认知能力，爸爸妈妈平时一定要观察宝宝最爱盯住什么，找出他最爱看的东西让他学习，才能容易学会。

此外，宝宝也害怕去陌生的地方，接触陌生事物，因此要由爸爸妈妈陪同，逐渐熟悉新的环境和新事物。有些宝宝害怕大的形象玩具，此时妈妈要陪他一起玩，熟悉之后才渐渐消除恐惧。

认识名字

6个月的宝宝能够知道自己的名字。如果叫他没有反应，爸爸妈妈应该告诉他："XXX是你的名字，这是在叫你啊！"然后再叫宝宝的名字，如果他有反应就鼓励他，抱抱他或亲亲他，这样反复几次，宝宝听到叫他的名字就会有反应了。

认知周围环境

培养宝宝的认知能力，爸爸妈妈平时无论做什么事都要对宝宝边做边说，特别是他日常接触的事物和经常看到的物体都用语言强调，如"奶瓶""水""电视机"等，训练宝宝逐渐听并熟悉这些名称，或教他看和指这些东西，通过让宝宝观察周围环境来发展宝宝的认识能力。

妈妈抱抱

妈妈在宝宝面前有意识地伸出双手，并说："宝宝，让妈妈抱抱。"然后，抱起宝宝逗他玩一会儿，再放下来。要重复上述过程，直到形成宝宝看见妈妈伸出双手，自己也伸出双手的反应现象。

在进行训练时，妈妈要注意宝宝的反应。反应积极时，玩的时间可以长一些；反应不积极甚至表现出厌烦时，应该停止。

宝宝认知能力开发小游戏

培养宝宝的认知能力，可以用一些有趣的小游戏来启发宝宝。

掌握音乐的节奏感
★ 适合月龄：6～11个月的宝宝

游戏过程：6个月的宝宝，听到好听的音乐或愉快的音乐时，会高兴得手舞足蹈。这时，爸爸妈妈可以抓着宝宝的身体配合音乐舞动，让宝宝学会用身体表现快乐的情绪。这段时间，宝宝已开始知道各种东西会发出各种不同的声音，妈妈可以和他一起玩声音的游戏，让他自己动手敲出声音。

游戏目的：培养宝宝的认知能力和观察能力。

第三个玩具

★ 适合月龄：6～11个月的宝宝

游戏过程：爸爸妈妈可以与宝宝相对坐在地板上，把事前准备好的前两个玩具分别放在他的两只手上，如果宝宝能很好地抓住这两个玩具，爸爸妈妈就可给他第三个玩具。开始的时候宝宝会尝试用他已经拿着玩具的手去抓第三个玩具，但很快宝宝就会意识到需要先放下手中的一个再去拿，才能把第三个玩具抓到手里。

游戏目的：这个游戏可以培养宝宝的认知能力和逻辑推理能力，有助于开发宝宝的早期智力，同时可以锻炼宝宝手掌的抓握能力。

找宝藏

★ 适合月龄：6～11个月的宝宝

游戏过程：妈妈或爸爸将实物装入小篓或纸箱，让宝宝随便抓出"宝藏"，爸爸妈妈顺便鼓励宝宝持续做下去。如果宝宝做得很轻松，可以让其抓出一类或某一个爸爸妈妈描述的玩具，比如爸爸可以说"拿出一个毛茸茸的小玩具"。

游戏目的：激发宝宝动手能力，培养宝宝对物体的认知和区分能力。

这是我的身体吗

★ 适合月龄：6～11个月的宝宝

游戏过程：通过画册、杂志和书籍说明身体的各个部位。通过镜子，让宝宝观察身体的活动过程或形态变化。比较妈妈的身体活动和宝宝的身体活动。

游戏目的：在这个时期，通过宝宝认识和活动身体培养自信心。

宝宝情感表达与生活行为

6个月大的宝宝，在情感与行为能力上已经有了很大的进展。当他需要妈妈抱时，不仅会发出声音，而且能有伸开双臂的姿势。当妈妈给他洗脸或擦鼻涕时，如果他不愿意，就会将妈妈的手推开。这时，宝宝非常惧怕生人，当被陌生人抱起来或与生人眼神接触时，眼睛会盯着妈妈、甚至哇哇哭起来，这是宝宝与妈妈建立相依恋感情及自己情感表达的体现。

宝宝的早期情商发展

6个月是宝宝个性发展的分水岭。如果说前6个月是宝宝先天个性的形成期，那么从这以后则是宝宝个性形成的后天培养期，也是良好性格的关键形成时期。因此，打造一个性格健全的宝宝千万不要错过这个时期。

宝宝的个性形成关键期

从6个月时起，宝宝开始有了自己独立的意识。他开始有点意识到自己与妈妈是不同的个体，知道自己对周围的人和物会产生的影响，甚至知道了自己的名字。

于是，随着记忆力和对周围意识的发展，宝宝的个性也在不断地发展。他开始了解什么是可以做的，什么是不能做的。但是，爸爸妈妈还不能从此就期望他是个"完美"宝宝，因为尝试与学习打破你原来预期的"边界"，正是小家伙学习与探索的方式之一。

因此，在这个阶段，最亲近的人离开，会令宝宝焦虑不安，他会表现出恋恋不舍的样子、甚至哭闹。尽管这种黏人现象有时令人烦恼，但这正表明宝宝开始意识到爸爸妈妈或其他亲人对他有多重要。

宝宝的个性培养方案

爸爸妈妈一定要做好对宝宝情商的培养与照顾，一定要付出足够的耐心与爱心。

那些天生好交往、胆子大的宝宝，能很快地度过分离焦虑期；而那些天生谨慎、胆小的宝宝，则会在相当长的一段时间内，都会像妈妈身上的"小年糕"似的，希望妈妈寸步不离自己。对此，爸爸妈妈一定要多鼓励宝宝，想办法让宝宝活泼一些，性格开朗起来。

宝宝的行为表现与训练

6个月的宝宝表达自己的想法会有多种方式，当妈妈给他洗脸或擦鼻涕时，如果他不愿意，会将妈妈的手推开。如果你将手帕放在宝宝脸上，他会伸手将布拉开，并且会冲你呀呀地叫，表示不高兴的样子。另外，有心理学家发现，6个月大的宝宝还会有骗人的行为。这个时期的宝宝知道，假哭与装笑能够引起爸爸妈妈的注意。

伸手取玩具

当宝宝趴着的时候，在他面前摆几样玩具，让宝宝试着伸手去拿。宝宝自行伸手选取，正是自我意识的表现。而且当一手取玩具时，另一手就得支撑着身体，这个动作还能训练爬行提早进行。

训练生活习惯与自理能力

宝宝6个月了，越来越大了，爸爸妈妈要逐步培养宝宝的生活自理能力。

训练扶奶瓶及自喂食品

当宝宝趴着的时候，在他面前摆几样玩具，让宝宝试着伸手去拿。宝宝自行伸手选取，正是自我意识的表现。而且当一手取玩具时，另一手就得支撑着身体，这个动作还能训练爬行提早进行。

培养规律睡眠

6个月的宝宝，逐步显示出最初的独立性，要抓住时机首先培养定时睡眠。一般，宝宝一昼夜需睡15～16小时，白天要睡3次，每次1.5～2小时，夜间睡10小时左右。最好是晚间9～10时入睡，夜间基本不起，清晨7时左右醒来，逐步形成了规律，对宝宝和对大人都有好处。

训练定时大小便

6个月以后，就可以开始让宝宝练习大小便了。练习时，最好在早晨吃奶后坐盆，养成早晨排便的习惯。经过一段训练也会形成规律。由于是定时定量喂养，排小便的时间也逐渐会形成规律。

情感表达能力开发小游戏

滚小球
★ 适合月龄：6～11个月的宝宝

游戏过程：爸爸妈妈要和宝宝一起坐在地面上，和宝宝保持着面对面的姿势。首先爸爸妈妈要把球滚给宝宝，然后拉着宝宝的手，告诉他怎样把球再滚回来。宝宝会觉得很有趣，只要对他稍加鼓励，他就会很快学会将球滚回来的。在游戏进行过程中，一旦宝宝学会将球抛出很远，就意味着他已经开始喜欢上这个游戏了。

游戏目的：这个游戏的互动性比较强，一方面可以改善宝宝的情绪，让他更加愉悦地享受和别人互动游戏的感觉，另一方面也能促进宝宝和别人的互动交往能力。

拇指点点打招呼
★ 适合月龄：6～11个月的宝宝

游戏过程：妈妈在自己的拇指画上开心脸谱，用它来打招呼，并要宝宝点头回应。除了利用拇指打招呼外，妈妈和宝宝也可以用另一只手做"你好""再见""谢谢"等手势。

游戏目的：这个游戏虽然简单但对宝宝的智能开发很有用，还可以让宝宝学会基本的礼貌。

揉纸团的游戏
★ 适合月龄：6～11个月的宝宝

游戏过程：将各种不同材质的纸，剪裁成适合宝宝用来游戏的大小。让宝宝体验纸的触感后，尽情地揉成纸团。

游戏目的：揉纸团的游戏能锻炼宝宝手部大肌肉和小肌肉的力量。

培养宝宝好行为的小游戏

嚼一嚼
★ 适合月龄：6～11个月的宝宝

游戏过程：宝宝在4～6个月时开始接受辅食，很多宝宝在五六个月大时开始长牙齿，因此咀嚼功能很重要。这时，爸爸妈妈可以训练宝宝吃些容易咀嚼的食物，例如磨牙饼、面包，或其他半固体、固体的食物。

游戏目的：让宝宝练习"咬"的动作，训练舌头、牙齿及口腔动作的协调。

宝宝最爱笑
★ 适合月龄：6～11个月的宝宝

游戏过程：这个游戏，妈妈可以带领宝宝在房间里面做。给宝宝讲一个他喜欢听的小故事，或者跟宝宝一起玩他喜欢的玩具，用欢笑表示赞同的信号，让宝宝开心地大笑。

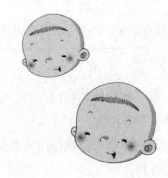

游戏目的：这个游戏会使宝宝建立在社交场合中的幽默感，还可以增强宝宝的自信心。

宝宝启蒙教育与记忆力培养

6个月时，宝宝不但在语言、动作上有了很大的发展，在智能上也有了很大的变化，因此，爸爸妈妈要做好宝宝智力开发的启蒙教育。

6个月宝宝教育学习事项

6个月大的宝宝，是全面发展的最佳时期，这时宝宝都应该学习什么能力呢？

行为上的专心

对宝宝学习活动的时间要有意识、有计划地逐渐延长，切忌学一会马上去玩一会，玩一会儿又学一点，然后又去玩。这样会使宝宝分心，不能专注地做好一件事。

语言上的学习

爸爸妈妈要抓住时机与宝宝进行对话互动，在宝宝愉快时，引导宝宝叫出"ma-ma、ba-ba"等。如果宝宝模仿得清晰准确，应该及时以笑语或亲吻表示鼓励。

扩大人际交往

爸爸妈妈要积极地用丰富的语调、口气与宝宝交流，逗宝宝欢笑。除了爸爸妈妈之外，还要让宝宝接触其他亲人和陌生人，这样培养出来的宝宝性格就会开朗阳光、包容坦荡。

自信心的培养

经常在宝宝的周围多放些不同的玩具，让他自己选择。在发现他最喜欢的玩具后，故意放在离宝宝远一点的地方，逗引他自己爬动伸手去抓取。长此以往，宝宝的自信心会一天天地建立起来。

6个月宝宝的色彩启蒙计划

宝宝对颜色的认识不是一下子就能完成的，必须经过耐心的启蒙和培养，这种启蒙教育应该从宝宝期开始，特别是6个月左右的宝宝，这个月龄段的宝宝对语言已有了初步的理解能力，能够坐起来，手能够抓握，一些色彩游戏可以有效地进行。

多彩的卧室

爸爸妈妈可以在宝宝的居室里贴上一些色彩协调的图片，经常给宝宝的小床换一些颜色清爽的床单和被套。并且，在宝宝的视线内还可以摆放一些色彩鲜艳的彩球、玩具等，充分利用色彩对宝宝进行视觉刺激。

多彩大自然

爸爸妈妈可以多带宝宝到大自然中去，看看蔚蓝的天，漂浮的白云，公园里五颜六色的鲜花等等。让宝宝接触绚丽多彩的颜色。

6个月宝宝教育启蒙小游戏

6个月宝宝的教育启蒙，主要以开发智力与生活能力为主，爸爸妈妈可以根据以下方法来对宝宝进行教育。

美味糖果

★ 适合月龄：6～11个月的宝宝

游戏过程：爸爸或妈妈在手里由多到少地拿一些宝宝很喜欢的糖果，爸爸或妈妈伸出1个指头，然后让宝宝拿1个；伸出2个，让宝宝拿2个……以此类推，让宝宝建立数的概念。

游戏目的：让宝宝树立"多"和"少"及数字的概念。

拉扯玩具

★ 适合月龄：6～11个月的宝宝

游戏过程：爸爸或妈妈拿来1根小绳子，在绳子前边绑上1个可爱的毛绒小玩具，妈妈先在宝宝面前拉扯小玩具，待到宝宝感兴趣后，引导宝宝来拉扯这个玩具。

游戏目的：通过妈妈在宝宝面前演示游戏过程，来吸引宝宝对新事物的好奇心以及尝试新事物的能力。

摸球球

★ 适合月龄：6～11个月的宝宝

游戏过程：爸爸妈妈将球拿到宝宝面前，引导宝宝过去摸球。如果不行，就先做示范给宝宝看。他会试着爬过去触摸球，如果宝宝能够成功爬到球的附近去触摸，那就表示宝宝对距离的判断已相当出色了。

游戏目的：这个游戏能训练宝宝的专注力和感知能力。

点点头，摇摇头

★ 适合月龄：5～11个月的宝宝

游戏过程：妈妈要经常用点头动作表示"对"，用摇头表示"不对或不好"，这样宝宝渐渐学会模防大人的表示方式。当宝宝要东西时，妈妈要故意拿宝宝不想要的，看看宝宝能否摇头，如果宝宝不会，就要做给宝宝看，等宝宝用摇头表示之后才拿给宝宝想要的东西，并用点头示意让宝宝照着做。

游戏目的：通过这样的训练，能使宝宝看懂大人用动作表达意见，并学会用动作表示自己的意思。

增强宝宝记忆力的小游戏

6个月是开发宝宝记忆能力的最佳时期。作为爸爸妈妈，你也许会说提高宝宝的记忆力该怎么做呢？下面几个游戏会对你非常有帮助。

寻找小宝贝
★ 适合月龄：5～11个月的宝宝

游戏过程：妈妈要先当着宝宝的面把玩具藏在背后，并且问宝宝"玩具哪里去了"，让宝宝自己寻找。当宝宝意识到玩具的去向并且找到正确位置之后，妈妈可以逐渐增加游戏的难度，再让宝宝寻找。妈妈还可以变换藏起来的玩具，毛绒玩具、小糖果都可以。这个游戏一定要边玩边说，用手势和动作来辅助语意，这样宝宝玩起来会更容易一些！

游戏目的：通过妈妈的问话和宝宝听以及理解的游戏过程，可以发展宝宝的语言能力，同时还可以在宝宝看到玩具被藏的地方，然后去找的游戏过程中发展宝宝的记忆能力。

适合6个月宝宝的儿歌与玩具

儿歌开启宝宝智力天赋，是有科学根据的。所以给你的宝宝营造一个良好的环境，对宝宝身心发育是非常有益的。

适合6个月宝宝的儿歌

一些动听的儿歌，不但可以训练宝宝的情操与听力，还可培养注意力和愉快情绪，因此，爸爸妈妈除了让宝宝听音乐外，可以多给宝宝听一些儿歌。

让宝宝听儿歌也可以结合生活及其他活动，朗读一些简短的儿歌，如看到布娃娃玩具时，可以边玩边说："布娃娃，我爱它，抱着娃娃笑哈哈"。在玩照镜子时，也可边看边配上儿歌，如"小小镜子，亮闪闪呀，宝宝照镜，笑呀眯眯笑！"。看到室内桌上摆的鱼缸时，也可边看边配上儿歌，如"小金鱼，真美丽，游来游去在水里！"。对着镜子看到自己的耳朵时，可边指着镜子看耳朵，边说："小耳朵，灵又灵，各种声音分得清。"

此外，还可用录放机或VCD给宝宝放一些儿童乐曲，提供一个优美、温柔和宁静的音乐环境，提高宝宝对音乐歌曲的语言理解能力。

6个月宝宝怎样玩玩具

6个月的宝宝视听感觉已比较灵敏，这时除了给宝宝一些哗啷棒、小摇铃等带柄的玩具抓握外，还可提供一些音乐娱乐的玩具。一般宝宝看到形象生动有趣、能响能动的玩具如小熊打鼓、小鸡吃米、跳娃娃时会手舞足蹈，听到音乐以及电子琴等发出的美妙音乐时，也会随着音乐节奏摆动手脚。

七彩大卡片

宝宝对色彩也是比较敏感的，他们大都喜欢颜色鲜艳的物品，而大卡片就是宝宝最早、最容易接触的物品，如水果等用鲜艳的色彩画在卡片上，作为宝宝的玩具，放在周围，有助于视觉的发育，也有助于宝宝以后更快地认识和接受这些物品。

抱抱毛绒玩具

这个年龄段的宝宝开始对毛绒玩具有了一种依恋感。选择毛绒玩具的标准是：柔软、拥抱时很舒服。那种有硬耳朵，硬尾巴的"小动物"，还是尽量远离，小心宝宝受伤！要注意玩具的做工，最好选择那种没有"纽扣眼睛""珍珠鼻子"的玩具，避免窒息危险。

"怕生"的7个月

DIQIJIE

　　7个月的宝宝，已经回爬，并且能够独自坐在床上一段时间，还有这个阶段爸爸妈妈应注意到宝宝已经开始"认生"了。

宝宝的体态语言及动作训练

　　7个月的宝宝，在大动作能力上，能够独坐在床上，并且能持续10分钟左右，无需用手支撑身体。这个时期宝宝已基本会爬，平衡能力也越来越强，逐渐还可以从趴着转变成坐姿；还能用手掌拿东西，会用手指的前半部分和拇指去捡起较小的东西。基本上掌握了简单玩具的功能，并能按要求去做。可以用双手握取东西，并将手中的物体对敲。这时期的宝宝，还能用体态语言来表达自己的意思。高兴时往往手舞足蹈，生气时则捶拳踢腿，难过时还会号啕大哭等，因此，肢体语言就成了宝宝在学会词汇表达以前的沟通工具。

耐心地训练宝宝学爬行

　　在之前的5～6个月时，宝宝就会为爬行做准备了，他会趴在床上，以腹部为中心，向左右挪动身体打转转，渐渐地他会匍匐爬行，但腹部仍贴着床面，四肢不规则地划动，往往不是向前爬而是向后退。到了七八个月时，宝宝就会爬了。在真正会爬时，宝宝是用手和膝盖爬行，头颈抬起，胸腹部离开床面。

　　爬对宝宝来说是一项非常有益的动作，既能锻炼宝宝全身肌肉的力量和协调能力，又能增强小脑的平衡感，对宝宝日后学习语言和阅读有良好的影响。因此爸爸妈妈一定要帮助宝宝完成爬行动作。

宝宝学爬行的3个阶段

刚开始宝宝学爬有3个阶段：有的宝宝学爬时向后倒着爬；有的宝宝则原地打转，只爬不前进；还有的是在学爬时匍匐向前，不知道用四肢撑起身体；这都是宝宝爬的一个过程。因此，在这个时期爸爸妈妈一定要配合并耐心教宝宝练习爬行。

宝宝爬行训练方法

在教宝宝学爬时，爸爸妈妈可以一个拉着宝宝的双手，另一个推起宝宝的双脚，拉左手的时候推右脚，拉右手的时候推左脚，让宝宝的四肢被动协调起来。这样教导一段时间，等宝宝的四肢协调得非常好以后，他就可以立起来手和膝盖了。

在爬行的练习中，让宝宝的腹部着地也可以训练他的触觉。因为触觉不好的宝宝会出现怕生、黏人的症状。一旦宝宝能将腹部离开床面靠手和膝来爬行时，就可以在他前方放一只滚动的皮球，让他朝着皮球慢慢地爬去，逐渐他会爬得很快。

对于爬行困难的宝宝，可以让他从学趴开始训练，然后爸爸妈妈帮助宝宝学爬行。其实，刚学爬的宝宝都有匍匐前进、转圈或向后倒着爬的现象，这是学爬的一个过程。这时爸爸妈妈一定要有耐心，想要宝宝学会爬，就要下些工夫。

科学训练宝宝用手活动

这时宝宝手部动作的能力越来越强，有时爸爸妈妈在喂饭时，他会伸手抓勺子；不想吃时，还会将勺子推开；喜欢把手浸在饭碗里，然后将手放入口中，有趣的"吃"，往往这时候爸爸妈妈总是很急着说："哎，太脏了，不要把手放到嘴里！"但是，爸爸妈妈阻止宝宝这样做是不科学的。因为宝宝的运动发育过程，遵循头尾规律，即从头开始，然后发展至脚，感知觉的发育也是如此。宝宝发展到一定阶段，就会出现一定的动作。

其实，宝宝能用手把东西往嘴里放，这代表他的进步，这意味着他已经为口后自食打下良好基础，与此同时，也锻炼了手的灵活性和手眼的协调性。这时，爸爸妈妈应鼓励宝宝这样做，并要采取积极措施，例如把宝宝的手洗干净，让他抓些饼干、水果片类的"指捏食品"，这样不仅可以训练食指的能力，还能摩擦牙床，以缓解长牙时牙床的刺痛。

双手交替玩玩具

爸爸妈妈可以将有柄带响的玩具让宝宝握住，然后，自己手把手摇动玩具，宝宝自己也学会摇动玩具；接下来，再给宝宝两个玩具，让宝宝一手一个玩具，或是摇动或是撞击敲打出声；在给宝宝一手拿一个玩具后，再在宝宝身旁放两件玩具，让宝宝两手交换几个玩具，并教他自己取玩具。

另外，还要注意这个月龄的宝宝喜欢用拇指、食指捏小物品，还喜欢将小物品放进嘴里或耳洞里。因此，爸爸妈妈应多陪伴在宝宝身旁，做指捏练习，避免他吞食小物品或将小物品塞入身体的孔、穴中。

训练宝宝手部灵活能力时应注意	
1	爸爸妈妈对宝宝的玩具，要经常洗刷，保持干净，以免因不卫生而引起肠道疾病
2	为宝宝买软、硬度不同的玩具，让宝宝通过抓握和捏各种玩具，体会不同质地物品的手感，让他的探索活动顺利发展
3	不要给宝宝买有危险的玩具，如上漆的积木、有尖锐角或锐利边的玩具汽车等，都不要给宝宝玩
4	宝宝玩具不应过小，直径应大于2厘米

用全掌拨弄小碗

爸爸妈妈可以教宝宝拨弄小碗。用全掌拨弄小碗，能使宝宝的整个手指都弯曲，并作拨弄和搔抓动作；也可用拇指和其他手指一起拨弄小碗。这个训练，可以使宝宝的小手更灵活。

宝宝精细动作训练小游戏

扔球游戏

★ 适合月龄：7～10个月的宝宝

游戏过程：宝宝看到球会先抓起来，这个时候妈妈也抓一个球，将其丢出去，在宝宝面前多次示范，直到宝宝也有意识地将小球抛出为止。

游戏目的：训练宝宝扔掷东西的技能。

自给自足

★ 适合月龄：7～10个月的宝宝

游戏过程：将一些小点心、小糖果等放在玻璃罐里，首先妈妈告诉宝宝怎样把它们拾起来再放下，怎样拾起来放进另一只手。然后妈妈伸出手，并把手张开，看看宝宝是否会拾起一个小点心放进妈妈的手里。

游戏目的：这个游戏可以锻炼宝宝小手的灵活程度，训练宝宝自主地获取食物的能力。

盖盖子

★ 适合月龄：7～10个月的宝宝

游戏过程：许多宝宝都喜欢玩锅碗瓢盆等一些炊事用具，这时爸爸妈妈可教他如何盖盖子。在宝宝能盖好一个盖子后，再给他另一个不同大小的盖子，看宝宝是否知道在瓶上应盖哪一个盖子。还可以把小玩具或零食放在锅中，以便宝宝掀开盖时，能得到一个惊喜。

游戏目的：这个游戏可以锻炼宝宝的精细动作能力，为宝宝以后学会自立打下基础，还可以增进母子感情。

捡玩具

★ 适合月龄：7～10个月的宝宝

游戏过程：妈妈准备一些小玩具，放在宝宝面前，让宝宝用手去拾，开始时加以指导。

游戏目的：通过这个游戏，可以使宝宝用拇指与食指对捏拾细小物品，这一精细动作可以锻炼宝宝手眼协调能力，有利于促进大脑功能的发展。

训练宝宝学会表达肢体语言

我们的身体特别是幼儿，常在自觉或不自觉中以动作的形式传递了许多信息，这就是肢体语言，它是还不会说话的幼儿能够以字词表达之前与他人沟通的重要方式。

宝宝能力特点

肢体语言所表达出一个人内心的意思，有时比说话更为真实。特别是天真可爱的幼儿由于口语表达的能力不够成熟，所以最擅长运用其肢体语言来诉说自己的心情。他们往往在高兴时手舞足蹈，生气时捶拳踢腿，难过时号啕大哭等，都很明显并且容易被了解。

宝宝体态语言分析	
先天常见的有	笑——高兴；打哈欠——想睡或感到无聊；撅嘴——不愉快；伸手向人——想抱；身体打战——冷；用手推开物品——不想要等
后天常见的有	拍拍手——高兴或好棒；点头——是想要或好；挥挥手——再见；用食指轻触嘴唇——安静；竖起拇指——好棒；摇头——不要或不好等，真是不胜枚举

宝宝学习肢体语言的途径，一般有刻意教导与无意示范两个方面。当宝宝的身体发展到某一程度，手脚较能灵活运用时，看到成人或较大一些的宝宝做一些可爱逗趣的动作，宝宝就会模仿起来。 对于宝宝的体态语言，爸爸妈妈要多分析与理解，才能明白宝宝想要表达的意思。

宝宝体态语言训练方案

给予想象力的发挥：平时，爸爸妈妈可以给宝宝看一些成人不同表情、姿势的图片或照片。

同情心：对于宝宝咬人、丢东西等行为，要先了解原因，体察他的情绪，再教导他采用不会伤害到他人的表达方式。

营造一个温馨安全的环境：宝宝在一个温暖安全的环境中，会乐于表达自己。

留意爸爸妈妈以本身惯用的肢体语言：宝宝是爸爸妈妈的一面镜子，那些有蹙眉叹气习惯的爸爸妈妈，他们的宝宝一定也常如此；而急躁的家长，其子女也不易安静。

适时的鼓励与赞美：当宝宝表达方式合适或有进步时，爸爸妈妈应给予适当的鼓励。宝宝的模仿性很强，所以爸爸妈妈良好的示范是很必要的。肢体语言与口语一样，有些会带给别人愉悦的感觉。但也有些动作是令人不悦的，因此当宝宝表现不雅的或没礼貌的肢体语言时，爸爸妈妈应立即予以纠正。

体态语言可以说是人格的一部分。有良好表达能力的人，总是较受欢迎，并有较佳的人际关系。这些幼儿期的肢体的语言，多数会随宝宝年龄的增长就慢慢不再使用，因为宝宝已经懂得了丰富的语言来表达，但有的会继续使用到成长，起到辅助、强调语言意义。

宝宝的认知与社交能力训练

7个月的宝宝在与人交往方面，"怕生"的行为非常明显，对一些陌生的人或事都会显出很恐惧的心理。其实，这是宝宝认知能力发展的一个大进步，爸爸妈妈应当多训练宝宝的社交与认知能力。

宝宝认知能力的训练

宝宝在7个月时，认知能力会有很大的飞跃，爸爸妈妈不可错过开发的时机。7个月的宝宝，其认知能力有一个明显的特点：眼不见，心还在想。如果你手中拿着一个很有趣的玩具，宝宝就会兴奋地想伸出手去抓，但这时如果有什么东西挡住了宝宝的视线，那么玩具虽然在宝宝的视野在消失了，可宝宝却会突然试着拍打挡住他视线的东西，并用力要挪开它或压低它，而要努力想拿到这个看不见的玩具。

从这个动作我们可以看出，宝宝已经"眼不见，心却在想"，他会表现出想去寻找见到过又被隐藏起来的物体，因为他已经意识到"看不见的东西"依然存在。

认识家

抱着宝宝多在家里走走，给宝宝指认家里的各种陈设和用品，边指边把名称告诉他，并进行多次强化。如果安全，还可以让宝宝用手摸一摸，充分调动他的感觉器官。如："这是电灯。"用手指给他看灯，按按开关，让宝宝注意灯的一明一灭，握着他的小手，让宝宝亲自开关灯的按钮，从而调动宝宝认知的积极性。

在游戏时，爸爸妈妈要尽可能让宝宝亲手摸或操作，以积累宝宝的触觉经验，加深宝宝对其生活环境、用品的感知。以训练宝宝将语言与实物相结合的能力；使宝宝认识生活环境和用具，积累视觉、触觉经验，加深记忆力。

颜色感知练习

让宝宝多看各种颜色的图画、玩具及物品，并告诉宝宝物体的名称和颜色，这可使宝宝对颜色认知的发展过程大大提前。

方位听觉训练

训练宝宝追寻物体。用玩具声吸引宝宝寻找前后左右不同方位、不同距离的发声源，以刺激宝宝方位感觉能力的发展。每日训练2～3次，每次3～5分钟。

宝宝认知训练小游戏

下雨沙拉拉
★ 适合月龄：7～11个月的宝宝

游戏过程：妈妈可以先拿两个小塑料袋，与宝宝一起用缝衣针或粗细不等的毛线针扎出一些小孔，用塑料袋兜起一袋水，水就会从扎好的小孔中漏出，然后妈妈可以教会宝宝关于洞的概念，妈妈还可以将水洒在宝宝身上，宝宝会非常开心。

游戏目的：让宝宝学会追视移动物体以及学会"洞"的概念。

制作纸球
★ 适合月龄：6～11个月的宝宝

游戏过程：这个游戏比揉纸团游戏更难，因为要用力抛或踢揉好的纸团。用纸分别揉出足球、棒球、乒乓球大小的纸团，然后当做球来打。

游戏目的：有助于宝宝小肌肉的发育，而且能促进眼、手、听觉的协调。

装电筒

★ 适合月龄：6～11个月的宝宝

游戏过程：妈妈可以拿起手电筒，在宝宝面前折开零件，取出电池，然后将各部位安装好。接着再打开开关，用手电照亮各处，再关上。宝宝往往喜欢发亮的东西，会伸手去摸，学习按开关。

游戏目的：这个训练，不但能培养宝宝的认知能力，还能培养观察能力。

帮宝宝走出怕生的心理

宝宝长到7个月大时，"怕生"的现象比以前更多了，面对不熟悉的人会感到不安和恐惧，害怕陌生人靠近他或抱他，总是紧紧地抱着爸爸妈妈不放。

对宝宝的"怕生"行为，有些爸爸妈妈会觉得奇怪，宝宝以前见到陌生人，还会朝陌生人笑，喜欢看着陌生人，怎么到了这个阶段反而会怕生呢，是不是退步了？其实不是的，"怕生"是宝宝心理发展过程中出现的一种正常现象，说明宝宝已能敏锐地辨认出熟人和陌生人。宝宝怕生，爸爸妈妈就要多注意、多鼓励、多调教，让宝宝渐渐走出怕生的心理。

对客人怕生

如果家里来了宝宝不熟悉的客人，不要将宝宝立刻介绍给客人，不然会造成宝宝心理上的压力和不安全感，他会因为紧张和害怕出现哭闹。妈妈应把宝宝抱在怀里，先让大人们交谈，让宝宝有一段时间的观察和熟悉，渐渐地他的恐惧心理消退后，宝宝就会高兴地和客人交往。如果宝宝出现了又哭又闹的行为，就要立即抱他离远一些，过一会儿再让宝宝接近客人。

对环境怕生

宝宝除了怕生人，还会出现对新环境的惧怕，这时候爸爸妈妈也要注意，不要让宝宝独自一人处在新环境里，要陪伴他直到他熟悉以后再离开，让他对新环境有一个适应和习惯的过程。

过分依恋爸爸妈妈

伴随着怕生的行为，宝宝还会出现对爸爸妈妈的过分依恋。这时期爸爸妈妈要尽量陪伴宝宝，不要长期离开自己的宝宝，在对爸爸妈妈依恋的基础上，宝宝会渐渐建立起对环境的信任感，发展起更复杂的社会性情感、性格和能力，巩固早期建立的亲子关系。

宝宝怕生的程度和持续时间的长短与教养方式有关，如果平时爸爸妈妈能经常带宝宝出去接触外界，多和陌生人交往，经常给他摆弄新奇的玩具，那么怕生的程度就会轻一些，持续的时间也会短些。

语言与视、听觉能力训练

通常，7个月的宝宝在语言上能发出"大大、妈妈"等双唇音，能模仿咳嗽声、舌头"喀喀"声或咂舌声。并且能对不同的人以不同的方式发音，如对熟悉的人发出声音的多少、力量和与陌生人时相比有明显的区别。

宝宝语言能力训练

当宝宝在半岁左右时，他就会发现利用自己的舌头、牙齿可以制造出各种奇怪的"音响效果"，并且还对玩这个"新玩具"乐此不疲。

宝宝能力特点

宝宝7个月大时，会从单纯地玩自己的声音转而模仿来自外界听到的声音，并会使用自己母语范围内的音素来表现，所以虽是模仿动物的叫声或玩具所发出的声音，也不全模仿得一模一样。不过，到了这个阶段，宝宝很少会发出自己生活中不存在的语言或声音了，而是发出一些很熟悉的音节，并且模仿咳嗽声、舌头咔嗒声或咂舌音，还经常对熟悉的人发音。

爸爸妈妈说的话语，是宝宝最爱模仿的，这种模仿发生在宝宝还不能正确发音的时候。所以，宝宝会学大人说话的节奏、韵律或整体感觉，用自己容易说出的语音不断地重复。因此，爸爸妈妈可以多与宝宝说话，以培养宝宝的语言能力。

增强母子对话

这个时期的宝宝，常常会主动与他人搭话，这时无论是妈妈还是家里其他亲人，都应当尽量创造条件和宝宝交流和"对话"，为宝宝创造良好的发展语言能力的条件。随着语言能力的发展，宝宝的交往能力也会增强。

叫宝宝的名字
★ 适合月龄：7～11个月的宝宝

游戏过程：妈妈用同一语调叫很多人的名字，其中夹有宝宝的名字。如果在念到宝宝的名字时，他能回头朝妈妈看、微笑，表明他能准确地听出他自己的名字，妈妈要抱起他，亲亲他的小脸，对宝宝说："你好，你是XX。"如果宝宝没有反应，要反复地对宝宝说："XX，你的名字叫XX ，你就是XX呀！"。

游戏目的：训练宝宝对语言的反应能力，并让宝宝记得自己的名字。

宝宝视、听觉发展与训练

7个月的宝宝，视觉发育的范围会越来越广，听觉发育也越来越灵敏，这时爸爸妈妈要做好对宝宝视、听能力的培养与训练。

这时宝宝的听觉能力越来越灵敏，能确定声音发出的方向，能区别语言的意义，能辨别各种声音，对严厉和和蔼的声调会做出不同的反应。

宝宝的视、听觉与语言是同时发展的。宝宝从听成人的语音到学会分辨，再发出与听到的声音相似的语音，同时以听觉、视觉来认识外界所发生的各种现象，再把现象和语音联系起来，才得以学会使用语言。因此，培养宝宝的视、听觉能力还需要从多沟通、多交流开始。

听音乐和儿歌

在上一个月训练的基础上，爸爸妈妈可以继续播放一些儿童乐曲，以提高宝宝对音乐歌曲的语言理解能力。通过训练听觉，培养注意力和愉快情绪，也有利于语言的发展。

扩大视觉范围

随着宝宝坐、爬动作的发展，行动大大开阔了他的视野，他能灵活地转动上半身，上下左右地环视，注视环境中一切感兴趣的事物。

训练宝宝规律的生活行为

宝宝到了7个多月时，爸爸妈妈会发现他们变得"调皮"了，坐不好好坐，站又不会站，抱在手上上蹿下跳，左右环顾，还整天手脚不停，没有安静的时候，这是因为宝宝的自主意识加强了，动作也就多了。他的活动能力加强了，就显得活泼好动，这时候爸爸妈妈不但要仔细地看护，还要注重训宝宝生活行为向规律化发展。

培养有规律的睡眠与饮食习惯

睡眠习惯训练

培养有规律的睡眠，爸爸妈妈可将宝宝白天的睡眠时间逐渐减少1次，即白天睡眠3～4次，每次1.5～2小时。

夜间如果宝宝不醒，尽量不要惊动他。如果醒了，纸尿裤了可更换尿布，或给他把尿，宝宝若需要吮奶、喝水可喂喂他，但尽量不要逗弄他，让他尽快接着转入睡眠。同时，要注意宝宝睡觉的姿势，要经常让宝宝更换头位，以防止宝宝把头睡偏。

饮食习惯训练

培养宝宝的饮食习惯，爸爸妈妈可以每日将喂养次数减为6次，白天哺喂4～5次，间隔3～4小时。夜间可以视宝宝需要情况进行哺喂，一般1次即可，如果宝宝夜间不醒或不愿进食，可不哺喂。还要开始逐渐训练宝宝用勺吞咽食物，为以后喂辅食时用勺进食做准备。

训练宝宝喝水

对宝宝来说，从出生起无论是母乳喂养还是人工喂养，都应该额外喂一点白开水。所以，当训练宝宝自己喝水时，不妨也从训练他学会自己用奶瓶作为第一步。等宝宝熟练了用奶瓶喝水后，接下来就可以训练他用吸管以及杯子喝水了。

训练宝宝用奶瓶喝水

在让宝宝学用奶瓶喝水时，先是妈妈手持奶瓶，并让宝宝试着用手扶着，再逐渐放手。如果担心太重的话，可以用小的奶瓶或只装少量的水。开始的几次，妈妈一定要在旁边守护着宝宝，万一宝宝手无力让奶瓶掉落，妈妈应及时扶住。因为是奶嘴，所以不太会呛着，宝宝不难应该学会。

训练宝宝用杯子喝水

在教宝宝用杯子喝水时，要先给宝宝准备一个不易摔碎的塑料杯或搪瓷杯。要带吸嘴且有两个手柄的练习杯，这样不但易于抓握，还能满足宝宝半吸半喝的饮水方式。在宝宝练习用杯子喝水时，爸爸妈妈要用赞许的语言给予鼓励，比如："宝宝真棒！"这样能增强宝宝的自信心。

宝宝益智游戏训练

培养宝宝记忆力的小游戏

宝宝从一出生就具有形成记忆的能力，在那个阶段各种信息以一种自动的、无意识的形式进入宝宝的记忆中，而且只能存留很短的时间。因此，延长宝宝的记忆能力就要多加训练与培养。

看照片
★ 适合月龄：7～11个月的宝宝

游戏过程：拿一些爷爷的照片给宝宝看上30秒钟，然后把照片拿开。一分钟后，再拿一张奶奶的照片和爷爷的照片放在一起给宝宝看。如果宝宝的记忆中仍然存有爷爷的形象，他就会更愿意看爷爷的照片。

游戏目的：这个游戏能增强宝宝的初步记忆能力。

藏玩具
★ 适合月龄：7～11个月的宝宝

游戏过程：一边让宝宝看着，一边用一块布盖在他最喜欢的小玩具上。过一小会儿，放开宝宝，看宝宝是否到那块布的下面去找他的玩具。如果他这么做了，说明他记得看见你把玩具盖了起来。

游戏目的：这个游戏能增强宝宝的记忆能力。

学爬的8个月
DIBAJIE

这时的宝宝已经学会爬了，妈妈可以锻炼让宝宝爬，这有利于宝宝身体发展，为日后行走打下良好基础。

爬出一个健康的宝宝

爬行是一种极好的全身运动，能够为日后的站立与行走创造良好的基础。爬行扩大了宝宝的认识范围，这就有利于宝宝听觉、视觉、平衡器官以及神经系统的发育，同时也为宝宝建立、扩大和深化对外部世界的初步认识创造了条件。所以，爸爸妈妈应利用多种条件让宝宝练习爬行。

宝宝爬行锻炼

宝宝成长到8个月时，每天都应该做爬行锻炼。爬行对宝宝来说，并不是轻而易举的事情，对于有些不爱活动宝宝，更要努力训练。

先练用手和膝盖爬行

为了拿到玩具，宝宝很可能会使出全身的劲向前匍匐地爬。开始时可能并不一定前进，反而后退了。这时，爸爸妈妈要及时地用双手顶住宝宝的双腿，使宝宝得到支持力而往前爬行，这样慢慢宝宝就学会了用手和膝盖往前爬。

再练用手和脚爬行

等宝宝学会了用手和膝盖爬行后，可以让宝宝趴在床上，用双手抱住腰，把小屁股抬高，使得两个小膝盖离开床面，小腿蹬直，两条小胳膊支撑着，轻轻用力把宝宝的身体向前后晃动几十秒，然后放下来。每天练习3～4次为宜，会大大提高宝宝手臂和腿的支撑力。当支撑力增强后，妈妈用双手抱宝宝腰时稍用些力，促使宝宝往前爬。一段时间后，可根据情况试着松开手，用玩具逗引宝宝往前爬，并同时用"快爬！快爬！"的语言鼓励宝宝，逐渐宝宝就完全会爬了。

练习独立爬行	
爬行小路	爸爸妈妈将不同质地的东西散放在地板上，让宝宝爬过去。如把一小块地毯、泡沫地垫、麻质的擦脚垫、毛巾等东西排列起来，形成一条有趣的小路。这样，就诱导宝宝沿着"小路"去爬，体会不同质地的物质。但是这些东西用过后爸爸妈妈要将其放起来收好，过些天可以将它们以不同的顺序排列成另一条小路，让宝宝继续学爬
自由爬	妈妈要先整理一块宽敞干净的场地，拿开一切危险物，四处放一些玩具，任宝宝在地上抓玩。但要注意的是，必须让宝宝在妈妈的视线内活动，以免发生意外
定向爬	宝宝趴着，妈妈把球等玩具放在宝宝面前适当的地方，吸引他爬过去取。待宝宝快拿到时，再放远一点
转向爬	妈妈先把有趣的玩具给宝宝玩一会儿，然后当着宝宝的面把玩具藏在他的身后，引诱宝宝转向爬

聪明宝宝爬行注意事项

宝宝会爬了，看到自己的宝宝一天天长大，又学会了新的本领，会激起爸爸妈妈喜悦的心情，但是，此时爸爸妈妈更应该注意宝宝爬行的安全和卫生问题。

宝宝爬行运动有赖于骨骼肌肉的发育。动作发育的规律之一是由正向反的发展，如先学会抬头，再学会低头，先学会向后爬，再学会向前爬；动作发育的规律之二是由不协调到协调，如当婴儿要去抓一个东西时，一开始他又瞪眼，又使劲，费很大力气才抓住，抓住后又不会放开手指，以后便会很自如地完成这些动作。8个月的宝宝往往是见了什么东西都要抓一把，往往稍一疏忽，就会造成很严重的后果。

宝宝学爬的场地要安全

为了让宝宝安全地爬行，爸爸妈妈应当把屋子地面打扫干净，铺上干净的地毯、棉垫或塑料地板块，创造一个有足够面积的爬行运动场，这是防止宝宝坠落地上的好方法。这么大的宝宝往往会把碰到的东西往嘴里塞，万一把纽扣、硬币、别针、耳钉、小豆豆等吞下去，就会有危险，因此，屋子里各个角落都要打扫干净，注意卫生清洁，任何对宝宝产生威胁的东西都要收拾起来。

确保宝宝的身体安全

有的宝宝爬行时，往往出现用一腿爬行带动另一腿的方式，而且两只脚的灵活度也不一样，这时爸爸妈妈往往会担心宝宝两腿发育不一。其实，这种情况属于正常现象，不需过度担忧。但是，当这种状况维持太久没有改变时，就要怀疑宝宝是否发生了肌肉神经或脑性麻痹等异常状况，要及时带宝宝去医院就诊。

此外，爸爸妈妈还应注意，爬行最容易发生头部的外伤，当宝宝撞到头时，不管当时是否出现不舒服的情形，妈妈都要仔细观察宝宝。在爬行后，如果宝宝的睡眠时间太长，中间要叫醒他，看看是否有异状；如果宝宝在训练爬行的3天内出现严重的头痛、呕吐、昏睡、抽搐等症状就要立即送医院医治。

其他注意事项

1.在宝宝刚饮食后，不宜立即练习爬行。

2.每次练习爬行的时间不宜过长，10分钟左右为宜，贵在坚持。

3.让宝宝学爬，要有足够大的爬行空间。

4.要培养宝宝学爬的兴趣。教爬时要选择宝宝情绪好的时候，可以用宝宝非常喜欢的玩具逗引他向前爬，避免宝宝感到厌倦。

宝宝动作智能大训练

宝宝在8个月大时，不仅学会了爬行，在一些其他动作上也有了很大的变化。

在大运动方面：宝宝能俯卧，前面用玩具逗引，会以手腹为支点向前爬行；在仰卧时，能坐起来、并躺下，能自己从仰卧变俯卧，再变成坐位，并会自己躺下。若让宝宝靠栏边站立，能手扶栏杆站立5秒钟以上。

精细动作方面：将大米花等物放在桌上，宝宝能用拇指和食指或食指以外的其他手指捏起大米花。如果给宝宝一手握一块积木，再递第三块，宝宝有要取第三块的意思但不一定取到。因此，对于宝宝的动作能力还应抓紧培养与训练。

宝宝手部灵活动作训练

宝宝在8个月时就能随心所欲地抓起摆在他面前的小东西了。抓东西时，也不再是简单地抓起来握在手里，而且会摆弄抓在手里的东西，还会把东西从一只手传递到另一只手，出现了双手配合的动作。

宝宝在摆弄物体的动作过程中，能够初步认识到一些物体之间的简单联系，比如敲击东西会发出声音，所以他才会不厌其烦地反复去敲，这是宝宝最初的一些"思维"活动，同时也是宝宝心理发展的一大进步。对此，爸爸妈妈应该提供机会让宝宝做一些探索性的活动，而不应该去阻止他或限制他。关于宝宝手部的动作训练主要有以下方法：

训练宝宝拇指、食指对捏能力

训练宝宝的拇指、食指对捏能力，首先是练习捏取小的物品，如小糖豆、大米花等。在开始训练时，可以用拇指、食指扒取，以后逐渐发展至用拇指和食指相对捏起，每日可训练数次。

在训练时，最好爸爸妈妈要陪同宝宝一起，以免他将这些小物品塞进口或鼻腔内，进而发生危险。

学习挥手和拱手动作

爸爸妈妈可以经常教宝宝将右手举起，并不断挥动，让宝宝学习"再见"动作。

当爸爸上班要离开家时，要鼓励宝宝挥手，说"再见"。如此每天反复练习，经过一段时间，宝宝见人离开后，便会挥手表示再见。在宝宝高兴的时候，还可以帮助他将双手对起握拳，然后不断摇动，表示谢谢，而后每次给他玩具或食物时，都会拱手表示谢谢。通过这个训练，可以扩大宝宝的交往动作和范围。

翻滚及拉站动作训练

让宝宝练习翻身打滚的动作，可以训练大动作的灵活性以及视听觉与头、颈、躯体、四肢肌肉活动的协调，是宝宝的基本动作训练。

训练宝宝翻身打滚

在训练时，先让宝宝仰卧，用一件新的有声有色的玩具吸引他的注意力，引导他从仰卧变成侧卧、俯卧、再从俯卧转成仰卧。训练时要注意安全，最好在干净的地板上或在户外地上铺席子和被褥，让宝宝练习翻身打滚。

训练宝宝拉物站起

爸爸妈妈可先将宝宝放入扶栏床内，先让宝宝练习自己从仰卧位扶着栏杆坐起，然后再练习拉着床栏杆，逐渐达到扶栏站起，锻炼平衡自己身体和站立的能力。熟练后可训练宝宝拉站起来，再主动坐下去，而后再站起来和坐下去……反复训练，效果更佳。通过训练主动拉物，能使宝宝竖直身体，锻炼腿部力量。

培养宝宝的语言及视听能力

宝宝到了8个月大时，爸爸妈妈可以人为地扩大宝宝与周围人的接触和对话，以培养宝宝的语言及视听能力。

宝宝语言能力培养

扩大宝宝交流范围

8个月时，爸爸妈妈要经常带宝宝外出去玩，到公园和邻居家里都可以。可把变化的环境指给宝宝，并且，要尽量争取邻里的大人和儿童跟宝宝"交流"和做游戏的机会。随着接触面的扩大，听到和感受到的内容也在不断增多，不但创造了宝宝语言能力发展的条件，也对增强宝宝的交往能力有益。

模仿声音

在这个时期，爸爸妈妈可以教宝宝模仿大人弄舌和咳嗽的声音，还可以训练宝宝发"da—da"或相当于它的音。经过练习一段时间后，宝宝能明确连接两个或两个以上的辅音，但发音内容无所指。此外，爸爸妈妈还可以鼓励他模仿大人的动作或声音，如点点头表示"谢谢"等。

培养宝宝的视听能力

8个月是宝宝视听能力发展的良好时期，应注意培养。

听力训练

爸爸妈妈要定时用DVD给宝宝放一些儿童乐曲，提供一个优美、温柔和宁静的音乐环境，以训练宝宝的听力，并提高对音乐歌曲的语言理解能力。

辨认颜色

将准备好的各色雪花纸片放在盒子里。过一会儿，妈妈从纸盒里任意取出一片雪花纸片，让宝宝说出其颜色。或者妈妈说出颜色的名称，让宝宝在纸盒里找出，并交给妈妈。刚开始玩游戏时，最好以红、黄、蓝、绿这四种基本颜色为主。通过这个训练，可以提高宝宝的语言理解能力、语言表达能力，帮助其建立颜色感官。

视听、语言开发小游戏

聆听声音的游戏

★ 适合月龄：8～11个月的宝宝

游戏过程：在不同材质的纸上面淋豆子、米等杂物。该游戏能让宝宝听到"沙沙沙""沙拉拉"等不同的声音，而且能体验到随着杂物量的变化而带来的声音差异。

游戏目的：此游戏能锻炼宝宝眼、手和听觉的协调能力。

游戏过程：妈妈让宝宝坐在自己的膝盖上，给宝宝讲图画书上的故事。妈妈可以这样开头："从前，有一个……"然后，妈妈可以稍微停顿一下，等着看宝宝的反应。故事中的事情或人物都应该是宝宝日常所熟悉的。最好提到一些宝宝喜欢的动物、花朵，还有宝宝认识的单词和名称。

游戏目的：这个游戏锻炼宝宝的视听和语言能力，调节宝宝的情绪，让宝宝学会与成人交流。

宝宝认知与社交行为开发

宝宝到了8个月时，认知能力已发展得相当好。当宝宝看到一个示范摇铃后，就会有意识地摇铃；如果用玩具在宝宝面前摇动逗引他，他会持续用手追逐玩具。在情绪与社交行为上，宝宝对训斥或赞许会产生委屈或兴奋的不同表情；当大人在宝宝面前做事时，宝宝会注视大人的行为并模仿。

宝宝认知与社交能力训练

8个月是宝宝认知的分水岭。这时的宝宝已经有对物体永存的认知，并且已经拥有自我抑制力、抓取能力及良好的记忆能力，因此，这个年龄段应多培养宝宝的认知能力。

感知训练

训练宝宝的感知能力，爸爸妈妈可以给宝宝一些抚摸、亲吻，再配合儿歌或音乐的拍子，握着宝宝的手，教他拍手，按音乐节奏，模仿小鸟飞，蹦跶身体；还可以让宝宝闻闻香皂、牙膏，培养嗅味感知能力。

听说话认知小训练

爸爸妈妈可以故意将宝宝戴着的帽子取下，并有意识地说"把帽子取下来"，然后将宝宝抱到挂放帽子的地方，再有意识地向宝宝发问："你的帽子呢？"接着就让宝宝指点。通过这个训练，能初步培养宝宝听懂成人说话的意思，并认识常见物品。

模仿认知训练

爸爸妈妈要经常观察宝宝是否注视自己的行动，开始时应给予引导，从中让宝宝了解和模仿大人的行为活动。

盒中有宝
★ 适合月龄：8～11个月的宝宝

游戏过程：可以先用碗盖住一些宝宝喜爱的小玩具或食物，然后让宝宝寻找。妈妈还可以适当增加难度，用一个小筐盖住藏有玩具的小碗，再让宝宝寻找。当宝宝找到后一定要称赞他。

游戏目的：这个游戏能协助宝宝建立与人交往的技巧，学会如何对别人的行为作出反应，还可增强宝宝的耐心和意志力。

小小杯子
★ 适合月龄：8～11个月的宝宝

游戏过程：把宝宝安置在一个高一点的沙发上，妈妈首先举起杯子假装喝水，同时说一些"好喝、好喝"之类的话。然后妈妈再把杯子举到宝宝的嘴边，看看宝宝是否会将杯子举到嘴边，做喝水的动作。

游戏目的：通过妈妈的示范，引导宝宝模仿，可以让宝宝学会怎样用杯子喝东西，锻炼宝宝的自立能力，并且形象地向宝宝阐明了喝水是怎样的事情。

培养宝宝良好的生活行为

培养宝宝良好的生活行为，要从小处开始，从细节入手，要在各方面不断重复和练习。平常，我们经常会看到这些现象：积木玩过就随地扔，进餐后满地是饭菜，这都是没有养成良好的生活习惯造成的。因此爸爸妈妈要注意培养宝宝良好的生活行为，为宝宝的日后发展打下良好基础。

培养宝宝良好的饮食习惯 ∽

爸爸妈妈如果能从小培养宝宝定时吃饭的好习惯，将来要求宝宝有规律地进食就容易多了。因为从心理方面来讲，宝宝认为到时间才进食是自然而合理的；从生理方面来讲，身体已建立起这样的生物钟，到一定的时间才感到饥饿，宝宝就会吃得又香又多。

固定餐位、餐具

一般8个月的宝宝就可以独坐了。喂饭时可让宝宝坐在有东西支撑的地方，还可以用宝宝专用的前面有托盘的椅子，总之每次喂饭靠坐的地方要固定，让宝宝明白，坐在这个地方就是为了吃饭。

在喂饭时，妈妈用一只勺子，让宝宝也拿一只勺子，允许他把勺子插入碗中。此时，宝宝往往分不清勺子的凹面和凸面，往往盛不上食物，但是让他拿勺子可以使他对自己吃饭产生积极性，有利于学习自己吃饭，也促进了手—眼—脑的协调发展。

吃饭是自己的事

不要让宝宝看出爸爸妈妈对自己的吃饭问题特别关注，一顿饭吃少点就表现出焦急万分的样子。别当宝宝还小，他也会在家里"争权夺利"。当宝宝吃饭的"成绩"不太好时，爸爸妈妈最好不动声色，让宝宝明白：吃饭完全是他自己的事。

爱心和耐心

均衡的营养能使宝宝成长得更好，但是要让他们快乐地吃进食物，才能发挥食物的营养效果。因此，应该特别注意培养亲密的亲子关系。在吃饭时，不要因进食问题而责骂宝宝，强迫宝宝进食。爸爸妈妈应该知道爱心和耐心才是宝宝最需要的。

禁止吃饭时玩耍

要禁止宝宝边吃边玩、边吃边看电视的行为，尤其不要追着喂饭。爸爸妈妈应该帮助宝宝建立起进餐是该在餐桌上进行的正确观念，从小培养做任何事情都要集中注意力的好习惯，使宝宝全身心地投入进食过程，而不受周围事物的干扰。

培养良好的日常自理行为

8个月大的宝宝，懂得成人面部表情，对于成人的训斥或赞扬，会表现出委屈或兴奋的神情。

在自理能力上，宝宝会自己吃饼干。这时宝宝往往能自己拿着饼干，有目的地咬、嚼，而不是简单地"吃"；当成人站宝宝面前，伸开双手招呼他时，宝宝会发出微笑，并伸出双手表示要抱；如果妈妈跟他玩拍手游戏，宝宝会合作并模仿着玩。

养成坐便盆的好习惯

8个月大的宝宝已经可以坐得很好了，爸爸妈妈应该培养宝宝坐便盆的习惯。每天定时让宝宝坐在便盆上排便，但决不能强迫宝宝坐盆，如果宝宝一坐盆就吵着闹着不干，或过了5~7分钟也不肯排便等，都不必太勉强，就垫上尿布，但每天必须坚持让宝宝坐盆，时间一长，经反复练习，宝宝一坐盆，就可以排大小便了。

宝宝的智能开发小游戏

游戏可以增长宝宝的智力，开发各种潜能，使宝宝的智能得以及早的发展，特别是在婴儿时期，是宝宝智力增长最快的时候，爸爸妈妈一定要抓住这个黄金时期。

有颜色的日子

★ 适合月龄：8~11个月的宝宝

游戏过程：妈妈或爸爸有意识地将有颜色的东西指给宝宝看，比如粉色玩具、粉色沙发、粉色气球等，培养宝宝对色彩的认知能力。

游戏目的：可以培养宝宝对色彩的敏感度和对同类物体的感知能力。

宝宝爱洗手

★ 适合月龄：8～11个月的宝宝

游戏过程：妈妈可以让宝宝坐在厨房或浴室的台子上，让宝宝能够摸到水池和水龙头，学习怎么样自己洗手。在洗手的时候，妈妈要告诉宝宝干净和脏，潮湿和干燥，洗完了和没洗完，有泡沫和无泡沫，肥皂和溅水等一系列相关的事情。

游戏目的：培养宝宝对水的感性认识以及对水温度的一些初步的认识。

骑毛驴

★ 适合月龄：8～11个月的宝宝

游戏过程：让宝宝坐在毛驴玩具身上，妈妈坐在宝宝的后面用手握住宝宝的小手，然后轻轻摇晃毛驴玩具，并且发出"嗒嗒"声，让宝宝感受着颠簸和晃动，等到宝宝适应了再加大颠簸摇晃的幅度，由慢到快，由缓和到剧烈。

游戏目的：这个游戏主要训练宝宝动作的灵活性和身体的平衡能力，而且可以锻炼宝宝的胆量，增进爸爸妈妈和宝宝之间的亲子感情。

捉迷藏

★ 适合月龄：8～11个月的宝宝

游戏过程：宝宝扶站小沙发旁，妈妈站在沙发的对面或者侧面，"宝宝，看妈妈在这里！"妈妈躲入沙发侧面，然后对宝宝说："猜猜妈妈在哪里？"诱导宝宝下蹲。然后母子在沙发侧面对视，说："妈妈在这里！"妈妈直立起身体，诱导宝宝寻找，"宝宝，妈妈在哪里？"，从而逗引宝宝站立。

游戏目的：可以帮宝宝练习站和蹲，训练下蹲时的平衡感，使宝宝身体更健康。

配合穿衣
★ 适合月龄：8～11个月的宝宝

游戏过程：这时宝宝已基本能听懂大人说话，并会随儿歌做动作。因此，这时爸爸妈妈在为宝宝穿衣时，可以让宝宝将手伸入袖子内；穿裤子时，爸爸或妈妈展开裤腿，让宝宝将腿伸入裤内，并让宝宝学习自己将裤腰拉好。

游戏目的：通过训练，让宝宝学习自理，为自己独立穿衣做准备。

辨认小专家
★ 适合月龄：8～11个月的宝宝

游戏过程：爸爸妈妈可以把宝宝喜欢的小玩具或者小零食放在带盖的玩具小盆中，让宝宝自己掀开盖子，当宝宝看到自己喜欢的东西，会得到一个大大的惊喜。

游戏目的：这个小游戏可以训练宝宝的思维判断能力，促进宝宝的智力和逻辑推理的能力的发展。

神奇的玩具箱
★ 适合月龄：8～11个月的宝宝

游戏过程：妈妈把玩具箱摆在宝宝面前，箱子里的玩具让宝宝随意地拿进取出，宝宝会很喜欢这样玩，开始的时候可能需要妈妈示范给宝宝看。当宝宝把箱子里的玩具拿出来时，你可逗引宝宝爬进箱子里，让他坐一坐，扶着站一站。

游戏目的：这个游戏可以促进宝宝的全身动作发育，帮助宝宝建立起空间概念，并且教会宝宝学习自己玩并且自得其乐。

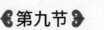

第九节

识五官的9个月

DIJIUJIE

这个月可以教宝宝认识五官了，妈妈可以抱着宝宝站在镜子前，指他的鼻子、眼……告诉他这叫什么、那叫什么。

宝宝"识五官"及认知能力

9个月的宝宝认知能力已经很强，宝宝开始有物体永存的概念，能找出在他眼前刚被隐藏的或部分被遮盖的玩具，并开始认识自己的身体部位，尤其是对自己的"五官"能非常清晰地记住，因此，这时爸爸妈妈应着重培养宝宝的认知能力。

宝宝指认五官大训练

宝宝长到9个月大以后，已经能够认识自己的身体部位，并且对自己的五官：眼睛、耳朵、鼻子、嘴巴等认识得很清楚，并且能够指出来，这说明宝宝的认知能力已经攀上了一个新台阶，爸爸妈妈应多注意培养。

手指小儿歌

妈妈先打开宝宝的手掌，一边依次轻轻按下拇指、食指、中指……一边要念儿歌："大拇哥，二拇哥，三中娘，四小弟，五小妞妞爱看戏。"

教宝宝认识自己的手、脚，能引导宝宝注意自己的四肢，发展自我意识；通过念儿歌还可以给予宝宝语言刺激，还能增加亲子之间的情感交流。

镜子里的小手、小脚

妈妈用手摇摆宝宝的小手、小脚，并用手挠挠宝宝的手心和脚心，以引导宝宝去注意自己的小手和小脚。

认知训练小游戏

宝宝长到9个月大以后，认知能力已经发展得很成熟，能为了达到目的而采取间接的方法，比如会绕过椅子去取椅子后面的玩具，还能了解物体的性质而加以应用，如把纸捏成团或用毛巾擦脸等，因此，应该多多培养与训练。

认识三维
★ 适合月龄：9～11个月的宝宝

游戏过程：爸爸先找一个大玩具，玩具的高度要超过宝宝趴下后的高度，然后放在宝宝面前，告诉他玩具的名称，并让宝宝用手摸摸。接下来，可以引导宝宝绕着玩具爬一圈，再让他用手摸摸，并告诉他玩具的名称。最后，再把宝宝抱起来，让他从高处看到玩具，再把玩具的名称告诉他，让他摸摸玩具。

游戏目的：通过这个训练，可以引导宝宝认识三维世界，可以增加他的好奇心，培养宝宝的求知欲。

看图认物
★ 适合月龄：9～11个月的宝宝

游戏过程：妈妈可以给宝宝看各种物品及识图片卡、识字卡，卡片最好是单一的图，图像要清晰，色彩要鲜艳，主要教宝宝指认动物、人物、物品等等。

开始，可用一个水果名配上同样一张水果图，使宝宝理解图代表物。再认识几张图之后，就可以用一张图配上一个识字卡，使宝宝进一步理解字可以代表图和物。由于汉字是一幅幅图像，所以多数宝宝能先认汉字，后认数字。

在初期，可以每次只认一图或一物，继续复习3～4天，待宝宝记住能从几张图中找出相应的图，再开始教第二幅。

游戏目的：进一步强化宝宝对图形的区分能力及对应能力，锻炼智力，促进大脑发育。

宝宝成长的动作智能训练

9个月的宝宝做各种动作都有意向性，会用一只手去拿东西；会把玩具拿起来，在手中来回转动；还会把玩具从一只手递到另一只手或用玩具在桌子上敲着玩。宝宝成长到9个月，运动能力明显提高。

在大运动方面：将宝宝放在地上，他能手膝着地、躯干抬高、腹部离地爬行；在地上牵着宝宝的两手，能走3～4步。

在精细动作方面：宝宝能将大米花或小药片等放在桌上的物品，用拇指和食指对捏。在这个时期爸爸妈妈应锻炼宝宝的动作能力，为独自站立、走路打下基础。

宝宝大运动智力开发

宝宝长到9个月的时候，能抓住栏杆从座位站起，也能从坐立主动地躺下变为卧位，而不再是被动地倒下。这时的宝宝不需扶持即可自己坐稳，并能较熟练爬行，这时正是独自站立到行走的主要阶段，爸爸妈妈应加强这方面的培养。

扶站训练

在宝宝坐稳、会爬后，就开始向直立发展，这时爸爸妈妈可以扶着宝宝腋下让他练习站立，或让他扶着小车栏杆、沙发及床栏杆等站立，同时可以用玩具或小食品吸引宝宝的注意力，延长其站立时间。如果在以上练习完成较好的基础上，也可让宝宝不扶物独站片刻。此外，也可在宝宝坐的地方放一张椅子，椅子上放一个玩具，妈妈逗引宝宝去拿玩具，鼓励宝宝先爬到椅子旁边，再扶着椅子站起来。大人是宝宝扶站的最好"拐棍"，必要时可站在宝宝旁边，让宝宝抓住你的手站起来。通过扶站练习，可以锻炼宝宝腿部或腰部的肌肉力量，为以后独站、行走打下基础。

让宝宝初练习迈步

在宝宝初学迈步时，可以让他先学推坐行车。开始宝宝可能后蹲后退，这时爸爸妈妈可帮助扶车，向前推移，使宝宝双脚向前移步前进。还可以将宝宝放在活动栏内，爸爸妈妈沿着活动栏，手持鲜艳带响的玩具逗引宝宝，让宝宝移动几步。

精细动作智能训练

宝宝到9个月时，精细动作能力已相当灵巧。能用拇指、食指夹小球或线头，能主动地放下或扔掉手中的物体，而不是被动地松手。宝宝的手眼协调能力也有很大变化，能联合行动，无论看到什么都喜欢伸手去拿，能将小物体放在大盒子里，再倒出来，并反复地放进、倒出。并且，宝宝在摆弄物体过程中，逐步提高了对事物的感知能力，如大小、长短和轻重。

训练有意识地拿起和放下

这时爸爸妈妈可训练宝宝有意识地拿起和放下。在宝宝开始拿玩具时，可能会扔掉或撒手，但并不是有意识地放下，爸爸妈妈可在宝宝拿起玩具如积木时用语言指导他放下，或给某人或放在某处，比如"把积木放到盒子里"，"把球给爸爸"，训练宝宝有意识地拿起放下。每次成功后爸爸妈妈都要及时给予鼓励，激发宝宝自己动手的兴趣和信心。

对敲、摇能力的训练

爸爸妈妈可相继给宝宝两块方木或两种性质的小型玩具，鼓励宝宝两手对敲玩具，或用一只手中的玩具去击打另一只手中的玩具。也可给宝宝一只拨浪鼓或铃鼓，鼓励宝宝主动摇摆，随之发出悦耳的声音。这个训练能培养手的灵活性，开发手的功能。

我要站起来了

★ 适合月龄：9～11个月的宝宝

游戏过程：让宝宝先坐好，妈妈抓着宝宝的双手，帮助宝宝站起来。然后妈妈再轻轻地扶着宝宝坐下去。让宝宝一站一坐，反复地练习。

游戏目的：让宝宝练习伸曲膝盖，学习控制脚底、脚跟的重心和力量。

我会走路啦

★ 适合月龄：9～11个月的宝宝

游戏过程：妈妈拉着宝宝的手，让宝宝站在小床上或地板上，并牵引他走几步，让宝宝尝试行走的感觉。

游戏目的：宝宝不能一直停留在爬行的阶段，所以要引导他学会自己走路。

训练宝宝的语言及视觉能力

9个月大的宝宝语言能力有所发展，能听懂成人的话，如问他"妈妈在哪里？"宝宝会用眼睛看妈妈或用手指妈妈……同时，这个时期的宝宝能区分肯定句与问句的语气，并且开始用手或声音对简单词做一些适应性动作。如听到"再见"就拍手等。此外，还能听懂几个字，包括自己的名字及家庭成员的称呼。

在视觉上，这个时期的宝宝能较长时间看3～3.5米内的人物活动。宝宝会对周围环境中新鲜及明亮的活动物引起注意，宝宝拿到东西后会翻来翻去地看、摸摸、摇摇，表现出积极的感知倾向。

宝宝语言智力开发

9个月的宝宝在语言能力上，能发出类似"妈妈"的音；宝宝还能对一个人或物发音，但音不一定很准确。如发"不"同时摆手表示；发"这、那"同时用手指某东西；发"阿阿"音，同时指某东西，让你拿。

有意识地呼唤人

通常，8个多月的宝宝会发出不少音节，如"ba、da、ga、ma"等，但所有这些音都是宝宝无意识地发出的。到了9个多月，宝宝的语言能力应该进步，所以在这个阶段该教宝宝有意识地称呼人。

当宝宝发出"mama"的音节时，首先赶快重复宝宝的发音，然后立即与实际人物相联系，如指着妈妈说："这是妈妈。"这样经常不断地说，将词与人物反复联系，使宝宝逐渐形成印象："mama"就是抱自己、亲自己的妈妈。

语言音乐训练

培养宝宝的语言能力，爸爸妈妈应注意培养宝宝的观察能力，除引导宝宝观察成人说话时的不同口型，为以后学话打基础之外，还要注意让宝宝观察成人的面部表情，懂得喜、怒、哀、乐等情绪。因此，成人在与宝宝说话时，一定要脸对着宝宝，使他注意到你的面部表情。此外，还要经常给宝宝听优美的音乐和儿童歌曲，让他感受音乐艺术语言，感受音乐的美，用音乐启发宝宝的智力。

训练宝宝连续发音

9个月的宝宝的发音能力有一个明显的特点，就是能够将声母和韵母音连续发出，出现了连续音节，如"a-ba-ba""da-da-da"等，所以也称这年龄阶段宝宝的语言发育处在重复连续音节阶段。此外，宝宝除了发音之外，在理解成人的语言上也有了明显的进步。其实，宝宝发音和理解成人语言的能力，很大程度上取决于环境与教育，若爸爸妈妈平时能多和宝宝交流，多和他说话，鼓励他发音，宝宝的语言能力一定会发育得快些。

相反，认为宝宝还不会说话，听不懂成人说话也就不和他交流，这样就会阻碍宝宝的语言发育。

模仿发音，理解语言

训练宝宝模仿发音，除了如"爸爸、妈妈"之类的称呼，也可以训练宝宝说一些简单动词，如"走""坐""站"等，在引导模仿发音后要诱导宝宝主动地发出单字的辅音。

在与宝宝的接触中，还要通过语言和示范的动作，教宝宝怎么做。如坐、走、看等。以培养宝宝能理解更多的语言，通过这个训练扩大宝宝与周围人的接触和对话的范围，培养他的语言能力。

让宝宝认物发音

在宝宝的床上放置各种玩具，爸爸妈妈可以叫宝宝的名字说："×××，你把小狗给我！你把小鸭子给我！"等，使词和物多次结合。通过训练，培养宝宝理解大人的词意，练习发音。

宝宝的视觉训练

9个月的宝宝，视线能随移动的物体上下左右地移动，能追随落下的物体，寻找掉下的玩具，并能辨别物体大小、形状及移动的速度；开始出现立体知觉。

爸爸妈妈可以带宝宝走出家门出去看绿树蓝天、鲜花青草、来往人群、汽车等等，促进他的视听能力的发展，同时又可以培养他的初步的观察能力。

听音乐、念儿歌、讲故事

培养宝宝的视听能力，爸爸妈妈还可以根据实际条件，试着讲一些适合宝宝听的小故事，最好是结合宝宝的环境，自编一些短小动听的故事，可以念一些儿歌。

宝宝看电视

给宝宝看电视时，爸爸妈妈可选择一些画面稳定、优美的镜头给宝宝看，在看电视的同时，可以与宝宝进行语言交流，并告诉他画面上事物的名称与大概的意思。

通过让宝宝看电视，可以将视觉、听觉协调统一起来，给宝宝良好的视听环境。此外，还可以让宝宝习惯体验新奇的刺激。

宝宝的语言及视觉能力开发小游戏

敲敲打打
★ 适合月龄：9～11个月的宝宝

游戏过程：给宝宝一根小木棒，在宝宝面前摆放各种材质不同的小物品，让宝宝用手中的小木棒敲打前面的物品，并听各种不同的声音。

游戏目的：通过让宝宝敲打不同的物品分辨声音，几次之后宝宝就可以有选择地挑能发出自己喜欢的声音的物品敲打了。

大自然看看看

★ 适合月龄：9～11个月的宝宝

游戏过程：当爸爸妈妈带着宝宝一起外出时，可以让宝宝找出与图形有关的物品，例如公交车是长方形的，轮子是圆形的，砖是方形的……还可以找一些形状比较美丽独特的实物指给宝宝看，如美丽的花苞、奇妙的树叶等。

游戏目的：这个游戏让宝宝学会观察事物并且认识形状，在日常生活中注意细节，快乐学习。

培养宝宝的交往能力

9个月大的宝宝在人际交往上，会与成人一起做游戏，而且会很高兴地主动参与游戏；在情绪与社会行为方面，如果在宝宝面前出示两物，故意将其不要的东西给他，宝宝会用手推掉自己不要的东西，并且在模仿成人动作时，听到表扬会重复刚才做的动作。

培养宝宝的社交能力

通常，9个月的宝宝对陌生的成人普遍有怯生、不敢接近的现象，但他们较易接受与自己同龄的陌生小伙伴。

因此，爸爸妈妈应陪宝宝多与小朋友交往，让宝宝积累与同伴交往的经验，同时也可以教宝宝怎样懂礼貌。

握握手，交朋友

为了培养宝宝的交往能力，爸爸妈妈可以有意识地让宝宝和同龄宝宝接触，通过以下方式，训练他和同伴相处的能力。

欢迎欢迎：当与小朋友们相互见面的时候，让宝宝对小伙伴点点头或拍拍手表示欢迎对方。

握握手：刚与小朋友见面后，爸爸妈妈应鼓励两个宝宝相互握握手，以示友好。

谢谢：引导小宝宝们相互交换自己的玩具，并让他们点点头，以表示谢意。

一起玩耍：让宝宝们一起在地毯上或床上互相追逐，嬉闹。

再见：与小伙伴们分手时，让宝宝挥挥手，表示再见。

通过宝宝与小伙伴们的玩耍，培养他的社会交往能力，减缓宝宝的怯生程度。

拓展宝宝社交范围

培养宝宝的交往能力，爸爸要拓展宝宝的交往范围，有空多陪宝宝玩耍，不要只顾自己看电视，而让宝宝自己玩。要让宝宝多与人接触，如阿姨、叔叔、爷爷、奶奶或公园的小朋友等等，都可以成为宝宝交往的对象。

社交能力开发小游戏

认识新朋友
★ 适合月龄：9～11个月的宝宝

游戏过程：当家里面有客人来的时候，妈妈可以把宝宝抱到客厅当中去，让宝宝看到这些来的客人，妈妈可以一边抱着宝宝，一边向宝宝介绍这些客人，还可以抓住宝宝的小手向客人们打招呼，客人也要向宝宝打招呼，或者跟宝宝一起玩耍。

游戏目的：可以锻炼宝宝最早期的交往能力，可以帮助宝宝在以后的成长过程中不认生。

打电话
★ 适合月龄：9～11个月的宝宝

游戏过程：妈妈把电话放在自己耳边，并同宝宝讲话："喂，是你吗？"然后妈妈把电话放到宝宝的耳边，重复同样的句子。这样重复几次后，可以用长句同宝宝交谈。在说话的时候，要尽量多使用宝宝的名字和宝宝能听懂的词语，然后把电话放到宝宝的耳旁，看宝宝是否也会对着电话说话。

游戏目的：可以锻炼宝宝的听力，促进宝宝的语言能力发展，锻炼宝宝同别人交往的能力和自立的能力。

宝宝个性教育与智力开发

9个月的宝宝，大脑里正在孕育着一场更大的智慧风暴，需要爸爸妈妈尽快了解宝宝的气质特征和个性特点，并在生活和游戏合作中引导宝宝循序渐进地调整自己的行为模式。

宝宝在生活能力方面已基本形成一些规律。夜间哭闹情况逐渐减少，白天一般小睡两次，每次1.5～2小时；会自己用手扶着奶瓶喝奶，能坐在饭桌边让妈妈喂饭，并且可以练习坐盆大小便。

9个月宝宝的个性教育

宝宝很早就开始表现出鲜明的个性特点，也就是气质类型。宝宝的气质表现在日常生活的行为特征中，包括活动性、规律性、适应性、趋避性、反应强度、反应阈限、分散度、坚持性、心境等九个方面的特征倾向。

培养良好的性格是一个长期的过程，爸爸妈妈首先要尊重宝宝的特点，在选择游戏时应该适合宝宝的能力和兴趣偏好，培养宝宝的个性还可以从日常生活的习惯着手，比如睡觉、喂奶、吃饭、宝宝情绪和游戏活动，合理地加以培养。

生活自理

9个月的宝宝不但可以把大小便，同时还可以在爸爸妈妈的协助下练习坐盆，但现在还不能指望宝宝会立刻全盘接受，能让宝宝熟悉和适应一下便盆就达到目的了。

但是，在喂奶、喂水、吃饼干、吃水果的时候倒是可以完全交给宝宝进行自我服务了，这不仅可以锻炼宝宝的能力，还称得上是培养独立的个性和劳动精神。

鼓励说话

言语能力的训练，现在也正式列入议事日程了，要鼓励宝宝学习和模仿正确的发音，教他说一些简单的字和词，还要用指认画片与对比实物的办法让宝宝把字词和实物联系起来。

对于9个月宝宝的个性启蒙教育应多多鼓励。其实，宝宝每一个小小的成就，爸爸妈妈都要随时给予鼓励，以全家人一起称赞的方法，营造出一个"强化"的亲子气氛。总之，生活中一定要激励宝宝主动地表达愿望和要求，爸爸妈妈切不可招之即来，而必须学会"装傻"和等待，给宝宝一个摸索和创意的机会。

宝宝的智力开发小游戏

9个月的宝宝好奇心极强，这一阶段也是极其重要的早期探索时期，因此，爸爸妈妈应鼓励宝宝的好奇和探索精神，以使宝宝的潜能得到全面开发。

接近大自然
★ 适合月龄：9～11个月的宝宝

游戏过程：爸爸妈妈可以带宝宝到公园去，看看公园各种颜色鲜艳的花朵、各种动物等。如飞舞的彩蝶、在水中游动的各种色彩斑斓的金鱼，宝宝常常会看得目不转睛，露出愉悦的表情。

游戏目的：给宝宝接触外界事物的机会，让宝宝试着理解、表达周围事物，锻炼宝宝的思维能力。

追赶游戏
★ 适合月龄：9～11个月的宝宝

游戏过程：爸爸可以取一个宝宝喜欢的玩具，系一根绳子，把玩具放在宝宝面前，吸引他的注意。然后，慢慢拉动玩具，让它离宝宝越来越远，直到宝宝用手够不着为止。这时，再鼓励宝宝爬过来抓住玩具。爸爸拉动玩具的速度不要太快，以免宝宝够不到，失去游戏的兴趣。

游戏目的：通过这样的训练，激发宝宝的进取精神，促进宝宝爬行能力的发展。

摇啊摇

★ 适合月龄：9～11个月的宝宝

游戏过程：妈妈先准备一个类似摇椅的玩具，以椅背两条后腿为交叉点，前后摇动椅子，边摇边唱儿歌：摇啊摇，摇到外婆桥，外婆见了笑哈哈，糖一包，果一包，又有团又有糕。游戏时，妈妈应注意观察宝宝的反应，宝宝若胆小，应放缓摇椅子的节奏，注意宝宝的安全。

游戏目的：通过训练可以培养宝宝的勇敢精神和愉快的情绪。

激活宝宝脑潜能的小游戏

宝宝成长到了9个月，在他的眼中每天的生活都充满惊喜。他们乐于接触新鲜的人、事、物，并热切期盼每一次冒险的机会，更眼巴巴地盼望着每天都有人陪他一起玩游戏。

逻辑思维开发小游戏

盒子里有什么

★ 适合月龄：9～11个月的宝宝

游戏过程：可以先用碗盖住一些宝宝喜爱的小玩具或食物，然后让宝宝寻找。妈妈可适当增加难度，用一个小筐盖住藏有玩具的小碗，再让宝宝寻找。然后妈妈要说出物件的名称，提示宝宝寻找，当宝宝找到后一定要称赞他。

游戏目的：游戏时，爸爸妈妈要调动宝宝的好奇心，使他对周围环境充满探索的渴望，善于主动发现事物的特征，在不断获取周围环境中的知识与信息的同时使他们的观察力、思维能力也获得发展。

运动能力开发小游戏

学站立与迈步

★ 适合月龄：9～11个月的宝宝

游戏过程：妈妈将自己的拇指让宝宝抓住，然后轻轻地把宝宝从卧位拉到坐位，再慢慢站起。等宝宝能站后，在床档上挂些玩具，吸引宝宝站起来取，妈妈需要在旁边帮助和照顾。让宝宝在床上站好，用手轻轻地推他一下，使他失去平衡，再用另一只手准备扶住宝宝，防止他跌倒。前两项训练完后，让宝宝背靠爸爸两腿的前面，两脚踩在爸爸的两只脚面上，爸爸两手扶着宝宝的腋下，喊着"一二一"的口令，迈着适合宝宝的小步子带动他向前走。

游戏目的：通过训练，宝宝站的能力和平衡能力会有提高。

小乖乖，追皮球

★ 适合月龄：9～11个月的宝宝

游戏过程：妈妈用手顶住俯卧位宝宝的足底，放小球诱导宝宝匍行。把宝宝的左右腿交替向前推进拉出。每天定时练习多次，当宝宝两腿具备一定交替运动能力后，可以开始进行手膝爬行阶段的训练。让宝宝趴在床上，在他面前放一个彩色皮球，托起腹部吸引宝宝注意力，用手膝爬过去抓取小皮球。刚开始时，宝宝很可能不爬或爬得很吃力，妈妈可以扶住宝宝小腿，用手握住脚掌稍稍用劲，左右交替弯曲其膝关节，帮助宝宝向前爬行。

游戏目的：通过游戏，训练宝宝昂首、挺胸、抬腰、四肢支撑身体等能力。此外，还训练宝宝各部位动作密切配合，身体保持一定协调。

活泼的10个月
DISHIJIE

这个月的宝宝活泼好动，妈妈可以训练宝宝站立，让宝宝试着扶着椅子、自己的小推车迈步。

宝宝站立及运动训练

宝宝成长到10个月，拉着栏杆能自己站立起来，扶住宝宝站立后松开手，宝宝能独站2秒以上。让宝宝扶着椅子、床沿或小推车，鼓励其迈步，能迈3步以上。这一时期的主要特点就是独自站立。

在一些精细的动作上，宝宝能将眼前的玩具放进一个较大的容器里，并且能熟练用拇指和食指捏起爆米花一类的小东西，且动作协调、迅速。

这一时期，爸爸妈妈应加强宝宝动作能力的训练，特别是站立训练，为不久后的迈步及走路打下基础。

宝宝真地站起来了

10个月的宝宝已从坐位发展到站位了，并且在这段时间内完成从扶站、独站到扶走，甚至可以独自迈步摇摇晃晃向前走了，这是宝宝动作发展的一个飞跃阶段。站立不仅仅是运动功能的发育，同时也能促进宝宝的智力发展。当宝宝会站立了，视野就更加广阔，看得多了，摸得多了，新奇的探索会使宝宝增加更多的尝试，有利于宝宝的健康成长。

当宝宝能很自若地坐着玩时，他就开始不再满足于坐了，他会主动地想学站，他会向上站起，这时候学站的时机已经成熟了。爸爸妈妈应抓住宝宝运动发育的时机，在此阶段帮助和训练宝宝站立。

训练宝宝学站立

训练宝宝站立时，要由易到难逐渐进行。刚开始时，爸爸妈妈可用双手支撑在宝宝的腋下，让其练习站立。在比较稳定后，可让宝宝扶着床栏站立。慢慢地宝宝就能很稳地扶栏而立，并能自如地站起坐下或坐下站起。

放手让宝宝独站片刻

在宝宝刚开始学站时，爸爸妈妈应注意给予保护，同时要注意检查床栏，防止发生摔伤、坠床等意外事故。爸爸妈妈可以在宝宝前方放一玩具逗引他，让他学会挪步，移动身体。当宝宝具备了独站、扶走的能力后，就离会走不远了。

宝宝练习迈步前走

爸爸或妈妈两手握住宝宝的手，然后，自己一步一步往后退，让宝宝慢慢迈步向前走，或让宝宝扶着推车，慢慢向前推，学会迈步。

宝宝精细动作训练

10个月的宝宝，精细动作有了一定程度的发展，宝宝的五指已能分工、配合，并能够根据物体的外形特征较为灵活地运用自己的双手。

训练手眼的协调能力

训练抓捏一些小豆子之类的东西，但妈妈要注意看护，不要让宝宝把东西放到口、鼻、耳中，要让宝宝把拿到的小豆子放在瓶子里。在宝宝两手各拿一玩具玩耍时，让他有意识地放下手中的，去拿正在递过来的玩具，也可让宝宝把玩具送到指定的地方。

玩具放进去和拿出来

在练习放下和投入的基础上，妈妈可将宝宝的玩具一件一件地放进"百宝箱"里，边做边说"放进去"；然后再一件一件地拿出来，让宝宝一一去模仿。这时，还可以让宝宝从一大堆玩具中挑出一件，如让他将小彩球拿出来，可以连续练习几次。

宝宝的动作智能开发小游戏 ❧

飞起来又落下
★ 适合月龄：10～12个月的宝宝

游戏过程：妈妈和宝宝一起站在地板上，先尝试着把丝巾扔到空中。当它缓缓落下的时候，妈妈举起胳膊去抓它，然后再扔出去，这一次让宝宝去抓它。妈妈还可以引导宝宝张开双臂，让丝巾落在宝宝的怀里。然后再继续用准备好的其他游戏道具重复玩。

游戏目的：这个游戏可以锻炼宝宝的反应能力，促进宝宝视觉和上半身的肢体动作协调感。

一步一步向前走
★ 适合月龄：10～12个月的宝宝

游戏过程：让宝宝踏着妈妈的脚背学走。妈妈面对宝宝，用双手拉着宝宝的小手，让宝宝的两脚踏在自己的脚背上。待宝宝站稳后，妈妈向后倒退走，宝宝踏着妈妈脚背向前走，边走边说："宝宝学走路，跟着妈妈走，走呀走呀走。"宝宝学会了两脚交替向前迈步的动作后，妈妈可以教她向后走。

游戏目的：宝宝学习行走的时期，此项游戏可训练两脚交替向前迈步。

捏小疙瘩
★ 适合月龄：10～12个月的宝宝

游戏过程：妈妈把宝宝抱到膝盖上，让宝宝正对着自己，妈妈握着宝宝的手，帮助她捏成拳头，并说"捏疙瘩，看宝宝能捏几下。"几次后妈妈松手，让宝宝自己捏，并且捏一下，妈妈就说"捏疙瘩咯！"然后帮宝宝打开指头，或引导宝宝自己打开手指。

游戏目的：这个游戏可以锻炼宝宝手指的灵活性，以及宝宝接受语言信息后与身体协调的能力。

小巧手，找豆豆

★ 适合月龄：10～12个月的宝宝

游戏过程：妈妈把几种豆混在一起装在一个碗里，让宝宝找出不同的豆子，看宝宝能否又快又准地找到豆子！也可以顺便教宝宝认识一下各种不同的豆子的颜色。

游戏目的：提高宝宝对事物的区分能力，锻炼眼力和注意力。

宝宝语言及感官训练

10个月的宝宝，"牙牙学语"变得更复杂了，他已经能够将不同的音节组合起来发音，虽然这些音节组合没有固定的模式，但已经可表达一些意思了。还能模仿大人说一些简单的词，还能够理解常用词语的意思，并会一些表示词义的动作。这说明宝宝的语言能力也有了很大的进步。

在视觉上，宝宝懂得常见人及物的名称，会用眼睛注视所说的人或物。能准确地观察爸爸妈妈及其他大人们的行为；在听觉上，听到"爸爸在哪儿？"或"妈妈在哪儿？"时能正确转头寻找，并知道是谁。

宝宝语言能力培养

宝宝在这个时期的语言能力特点是能有意识地并正确地发出相应的字音，以表示一个动作：如一个人，如"姨"；或一件物，如"狗"等。

此外，宝宝开始出现说一些难懂的话。能说一句由2～3个字组成的话，但说得含糊不清；还会表演两个幼儿游戏。当妈妈说"欢迎""再见"或"躲猫猫"时，宝宝会用动作表演2个以上。

听音乐、儿歌与故事

爸爸妈妈可以给宝宝放一些儿童乐曲、念一些儿歌，激发宝宝的兴趣和对语言的理解能力。

学习用品及动作语言

在日常生活中，爸爸妈妈还要通过学习和训练宝宝懂得"给我""拿来""放下""开开"和"关上"的含义，并要懂得什么是"苹果""饼干""衣服"等食品和用品的意思。

练习再见

爸爸妈妈把宝宝抱在自己的膝盖上和另一个人说一会儿话之后，爸爸妈妈一边往外走，一边说："再见"。这时要走的人不但要让宝宝摆手和爸爸妈妈说"再见"，而且自己也要说"再见"，让宝宝也模仿说"再见"。这类礼貌用语在日常生活中要让宝宝反复训练。

宝宝视觉能力培养

10个月的宝宝，视觉能力发育已有很大变化。爸爸妈妈应根据这个阶段宝宝视觉发育的特点，来激发宝宝的视觉发育。

指图问答

妈妈将宝宝带到动物园或给一本动物画书，从观察中说出各种动物的特点。如大象的鼻子长、小白兔的耳朵长、洋娃娃的眼睛大等。

此外，妈妈除要告知宝宝图中的动物名称外，还要让宝宝注意观察各种动物的特点，反复学习数次后，可以问"大象有什么？"宝宝会指鼻子作答。但训练的内容每次不宜过多，从一个开始练习，时间1～2分钟，不宜太长，而且必须是宝宝感兴趣的东西，不能强迫宝宝去指认。

图卡游戏

爸爸妈妈可将颜色鲜艳，图案简洁的儿童画，如动物、食物、玩具等贴在方盒的每个面上，让宝宝辨认。

此外，也可以先将一个图案的状况讲给宝宝听，如小鸟有翅膀，会"喳喳"叫，等宝宝记住后，把这个图转变方向，问"喳喳"叫在哪里，这时宝宝会在箱子周围爬来爬去找小鸟的图案。

宝宝的听觉能力培养

这个时期，宝宝的听觉特点是能叫"妈妈"而且是有所指的叫声；被问"爸爸或妈妈在哪儿？"能转头找；在活动中，如果爸妈说"不行"后，宝宝能把活动停下来，这表明他能懂字义，而不仅是音；会表演一个动作，当爸爸妈妈说"欢迎"时，他会拍手；说"再见"时，他会挥手。

听音乐认图

经常在播放音乐同时给宝宝看图片或者录像，会形成条件反射，使宝宝从音乐的节奏中结合图的场面对音乐有深刻的印象，也使宝宝逐渐理解音乐的内涵。

敲节拍

妈妈可以给宝宝一根小棍，这时宝宝就会开心地到处敲。妈妈再放音乐，并按节奏拍拍手，看宝宝是否会拿小棍跟着敲击。经过多次鼓励逐渐跟上节拍，培养宝宝的听觉与音乐节奏感。

宝宝触觉能力培养

宝宝成长10个月以后，能熟练地用拇指和食指的指端捏住类似小丸的小物品，这是一种高难度的动作，它标志着大脑的发展水平，还要多加培养与训练，力求做到精确完美。这时，爸爸妈妈应该根据宝宝的触觉特点，继续训练他的触觉能力。

识别温度

爸爸妈妈可以在开饭时，比如粥或面条往往会很烫，就告诉宝宝"烫"，如果宝宝不懂还要伸手，这时爸爸妈妈可以拿着宝宝的手，让他伸出食指轻轻地摸一下碗马上拿开说"烫"，这下宝宝就会知道什么是"烫"了，以后一听说"烫"宝宝就不敢摸了。

大碗和大勺

爸爸或妈妈可以用两个大碗和一个大勺子，让宝宝练习把珠子、枣子、玻璃球等从一个碗舀到另一个碗里。首先让宝宝认识勺子的两面。宝宝经过多次自己试，知道用凹面才能把东西舀起来。

语言、视听开发小游戏

一串长长的果实
★ 适合月龄：10～12个月的宝宝

游戏过程：将宝宝喜欢的玩具，用绳子系在一起，让宝宝拉着这些玩具玩。一开始可以系两三样东西，然后妈妈可以在宝宝拖着这些玩具玩的时候唱一些很简单的单音节的歌谣，有意识地让宝宝也跟着学习，之后宝宝就可以尝试一边唱着歌一边拖着喜欢的玩具了。

游戏目的：让宝宝在学语言的启蒙阶段得到很大的锻炼。

敲敲的乐趣
★ 适合月龄：10～12个月的宝宝

游戏过程：引导宝宝有节奏地敲鼓，让宝宝认识"鼓"这个乐器，并且训练宝宝准确地将鼓棒敲击在鼓面上，让宝宝感觉敲鼓的乐趣。

游戏目的：眼球追看和距离感是宝宝视觉潜能发展的重要方面，在这两方面打好基础，对宝宝日后阅读、写字、认字等各方面都有直接帮助。

认知教育与生活行为

宝宝成长到10个月以后，基本就会叫爸爸和妈妈了，这时他的认知能力及肢体动作迅速发展，会指认身体部位及图片，并且开始练习行走。

在生活行为上，宝宝能模仿一些简单的动作。如自己扶着奶瓶喝水，拿勺在水中搅一搅等。

宝宝认知能力培养 ∽◦~

10个月的宝宝在认知能力上，能主动拿掉杯子取出藏在下面的积木玩；能明确地寻找盒内的木珠。宝宝会认识这么多东西了，妈妈是不是很开心？不要忘记多鼓励他呀，让宝宝有足够的自信心来认识世界！

数手指

对于学过手指儿歌的宝宝，妈妈可以边说儿歌边教宝宝数手指说名称，然后问宝宝"哪个是拇指？"看看他能否将拇指伸出；再问"哪个是小指？"看他能否把小指也伸出。然后，学习数1（伸拇指），2（再伸食指）。通过训练，让宝宝建立最原始的数字概念。

没了，有了

当宝宝会打开盒子和松开纸包时，妈妈可以同宝宝在桌上玩小球和盒子。妈妈将小球放入盒内盖上说"没了"，看看宝宝能否打开盒子取出小球，看到小球时妈妈要高兴地拍手说"有了"。接着，再用白纸将小球轻轻包住说"没了"，如果宝宝能打开纸包将小球取出妈妈要鼓掌说"有了"。

户外认物

妈妈可以带宝宝到户外观看花草树木，随时认识一些事物，回到家中，在儿童图书或图卡上找到相对应的图再温习强化。这样，宝宝经常会记住一些他喜欢的事物，如蝴蝶、蚂蚁或车辆。要记住温习与强化同时进行，渐渐扩大宝宝认识事物的范围。此时期理解的词汇越多，对宝宝智力开发越有好处。

宝宝生活自理能力培养 ∽◦~

培养10个月宝宝的生活自理能力，主要是训练一些简单的自理方式，比如捧杯喝水、穿脱衣服、自己洗手、自己吃饭、自己整理玩具等。

让宝宝自己吃东西

这个年龄段的宝宝，由爸爸妈妈喂养是很正常的，但是作为家长也应该鼓励宝宝自己动手吃东西。要随时注意宝宝送进嘴中的食物，以免食物过多，发生吞咽困难。

但是，爸爸妈妈还要注意，一定要将食物切成小块，放到宝宝的盘中，鼓励他自己将食物送到嘴中。

培养独立能力

此时，爸爸妈妈应该开始训练宝宝一些基本的生活技能了，培养他的独立性。首先，要使宝宝养成独自玩耍的习惯，在确定宝宝所处的环境是安全的以后，鼓励宝宝一个人独自玩耍，但要时时查看宝宝的情况。其次，鼓励宝宝自己独立去做一些事，在宝宝完成一个新的动作和新的技能时，要给予充分的肯定。

训练排便

一些生活比较有规律的宝宝，到了这个时期，排便时间也变得相对固定。爸爸妈妈如果细心观察，常常能发现宝宝的排便规律，如果依照其排便规律，训练宝宝坐便盆排便有时候也能成功。

宝宝智能开发小游戏

这个时期，宝宝常常会违背大人的意愿，做一些不被允许的事情。不要过多指责和限制宝宝，爸爸妈妈应清理好家庭环境，消除居室里的各种危险因素、营造能让宝宝充分探索、满足好奇心的环境，以使宝宝能更健康地成长。

捧杯喝水
★ 适合月龄：10～12个月的宝宝

游戏过程：在宝宝会捧奶瓶吃奶时，爸爸妈妈可教宝宝用双手捧碗喝水，要选用一些不易打碎的杯子放1/4左右的水让宝宝模仿。初期，宝宝会将部分水洒漏出，但几次学习之后就能少漏或不漏。

游戏目的：通过训练，让宝宝学习自理，自己双手捧杯喝水。

自己动手

游戏过程：妈妈在自己关灯开灯时，抱宝宝站在开关前，让他自己学习操作。一旦操作使灯亮了，宝宝会十分高兴。以后可以让宝宝学习开关电视机、收音机、录音机。录音机的按钮较多，但宝宝会认出一个"放"和"停"的位置，在妈妈监督下也能操作。

游戏目的：通过动手操作开关，宝宝手指会更灵敏准确。

打电话认数字

★ 适合月龄：10～12个月的宝宝

游戏过程：爸爸或妈妈指着电话上的数字键，教宝宝认识10以内的数字。当宝宝掌握后，爸爸或妈妈说出数字，让宝宝来按键。开始时先让宝宝一个一个地按，慢慢地爸爸或妈妈可以尝试一次说3～5个数字，让宝宝连续地按键。

游戏目的：让宝宝学会认识1～10的数字，并通过手指的按键操作建立数字的概念，顺便感受电话的特点。

小手和小脚丫

★ 适合月龄：10～12个月的宝宝

游戏过程：将彩色纸铺在地上，让宝宝把两只小手或小脚放在彩纸上，妈妈用笔将宝宝的小手和小脚的轮廓描摹下来，然后将这些轮廓剪下来。接下来，把剪好的图案铺在地上，教宝宝用自己的小手和小脚去触碰地上的小手和小脚，看看哪个能对上。宝宝从中可感受不同的形状和一一对应的关系。

游戏目的：可以训练宝宝的想象力。

宝宝的情绪与社交能力培养

宝宝在10个月时，在情绪与社交上已经能够意识到搂抱在感情交流上的重要性，为了得到爸爸妈妈或其他人的拥抱，宝宝甚至会主动拥抱你，这时的宝宝不再是一个被动的感情接受者了。

宝宝社交能力培养

宝宝10个月以后见到生人不再惊恐不安了，能按照大人的吩咐熟练地拍手欢迎或再见了，有时还会主动与人逗笑。

爸爸妈妈要更多地关爱宝宝、拥抱宝宝，让他时刻知道爸爸妈妈对他的爱，并且懂得回报、表达自己的爱。

模仿大人

训练宝宝模仿大人交往，如见到邻居和亲友，爸爸拍手给宝宝看，妈妈把着宝宝的双手拍，边拍边说"欢迎"。反复练习，然后逐渐放手，让宝宝自己鼓掌欢迎。以训练宝宝的与人交往能力。

宝宝情绪智能调教

这个时期，宝宝的笑容从刚开始单纯的生理满足，逐渐演变为复杂的情绪因素，生活行为也变得丰富起来。

在失望时，宝宝大多会哭泣，这是宝宝对自己的身体无法随心所欲活动而产生的失望情绪。但只要爸爸妈妈在旁给予安慰和鼓励，就可以让宝宝变开朗；相反的，如果大人给予过分的同情或帮助，则会让宝宝失去自信。

个性的成形

到这月龄，宝宝就往往会故意把玩具扔掉、把报纸撕破、或者把抽屉里的东西都扔出来，每干完一样就高兴一阵子。

这时，爸爸妈妈就要注意对宝宝的个性及情绪进行合理的调教。比如说宝宝喜欢将鞋柜门拉开，并将里面的鞋子一只只拿出来，直到全部拿出来才罢休，完了，也会高兴一下。但若是你不让他干或让他干自己不想干的，马上就哇哇乱叫、大哭大闹，甚至打起滚来，这就是不良个性的雏形。

情绪调教

假如因宝宝一哭得凶、闹得厉害就照着他的意志去办，那么久而久之，宝宝不知不觉就会感到有求必应，慢慢会骄横、任性起来。

因此，爸爸妈妈在疼爱的同时还必须让宝宝学会自制、忍耐，不行就不行，不能干的就不给干，可以给一些其他的玩具，转移宝宝的注意力。

此外，更要防止宝宝发生意外。当宝宝想把手指往电气插座里伸，或乱动煤气开关等有危险的事情时，爸爸妈妈就要反复责骂，使宝宝明白这些是不能乱动的，慢慢地宝宝就不会乱来了，其个性与情绪也会朝良好的方向发展。

宝宝智能开发小游戏

10个月的宝宝，开始对自己感兴趣的事物做较长时间的观察，并会模仿观察到的某些动作和声音。会从杯中取放玩具，可以灵活地摆弄玩具。

让母子更亲密的亲子游戏

照料娃娃
★ 适合月龄：10～12个月的宝宝

游戏过程：当宝宝会拿勺子和手绢时，爸爸妈妈可以给宝宝一条可当被子的手绢和小碗、小勺，告诉他"娃娃困了，要睡觉了"，看看宝宝能否为娃娃盖被子、让它睡下。过一会儿，再给宝宝小碗小勺说"娃娃该起床吃饭了"，让宝宝用小勺喂娃娃吃饭。

游戏目的：训练宝宝模仿妈妈照料娃娃，学会关心别人，无论对男孩女孩都是有益的游戏。

摸摸头，拍拍手

★ 适合月龄：10～12个月的宝宝

游戏过程：妈妈和宝宝一起摸摸自己的头，然后两个人拉拉手，这样重复几次，直到宝宝形成明显的先后次序概念。妈妈说"摸摸头"让宝宝自己就摸摸头，妈妈说"拍拍手"宝宝就拍拍手。

游戏目的：锻炼宝宝的臂力和注意力，认识自己身体的各部分。

攀越小山峰

★ 适合月龄：10～12个月的宝宝

游戏过程：妈妈搂着宝宝顺着柔软的垫子平躺下来，让宝宝从一侧爬越妈妈的身体到另一侧，然后妈妈再侧躺着，增加"山"的高度和爬的难度，再让宝宝爬过去。爸爸要在一边保护宝宝，并为宝宝加油。

游戏目的：锻炼宝宝的爬行能力，促进宝宝的四肢协调能力和锻炼宝宝身体的平衡能力，促进宝宝小脑的发育。

想象力和创造力开发小游戏

宝宝的小魔方

★ 适合月龄：10～12个月的宝宝

游戏过程：妈妈先准备一个正方形的空纸盒，在盒子的六面贴上六张好看的、宝宝熟悉的彩色画片。然后，就把正方形盒子拿给宝宝，让宝宝随意地转动、欣赏。每当宝宝转到一个画面时，妈妈就要告诉宝宝："这是大象，这是苹果，这是一棵树。"等等。在宝宝熟悉了画面后，妈妈又可以训练宝宝听指令找画面。比如说："大象在哪儿？"就要求宝宝把有大象的那一个面转过来，让妈妈看一看。如果宝宝能很快地把画面按照妈妈的要求翻转出来，就应对宝宝予以鼓励，并逐渐提高速度。

游戏目的：通过这个训练，提高宝宝对图片的观察力；锻炼宝宝的双手协调活动能力与形象思维能力；还可以培养宝宝的暂时记忆和永久性记忆能力。

八字脚的11个月
DISHIYIJIE

这个月的宝宝可以正式训练走步了，妈妈要鼓励宝宝勇敢迈出第一步，以逗引的方式教宝宝走步。

鼓励宝宝迈出第一步

学会行走是宝宝大运动能力发展的一个重要过程，宝宝从床上运动发展到地面运动——学会走路，这是他的生长发育过程中的一次飞跃。宝宝学会了走路，就意味着他的活动范围、接触范围以及视力范围广泛多了，增加了对脑细胞的刺激，对宝宝智力发育有很好的促进作用。所以，当宝宝到了该走的时候，爸爸妈妈要大胆让宝宝锻炼独立走路的能力。

宝宝学走路的四个阶段

10~11个月的宝宝，是学习走路的最佳时期，这时爸爸妈妈若想让宝宝早一天迈开人生的步伐，就要合理地引导与训练。

直立行走是宝宝大运动能力发展的一个重要过程，从会爬、会坐、能扶站到双腿直立行走，宝宝经历了人生的一个重要阶段。

宝宝从8~9个月会爬、会坐、能扶站开始，就为站立行走作了准备。到了11个月时，就可以拉住宝宝的双手或单手，让他向前迈步。若时机成熟时，就可以设置一个诱导宝宝独立迈步的环境。

当宝宝对竖直站立熟悉之后，他会试验性地迈出一小步，当然开始时还需要学会"借力"，这时宝宝会了解，如果双手抓住什么东西来保持平衡，走起来要容易得多。因此，让宝宝学走路，爸爸妈妈最需要做的就是培养宝宝的自信心。

一旦自信心确立起来，宝宝就会自主松开扶东西的手，完全自由地迈步。宝宝学步，是一个循序渐进的过程，在开始迈步以前，需要做不少的准备工作，更不要忽略学步必需的4阶段，为宝宝迈出第一步打下坚实的基础。这4个阶段还需要爸爸妈妈仔细观察与把握：

单手扶物

当宝宝能单手扶物，或是能够离开支撑物独自站立时，就意味着宝宝已经具备了独自站稳的能力。

蹲下起来

当宝宝能够单手，最好是双手离开支撑物，蹲下捡起玩具很可以顺利地再站起来，并且能够保持身体平衡时，就说明已经到了宝宝学走路的最佳时期。因为宝宝如果学走路，需要腿部肌肉具有足够的力量，蹲下站起正是锻炼走路的最好办法。

扶持迈步

爸爸妈妈离开宝宝一段距离，用玩具吸引宝宝迈步。这时，宝宝常会用手抓牢家具的边缘、扶着墙壁或推着小椅子，或是让其他人拉着一只手，一点一点地向前挪动脚步。

独自行动

慢慢地，爸爸妈妈会发现，当宝宝确定他没有危险时，就会大胆地把身体的重量都放在双脚上，开始摆脱一切束缚，迈出他在这个世界上完全属于自己的第一步。

让宝宝勇敢迈出第一步

宝宝开始蹒跚学步是可喜的事情。这时，爸爸妈妈不要怕宝宝摔倒，要鼓励他大胆地进行尝试。

行走是靠两条腿交替向前迈进，每走一步都需要变换重心才能步伐稳健。宝宝初学走路，往往就是在摸索如何掌握好重心来协调行走的步伐。宝宝一般在10个月后，经过扶栏的站立已能扶着床栏横着走了，到了11个月时，这个动作就基本掌握得很好了，可以开始实际的走路训练了。

学步应当顺应宝宝的发育水平和能力，循序渐进。爸爸妈妈不要急于求成；更不能怕宝宝摔跤、磕碰，而久久不敢放手，以至于影响宝宝正常的成长发育。

该出手时，就出手

让宝宝学走路，爸爸妈妈应该大胆地放手，从以下方法培养宝宝迈步能力。在学站时，宝宝可能不放开爸爸或妈妈的手或者哭着让成人帮忙，因为他自己不敢坐下去。这时，先别急着抱他或扶他坐下，此时宝宝需要的是你来告诉他如何弯曲膝盖，这是学习站立继而学习走路的一个重要的环节。这时，爸爸或妈妈可以跪在宝宝的前面，伸出双手拉住他的手，鼓励他迈步，朝你走来。

也可以站在宝宝后面，用双手扶住他的腋窝处，跟着他一起走。开始时，宝宝或许需要你用力扶住，之后你只需用一点点力，宝宝就能自己往前走了。

学走路也意味着摔跤和受伤的机会增多了，爸爸妈妈要为宝宝准备一个相对安全的环境，减少他磕碰的机会，并且尽量让宝宝在你的视线范围内活动，而且随时做好"救援"准备。

蹒跚练习

妈妈可拉住宝宝的双手或一只手让他学迈步，也可在宝宝的后方扶住宝宝的腋下，让宝宝向前走。锻炼一个阶段后，宝宝慢慢就能开始独立的尝试，妈妈可以站在宝宝面前，鼓励宝宝向前走。

开始的时候，宝宝可能会步态蹒跚，向前倾着，跌跌撞撞扑向妈妈的怀中，收不住脚，这是很正常的表现，因为重心还没有掌握好。这时妈妈要继续帮助他练习，让宝宝大胆地走第二次、第三次。渐渐地熟能生巧，宝宝会越走越稳，越走越远，用不多长时间，就能独立行走了。

变换重心

教宝宝学走路，首先要教他学会变换身体重心。因为人的行走是用两条腿交替向前迈步的，每迈出一步都需要变换重心。

先让宝宝靠墙站立好，妈妈退后两步，伸开双手鼓励他："宝宝走过来，走到妈妈这儿来。"当宝宝第一次迈步时，需向前迎一下，避免在第一次尝试时就摔倒；以后再进行第二次、第三次了。如果宝宝成功地迈出了第一步，就可以逐渐加大距离，并对宝宝每次的成功都给予鼓励。通过以上训练，宝宝很快就能掌握两腿交替向前迈步时的重心移动，用不了多长时间宝宝就会走路了。

言语鼓励

当宝宝可以独立行走，但只能迈出几步时，爸爸妈妈要随时调整作为扶持物的家具、栏杆间的距离，逐渐延长宝宝行走的距离。

当宝宝可以放开手脚迈步走时，给他准备小皮球或可以发出声响的拖拉玩具以鼓励宝宝多走，用增加难度、设置障碍物的方法提高宝宝的平衡和协调能力，让宝宝走得更好、更稳。

灵活施教，安全学步

让宝宝学走路，爸爸妈妈还要根据自己宝宝的具体情况灵活施教。对宝宝来说，最初的良好行走体验是非常重要的，所以爸爸妈妈在教宝宝走路时，一定要注意做好保护工作：

保护好宝宝

最初练习行走的时候，爸爸妈妈一定要注意保护宝宝。待他步法灵活以后，才可以撒开手，与宝宝相隔约50厘米，以随时保护他。

激发走路的兴趣

当宝宝能走几步的时候，可让宝宝在地上玩球，当球向前滚动时宝宝自然有追的欲望，完全不会顾及摔倒，可能连续迈出几步，这样就会增长宝宝的信心。

保持正确姿势

爸爸妈妈应该从宝宝学走第一步起，就让他有个正确的姿势。行走能促进宝宝血液循环，加快呼吸，锻炼下肢肌肉。宝宝开始走路的同时还能迅速成长起来。

平坦的路面

练走路时，一定要选择平坦的路面。若是在开始学走路时，宝宝由于路面不平而被绊倒，会挫伤宝宝学走路的积极性，使宝宝害怕走路，不愿放开爸爸妈妈的手。

室内空气新鲜

如果天气不允许宝宝在室外学习行走，那就一定要保持室内空气新鲜。走路加快了宝宝的呼吸，所以要在宝宝下地走路之前，就先把窗户打开。

培养坚强意志

在宝宝练习走路的过程中，不可能一跤不摔。当宝宝摔倒时，爸爸妈妈要鼓励宝宝不哭，勇敢地站起来，这对培养宝宝的坚强意志非常重要。

光脚在沙滩学步

当宝宝学会行走之后，可让他光着脚在沙滩或草地上行走。这样能使脚掌得到锻炼，也有利于大脑的发育，但是，不要让宝宝长时间光脚走路。

学用脚尖走路

只要宝宝能走几步，就要让他每天练习，但是时间不能过长。当宝宝能走稳，可以满屋子来回走时，爸爸妈妈可以教他用脚尖走路，这样可以强健宝宝的足弓。

蹬蹬腿脚	平时，爸爸或妈妈可以经常用双手托住宝宝的腋下，托起宝宝，让他做蹬腿弹跳动作，练习宝宝腿部的伸展能力
做做仰卧起坐	要练习宝宝的肌力，爸爸妈妈还可以与宝宝做仰卧起坐运动。宝宝仰卧，爸爸拉着宝宝的双手做以下动作；坐起——站立——坐下——躺下，如此反复几次。注意拉宝宝的双手不能太用力，以防用力不当造成宝宝脱臼
从爬行开始	爬行可以锻炼宝宝腿部肌肉的张力和力量，有利于学步。因此，爸爸妈妈可以经常让宝宝在地板或硬的垫子上爬行，可利用玩具进行诱导
抓拿玩具，攀攀爬爬	站立是走的前提，爸爸妈妈可以将宝宝喜欢的玩具放在与宝宝高度差不多的沙发或茶几上，鼓励他扶着站起来抓取玩具，还可以把玩具放在沙发上或拿在爸爸妈妈的手里，鼓励宝宝攀爬
营养储备	宝宝在学走路，骨骼发育要跟得上，更要有足够的体能，这个时期要多给宝宝吃含钙食物，保证宝宝骨骼的正常发育，为学步加分
练习放手站立	宝宝开始会因为害怕不愿意放手站立，爸爸妈妈可以递给宝宝单手拿不住的玩具，如皮球、布娃娃等，让宝宝不知不觉放开双手，独自站立。也可以把玩具放在另一边，逗引宝宝转动身体，独自站立
蹲在宝宝的前方	当宝宝扶着会走后，爸爸妈妈可以蹲在宝宝的前方，展开双臂或者用玩具，鼓励宝宝过来，先是一两步，再一点点增加距离。等宝宝敢走后，爸爸妈妈可以分别站在两头，让宝宝在中间来回走
扶走训练	培养宝宝的学步能力，爸爸妈妈可以让宝宝多在扶走的环境里活动，比如让宝宝扶着墙面、沙发、茶几、小床、栏杆、学步的推车、轻巧的凳子移步
多鼓励	宝宝学走路时，摔倒是不可避免的。这时，爸爸妈妈不宜过度紧张，过度紧张反而会加剧宝宝对学步的恐惧。因此，当宝宝学步跌倒时，爸爸妈妈应给予安抚和鼓励，让宝宝有安全感，并有继续迈步的信心

宝宝运动智能训练游戏

宝宝成长到11个月后，在运动发育上，大多数宝宝这时已能自己扶着东西站立，发育快的宝宝甚至能独自站一会儿或敢向前迈两步。

宝宝大运动智能训练游戏

锻炼身体好幸福
★ 适合月龄：11～12个月的宝宝

游戏过程：先引导宝宝双脚同上或者同下一级台阶。待宝宝可以熟练地做出这个动作之后，进一步引导宝宝单脚上一级台阶或下一级台阶。

游戏目的：对宝宝腿部肌肉进行高阶段的熟练训练，并且可锻炼宝宝集中注意力，提高判断能力以及身体和思维的协调能力。

牵棍走路游戏
★ 适合月龄：11～12个月的宝宝

游戏过程：爸爸或妈妈用一只手抓住木棍的上端，另一只手抓木棍的下端，让宝宝双手抓住棍子的中间部位，然后一步步后退，让宝宝练习迈步向前走。

这时，爸爸或妈妈边退边用语言激励宝宝："宝宝走得好，宝宝真棒！"练习时不但可以直线走，也可以拐弯走。

游戏目的：训练宝宝的大动作能力，主要是练习独站、走路。

加油前进
★ 适合月龄：11～12个月的宝宝

游戏过程：爸爸妈妈相对蹲下，相隔一段距离，让宝宝在中间独立行走。反复练习独走多次以后，将宝宝背朝爸爸，面对妈妈。看见妈妈手中拿着玩具逗引他去拿。当宝宝独自向妈妈走来时，妈妈慢慢向后退，直到宝宝走不稳时将他抱起，将玩具递给他并称赞他。

游戏目的：宝宝学习行走的时期，此项游戏可训练两脚交替向前迈步。

摸球球

★ 适合月龄：11~12个月的宝宝

游戏过程：先用球吸引宝宝的注意，然后将球滚动。如果宝宝的目光跟着球，那就成功一半了。接下来爸爸妈妈走到球前，引导宝宝过去摸球。如果不行，就先做示范给宝宝看。如果宝宝能够成功走到球的附近去触摸，那就表示宝宝对距离的判断已相当出色了。

游戏目的：训练宝宝的距离感及运动能力，还可锻炼宝宝专注力和感知能力。

宝宝精细动作训练游戏

这个时期，宝宝要成功地用拇指和食指捏取小东西并非易事，还要经过几个月的锻炼和发展才能有这个能力。因此，这时爸爸妈妈应加强对宝宝手部能力的训练。

学涂涂点点

★ 适合月龄：11~12个月的宝宝

游戏过程：彩色蜡笔是一种锻炼手灵活性的好工具，用笔需要拇指、食指和其他手指的配合，需要手的力量。借用蜡笔，让宝宝在纸上任意点点涂涂，虽然这时候他还不能画出什么东西来，但他对学习用笔和点出的色彩会感兴趣的。

游戏目的：训练手部的运动，不仅能锻炼宝宝手的灵巧性，还对他的智力发育有相当大的好处。

宝宝平衡感训练游戏

平衡感对于宝宝来说是很重要的，它能帮助身体姿势保持平衡，形成空间方位感，平衡感与眼球的追视能力、专注力、阅读力、音感能力、触觉和语言能力都有关。在宝宝会站立的时候，可以玩平衡感游戏。

小小不倒翁
★ 适合月龄：11～12个月的宝宝

游戏过程：玩游戏之前，可以先让宝宝看不倒翁，并让他玩一玩不倒翁。让宝宝学不倒翁站好不扶物，爸爸在宝宝身旁，用右手从后面推宝宝，用左手在前方保护，看宝宝是否站稳而未向前方倾倒。接着，爸爸可以站在宝宝身后，用一手推动宝宝，另一手作保护，看宝宝是否向一侧倾倒。如果在前、后、左、右位推宝宝，宝宝都没有歪倒，这时爸爸就要抱起宝宝举高表示鼓励。

游戏目的：锻炼宝宝的平衡感，对宝宝的协调性和感觉统合都有很大帮助。

宝宝牙牙学语与视听觉训练

这个月宝宝的语言能力可能会有突飞猛进的变化，能够有意识地发出单字的音，可以含含糊糊地讲话了，听上去像在交谈似的；并且能有意识地表示一个特定的意思或动作，如"要"表示要什么东西。

在视觉上，如果给宝宝一本动物画书，宝宝能够准确地找出对应的动物；在听觉发育上，宝宝能够在听了一段音乐之后，模仿其中的一些音。

培养宝宝的语言能力

对11个月的宝宝，爸爸妈妈要给他创造说话的条件，如果宝宝仍用表情、手势或动作提出要求，爸爸妈妈就不要理睬他，要拒绝他，使他不得不使用语言。如果宝宝发音不准，要及时纠正，帮他讲清楚，不要笑话他，否则他会不愿或不敢再说话。

根据这个阶段宝宝语言发育的特点，爸爸妈妈应该采用激发的方式来培养宝宝的语言能力。

培养语言美

培养宝宝的语言美要从这时开始。这个时期宝宝的模仿能力很强，听见骂人的话也会模仿，由于这时宝宝的头脑中还没有是非观念，他并不知道这样做对不对。因此，当宝宝第一次骂人时，爸爸妈妈就必须严肃地制止和纠正，让宝宝知道骂人是错误的。千万不要因为宝宝可爱，认为说出骂人的话也挺好玩，就怂恿他。这样，宝宝会把骂人的事当做好玩的事来干，养成坏习惯。

说出来再给

当宝宝指着他想要的东西向爸爸或妈妈伸手时，这时就要鼓励宝宝把指着的东西发出声音来，并教他把打手势与发音结合，到最后用词代替手势，这样再把宝宝想要的东西递给他。经过多次努力的训练，宝宝掌握的词汇就会越来越多，语言能力也就开始越来越强。

学回答

在培养宝宝的语言能力的时候，还要让宝宝学会回答。平时爸爸妈妈叫宝宝的名字时，宝宝会转头去看看是谁在叫自己，这时爸爸妈妈要帮助宝宝回答："哎"。有时宝宝看到大人之间互相呼唤时也会回答"哎"，所以宝宝也学会用"哎"作答。

若爸爸妈妈能经常叫宝宝的名字，让他多次作答，以后凡是有人叫他的名字，他都会出声做答。

宝宝语言能力开发游戏

小巧嘴，说名字
★ 适合月龄：11～12个月的宝宝

游戏过程：爸爸或妈妈拿起宝宝喜欢的食物，让宝宝说出这些食物的名字。爸爸妈妈还可以启发宝宝，例如"宝贝，这个叫什么？""对，这是香蕉。宝宝想一想什么动物爱吃香蕉呢？"用这种方式不断地引导宝宝思考并学会准确地表达。

游戏目的：给宝宝语言表达的机会，让宝宝试着表达周围事物，锻炼宝宝的思维能力，让宝宝养成善于思考的好习惯。

宝宝的视觉能力训练

在宝宝的所有感官中，眼睛是一个最主动、最活跃、最重要的感觉器官，大部分信息都是通过眼睛向大脑传递的。因此，视力的发育正常与否非常重要。这个时期是宝宝视觉的色彩期，这时宝宝能准确分辨红、绿、黄、蓝四色。

这时宝宝除了睡眠外，都在积极地运用视觉器官观察周围环境，这时宝宝视觉器官运动不够协调、灵活，绝大多数宝宝的视力呈远视型。有时，当宝宝注意观察某一事物时，常会出现一只眼偏左，一只眼偏右或两眼对在一起的情况。

很多爸爸妈妈会认为自己宝宝只要能看见物体便是正常的了，殊不知，"对眼"和"斜眼"等视觉障碍均由于家长后天不注意对宝宝视觉培养造成的。因此，为丰富宝宝视觉感受，悬挂在宝宝床前的玩具应常变换位置，玩具应是体积稍大些且最好是伴有声响的。

左、右眼协调，防止对视与斜视

防止对视与斜视，就要让左右眼相互协调。对此，爸爸妈妈可以利用宝宝最喜欢的玩具与宝宝玩"捉迷藏"的游戏，通过不停地变换这一玩具出现的位置，训练宝宝迅速改变视觉方位，协调左、右眼的灵活运转。

为了丰富内容，吸引宝宝的注意力，爸爸妈妈还可以将玩具系在绳上，在宝宝眼前先做有规律的水平方向移动和垂直方向移动，然后再逐步过渡到水平与垂直方向交替进行。速度要先慢后快，以训练宝宝眼睛追逐左右、上下变化物体的能力。

指图特点部分

给宝宝一本动物图画书，让宝宝注意观察各种动物的特点，反复学习数次后，可以问"大象什么最长啊？""大熊猫的眼睛呢？"让宝宝一一指出作答。在训练时，内容每次不宜过多，从一个开始练习，时间1～2分钟即可，时间不宜太长而且必须是宝宝感兴趣的东西，不能强迫指认通过观察、对比，提高宝宝视力、认知及分析和理解的能力。

宝宝的听觉能力训练

11个月的宝宝，不但视力有了变化，听力发育也越来越好。宝宝现在已经会听名称指物，当被问到宝宝熟悉的东西或图片时，会用小手去指了。

宝宝成长11个月之后，在听力上能够听了一段音乐之后模仿其中的一些声音；并且在听了动物的叫声以后，也可以模仿动物的叫声。这个时期，爸爸妈妈应根据这个阶段宝宝听觉发育的特点，来开发宝宝的听觉发育。

指认动物

布置一些宝宝所熟悉的动物玩具或图片，爸爸妈妈告诉宝宝动物的名称和叫声，然后问"小鸭子在哪里？"让宝宝用眼睛找，用手指出，并模仿"嘎、嘎"的叫声。然后，小鸡、小狗、小猫、小羊等类推就可以了。

听音乐与儿歌

培养宝宝的听力，爸爸妈妈可以播放一些儿童乐曲，提供一个优美、温柔和宁静的音乐环境，提高宝宝对音乐歌曲的理解。

宝宝认知与社交能力训练

进入11个月的宝宝，爸爸妈妈会突然间感觉到自己的"小淘气"长"大"了。这时宝宝的动作更加熟练，控制事物的能力增强；还是活跃的运动家，每天进行持续不断地探索、尝试；更喜欢与人交流，继续学习自我服务的技巧。

宝宝认知能力发展与培养

宝宝成长到11个月时，就已经懂得选择玩具，逐步建立了时间、空间、因果关系，如看见爸爸妈妈倒水入盆就等待洗澡，并且喜欢反复扔东西等。

这时期的宝宝能听名称指认3种物品或图片，并且准确无误；如果将玩具放到宝宝可望而不可即的地方，再在宝宝身边放一根棍子，宝宝就知道能用棍子取玩具，但不一定得到玩具。

宝宝这时乐于模仿大人面部表情和熟悉的说话声，自言自语地说些别人听不懂的话；当被问到宝宝熟悉的东西或画片时，会用小手去指；当给予鼓励时，宝宝还会试着学小狗或小猫的叫声。

现在，宝宝开始把事物的特征和事物本身（如狗叫声与狗）联系起来，对书画的兴趣越来越浓厚了。这时，宝宝还能意识到他的行为能使你高兴或不安，因此也会想尽办法令你开心。

宝宝模仿你面部的表情，能很清楚地表达自己的情感。有时，他独立的像个"小大人"，而有时又表现得很宝宝气。这时，爸爸妈妈对宝宝的认知能力还要进行良好的引导与训练。

看图识字

这时宝宝已经认识五官和一些物品名称了。爸爸妈妈可以在此基础上培养宝宝看图识字。首先，爸爸可以用一张大纸写上"鼻"字，在字的下面再用曲别针别上画好的鼻子。这时爸爸先指图说"鼻子"再指自己的鼻子，又指字再说"鼻子。"让宝宝看见。多次重复之后，宝宝懂得图和字都是鼻子，当爸爸再指图或字时，宝宝就会指自己的鼻子。然后去取图，爸爸再指字时，看看宝宝能否指自己的鼻子。用同样方法宝宝也可以学"眼"字。

宝宝认得第一个字后，爸爸妈妈会十分兴奋，这种惊讶的表情将会激励宝宝愿意认字。而且家中其他人也会认为宝宝"真聪明或真棒"这些表扬都会激发宝宝进一步分辨字符的积极性，对宝宝视觉分辨和认物都有推动作用。通过训练，培养宝宝对文字的敏感，激发宝宝识字的兴趣，并训练宝宝认知能力。

宝宝社交能力的发展与训练

这时宝宝会有目的地掷玩具，爸爸妈妈在桌子上摆着玩具，宝宝在玩玩具时，往往会故意把玩具掷在地上，宝宝希望大人能帮他拾起玩具，然后他还会将玩具掷在地上，在这过程中体会自己行为与表现，并会感到快乐。

这时宝宝的执拗行为发生较多，常使爸爸妈妈感觉宝宝越来越不"听话"。但是宝宝并不理解爸妈讲的"不"这个词。宝宝会与爸爸妈妈玩推球的游戏，这是与人交往的能力发展的表现。这时期，爸爸妈妈更要对宝宝的交往能力加以训练。

平行游戏

这时爸爸妈妈可以让宝宝与小伙伴一起玩，并找出相同玩具同小朋友一块玩，培养宝宝愉快的交往情绪。此外，一些学步的宝宝如果能在一起各拉各的玩具学走，还能互相模仿，更能促进交往能力的发展。

随声舞动

爸爸妈妈可以经常给宝宝听节奏明快的音乐或给他念押韵的儿歌，让宝宝随声点头、拍手。此外，爸爸妈妈也可用手扶着宝宝的两只胳膊，左右摇身，多次重复后，宝宝能随音乐的节奏做简单的动作。

情绪个性与生活习惯培养

这时宝宝的心理发育有了很大的变化，其情绪与个性与以往不同。这时，宝宝能意识到他的行为能使你高兴或不安；能很清楚地表达自己的情感，并且这个时候的宝宝已经有了初步的自我意识，因为他已经因妈妈抱其他小朋友而"不高兴"了。在生活习惯与行为准则上，也渐渐向良好的方面发展，并形成了一个初步的模式。

宝宝为何喜欢扔或敲打东西

扔东西

宝宝把放到他手中的东西一次又一次地扔到地上，并从中得到极大的满足和快感。同时，他也将这种扔东西行为当做一项"科学实验"，看看东西被自己扔出去后，会有什么反应。

如果这时爸爸妈妈或其他人，在旁不停地帮他拾起来给他，宝宝会扔得更欢，扔得更高兴，他认为这是一种可以两个人玩的游戏，而且乐此不疲。如果爸爸妈妈想结束这种现象，那最好的办法是将宝宝放到干净的地板上玩，让他自己扔，自己拾。另外，爸爸妈妈还可以教育宝宝什么可扔着玩，什么不可以扔。将宝宝的扔物兴趣正确地引导到游戏和日常生活中去。比如，将玩具扔进玩具箱或和大人一起玩扔皮球、扔废纸进纸篓等。

一般而言，过了这一阶段，宝宝就能逐渐学会了正确玩玩具、翻看图书，宝宝的兴趣和注意力会逐渐转移到其他许多更有趣的活动中，扔东西、撕纸片的行为就会自然消失了。

敲打东西

一般，这个时期的宝宝要了解各种各样的物体，了解物体与物体之间的相互关系，了解他的动作所能产生的结果，通过敲打不同的物体，使他知道这样做就能产生不同的声响，而且会发现自己用力强弱如果不同，产生音响的效果也不同。

比如，宝宝用木块敲打桌子，会发出"啪啪"的声音；而他敲打铁锅则发出"当当"声；一手拿一块对着敲，声音似乎更为奇妙。于是，宝宝很快就学会选择敲打物品，学会控制敲打的力量，发展了动作的协调性。这时，如果爸爸妈妈能理解宝宝为什么爱敲打东西的原因，就会积极地帮助宝宝发展这一探索性活动。

其实，对这个年龄的宝宝来说，爸爸妈妈没有必要去购买高档的新玩具，只需找一些玩具锤子、玩具小铁锅、纸盒之类的东西就足够了，这就能够使宝宝的个性与成长发育得到很好的开发。

宝宝的生活规律训练

培养宝宝有规律的生活，就要从吃、睡与玩开始。这时宝宝学会了扶东西站着或迈步行走，所以白天的活动范围会扩大很多，这时，爸爸妈妈要调整好生活规律，饮食、洗澡、睡觉的时间要固定。

睡觉

对于宝宝的休息，晚上的睡眠时间长短渐渐固定下来，午睡每天1～2次为宜。另外，晚上宝宝闹觉的现象会增多。在宝宝难以入睡的时候，要注意给他调整白天的睡觉时间。一天的合计睡眠时间应该保持在11～13小时就可以了。

洗澡

一般来说，这个时候的宝宝会在洗澡的时候玩得很开心。洗澡时间应尽量控制在20分钟以内。

外出散步

多带宝宝外出散步是很有好处的。随着身体成长和大脑的发育，宝宝在心理方面也会发生很大的变化。因为身体会变得更加结实，所以可以享受一些时间更长的外出散步了。但是，爸爸妈妈最好还是要把时间控制在2小时以内，还可以带宝宝到小朋友很多的地方感受一下团体生活。

训练宝宝自己学吃饭

当宝宝可以坐稳，并且小手的钳取物品能力已发育良好的时候，就可以训练宝宝自己吃饭了，当然最好的时候就是当宝宝吵着要自己吃饭，不要妈妈喂，在饭桌上和妈妈抢着抓勺子时，就是训练宝宝自己吃饭的最佳时机。

让宝宝自己学进餐

宝宝开始自己吃食时，由于动作不准确，技巧不熟练，难免会漏撒食物，弄脏环境和手脸。但这时妈妈绝不能因此而制止宝宝自食的要求，而要鼓励宝宝，给不易打碎的餐具或戴上围嘴等。

宝宝在自己吃饭时往往会兴趣十足，饭量也会大一些，也不太会有挑食的表现。当然，在宝宝刚学习自己吃饭的时候，在进食的过程中辅以喂食还是必要的。

培养良好的饮食习惯

培养方法	
正确使用餐具	培养宝宝逐步适应使用餐具，为以后独立进餐做好准备。训练正确的握匙姿势和用匙吃饭
进餐要有规律	让宝宝进餐的次数和进餐的时间要有规律。到该进餐的时间就喂宝宝，但不必强迫宝宝吃，宝宝吃得好时要表扬，长此下去便会形成习惯
清洁卫生	要培养宝宝在饭前洗手、洗脸、围上围嘴的习惯，固定喂饭地点，不要边吃边玩
不挑食与偏食	要尽量避免宝宝挑食和偏食，要培养宝宝饭、菜、鱼、肉、水果都能吃，还要干稀搭配，多咀嚼，饭前不吃零食、不喝水

启蒙教育与智能开发小游戏

这时期的宝宝，智能已有很大的发展。在模仿大人后，能将摆在桌面上的小汽车推着走；妈妈打开一本书对宝宝说"看看"，宝宝便会饶有兴趣地注视片刻。在这个时期，爸爸妈妈应根据宝宝的能力特征，与宝宝做些可以开发智能的小游戏。

宝宝启蒙教育小游戏

11个月的宝宝学习能力特别强，并且智能已经有了很好的发展。这时应该给宝宝进行一些启蒙性的教育，使智能与学习能力都得到很好的发展。

红灯笼
★ 适合月龄：11～12个月的宝宝

游戏过程：妈妈先指着红灯笼实物或图片对宝宝说："宝宝，这是咱们家的红灯笼，灯笼是红红的、圆圆的。现在妈妈就把这个红灯笼画下来……好了，妈妈画下来了，宝宝让它变成红色的，好吗？"接下来，将准备好的画笔拿出来，让宝宝从中挑选出红色的，然后在妈妈的帮助下，手拿画笔涂色。此外，爸爸妈妈也可以画其他物体，让宝宝涂其他颜色。

游戏目的：可以培养宝宝握笔涂鸦的能力，加强宝宝对红色的认识。

数小羊
★ 适合月龄：11～12个月的宝宝

游戏过程：妈妈和宝宝面对面坐着，妈妈伸出两只手做出小羊角的样子，并发出"咩咩"的羊叫声，让宝宝学着发出"咩咩"的声音。妈妈伸出双手，一个手指一个手指地数给宝宝看"一只小羊，两只小羊，三只小羊……"让宝宝学着从拇指开始用自己的小手数数。

游戏目的：锻炼宝宝的认知能力、语言能力。

会讲故事的报纸

★ 适合月龄：11～12个月的宝宝

游戏过程：妈妈和宝宝一起想一想，报纸除了可以阅读获取信息之外，还可以做些什么呢？妈妈可以给宝宝讲一个故事，根据故事情景，边讲边折出有趣的东西。例如："秋天到了，我们一起去秋游，太阳有点晒，我们可以戴一顶帽子……"这个时候妈妈可以利用报纸，和宝宝一起折一顶帽子，戴在宝宝头上。

游戏目的：让宝宝充分发挥创造性，还能锻炼宝宝语言及动手能力。

宝宝智能开发小游戏

箱子探奇声音篇

★ 适合月龄：11～12个月的宝宝

游戏过程：爸爸妈妈把玩具放到小箱子中，把箱子密封好。然后把箱子拿到宝宝耳朵旁边摇晃，让宝宝听箱子里各种玩具互相摩擦碰撞的声音。最后打开箱子，让宝宝看到玩具。

游戏目的：通过先听声音，然后打开箱子让宝宝看到玩具，从而引导宝宝，让他知道玩具也是可以发出声音的。

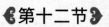

饶舌的12个月

DISHIERJIE

12个月的宝宝，除妈妈、爸爸以外，还可以说4～6个字，并且能够用手指向爸爸妈妈询问，会扶着东西走路。这个时期，爸爸妈妈要多陪着孩子。

宝宝阅读识字教育训练

书籍是宝宝的快乐伙伴，使宝宝们从书中感知世界，认识和了解生活。从零岁开始，书籍就应该走入宝宝的生活，另外，识字对宝宝来说也很重要。汉字是瑰宝，婴幼儿是探宝的"天才"，只要给予识字环境，使用恰当的教育方法，他们就能像学会口语一样，掌握汉字，进入阅读。爸爸妈妈应该及时开发宝宝阅读与识字的能力。

宝宝早期阅读能力开发

早期阅读从9～12个月开始最适宜。对于宝宝阅读的引导，要根据幼儿身心发展的特点而进行，爸爸妈妈不能操之过急。

通常，9个月到2岁的宝宝活泼好动，往往会把书作为玩具，喜欢撕书、咬书、玩书，这时爸爸妈妈不必干涉。因为，这一阶段正是宝宝的潜阅读时期和语言的萌芽期，爸爸妈妈的任务就是让宝宝对书感兴趣，让宝宝从小就喜欢书，不要以大人的要求去约束宝宝。

色彩鲜艳、图文并茂，并且其中的故事内容通俗易懂、富有幽默感，语言要浅显生动，朗朗上口，易学易记的图书，都很适于宝宝去阅读。

有的爸爸妈妈，往往很伤脑筋地买了很多看起来很适合宝宝的书，结果宝宝却不爱看，因为为宝宝买书最重要的是选择宝宝喜欢读的，书内容要浅显、有趣，能吸引宝宝入胜。

教1岁宝宝学看书

1岁的宝宝就已经具备了看书的能力，在爸爸妈妈的指导和协助之下，他们可以从书中认识图画、颜色，并指出图中的动物和人物。

可以说，看书识图能培养宝宝的注意力、观察力和辨别力，促进宝宝的智力发育。因此，爸爸妈妈一定要及时培养宝宝的阅读能力，最好和宝宝一起看书。

教宝宝学看书

在宝宝情绪愉快时，爸爸或妈妈要让宝宝坐在自己的怀里，打开一本适合宝宝读的图书，妈妈先打开书中宝宝认识的一种小动物图画，引起宝宝的兴趣，再当着他的面把书合上，说"大熊猫藏起来了，我们把它找出来吧！"妈妈要示范一页一页地翻书，一旦翻到，要立刻显出兴奋的样子："哇，我们找到了！"然后，再合上书，让宝宝模仿你的动作，也打开书找到大熊猫。

起初，宝宝只能打开、合上，但渐渐地就会一次翻好几页。这种训练能培养宝宝的读书兴趣。

给宝宝买适宜的书

对于1岁的宝宝，可购买书中画有动物、水果、日用品等方面的图画书，最好每页最好不要超过4幅画，以方便宝宝认图；也可以买一本硬纸壳做的书，或找一本刊物，教宝宝学习自己翻页或找喜欢的画。

让宝宝自己翻书

拿给专供宝宝看的大开本图画书，边讲边帮助宝宝自己翻着看，最后让宝宝自己独立翻书。

爸爸妈妈要观察宝宝是否是从头开始，按顺序地翻看。开始时，宝宝往往不能按顺序翻，每次不只翻一页，但经过练习会逐渐得到提高，这一点要通过从认识简单图形逐渐加以纠正，随着空间知觉的发展，宝宝自然会调整过来。

适合宝宝阅读的几种书

宝宝在3岁之前，所谓的阅读、识字就是让宝宝常常看字、听句和接触书本与画册。要让宝宝喜欢上阅读，还要给宝宝选对书，只有那些适合的、并能引起宝宝喜欢的画册与图书才能引起宝宝阅读的兴趣。并非要选规规矩矩、四四方方的书。其实那些设计巧妙的玩具书，不仅让大人觉得有趣，对宝宝来说更是有着无穷的吸引力。

适合宝宝的3种书

活泼优美的图画书是儿童图书中最重要的组成部分，也是最适宜宝宝进行早期阅读的图书。常见的儿童图画书有3种：

概念书：第一种是概念书，类似于识字卡片，向宝宝们讲解某个概念，比如大小的概念及数字的概念。

知识书：第二种是知识书，这是儿童的百科全书，只要宝宝想知道的在这类图书里面全部都有。

故事书：第三种是故事书，这种书都是儿童题材的小说，故事情节生动曲折，宝宝往往很喜欢。

这3种图书犹如宝宝成长过程中的必须营养品，爸爸妈妈选择时都应涉及，让宝宝的精和神营养均衡发展，千万不要有偏差。

让宝宝看书时，爸爸妈妈可以把宝宝抱在身上读几页给他听，这样不仅可以增进亲子感情，而且会让宝宝慢慢地被这些图书所吸引，不久宝宝就会喜欢起书来。

自制手工书

在这个年龄，爸爸妈妈也可以尝试着和宝宝一起做本属于宝宝自己的手工书。书的内容可以是生活的照片，加上大大的文字，或是简单的涂鸦，来吸引宝宝的兴趣。

宝宝识字小游戏

开始让宝宝识字时不可勉强。爸爸妈妈可以根据宝宝的嗜好，设计一些识字小游戏。这样不但有利于识字阅读，还有利于宝宝开发智力、丰富知识、进行品德教育等，并且逐步加大游戏难度，使宝宝积累识字量，最后过渡到广泛阅读。

小天使的翅膀

★ 适合月龄：1～2岁的宝宝

游戏过程：将图画书上的各种动物一一展现，教宝宝读每种动物的名字。爸爸或妈妈用手盖起一种昆虫或动物的身体部分，只露着翅膀，让宝宝根据翅膀的特征说出这种昆虫或动物的名字。进一步强化宝宝对图形的区分能力及对应能力。

游戏目的：这个游戏可以锻炼宝宝的智力，促进大脑发育。

托球识字

★ 适合月龄：1～2岁的宝宝

游戏过程：通常，宝宝很喜欢玩气球。爸爸妈妈可以把彩色气球充气后系紧，向上托和抛，这时宝宝会特别兴奋。

游戏目的：这个游戏不仅能训练宝宝动作的灵活性、协调性和判断力，而且玩过以后宝宝也会喜欢认"气球"和"飞"等字，以达到让宝宝识字的目的。

宝宝运动智能开发训练

这时，宝宝不但能站起、坐下，绕着家具走的行动也更加敏捷；站着时，能弯下腰去捡东西，也会试着爬到一些矮的家具上去。现在，宝宝还喜欢将东西摆好后再推倒，喜欢将抽屉或垃圾箱倒空。总之，整天都忙忙碌碌的，闲不住。

这个时期，爸爸妈妈一定要加强宝宝走路与其他动作的训练工作。此外，宝宝在第一年生长速度很快，所以要有足够钙的摄入来形成骨骼和牙齿，以保证宝宝的健康成长。

督促"懒"宝宝开步走

这个时期，宝宝的能力特点是将他放在没有任何可以依靠的地方使之站立，他能独自站立片刻而不摔倒；如果大人拉着一只手，宝宝即能协调地移动双腿向前走，而不是转圈，这说明宝宝已经有了独立行走的能力。

让宝宝学走路，爸爸妈妈也不能心急。其实，宝宝从卧位到立位，已有一些转变重心的尝试，让宝宝真的会走路还需要进一步的训练。

引诱宝宝站立、坐下

宝宝在最初扶物站立时，可能还不会坐下，这时爸爸妈妈应教他学会低头弯腰再坐下。

妈妈可以把玩具安放在近一些的地面上引诱，让宝宝低头弯腰去抓，即使是一手抓住家具后蹲下，另一手伸出去抓玩具，也是一种进步，这时也要鼓励一下。因为，当宝宝懂得低头弯腰去抓玩具后，接下去他将懂得不必依靠家具扶持，再接下去宝宝就能靠自己的力量站立和坐下了。

让宝宝自己拾画片

让宝宝走路，可以先训练宝宝蹲下、站起来的动作。爸爸或妈妈可以把画片放在地上，然后说："宝宝，把画片拾到妈妈这里来"。当宝宝捡起画片时，妈妈应当一边说"谢谢"，一边教宝宝点头，表示谢意。

鼓励宝宝大胆向前走

如果宝宝因为胆怯或怕羞，不肯自己向前走。这时候，爸爸妈妈可以用看图片或唱儿歌的方法，如儿歌："小袋鼠，不怕羞，每天妈妈抱着走，小宝宝，真是乖，自己走路好勇敢。"对不愿自己走路的宝宝不要迁就，要多给予鼓励，使宝宝鼓起向前走的勇气。

创造时机

宝宝拉着大人的手走，同自己独立走完全不同，即使拉着他的手走得很好，可是一让他自己走就不行了，拉手走只能用于练习迈步。

因此，在时机成熟时，爸爸妈妈要设法创造一个引导宝宝独立迈步的环境，如让宝宝靠墙站好，爸爸或妈妈退后两步，伸开双手鼓励宝宝："好宝宝，走过来找爸爸妈妈。"

这时，当宝宝迈步时，爸爸妈妈需要向前迎一下，避免宝宝第一次尝试时摔倒。这样反复练习，用不了多长时间宝宝就学会走路了。

小贴士

Xiao tie shi

爸爸妈妈可以在地上放一根颜色鲜拖的彩条，摆成直线和弯线，在宝宝的前方摆着宝宝喜欢的玩具，这时爸爸或妈妈牵着宝宝的一只手，慢慢随着彩条直、弯线行走，让宝宝拿到自己喜欢的玩具。在爸妈的帮助下，让宝宝能沿着彩条行走，逐渐培养独走能力。督促宝宝开步走，爸爸妈妈还应该根据自己宝宝的具体情况，灵活掌握各种方法，切不可生搬硬套。

学步期就是宝宝探险期

学步期的宝宝就是一个小小的探险家，用他那从蹒跚到稳健的步子，用他那小小的双手，永不疲倦地向他的周围探索，也包括他自己的身体。这时，爸爸妈妈一定要给予宝宝这个一生最重要的探险机会。

宝宝能力培养方案

这时，如果宝宝能够在有启发性的环境中自由自在地成长与玩耍，自由自在地探索，那么，宝宝就能够建立起对自己的信心。所以，爸爸妈妈一定要做宝宝勇于探险的坚强后盾，千万不要拖延或庇护宝宝的发展。

宝宝摔倒怎么办

在日常生活中，有很多的爸爸妈妈因过分担心宝宝的安全，一看宝宝摔倒了，赶紧跑过去，大惊小怪，又抱又亲，不知道怎么安慰才好。这样一来，本来宝宝没什么事，一经这种过分的安慰，反而产生了恐惧心理，往往会非常委屈地哭起来。

所以，最好的做法就是在没有危险的情况下，爸爸妈妈就不要惊慌，更不要着急地去扶宝宝，宝宝第一次摔倒，就让他自己爬起来。爸爸妈妈应显出不在乎的样子，并用温和肯定的态度告诉宝宝没关系，鼓励他自己爬起来，"摔倒了要自己爬起来""勇敢的宝宝是不哭的"。

宝宝受到鼓励后，为了做一个勇敢的宝宝，就会自己爬起来，含在眼睛里的泪水也就不会掉出来了。如果爸爸妈妈能够坚持这么做的话，宝宝就知道摔倒了应该自己爬起来，其独立性会因此而增强，并成为一个勇敢的宝宝。反之，则会形成宝宝依赖和胆小的性格，做什么事都畏手缩脚、不敢向前。

宝宝精细动作训练

1周岁的宝宝，手部的动作已发展得相当娴熟了。这时宝宝已经能用全掌握笔在白纸上画出道道来，并且，也能和大人一样用拇指和食指的指端捏小东西，手部拿捏能力的程度已经发展得很好了。爸爸妈妈可以根据宝宝在这个时期的能力特点，通过以下方法开发宝宝的精细动作智能。

训练手的控制能力

在宝宝能够有意识地将物品放下后，训练宝宝将手中的物品投入到一些小的容器中。通过训练，使宝宝的小手有一定的控制能力。

提高手部灵活性

爸爸妈妈可以在桌前给宝宝摆上多种玩具，如小瓶、盖子、小丸、积木、小勺、小碗、水瓶等。

当宝宝看到这些东西时，慢慢就会知道用积木玩搭高，知道将盖子扣在瓶子上，知道用水瓶喝水，知道用拇指和食指捏起小丸，知道将小勺放在小碗里"准备吃饭"等等。经过多种训练，锻炼宝宝手的灵活性，提高手的技能。

宝宝运动智能开发小游戏

给气球系上线
★ 适合月龄：1～2岁的宝宝

游戏过程：妈妈要先画一个红色气球，然后对宝宝说："哎，这个气球怎么没线呀，宝宝来画条线，好不好？"在妈妈的帮助下，宝宝为纸上的气球添画竖线。

游戏目的：通过作"画"，训练手的灵活性，激发宝宝的兴趣。

给爸爸给妈妈

★ 适合月龄：1～2岁的宝宝

游戏过程：爸爸和妈妈手里各拿一只小筐，然后在宝宝面前摆上许多玩具。爸爸妈妈各自向宝宝倾诉他们对宝宝的爱意，吸引宝宝把玩具往自己的小筐里面投掷，最后看看是爸爸筐里的玩具多，还是妈妈筐里的玩具多。

游戏目的：这个游戏可以锻炼宝宝自主拾取东西的能力，同时锻炼宝宝向目标集中的能力。

宝宝语言及视听能力开发

1周岁的宝宝大约能听懂并掌握近20个词。虽然这时宝宝说话较少，但能用单词表达自己的愿望和要求，并开始用语言与成人交流。

在视觉上，宝宝开始对小物体开始感兴趣，能区别简单的几何图形；在听觉上，能较准确的判断声源的方向，并用两眼看声源，开始学发音，能听懂几个字，包括对家庭成员的称呼。在这个时期，爸爸妈妈对宝宝的视听尤其是语言智能，要大力的开发与培养。

如何引导宝宝开口说话

宝宝会开口说话，是每一个爸爸妈妈热切期盼的。爸爸妈妈是否热情地与宝宝交谈，对宝宝学说话起着关键作用。因此，良好的亲子互动是宝宝学说话的最优氛围，爸爸妈妈和宝宝互动的质量和频率决定宝宝日后沟通能力的好坏。

帮助宝宝进行明确表达

宝宝在"咿咿呀呀"学语时，他很想表达自己的意思，但想说又不会说，爸爸妈妈可以抓住这个时机，帮助宝宝把他想说的话说出来，以让宝宝听到他想说的话是怎么表达的。扩展其实是很好的提升宝宝认知的方法。在扩展时可以用描述、比较等方法。通过描述事物的颜色、形状、大小等来提升宝宝的认识能力。比如可以说："苹果，红色的苹果。"通过这些语言都可以让宝宝了解事物的性质，提升宝宝对事物的认知，增加词汇量以及提升语言表达能力。

明白所指，互动交流

在宝宝还没有学会说话以前，他的回应可能是"咿咿呀呀"或身体姿势和表情。这时爸爸妈妈要学会"察言观色"，对宝宝的行为、情绪保持敏感，就能和宝宝互动，抓住和保持宝宝的注意力，学习语言。

认真听

认真听宝宝"说的话"并替他说出所想。除了可以发展宝宝的语言能力外，其实这也是一种很积极的回应，能给予宝宝很大的鼓励，让他更想学习。

多教常用词语

为了逐渐宝宝语言发育，可结合具体事物训练宝宝发音。在正确的教育下，宝宝很快就可以说出"爸爸、妈妈、阿姨、帽帽、拿、抱"等5～10个简单的词。

重点强化

让宝宝学说话，爸爸妈妈可以重复或者大声强调想要宝宝学习的词语，比如："这是皮球。"一个词要重复很多遍后，宝宝才能理解并且记忆，最后自己说出这个词。 对宝宝重复相同的话、唱同样的歌，这一切都能在照顾宝宝的过程中自然发生，而且能起到强化的作用。

鼓励宝宝主动发音

培养宝宝的语言能力，爸爸妈妈可以在生活中抓住时机对宝宝进行语言能力的训练。与大人进行简单的语言对话，叫宝宝能答应。说出来给予表扬，切不可在宝宝将要用语言表达时，大人抢先阻碍了他开口的机会，如在宝宝要发出"拿"的声音前，就将他想要的东西给他，阻断了宝宝讲话的机会，这样就会造成宝宝语言发展滞后。因此，要鼓励宝宝尽量开口说话。

唱儿歌

爸爸妈妈可以把宝宝抱坐在膝盖上或让宝宝躺在小床上，经常给宝宝念押韵的儿歌，让他随声点头、拍手，也可用手扶着他的两只胳膊，左右摇晃身体，多次重复，他能做简单的动作。

和宝宝一起看画册

平时，爸爸妈妈可以和宝宝一起看一些大幅画册，一边告诉宝宝这些动物的名称和叫声，并和宝宝一起模仿。以后可以经常指问宝宝"这是什么？""它怎样叫？"让宝宝认识并模仿叫声。这种游戏用画册或图片均可，但要选择颜色鲜艳，形象逼真，主题突出的画面。

以上这些方法都可以很好的激发宝宝的语言智能，开发宝宝的语言智能，培养良好的情绪和亲子关系，对宝宝的心智发展有益。

宝宝视觉能力训练

1周岁的宝宝，视觉发育已相当精确，这时宝宝开始对一些细小物体产生兴趣，并且能区别简单的几何图形。为有利于宝宝视觉的发育，爸爸妈妈可以针对这时期宝宝的视觉特点进行充分训练。

对宝宝进行视觉训练，除了在日常生活，不断引导宝宝观察事物，扩大宝宝的视野外，爸爸妈妈还可以培养宝宝对图片、文字的注意、兴趣，培养宝宝对书籍的爱好。教宝宝认识一些较简单的实物、图片，并把几种东西或几张图片放在一起让宝宝挑选、指认，同时也教宝宝模仿说出名称来。

此外，在外出时也可经常提醒宝宝注意所遇到的字，比如商场里一些广告招牌、街道名称等。还应尽早让宝宝接触书本，培养宝宝对文字的注意力。

通过识字来训练宝宝的视觉是个很好的方法，但是爸爸妈妈还应注意，要让宝宝在快乐的游戏气氛中自然而然地进行，而不应该给宝宝施加压力，以免造成宝宝抵触心理。

宝宝听觉能力训练

这时的宝宝已经能较准确的判断声源的方向，并能用两眼看声源，开始学发音，能听懂几个字，包括对家庭成员的称呼，而且逐渐可以根据大人说话的声调来调节、控制自己的行动。

良好的听觉环境

培养宝宝的听觉能力，爸爸妈妈要积极地为宝宝创造听觉环境，可促进宝宝更多听到语言，可以用语言逗引宝宝活动和玩玩具、观看周围的人物交谈、唱儿歌、唱歌曲给宝宝听，和宝宝咿呀对话等，以加强宝宝听力的刺激与发展。

听音乐、儿歌与小故事

平时，爸爸妈妈可以根据实际条件，给宝宝放一些儿童乐曲，提高宝宝对音乐歌曲语言的听觉与理解，念一些儿歌，激发他的兴趣和对语言的理解能力。

在这个基础上，还可试着讲个别适合宝宝生活的故事，爸爸妈妈最好是结合宝宝的环境，自编一些短小动听的故事。但音乐、儿歌和小故事的内容要随着宝宝的年龄变化而不断更换新的内容。

通过形式多样的方法，训练宝宝听觉，培养注意力和愉快情绪，提高对语言的理解能力。

	培养宝宝视听觉能力的玩具
1	可拉着走同时发出音乐或模拟声响的玩具
2	一些互相撞击可以发出声音的玩具
3	可推可拉的玩具，如汽车
4	不同大小和质地的球
5	大的洋娃娃和芭比娃娃
6	漏斗和量勺
7	动物玩具

聆听声音的游戏

★ 适合月龄：1～2岁的宝宝

游戏过程：在不同材质的纸上面淋豆子、米等杂物。该游戏能让宝宝听到"沙沙沙""沙拉拉"等不同的声音，而且能体验到随着杂物量的变化而带来的声音差异。

游戏目的：此游戏能锻炼宝宝眼、手和听觉的协调能力。

宝宝的麦克风

★ 适合月龄：1～2岁的宝宝

游戏过程：妈妈将"麦克风"放在自己的嘴边当话筒，并做讲话、唱歌，讲故事等一系列的表演，让宝宝在一旁观看并跟着妈妈学习。当宝宝表现出很大的兴趣，要来抢这个"麦克风"的时候，妈妈就把"麦克风"给宝宝，并引导宝宝对着"麦克风"也做出讲话，唱歌等的相应的动作。

游戏目的：训练宝宝的视、听、语言能力，还锻炼宝宝的模仿能力和创新能力。

宝宝认知与社交能力培养

12个月的宝宝，认知智能也更上一层楼，如果你问他"几岁了"，宝宝会竖起食指表示自己"1岁"了。

当你向宝宝要他手中的玩具或食物时，宝宝能理解你的语言，并会给出你要的东西；在妈妈给穿衣服的时候，宝宝知道做伸手伸腿等动作来配合。在这个时期，爸爸妈妈应根据宝宝的实际情况来培养。

宝宝社交能力培养训练

爸爸妈妈要从小培养宝宝学会与人交往的意识，使宝宝长大后拥有良好的人际来往能力，对宝宝的生活和学习都有十分重要的作用。

爸爸妈妈是宝宝心中的榜样，爸爸妈妈的一言一行都会给宝宝留下深刻的印象。如果爸爸妈妈在家能够注意创造和谐的家庭气氛，和宝宝平等相处，遇事能多为别人着想，宝宝不但会尊重爸爸妈妈，也会懂得克制和谦让，遇事与人商量，养成良好的交往基础。

引导宝宝主动发话

在日常生活中引导宝宝主动与人说话和模仿发音，积极为宝宝创造良好的交际环境。要让宝宝主动谢人问好："您好""谢谢"等。还要让宝宝学习用"叔叔""阿姨"等称呼周围熟悉的人，见到了就要叫一声。此外，还要鼓励宝宝模仿大人的表情和声音，当模仿成功时，爸爸妈妈要亲亲宝宝，并做出高兴的表情去鼓励一下。

培养开朗乐观

宝宝在这个时期已经有一定的活动能力，有与人交往的社会需求和强烈的好奇心。因此，这时爸爸妈妈应每天抽出一定时间和宝宝一起做游戏，进行情感交流。

此外，爸爸妈妈还应经常带宝宝外出活动，让宝宝多接触丰富多彩的世界，接触社会，从中观察学习与人的交往经验。

宝宝认知能力训练小游戏

宝宝的认知发展过程就是通过各种感官刺激大脑的发育过程，不同年龄的宝宝认知的锻炼有不同的内容，在这个时期爸爸妈妈应根据宝宝的认知发展特点来培养。

学认颜色

★ 适合月龄：1～2岁的宝宝

游戏过程：培养宝宝的认知能力，也可以通地颜色来训练。可以先让宝宝认红色，如红色的瓶盖，告诉宝宝这是红色的，下次再问"红色"，宝宝会毫不犹豫地指着瓶盖。再告诉他球也是红的，宝宝往往会睁大眼睛表示怀疑，这时可再取2～3个红色玩具放在一起，肯定地说这些也是"红色"的。由于颜色是一种较抽象的概念，要给时间让宝宝慢慢理解，学会第一种颜色常需3～4个月。颜色要慢慢认，千万别着急，千万不要同时介绍两种颜色，否则更易混淆。

游戏目的：这个游戏可以培养宝宝对色彩的敏感度和对同类物体的认知能力。

宝宝心理健康与生活自理训练

1周岁的宝宝自我意识增强，开始要自己吃饭，自己拿着杯子喝水。现在的宝宝一般很听话，讨人喜欢，愿意听大人指令帮你拿东西，以求得赞许，对亲人特别是对爸爸妈妈的依恋也增强了。

这个时期，当宝宝做了某件事引起爸爸妈妈或其他人大笑或夸奖时，他会很得意地一遍遍重复这个动作，以引起别人的高兴。

关注宝宝心理健康的发展

满周岁的宝宝感情更加丰富，这时宝宝已经初步建立害怕、生气、喜爱、妒忌等感情，并且已经能够意识到什么是好，什么是坏。

爸爸妈妈是宝宝身心发展的最初园丁，可以说也是宝宝生理健康和心理健康的"双重护士"。

因此，为了宝宝的健康成长，爸爸妈妈切不可只注重宝宝的身体生长，而忽视了宝宝心理的健康发展。爸爸妈妈应当注意以下几点：

建立正确的生活制度

人的心理状态和生理状态是相互促进的，尤其在婴儿时期更为突出。因此，作为爸爸妈妈应当根据宝宝的年龄特征，对宝宝一昼夜的各种活动和休息形式作出合理的安排，并准时交替，使宝宝有规律地生活，并让宝宝的生理需要得到尽可能充分的满足，让宝宝自由活动不受束缚，从而能经常处于快乐状态，使心理得以正常的发展。

培养良好的情感和情绪

爸爸妈妈的抚爱、家庭的温暖，能培养宝宝良好的情感和情绪。但是这种抚爱不能是溺爱，不是无限制地满足一切需要。比如，对1岁的宝宝来说，不能一哭就喂奶，一哭就抱着，以免养成宝宝用哭来取得需要满足的不良习惯。

此外，也不能对宝宝进行不合理的逗引与戏弄，以免宝宝过度兴奋而导致神经发育不良。爸爸妈妈还要注意对宝宝的态度，若是有冷淡、歧视等态度，则会导致宝宝的情绪处于压抑状态。

要多鼓励、多表扬

宝宝分辨是非的能力是在后天学得的，而爸爸妈妈的是非观念和处理态度对宝宝心理发展影响极大。因此，爸爸妈妈对宝宝的良好行为和点滴进步，要充分肯定和鼓励；对不好的行为则应予以及时制止。比如宝宝把自己的玩具让给别的宝宝玩，爸爸妈妈就应当加以称赞；而当宝宝抢夺别人玩具时，就要制止他。是非要分明，态度要慈爱，使宝宝养成以友好的态度对待小朋友的习惯，并让宝宝知道对与错。

提供丰富的环境刺激

宝宝的心理蕴藏着巨大的发展潜能，爸爸妈妈应当提供丰富的环境刺激，以充分满足宝宝发展感知力的需要。

爸爸妈妈可以准备一些彩色画册和玩具娃娃，供宝宝玩耍；或者带宝宝到庭院、公园，接触自然景色。更重要的是，爸爸妈妈应多和宝宝讲话，以激起宝宝与人交往的需要和说话的积极性。

自信心理来自爸爸妈妈无条件的爱

帮助宝宝建立自信，在日常生活中爸爸妈妈应该避免说一些恐吓的话，不要在宝宝不乖时严厉责备，而是应该管教与教育。否则，就会使宝宝以为他必须达到爸爸妈妈的要求，才会有价值。这样一来就会降低宝宝的自信心。

因此，只有爸爸妈妈无条件的爱才能为宝宝树立起自信，也为宝宝的人生创造一个好的开始。

友好的社会交往

培养宝宝心理健康，爸爸妈妈还要鼓励和支持宝宝多和小朋友接近，坐在一起活动、玩耍；或者是参加一些成人社交活动，要多和爸爸妈妈以外的成人接近。

这样，可以丰富宝宝的生活，开拓思路，锻炼性格，使宝宝逐渐形成活泼、开朗、大方的性格，以避免羞怯、自卑、孤僻等心理产生。想让宝宝有一个健康的心理，爸爸妈妈就要给宝宝的心理发展创造一个优越的成长环境。

如何教育任性的宝宝

1周岁的宝宝已经有很强的任性行为，一有不满意之处就会发脾气，哭闹个没完，有的宝宝发起火来，还会动小手打人。遇到宝宝任性情况，大人首先要耐心劝阻。如果宝宝不肯罢休，爸爸妈妈可以采取冷处理，让宝宝自己去哭一阵，待发泄完毕后，再和他讲清道理。爸爸妈妈可以用以下几个小办法：

转移注意力

在宝宝任性发脾气时，爸爸妈妈也可以说："你听，那边是什么声音，快去看看。"把宝宝的注意力转移到别的地方去，以摆脱眼前的困境。

暂时回避

有时让宝宝先哭闹一会也好，就当做呼吸操和运动体操，均能促进宝宝的生长和发育，它既可以增加肺活量，又可增加血液循环，还能增加消化液的分泌。其实，大哭大闹往往是1岁左右宝宝逼迫大人"就范"的主要手段。如果宝宝一哭，就无条件地满足他的任何要求，就会使宝宝认为只要自己一发脾气，一切都会如愿以偿。

因此，爸爸妈妈切不能因为宝宝一哭闹就轻易迁就，要耐心等待宝宝冷静下来，然后再予以教育，但也要切忌不要用"武力"来解决。

正确引导

在宝宝任性时，爸爸妈妈要引导宝宝的个性向着良好健康的方向发展，对于宝宝不好的行为爸爸妈妈要明确表示禁止。对于宝宝好的行为，爸爸妈妈要加以鼓励，加强与宝宝的交流，保持愉快的家庭气氛，使宝宝保持良好的情绪状态。

训练宝宝养成良好的排便习惯

宝宝的排便习惯应从小培养。其实，宝宝能有意识地控制大小便需到1岁之后，这时宝宝的自我意识有了萌芽，爸爸妈妈可以有规定地进行训练。但也有的宝宝这时可能还不行，遇上这种情况，爸爸妈妈不能打骂宝宝，应该耐心坚持下去。

1岁宝宝的大脑神经系统基本发育成熟，对充盈的膀胱、直肠开始有感觉了，能够主动控制大小便了。爸爸妈妈应细心体察宝宝通常在什么时候大便、小便；便前都有哪些表情，如凝视、不动、脸发红等，发现这种情况就应立刻让宝宝坐便盆，用"嘘嘘"或"嗯嗯"的声音，促使宝宝大便或小便。

爸爸妈妈上卫生间时可以有意识带宝宝同行，诱导宝宝主动在卫生间"方便"。最初要帮助宝宝穿脱裤子，以后逐渐引导宝宝自己料理。要从现在开始，培养宝宝养成便后洗手的好习惯。训练宝宝轻松如厕可以采取几种妙招：

准备一个可爱的便器

让宝宝喜欢上如厕，要先准备一个可爱的宝宝专用便器。爸爸妈妈可以带着宝宝一同挑选他喜欢的便盆，还可以让他为他的便盆做些修饰，只有对便盆产生兴趣，宝宝才可能会有坐在便盆上大小便的欲望。这是如厕训练过程中非常重要的一步。

培养快乐的如厕情绪

培养快乐的如厕情绪也很重要，爸爸妈妈应对宝宝能够自己顺利完成排便过程或有进步时都应给予恰当的表扬，这些称赞的话语，既对宝宝的语言和心理发育有促进作用，又能让宝宝体会如厕的舒心的情绪。

选择合适的裤子

宝宝的裤子要相对宽松一些，便于宝宝自己脱穿。一般来说，棉质、吸水性强、易于清洗的裤子，能让宝宝强烈地感觉到弄脏后的不舒适感，又比较容易清理，有利于督促宝宝学会自己如厕。

宝宝的生活习惯能力培养

1周岁的宝宝，应该有自己的习惯与一定的生活能力了，以为日后的独立成长打下基础，对此爸爸妈妈还要加强培养。

饮食

随着宝宝年龄增长，喂养次数每日可逐渐减到4～5次。对于宝宝的饮食，要定时进餐，使宝宝的消化系统能有节律地工作。在宝宝进餐时要有固定的座位，并且要训练进食的自理能力，如让宝宝自己用手拿饼干吃，独自抱奶瓶吃奶，用杯喝水，试着拿汤匙吃东西等。

睡眠

这时宝宝白天睡眠次数可逐渐减至每日2次，每次睡眠时间2小时。爸爸妈妈每天应定时让宝宝上床睡觉，睡眠前不要引导宝宝过分地兴奋。宝宝这时已经能理解成人部分语言，爸爸妈妈可预先告诉宝宝您的安排，如妈妈与宝宝游戏，说："我们把玩具收起来，要睡觉了。"然后收拾玩具，抱宝宝上床睡觉。

穿衣服

平时，爸爸妈妈应教宝宝配合穿衣、戴帽、穿袜、穿鞋等，这不仅能培养宝宝生活自理能力，而且能强化左右的方位意识。

宝宝的益智玩具与游戏

1周岁的宝宝，在智能方面已发育得比较好，如果将1张白纸和1支笔放在宝宝面前，当爸爸或妈妈用另一支笔在纸上点点时，宝宝也会模仿着点点；如果妈妈用杯子盖住积木，宝宝能明确地拿开杯子，找到积木，还能自发地将两块积木放于杯子中，并且这是有意识的活动，而不是偶然掉进杯里。这说明宝宝的智力发育已经上了一个新台阶，在这个基础上爸爸妈妈还应加强宝宝智力的开发与训练。

玩具——宝宝智能教科书

1周岁的宝宝，如果妈妈把球放在他能看到但摸不到的地方，给他一根棒，就能训练宝宝用棒够球的思维能力，培养宝宝长大后的动手能力及观察事物、认识世界的能力。玩具在宝宝的生活中扮演十分重要的角色，它像教科书一样，时刻启迪宝宝的心智发展。依照玩具能产生的教育效果，可将玩具分成5类：

动作类玩具

可以说，动作类玩具是几代人都离不开的玩具，像不倒翁、拖拉车、小木椅、自行车等，这些玩具不仅能锻炼宝宝的肌肉，还能增强宝宝的运动协调能力。

语言类玩具

一些语言类玩具，如成套的立体图像、儿歌、木偶童谣、画书，可以培养宝宝视、听、说、写等能力。

教育性或益智类玩具

教育性玩具或益智类玩具，是多数家长愿意选购的玩具，如拼图玩具、拼插玩具、镶嵌玩具，可以培养图像思维和进一步的创造构思部分与整体概念。套叠用的套碗、套塔、套环，可以由小到大，帮助宝宝学习顺序的概念。

模仿游戏类玩具

模仿是宝宝的天性，几乎每个学龄前儿童都喜欢模仿日常生活所接触的不同人物，模仿不同的角色做游戏。

建筑类玩具

一些建筑性玩具，可以锻炼宝宝的动手能力和想象力。如积木，既可以建房子，也可以摆成一串长长的火车，还可以搭成动物医院。这样的玩具可以让宝宝随心所欲地使游戏变化，充分发挥想象力。

为宝宝选择合适的玩具	
动作智能玩具	教宝宝拿一块积木摆在另一块积木上，也可拿一个小筐让宝宝把积木放进去又拿出来
交往智能玩具	除引导宝宝认识家里和周围的大人以外，还可利用玩具巩固认识。如爷爷、奶奶、叔叔、阿姨、哥哥、姐姐等可以利用这些玩具教宝宝学讲话、招手、挥手等礼貌动作
益于站立和行走的玩具	爸爸或妈妈扶着宝宝的一只手，宝宝另一只手拿着拖拉玩具，边走边拖，增加宝宝学步的兴趣
语言和认识玩具	不要小看小狗、小猫、小鸡、小鸭等动物玩具，这些玩具既可发展宝宝的认识能力，同时又可引导宝宝学小动物的叫声，发展宝宝的语言能力

宝宝智力开发小游戏

动物游戏

★ 适合月龄：1～2岁的宝宝

游戏过程：让宝宝学马奔驰与"吼"叫；学青蛙跳与"呱呱呱"叫，学鸭子摇摇摆摆地走和"嘎嘎嘎"地叫。

游戏目的：通过模仿动物的姿势和声音，能够开发宝宝创新与创造力，并且训练肢体动作与听觉、语言能力，让宝宝全面发展。

宝宝会洗澡了

★ 适合月龄：1～2岁的宝宝

游戏过程：这个游戏可以在洗澡的时候进行，让宝宝拿着毛巾，妈妈说一个部位，让宝宝指出，找对了的话，妈妈可以奖励性的帮宝宝把那个部位擦洗干净。

游戏目的：让宝宝认清身体部位，锻炼自立自理能力。

小小"搬运工"

★ 适合月龄：1～2岁的宝宝

游戏过程：把玩具箱子打开，把玩具都放到宝宝可以触及到的地方，妈妈可以引导宝宝把散落在地上的玩具一件一件放回箱子中。

游戏目的：训练宝宝在玩过玩具后，将玩具整理好并放回原处的良好习惯。

娃娃在哪里

★ 适合月龄：1～2岁的宝宝

游戏过程：妈妈把玩具小猪拿到宝宝面前，让宝宝看着玩具小猪，然后妈妈问宝宝："小猪的眼睛在哪里？""小猪的嘴巴在哪里？"等一系列相关问题，在妈妈提问的同时，让宝宝自己在玩具小猪身上去找那些位置。

游戏目的：让宝宝更加清楚地了解人体器官，增强自我认识和感知的能力。

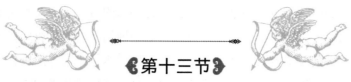

可爱的1～1.5岁

DISHISANJIE

　　1岁半的宝宝，生长速度非常快，这时要注意宝宝的营养一定要充足，同时，别以为孩子什么都不懂，他可能只是不会说，爸爸妈妈要多和孩子交流，现在孩子已经变得越来越可爱了。

宝宝语言阅读培养及教育训练

　　1周岁之后，是宝宝正式开始学语的阶段。这时爸爸妈妈要根据宝宝语言发育特点，结合具体事物、情景、动作，反复地耐心训练，并且要有意识训练宝宝说完整的一名句话。

宝宝开口说话要鼓励

　　通常，这个时候的宝宝可理解简短的语句，能理解和执行成人的简单命令；能够跟着大人的话语进行重复，谈话时会使用一些别人听不懂的话；经常说出的单词有20个左右，能理解的词语数量比能说出的要多得多；喜欢翻看图画书，并在上面指指点点；会对他看到的物体进行命名，如用"圆圆"称呼橘子等形状类似的东西。

　　爸爸妈妈在对宝宝进行语言教育时，除了要结合宝宝语言发育的规律，正确地教育引导宝宝语言向较高水平发展外，还要鼓励宝宝开口说话。

"延迟满足"训练法

　　有的爸爸妈妈没等宝宝说话，就会将宝宝想要的东西送过来，使宝宝没有了说话的机会，久而久之，宝宝从用不着说到懒得说，最后到不用开口讲话了。

也就是说过分的照顾使宝宝错过了用言语表达需求的时机。为了鼓励宝宝开口讲话，自己主动地表达需求，一定要和蔼的、耐心地给他时间去反应，不要急于去完成任务。当宝宝要喝水时，必须先鼓励他说出"水"字来，然后你再把水瓶或水杯给他才行。如果宝宝性子急，不肯开口说话，就应该适当地等待，爸爸妈妈"延迟满足"的训练是可以促使宝宝开口说话的。

巧用心计，激发兴趣

对于一些比较腼腆和内向的宝宝，爸爸妈妈应巧用心计，耐心引导，激发宝宝的兴趣，鼓励他开口说话。和宝宝一起做游戏时，爸爸妈妈可以在一旁不停地说"兔子跑、小马跑、宝宝跑不跑？"当宝宝反反复复听到"跑"字以后，慢慢地就会开口说"跑"字了。

多接触、多听

语言学家认为，大多数宝宝是从他当时见过、听过和接触过的东西中学习语言的，因此，爸爸妈妈要把握时机，对1半的宝宝，要通过画片、实物等，耐心反复地教育宝宝认识事物，增加词汇。多讲故事，故事能给宝宝欢乐，激发他学习的兴趣。

多鼓励，勤表扬

这个时期宝宝的特点是喜欢做，不肯闲着，喜欢听表扬。爸爸妈妈要根据这些特点，每天给宝宝一些展示自己才能的机会，吩咐他做些小事情。如"给妈妈打开门""给娃娃洗洗脸"等等。每当按吩咐做完一件事后宝宝都会感到很高兴，爸爸妈妈一定要用"真能干"等词语鼓励宝宝。

宝宝语言能力开发小游戏

让宝宝说话要选择在愉快、恬静的时候和他交谈。安定的环境，会使宝宝的情绪稳定，注意力集中；愉快的心境，可以使得宝宝的记忆力和理解力更快的提高。

说出名字

★ 适合月龄：1～1.5岁的宝宝

游戏过程：这时的宝宝是很喜欢照镜子的，在抱着他照镜子的时候，可以指着他在镜子里面的影子告诉他，他叫什么名字。渐渐地让宝宝说出自己的名字，再说出妈妈、爸爸的名字。"妈妈叫什么名字？""爸爸叫什么名字？"在这种一问一答反复练习的对话中，鼓励宝宝区别这些名字。然后进一步教宝宝学说家庭中其他成员的名字。如果宝宝说对了，要及时地亲吻他并夸奖他。

游戏目的：该游戏可促进宝宝右脑的发育，锻炼宝宝的社交能力和语言能力。

听妈妈的话

★ 适合月龄：1～1.5岁的宝宝

游戏过程：妈妈试着对宝宝说出一些动作名称，例如"宝贝，摸摸头！""宝贝，拍拍手吧！"妈妈让宝宝根据自己的指令做出相应的动作。如果刚开始宝宝做的准确度不够，妈妈要和宝宝一起做，起一下模范作用。

游戏目的：提高宝宝对语言的理解能力。

亲子阅读

★ 适合月龄：1～1.5岁的宝宝

游戏过程：与宝宝一起选择喜爱的图书，让宝宝坐在妈妈的膝上。妈妈手捧着图书讲故事，宝宝就配合内容一页一页地翻看。妈妈指着书上的图形如大树、小蝴蝶、太阳等，让宝宝说出这些事物的名字，如果宝宝说得不够清晰，妈妈要一点点纠正宝宝的发音。

游戏目的：让宝宝学会自主阅读图书，掌握正确的发音方法。

宝宝阅读好处多多

识字是阅读的必然前提，这是很多爸爸妈妈心中自然而然的想法。因此，他们认为0～1岁的宝宝不会看书，也不需要看书，但事实却不然。

阅读，往往是一种潜移默化的过程，虽然宝宝还不识字，但是并不代表他不能读书。通过咬、翻、抓等各种对图书的探索行动，宝宝也可以早早进入他的阅读过程。

亲子共读3种方式

亲子共读是指爸爸妈妈陪着宝宝一起阅读，这是培养宝宝阅读习惯的最佳方式。尤其是1岁的宝宝，因为还不了解书本的内容，或是没有能力自己阅读，更需要大人陪在身边，一面看书一面听解说。

方式1：喜欢快速翻书是1岁宝宝的特征之一，爸爸妈妈明明还没说完某一页的内容，宝宝却不停地把书往前翻或往后翻，该怎么办？

陪1岁的宝宝阅读时应该放轻松，不必过于拘泥于顺序或完整性。当宝宝翻到某一页，就配合该页面的内容做说明即可。

方式2：1岁多宝宝对任何物品都充满好奇，俨然是个小小破坏王，一旦拿到书籍，常会发生咬书、撕书、乱画的情况，这属于正常现象。这时可以在不破坏书籍的前提下，建议让宝宝充分接触书籍，满足其探索的欲望，可选择布书、硬纸书等不容易被撕毁的书籍给宝宝阅读。

方式3：宝宝的专注力有限，在阅读过程中总是坐不住，很难安安静静坐下来看书。该怎么办呢？其实，专注力是可以通过时间慢慢训练的，爸爸妈妈千万不要操之过急，更不可以动怒，应该配合宝宝能持续的时间，采取分段训练的方式陪他阅读。

从小阅读好处多

好处1：当宝宝被爸爸妈妈抱在怀中听故事、看图画书时，正是最佳的亲子互动时刻，不仅能增进亲子关系，还能快速建立起宝宝对阅读的兴趣。

好处2：在我们的生活中，时时刻刻都必须和文字做最直接的接触，以了解各种信息，然而阅读的能力并非与生俱来，需要经过学习与练习才能获得。

好处3：如果能在婴幼儿时期多接触书本，进而培养出良好的阅读习惯，将能够增加宝宝视觉感官的敏锐度，还能在翻、玩、拿书的过程中加强肢体发展与大脑协调能力。

好处4：阅读是一切学习活动的基础，宝宝如果能及早开始阅读，将有助于宝宝脑潜能的开发及语言能力的发展。

数学思维及想象力开发训练

关于数学思维发展，对1岁多的宝宝来说，爸爸妈妈应注意从他们的大脑结构发育及游戏中心锻炼宝宝的数学思维。因为，如果能在发育的关键期得到科学系统的训练，宝宝的数学能力会得到理想的发展，一旦错过这个关键期，将给以后的发展造成障碍。

宝宝数学思维开发

宝宝思维能力的发展，应该抓住关键期，这样才能更好地发展宝宝的智力，对以后的学习和生活很有帮助。

婴儿期是人类数学能力开始发展的重要时期。其中，1岁左右是宝宝掌握初级数概念的关键期，2岁半左右是宝宝计数能力发展的关键期，5岁左右是幼儿掌握数学概念、进行抽象运算以及综合数学能力开始形成的关键期。在学习数学时，宝宝可以学的东西很多很多，如排列、比较等。

学数学——开发宝宝右脑

人的左脑主管抽象的逻辑思维、象征性关系、对细节进行逻辑分析、语言理解、连续性计算及复习关系的处理能力。儿童通过语言、文字学的知识都要动用左脑。

人的右脑主管形象思维、知觉空间判断、音乐、美术、文学美的欣赏。直觉的整体判断和情感的印象等都要动用右脑。所以婴儿期学习数学是最好的，也是为以后入学学习奠定基础。

让宝宝喜欢上数学的小游戏

如何让宝宝在生活中快乐轻松地学数学呢？那就是和宝宝玩各种数学游戏，让他们在游戏中学习，在游戏中数学能力得到培养。

教宝宝认识1和2
★ 适合月龄：1～1.5岁的宝宝

游戏过程：教宝宝开始学数学时，可以让宝宝开始学习用2个手指表示2，竖起拇指和食指表示要2块饼干或2块糖果。会摆2块积木表示2。可趁势让宝宝认数1和2。

游戏目的：让宝宝简单会说1、2，强化数的概念。

几何图形在我家
★ 适合月龄：1～1.5岁的宝宝

游戏过程：妈妈给宝宝展示一个几何图形，告诉宝宝图形名字，让宝宝指认家里哪些东西和这个图形形状一样。如果宝宝刚开始反应不够快，也不要着急，可以提示她一下，比如"黄黄的橘子是不是圆的呀？"

游戏目的：让宝宝认识笼统的几何图形。

宝宝想象力的发展与训练

儿童智力发育专家认为，想象游戏会让生活更加丰富。富有想象力的头脑很少会感到无聊。动用想象力的宝宝更容易在面对不同的选择时作出抉择，想象力能为他们提供更多想象活动的机会。

宝宝想象力的发展

宝宝想象力的发展与他的年龄有着密切的关系。

假定给宝宝一个空盒子，1岁左右的宝宝首先想到用嘴咬，试图通过这种方式来探究空盒子的奥秘，他也可能将空盒子扔到地上，看盒子从空中直接冲向地面，然后在地面上滚动的情景，欣赏盒子掉落地面时发出的声音。并且，宝宝会一直尝试，一再地确认他所观察到的因果关系。

到了1岁半时，宝宝明白了盒子的用途，他可能会把一些小东西塞进盒子，当成他藏匿各种宝贝的仓库。

到了2岁时，宝宝已经具备足够的想象力，他会挖掘出盒子的一些新功能，比如把盒子当成帽子戴在头上。

到了3岁以后，宝宝想象力会获得突飞猛进的发展，这时他可能将一个简简单单的盒子想象成快艇、小动物的家、魔术盒，或者其他大人根本想都不会去想的东西。

因此，1～2岁是想象力的萌芽时期，这时宝宝会将椅子当汽车开，将木棒当马骑等。3～4岁想象的内容是自己不熟悉的或没经历过的，但是现实中有过的，如：办家家，角色扮演（老师、学生）等，这种年龄的小孩想象力还处于初级阶段，他不可能想象出现实中从未有过的事物形象，心理学将这种想象称之为再造想象。

想象力发展的标志

宝宝的想象力主要体现在他的假装游戏中，他的假装游戏越复杂，说明宝宝的想象力越丰富，相反，假装游戏越简单，宝宝的想象力就越贫乏。

通过这些假装游戏，宝宝发展了丰富的想象力，而宝宝通过假装游戏发展的想象能力，也有助于他更好地把握周围的环境与世界。

通过假装游戏，宝宝想象中的世界变得更加丰富多彩。随着想象力的提高，宝宝会学会通过他喜欢的游戏把这些丰富多彩的内涵带给为他惊喜的爸爸妈妈以及周围其他人。

宝宝想象力开发小游戏

快乐手电筒

★ 适合月龄：1～1.5岁的宝宝

游戏过程：妈妈用手电筒照射镂空小道具，天花板出现"星星"，宝宝自然被吸引，妈妈再把原理告诉宝宝，并逐步引导宝宝学着做。

游戏目的：让宝宝了解常识，锻炼宝宝的手眼协调能力，发挥宝宝的想象力、好奇心、求知欲。

小熊的窝

★ 适合月龄：1～1.5岁的宝宝

游戏过程：让宝宝给小熊做一个窝，告诉他这个玩具房子需要装饰，带着他画画，然后把碎布给她，让他把窝整理得更舒服，然后让小熊住进去，或许宝宝有更多自己的创意。

游戏目的：在装修房子的游戏过程中，宝宝会学着模仿，重要的是宝宝开始运用自己的想象力进行创造了。

小小飞行员

★ 适合月龄：1～1.5岁的宝宝

游戏过程：妈妈屈膝仰卧在床上。游戏开始时，妈妈说："我们来开飞机，你当飞行员，现在你来上飞机。"妈妈拉着宝宝的双手，让宝宝的脚踏在自己的脚背上。待宝宝站稳后，妈妈将小腿抬起伸平，让宝宝骑在小腿上。妈妈说："开飞机了！"同时拉着宝宝两手向左右转动，表示方向盘转动状。妈妈又说："飞机上天了！"同时拉着宝宝两手平举。最后妈妈说："飞到了，下飞机了！"接着让宝宝从妈妈放下的腿上慢慢地滑下去。

游戏目的：此项游戏可发展想象力，训练宝宝四肢活动能力，通过抬头、低头、平衡等动作，使全身肌肉获得锻炼。

开开火车

★ 适合月龄：1～1.5岁的宝宝

游戏过程：将大纸箱上下两边的纸板去掉，制作时先出示火车图样，并让宝宝在旁边观看，制作完毕对宝宝说："这辆火车请你开！"然后让宝宝进入纸箱内，让他的左右手各握住纸箱两侧的门洞处，并指示他说："火车要开了，窟窟窟，窟窟窟。"同时，爸爸妈妈唱着开火车的歌，宝宝提着纸箱随意地四处走。等到歌声停止时，对宝宝说："火车开到了，窟窟窟。"指示宝宝蹲下身。

游戏目的：发展宝宝的想象力，学习快走、慢走、蹲下、起立等动作，训练身体平衡性。

宝宝动作智能开发与健身训练

1岁多的宝宝的动作能力已有所提高。以前只是爬来爬去，现在能直立行走。并且，喜欢到处走走，到处乱摸乱动，一会儿走进来，一会儿又走出去。

这时，宝宝动作不稳定，非常好动，宝宝在亲子活动中，在手的抓、摸、拿的淘气中，小手指的功能和技巧都得到了极好的锻炼，手的动作越来越复杂，智能发展也非常迅速。这时爸爸妈妈对宝宝的动作智能培养与训练仍然不可忽视。

宝宝大运动培养训练

宝宝在1岁之后，已经会蹒跚地走路。这个阶段，首先要教宝宝走稳，会起步、停步、转弯、蹲下、站起来、向前走、向后退，以及跑步、上下台阶、走平衡木、原地跳、钻圈、爬攀登架、自己坐在小凳子上、扔球、踢球、随音乐跳舞等，身体平衡力和灵活性进一步发展起来。

1岁之后的宝宝，在动作能力上能用脚尖行走数步，脚跟可不着地；并且可以手扶楼梯栏杆熟练地上3阶以上。通常，周岁后的宝宝都能迈出第一步，在良好的训练下可走得很好。

这个时期，爸爸妈妈应积极鼓励和帮助宝宝行走，但要注意适当的休息，不使宝宝过于疲劳。同时应注意安全，防止幼儿走时摔倒、碰伤。

训练宝宝独立走路

宝宝独立走路可不是一件轻而易举的事，走得好就更难了。初练行走时，宝宝常难免有些胆怯，想迈步，又迈不开。爸爸妈妈应伸出双手做迎接的样子，宝宝才会大胆地跟跟跄跄走几步，然后赶快扑进爸爸妈妈怀里，非常高兴。

如果爸爸妈妈站得很远，宝宝因没有安全感而不敢向前迈步，这时爸爸妈妈就要靠近些给予协助。

有时，宝宝迈开步子以后，仍不能走稳，好像醉汉一样左右摇晃，有时步履很慌忙、很僵硬，头向前，腿在后，步子不协调，常常跌倒，这时仍需爸爸妈妈细心帮助。

总之，在这个阶段，应鼓励宝宝走路，创造条件，使宝宝安全地走来走去。尤其对那些胖小子和"小懒蛋"更该多加帮助，使他早些学会走路。

跑步训练

训练宝宝跑步的能力，要多与宝宝玩捉迷藏、找妈妈的游戏。在追逐玩耍中有意识地让宝宝练习跑和停，渐渐地宝宝会在停之前放慢速度，使自己站稳。最后宝宝能放心地向前跑，不至于因速度快、头重脚轻而向前摔倒。

上台阶训练

如果宝宝行走比较自如，爸爸妈妈可有意识地让宝宝练习自己上台阶或楼梯，从较矮的台阶开始，让宝宝不扶人自己上，逐渐再训练自己下楼梯。

掷球训练

爸爸妈妈可以与宝宝一同掷球，并说："扔到我这边。"爸爸妈妈各站一边，宝宝站中间，让宝宝学向两个方向扔球。

学跳、学倒退走训练

让宝宝练双足跳，拖着玩具倒退走，或做"你来我退"的游戏，练习能较稳定且持续地倒退走。

宝宝户外运动小游戏

宝宝很喜欢活动，但他的手脚、躯干动作的协调还需要训练。这时，爸爸妈妈要常带宝宝到户外玩，除了让他自由活动外，还可以做一些游戏。下面这些游戏可由爸爸妈妈带宝宝一起做。

小猫捡球
★ 适合月龄：1～1.5岁的宝宝

游戏过程：场地上放1条2米长的垫子，垫子一端放着4个皮球，让宝宝扮成小猫坐在垫子的另一端，妈妈扮猫妈妈。

游戏开始后，妈妈说："小猫快爬到前面把球捡起来吧。"接着让宝宝在垫子上朝前爬，宝宝捡起球便随手放在篮子里，而后再爬回来。

游戏目的：通过游戏，练习宝宝膝着地爬的动作并按指定方向走。

翻筋斗
★ 适合月龄：1～1.5岁的宝宝

游戏过程：宝宝有时候会试着弯下腰身，从自己的两条腿间去看翻转的世界，妈妈在这个时候就可以利用这个机会，顺势抓住宝宝的大腿和腰部，协助宝宝完成被动式的翻滚，让宝宝在这种被动的引导下尝试翻筋斗，逐渐就可以自主完成。

游戏目的：训练宝宝的平衡感，使宝宝的手臂和腿部更有力。同时对宝宝行走的平衡感也有很大的帮助。

能屈能伸
★ 适合月龄：1～1.5岁的宝宝

游戏过程：妈妈与宝宝面对面地站着。然后让宝宝看妈妈做的动作。妈妈说到"变小了"的时候迅速蹲下；当妈妈说到"长大了"的时候迅速站起来，这样反复进行几次。当宝宝也学会的时候，妈妈就开始喊"变小了"，让宝宝迅速蹲下，然后再喊"长大了"，让宝宝再迅速站起来，反复进行几次。

游戏目的：通过口令让宝宝做各种动作，可以训练宝宝的反应速度，还可以锻炼宝宝的动作协调能力，让宝宝可以更自如地控制自己的动作。

宝宝精细运动小游戏

爸爸妈妈在生活及游戏中，要随时训练宝宝手的精细动作，如拾积木、穿珠子、穿扣眼儿、拼扳、串塑料管、捏泥塑等等。爸爸妈妈要尽早训练宝宝左右手握、捏等精细动作。

穿珠子比赛
★ 适合月龄：1～1.5岁的宝宝

游戏过程：妈妈准备一些珠子和一些绳子，和宝宝比赛穿珠子。妈妈可以先做一次示范，告诉宝宝必须在孔的另一侧将绳子提起，否则将前功尽弃。

游戏目的：这个动作要经过反复练习才能熟练，渐渐可加快速度，并提高准确性。这个游戏是手、眼、脑协调训练的好方法。

书上开小花啦
★ 适合月龄：1～1.5岁的宝宝

游戏过程：妈妈把书放在桌子上，然后一页一页地把它们卷成花的状态。引导宝宝用食指伸进每一朵花里，再一张一张地把它们翻开。如果开始宝宝犹豫着不这样做，妈妈可以示范一两次，成功后再卷起书，让宝宝翻，如此循环游戏。

游戏目的：训练宝宝的手眼协调能力、模仿能力和手指精细动作能力。

扣纽扣、解纽扣

★ 适合月龄：1～1.5岁的宝宝

游戏过程：妈妈先教宝宝扣纽扣的动作，第一次教时一定要仔细、耐心，慢慢完成扣的动作。当宝宝熟悉扣纽扣的全部过程后，爸爸妈妈各自拿一件衣服和宝宝一同比赛，看看谁最先把纽扣扣完。扣完后，爸爸或妈妈再教宝宝解纽扣，注意要和教扣纽扣一样的耐心细致。

游戏目的：这个游戏锻炼宝宝生活自理能力，训练手眼协调，体会与别人比赛时的兴奋感。

小胳膊的力量

★ 适合月龄：1～1.5岁的宝宝

游戏过程：爸爸带宝宝走到单杠的所在地，然后把宝宝举起来，引导宝宝用双手抓紧单杠，然后爸爸妈妈可以慢慢松手，先用手臂在下面托着宝宝的小屁股，然后慢慢撤掉力量，让宝宝靠自己的小手臂的力量和手掌的力量抓紧单杠，慢慢体验在空中荡的感觉。

游戏目的：训练宝宝抓握能力，并且强化手臂部分肌肉的能力和强度。

和豆豆做游戏

★ 适合月龄：1～1.5岁的宝宝

游戏过程：把小碗装满五颜六色的豆子，妈妈教宝宝抓起满满的一把豆子，然后把手松开，让豆子从宝宝的指缝间溜走，然后反复这样进行。妈妈可以一边进行游戏，一边说"红豆绿豆，吃了长肉。"让宝宝一边游戏，一边学着说歌谣。

游戏目的：锻炼宝宝手指抓握和释放能力，使宝宝的手指更加有力，帮助宝宝自如地控制手掌力量。

宝宝社会交往与认知能力培养

当宝宝出生时，宝宝就踏上了与人沟通、与人交流、健康成长的人生旅途。因此，培养宝宝的人际交往能力是非常重要的。

宝宝人际交往能力培养

在宝宝社交能力发育和培育的过程中，往往会出现一种情况：宝宝在熟悉的环境里非常活跃，但在生疏环境中则会显得拘谨甚至胆怯。这是由于宝宝对外部环境缺乏足够的认知和心理准备，也就是说宝宝缺乏对环境的适应能力和早期的社交能力。爸爸妈妈一定要注意这一点，尽量多给宝宝创造机会启发宝宝的人际交往能力。

有礼貌

爸爸妈妈将宝宝送到幼儿园时，要让宝宝对老师说："老师早！"走的时候爸爸妈妈要与宝宝一起对老师挥挥手说："再见"。这个训练是对宝宝进行人际交往中的礼貌教育。

独自玩

为宝宝准备他喜欢的玩具，如小汽车、积木、布娃娃、图片等。然后，在可以观察到的范围内，鼓励宝宝坐在地板或地毯上自己玩。这样会培养宝宝的独立性。在玩的过程中，如果宝宝提出问题，要实事求是地认真回答，不能搪塞或敷衍了事。

教宝宝向别人表示友好

培养宝宝的交往能力，爸爸妈妈要教育宝宝用礼貌的方式和别人打招呼、表达自己希望交往的意愿，告诉宝宝小朋友是他的小伙伴，两个人要成为好朋友，要相互握握手，说声"你好"。

分享食物与玩具

还可以指导宝宝用行动来表示友好，比如，告诉宝宝要把自己最喜欢的巧克力糖拿出来招待客人，或者让别人玩他心爱的玩具。有时，即使是让别人碰一碰自己喜欢的东西，都体现了宝宝的友好态度，爸爸妈妈应表示肯定和鼓励。

不说粗话

告诉宝宝对人一定要有礼貌，不可说粗话。有些说粗话宝宝根本不懂得其本身的意思，听到别人说话，觉得好玩就学说了出来。

爸爸妈妈听到之后应及时制止，明确表示出不喜欢宝宝的这种举动，告诉他哪一句是对人不礼貌的话，会让人觉得你对人家很不友好，好宝宝不要去学这样的话。

爸爸妈妈的态度要坚决，但是不要有过于强烈的反应，以免使宝宝感觉到这句话怎么就那么容易引起爸爸妈妈的注意？好奇之余，反而加深了宝宝的印象。

在这方面，爸爸妈妈一定要以身作则，使宝宝受到耳濡目染，自然养成友好待人的习惯。

宝宝认知能力训练

这时宝宝能够根据物品的用途来给物品配对，比如茶壶和茶壶盖子是放在一起的。这些都是宝宝认知能力发展的表现，说明宝宝开始为周围世界中的不同物品分类并根据它们的用途来理解其相互关系。爸爸妈妈可以根据宝宝认知能力的发育特点，进行合理的培养训练。

认识自己的东西

宝宝的用品要放在固定的位置，让宝宝认识自己的毛巾、水杯、帽子等，也可进一步让宝宝指认妈妈的一两种物品。

配对

宝宝的用品要爸爸妈妈先将两个相同的玩具放在一起，再将完全相同的小图卡放在一起，让宝宝学习配对。

在熟练的基础上，将两个相同的汉字卡混入图卡中，让宝宝学习认字和配对；也可写阿拉伯数字1和0，然后混放在图卡中，让宝宝通过配对认识1和0；配对的卡片中可画上圆形、方形和三角形，让宝宝按图形配对，以复习之前学过的图形；用相同颜色配对以复习颜色。放在固定的位置，让宝宝认识自己的毛巾、水杯、帽子等，也可进一步让宝宝指认妈妈的一两种物品。

认识自然现象

爸爸妈妈要注意培养宝宝的观察力和记忆力，并启发宝宝提出问题及回答问题。比如，观察晚上天很黑，有星星和月亮；早上天很亮，有太阳出来。通过讲述，使宝宝认识大自然的各种现象。

模仿操作

每天爸爸妈妈都要花一定的时间与宝宝一起动手玩玩具，如搭积木、插板等，给宝宝做些示范，让宝宝模仿。此外，还可以给不同大小、形状的瓶子配瓶盖以及将每套玩具放回相应的盒子内。

宝宝生活自理训练与个性培养

1岁之后，宝宝的自理能力要进一步完善。要使吃、睡、排便规律化，这几方面是中枢神经系统发育成熟的表现，能促使宝宝体格和大脑正常发育。因此，爸爸妈妈要在这个时期训练宝宝学会用语言表达吃、睡、排便的要求，会用杯子喝水，会用勺子，会自己用手拿东西吃，会自己去排小便，并能控制排大便。此外，还应注重个性的培养。

宝宝生活自理能力大训练

在宝宝1岁之后，爸爸妈妈应抓住日常生活中每一件小事训练宝宝的生活能力，比如，教宝宝自己脱衣裤，每次外出时让宝宝自己把帽子戴上。可以先让宝宝自己试着做，必要时爸爸妈妈再帮助，主要是给宝宝锻炼的机会。一般，每日练1～2次，直到学会为止。

认路回家

爸爸妈妈每次带宝宝上街都要让宝宝学认街上的商店、信箱、大的广告画和建筑物等标志。回家时让宝宝在前面带路。刚开始宝宝只能认识自己家门口，后来从胡同口就能认路，再后来就能从就近的东西认得胡同口而找到自己的家。

自己吃饭

培养宝宝用匙子自己吃饭，能将碗中食物完全吃掉，不必妈妈喂。渐渐地从减少喂到完全自己吃，在这期间要不断称赞宝宝吃得干净。

脱去上衣和裤子

训练宝宝的穿脱衣能力。开始，爸爸妈妈要将扣子松开，让宝宝自己脱下上衣。在学习脱去裤子时，先替他将裤子拉到膝部，由宝宝脱下。

以后提醒宝宝自己先将裤子拉到膝盖处，再进一步脱下。每天睡前和洗澡之前都让宝宝自己脱衣服，并养成习惯。

宝宝独立能力培养

1岁左右的宝宝就可以进行独立自主能力地培养了。首先，要正确地认识和理解宝宝。爸爸妈妈要了解宝宝在各个年龄阶段所普遍具备的各种能力。知道在什么年龄，宝宝应该会做什么事情了，那么就可以放手让宝宝自己的事情自己做，而不依赖于别人。此外，爸爸妈妈还要了解宝宝的"特别性"，知道宝宝有哪些地方与其他宝宝不同，对这些特别之处，要相应的采取特别的教育。

如果有的能力是宝宝的强项，爸爸妈妈可以用更高的标准来要求他，若是宝宝生性敏感、胆小，就应该多鼓励宝宝大胆尝试。此外，在进行宝宝独立性培养的时候，爸爸妈妈要做到以下3点：

给予充分的活动自由

宝宝的独立自主性是在独立活动中产生和发展的，要培养独立自主的宝宝，爸爸妈妈就要为宝宝提供独立思考和独立解决问题的机会。

建立亲密的亲子关系

作为爸爸妈妈，要让宝宝充分感受到你们的爱，与他建立良好的亲子关系，从而使宝宝对你和周围事物都具有信任感。之所以宝宝独立自主性的培养，需要以宝宝的信任感和安全感为基础，是因为只有当宝宝相信，在他遇到困难时一定会得到帮助，宝宝才可能放心大胆地去探索外界和尝试活动。因此，在宝宝活动时，爸爸妈妈应该陪伴在他身边，给他鼓励。

循序渐进，不随便批评

独立自主性的培养是一个长期的过程，需要循序渐进地进行，爸爸妈妈切不可急于求成，对宝宝的发展作出过高的、不合理的要求，也不能因为宝宝一时没有达到你的要求，就横加斥责，应先冷静地分析一下宝宝没有达到要求的原因，以科学的准则来衡量，然后再做出相应的调整策略。

宝宝音乐与艺术智能培养

1岁多的宝宝，开始学习说话、走路，参与音乐活动的机会也更多一些。在听音乐的过程中，一些节奏鲜明、短小活泼的乐曲，会帮助宝宝随音乐合拍地做拍手、招手、摆手、点头等动作，然后逐步增加踏脚、走步等动作。这时，如果你给宝宝一盒蜡笔，宝宝不再抓到就送到嘴里，而是开始尝试把手里的物品拿来敲、扔、拍、舞动等等，如果这时候给宝宝提供画具，宝宝会拿起笔在纸上涂鸦，以上这些说明，宝宝已崭露出艺术潜能了。

宝宝音乐智能培养开发

0～3岁宝宝的音乐活动，是人生最早的音乐活动，不仅是发展宝宝的音乐素质和能力的需要，也是发展宝宝的智力才能、陶冶性情和品格的需要。宝宝能否从音乐活动中得到应有的发展，关键在爸爸妈妈，为了宝宝身心健康地成长发展，要重视宝宝各方面的教育和发展，为宝宝的成长发展奠定良好的基础。

拍拍踏踏

要求宝宝按歌词内容合拍地做拍手、拍腿、踏脚的动作，并要动作合拍、协调、灵活自如。这种歌舞，可以培养宝宝手脚协调、合拍地做动作。

选择合适的歌曲

适合宝宝歌唱的歌曲，主要指适合宝宝理解、感受、演唱和表达的歌曲。如能感受到情绪情感、能反映宝宝生活和宝宝能理解的事物的歌曲。歌曲的选择直接关系到宝宝歌唱能力和兴趣的发展，对于好歌，宝宝会曲不离口。

歌曲的篇幅要短小，节奏要简单、定调要适合宝宝的歌唱能力，并且歌词要简练、上口、易懂、有趣味，旋律优美、能表达宝宝的情绪情感。

宝宝学涂鸦

涂鸦对宝宝来说是一种很常见的表达方式，也是一种对宝宝身心发展非常有意义的活动。宝宝1周岁以后便会拿起笔来乱涂乱画。这种情况会一直延续到2岁左右，这一阶段称为涂鸦期。在这一时期，宝宝没有意图，画出的线条只是手运动的痕迹。宝宝笨拙的小手抓住笔在自认为可以画的地方乱画，只要画出痕迹来就会心满意足。

宝宝涂鸦的准备

为了防止宝宝把家里的任何地方都当成画板，妈妈要为宝宝涂鸦做好充分的准备：在桌子上放上一些笔和纸，让宝宝用笔在纸上自由地涂鸦，开始的时候纸张可以大些，以后可以逐渐变小；也可以准备一个画架，告诉宝宝想画画的时候就去画架上画；此外也可以准备一面专门用来涂鸦的墙壁，总之应尽量满足宝宝涂鸦的兴趣。

教宝宝学涂鸦

小宝宝刚开始握笔时，会在一张白纸上乱戳，其"作品"往往乱七八糟、杂乱无章，这时爸爸妈妈不要着急，因为这对宝宝来说已经是一个质的飞跃了。

爸爸妈妈对于宝宝涂鸦应抱一种赞叹、惊喜、鼓励的态度，这种积极的态度会鼓舞宝宝用积极的心态去探索这个色彩斑斓的纸笔世界。如果这时爸爸妈妈有一丝着急、失望，对于宝宝都会是一种打击，敏感的宝宝也许会因此拒绝涂画游戏，甚至拒绝纸和笔，对学习行为产生反感。妈妈可以用游戏的形式教宝宝画点、线和圆圈。在宝宝掌握了点、线、圆圈的画法的基础上，妈妈应启发宝宝去观察简单的物体，逐渐训练宝宝能画出象征性的图形。

由于宝宝比较容易掌握画圆形，因此在教宝宝画简单的物体时，应该从圆形开始，如画苹果、糖葫芦等，再逐步过渡到方形、长方形的物体，例如画手帕、窗户等。此外，妈妈要有意识地在日常生活中引起宝宝对物体色彩的注意，培养宝宝对颜色的兴趣，逐步认识3～6种颜色：红、绿、蓝、黄、黑和褐色，并喜欢使用不同颜色的蜡笔绘画。

涂鸦是宝宝进行想象的一种手段，是发展想象力的途径。涂鸦和语言一样，传递着宝宝的情绪与感觉。通过涂鸦，宝宝站在原创的高度，不受任何限制地根据他的直觉挥洒他的创意，从中获得创作的乐趣与成就感。

宝宝艺术智能培养小游戏

小小的演奏家
★ 适合月龄：1～1.5岁的宝宝

游戏过程：妈妈先敲几下"小鼓"，然后让宝宝模仿，或者反过来，宝宝敲几下"小鼓"，妈妈再模仿。培养宝宝敲"小鼓"的兴趣。 然后就进入妈妈敲几下，宝宝也必须敲几下的阶段，反过来，宝宝敲几下，妈妈也必须敲几下，谁模仿错了就刮谁的鼻子。

游戏目的：培养宝宝音乐节奏感，还可以提高宝宝的模仿能力和记忆能力。

宝宝作家
★ 适合月龄：1～1.5岁的宝宝

游戏过程：请为宝宝的书取个名字吧，或许你可以征求宝宝自己的意见，他也许会有让你意想不到的主意。用美术纸装订的本子就是宝宝即将出炉的巨著啦，然后就要为这本书填充内容。你可以带着宝宝选出自己喜欢的图片，和她一起把图片粘贴在书页里，让这本书真正地成为宝宝自己创作的天堂。

游戏目的：和宝宝共同回忆他的生活，发现宝宝的爱好，培养宝宝的绘画兴趣。

不安分的1.5～2岁

DISHISIJIE

宝宝在一岁半到两岁之间的这个阶段，可能会让爸爸妈妈觉得有些头痛了，因为他越来越不安分，而且还会有他的小脾气，这时，爸爸妈妈要注意培养宝宝的自我控制能力。

宝宝个性情绪及生活自理训练

宝宝长到2岁左右，常常出现"我的、我要"或"宝宝走、宝宝吃"等词语，来表达自己的愿望与要求，当爸爸妈妈让他干什么时，他会说出"不、不要……"这时宝宝已经敢于向爸爸妈妈说不，并要跟大人对着干，或按他自己的意愿去干。

本阶段的宝宝一不顺心就哭，还发展到打人，心理学家把这一时期称为儿童的"第一反抗期"，也被称为不安分的年龄。对此家长不严加斥指责，要因势利导，必要时转移宝宝的注意力。通常，有反抗精神的宝宝长大后办事果断、有个性，同时也说明了宝宝支配自己的能力提高了，所以爸爸妈妈不必干扰宝宝的正常心理发育，而要进行正确合理的培养与引导。

"淘气包"的个性管理与培养

1.5～2岁的宝宝，喜欢冒险，喜欢高速摇摆的秋千和滑梯所带来的加速度快感，整天似乎都有用不完的精力。

"脏兮兮"的探险家

这时的宝宝在公共场所，总是爱乱摸东西，小手、小脸以及衣服总是脏兮兮的。真是见什么摸什么，可以说在宝宝的世界里是没有"脏"的概念的。

其实，这是宝宝对自己未知的世界充满了好奇，通过自己动手去探索、认识和了解世界、自娱自乐的一种方式。所以，爸爸妈妈不能因为怕"脏"而阻止宝宝的探索行为，脏了洗干净就可以了，重要的是要让宝宝自己在玩中学会思考和观察，比如沙子是一粒一粒的；水是可以流动的；石头是硬的；泥巴是软的等等，如果不通过亲身体验，宝宝又怎么能知道呢？

小小搬运工

这时宝宝不但爱到处乱走，而且还喜欢当"搬运工"，力气大小不说，见什么搬什么，对这项工作真可谓"兢兢业业，乐此不疲"。

宝宝这时不但对橱柜里的锅、碗、瓢、盘、桶感兴趣，而且家里的重物也是他感兴趣的对象，像饮水机上的水桶、纸箱等物品，这时家里的很多东西会经常在不应该出现的地方出现。

虽然家里被弄得乱七八糟，但爸爸妈妈对于宝宝的搬运行为还是应该采取支持的态度。因为每一次搬运对宝宝来说都是一次锻炼，看着东西从A点到B点的改变，宝宝会有成就感，这可以培养他的自信心。当然，爸爸妈妈应该注意把危险的东西收起来，在宝宝拿得到的地方放些容易搬运的东西来避免他因此受伤。

爱"抢夺"的小霸王

这时的宝宝还有一些让爸爸妈妈更头痛的"坏"习惯，比如电话响了他要抢着接；看电视的时候抢遥控器；把电视打开再关掉；用电脑的时候抢鼠标等等，俨然成了一个有"抢夺"欲望的小霸王，这些真认人十分头痛。

其实，宝宝的这些行为是不能用成人的眼光来衡量的。像宝宝抢电话、抢遥控器、抢电脑鼠标的目的除了好奇，更多的是他想模仿大人的行为。这就好比宝宝模仿大人的发音才能叫出"爸爸、妈妈"一样，也是宝宝成长的过程。因此，每当电话响了，爸爸妈妈最好让宝宝先听听里面的声音；在看电视的时候，如果要换台就让宝宝来拿遥控器……这样做不仅满足了宝宝的好奇心，也为他提供了充分模仿学习的机会，"抢"东西的"坏"习惯也就自然消除了。

其实作为爸爸妈妈，只要试着把所谓的"正确"放在一边，仔细观察、思考、探究一下宝宝这些行为背后的原因，所有烦恼就迎刃而解了。

宝宝情绪培养与训练

如果宝宝自我控制的能力很差，常常表现为容易分心、情绪表现有很多自发性、不容易满足、易冲动、有时还具有攻击性，爸爸妈妈可以经常和宝宝玩"藏猫猫"游戏或其他游戏，慢慢地培养宝宝的自我控制能力，增强宝宝的耐心程度。

分辨表情

妈妈在宝宝面前经常做出高兴或生气的表情，让宝宝知道什么是喜，什么是怒。如果宝宝拿糖给妈妈吃，妈妈就要表现出高兴的样子，使他知道做了让妈妈高兴的事；如果宝宝做了不该做的事时，要一边制止，一边表现出气愤的样子，并说"妈妈生气了"，让宝宝看到妈妈表情后终止自己不该做的行为。

宝宝生活能力培养训练

在这个时期要注重对宝宝生活能力的培养，妈妈应继续鼓励宝宝做力所能及的事，培养良好的睡眠、饮食、卫生等习惯和爱劳动、关心别人的品德。

教宝宝自己解开扣子，脱掉衣服，大小便后自己提裤子，洗手后用毛巾擦干手并将毛巾放回原处，自己用勺吃饭，游戏结束后将玩具收拾好放回原处等，这些都属于生活能力的范围。

一日三餐

可安排宝宝每日早、中、晚三餐主食，在早中餐及中晚餐之间各安排一次点心。

睡眠要规律

白天睡眠的次数逐渐减为1～2次，可根据作息时间，将宝宝白天的睡眠安排在午饭后，睡眠时间为1.5～2小时。宝宝改用新的作息时间需要有一个过程，家长可根据自己宝宝的身心特点，逐渐使宝宝的作息时间向新的时间过渡。

教育宝宝睡觉前刷牙

妈妈可以先教宝宝刷牙的方法：前面上下刷，里面左右刷，打开门儿横着刷、竖着刷。可以训练宝宝认识牙刷并知道牙刷的用途，还可以通过学习儿歌，教育宝宝从小养成讲卫生的好习惯。

饭前便后要洗手

对于宝宝来说，学会任何一种新的本领都是一件复杂的事。爸爸妈妈要有耐心，使宝宝能顺利地掌握构成技能的每一个动作。

培养宝宝生活自理的小游戏

小手洗干净
★ 适合月龄：1~2岁的宝宝

游戏过程：爸爸妈妈要准备一些讲卫生的图片，如教育宝宝饭前便后洗手可以使用字卡"洗手""干净"。

游戏目的：教育宝宝饭前便后要洗手，培养宝宝良好的卫生习惯。

学会生活
★ 适合月龄：1~2岁的宝宝

游戏过程：选择一个宝宝情绪愉快的时刻，让妈妈和宝宝相对而坐。妈妈拿梳子假装梳头，同时说"梳头啦"然后把梳子递给宝宝让她也做梳头的动作，妈妈在一旁继续说"梳头啦"。此外，还可以做刷牙、洗脸等动作，让宝宝去模仿。

游戏目的：让宝宝模仿成人的生活，学习与人交往，发展良好的社会情感和生活情感。

洗手帕

★ 适合月龄：1.5～3岁的宝宝

游戏过程：妈妈和宝宝围坐在一起，妈妈自问自答："脸上出汗怎么办，用手绢擦擦汗。"接着用手绢在脸上一上一下的擦汗，鼓励宝宝拿出手绢模仿妈妈的样子擦汗。妈妈又自问自答"呀，手绢脏了，让我们来洗洗吧。" 妈妈做搓手绢的动作，鼓励宝宝模仿，告诉宝宝手绢洗干净了，妈妈要把手绢晾起来，给宝宝示范晾手绢的动作。

游戏目的：这个个游戏能培养宝宝自理能力。

宝宝动作智能开发与健身训练

快2周岁的宝宝，随着自己能够独立走路，他不再愿意爸爸妈妈进行干预。他喜欢尝试着自己拉着玩具走来走去，听着那可拖拉的手推车、小鸭子、小马拉车等玩具发出的不同声音，想象着玩具的动作，玩得不亦乐乎。

大运动智能培养训练

这时的宝宝运动能力强，尤其喜欢追着别人玩，也喜欢被别人追着玩。爸爸妈妈可以利用宝宝的这种特点，和他一起玩互相追逐的游戏，帮助他练习走和跑。这时的宝宝有起步就跑的特点，爸爸妈妈注意不要让宝宝跑得太远、太累，要注意安全。

此阶段宝宝大运动智能发展	
攀登	在爸爸妈妈的保护下，能在小攀登架上、下2层
迈过障碍	能迈过8～10厘米高的杆
钻圈	能先低头、弯腰、再迈腿
投掷	能将50克重的沙包投出约爸爸妈妈的一臂远

爬上高处

让宝宝搬个板凳放在床前或沙发前，先上板凳，上身趴在上面，然后把一条腿抬起放在床上，帮助他爬上去。宝宝渐渐就能学会在爬上椅子，再到桌子上够取玩具。

但是，注意宝宝独自够取高处之物时，会有一定危险，爸爸妈妈应将热水瓶及可能伤害宝宝的物品移开，桌子上不要铺桌布，不放易烫伤宝宝的物品，以免发生意外事故。

扶栏上、下楼梯

平时，妈妈可以训练宝宝学习上、下楼梯，开始时选择的楼梯不要太多层，以便于宝宝能够较顺利地上完楼梯，体验成功的快乐。

练习跑步

在风和日丽的时候，妈妈可以带宝宝到户外进行活动，可以通过与宝宝一起玩捉迷藏、找妈妈的游戏，引导宝宝练习跑步。

在追逐玩耍中提示宝宝"你快点跑哇！我在这里等着你哦！"有意识地让宝宝练习跑，渐渐地还要告诉宝宝在停之前放慢速度，使自己站稳。

训练走直线

在宝宝行走自如的基础上，可以玩一些走直线的游戏。妈妈可以将五块地板砖比作桥，让宝宝练习从桥上走，也可以带宝宝到室外，画一条直线，叫宝宝踩着线走，通过训练，提高宝宝的平衡能力。

大运动智能开发小游戏

捉蝴蝶
★ 适合月龄：1～2岁的宝宝

游戏过程：妈妈用纱巾做蝴蝶的翅膀，披在双肩上，做蝴蝶飞的动作。边跑边对宝宝说："蝴蝶飞来了，宝宝快来捉。"宝宝跑着追蝴蝶。跑了数圈后，妈妈渐渐放慢脚步，故意让宝宝追到。游戏进行数次后，让宝宝扮演蝴蝶，妈妈在后面追，直至捉到蝴蝶为止。

游戏目的：此项游戏可训练宝宝平稳地学跑，活动四肢，增强手眼协调能力。

小小斗牛士
★ 适合月龄：1.5～2岁的宝宝

游戏过程：游戏开始时，让宝宝俯卧在毯子上，两手向前举起伸直，爸爸妈妈拉着宝宝的两手说："小树苗，快长高！"同时拉着宝宝的双手向上提，宝宝就从俯卧位改变为跪位。妈妈接着再说："小树，小树，快长高！"拉着宝宝的手再往上提，使其从跪位改变成蹲位，最后让宝宝站立起来。

游戏目的：训练宝宝俯卧、跪立、下蹲、站立等动作。

跨越练习
★ 适合月龄：1.5～2岁的宝宝

游戏过程：在游戏场地中，先将单个彩色粗绳或小玩具以障碍物的形式置于地面，由爸爸妈妈在一旁引导并保护宝宝从上面进行跨越，待宝宝熟练游戏过程后，可逐步增加障碍数量，让宝宝一个接一个地跨越。

游戏目的：锻炼宝宝的行走能力、跨越能力和平衡能力，促进宝宝的大脑发育和身体健康。

小小斗牛士

★ 适合月龄：1.5～2岁的宝宝

游戏过程：妈妈站在离宝宝五步远的地方，吹起哨子吸引宝宝的注意力，然后从身后突然地像变魔术一般把那块可爱的布拿出来，一边喊鼓励宝宝过来的话，一边引导宝宝闯过那块布。

游戏目的：锻炼宝宝四肢的配合能力以及平衡能力。

踏步走直线

★ 适合月龄：1.5～2岁的宝宝

游戏过程：用绳子在客厅的地上拉一条直线，并以胶纸紧贴牢固。向宝宝示范用脚跟碰脚尖的方法交互前进，双手可以向左右张开以保持平衡，或手持物件前进；除了直线外，前进的路线也可按宝宝的能力设计成弯弯曲曲，中途更可加设障碍，增加游戏的趣味。

游戏目的：让宝宝学会保持身体平衡。

跳高投篮

★ 适合月龄：1.5～2岁的宝宝

游戏过程：在家爸爸妈妈可准备一只小篮筐，让宝宝将小球投入篮筐中，可以练习跳起来投球。

游戏目的：这个游戏可以锻炼宝宝手部动作的控制力以及对空间距离的判断力等，有利于宝宝右脑的开发。

宝宝精细动作训练

这个时期，爸爸妈妈可以通过游戏、手工制作，鼓励宝宝做力所能及的事，促进手部动作的稳定性、协调性和灵活性，以促进宝宝精细动作能力的发展。这时宝宝的精细动作可达水平：

折纸：会折2～3折，但不成形状。

搭积木：能搭高5～6块。

穿扣眼：用玻璃丝能穿过扣眼，有时还能将玻璃丝拉过去。

握笔：在爸爸妈妈的带领下，初步会握笔，在纸上画出道道。

穿衣裤：会配合大人穿衣裤，会脱鞋袜。

这时爸爸妈妈应根据宝宝的能力特点，进行合理的培养。

精细动作智能开发小游戏

宝宝传笔
★ 适合月龄：1.5～2岁的宝宝

游戏过程：爸爸或妈妈用食指与中指将笔夹住，然后将笔传给宝宝，轮流地传来传去，如果不小心把笔掉在地上，可以重新开始。先是传比较轻的彩笔，再传比较重一点的钢笔。待宝宝熟悉整个游戏过程后，可以先让宝宝开始传，让宝宝自主选择他自己喜欢的笔开始传。

游戏目的：这个游戏让宝宝学会手眼协调，精细化的手部训练也会让宝宝的思维变得更敏捷。

给杯子排队
★ 适合月龄：1.5～2岁的宝宝

游戏过程：妈妈把几个大小各异的杯子和碗摆在宝宝面前，依次用大杯子套在小杯子上，组成一摞。再把小杯子从大杯子中一个个拿出，排成一排。妈妈只做一次，宝宝就会按捺不住要自己动手了。开始宝宝可能动作不是很协调，总会做错，多做几次宝宝一定能够达到期望的目标！

游戏目的：培养宝宝的观察能力、动手能力以及在实践中的思考能力。

用脚取物
★ 适合月龄：1.5～2岁的宝宝

游戏过程：把纸杯倒放在地上，宝宝坐在地上，双手触地支撑身体平衡，用脚趾将纸杯夹起来。同样将碗和毛绒玩具放在地上，让宝宝尝试着用脚趾夹起相对较重的碗和材质柔软的毛绒玩具。

游戏目的：让宝宝学会灵活地运用双脚脚趾，并能用脚去感受不同材质的物体。

翻书页练习
★ 适合月龄：1.5～2岁的宝宝

游戏过程：妈妈在给宝宝看书时，有意识地让宝宝自己翻书页。刚开始，宝宝可能不知道怎么下手，乱翻一气。此时，妈妈不要着急，也不要担心书会被撕坏而不给宝宝练习的机会，而是要反复给宝宝做正确的翻书示范，不断练习后，宝宝就能慢慢学会用正确的方法翻书了。

游戏目的：可以有效地训练宝宝手指的肌肉运动，增加灵活性。

宝宝，斗斗飞喽
★ 适合月龄：1.5～2岁的宝宝

游戏过程：爸爸或妈妈轻轻拿起宝宝的小手，拿起宝宝的食指将它们指尖对拢又分开。爸爸妈妈在和宝宝游戏时，同时要说"宝宝，斗斗飞喽！斗斗飞喽！"当说到"斗斗"时，爸爸或妈妈将宝宝的食指指尖合拢在一起；当说到"飞"时，将宝宝食指指尖迅速分开。

游戏目的：这个游戏可以很好地培养宝宝的语言理解能力、动手能力以及手部细微动作的协调能力。

巧手剥棒棒糖

★ 适合月龄：1.5～2岁的宝宝

游戏过程：爸爸妈妈把盒子拿给宝宝，示意宝宝自己打开。当宝宝成功打开后，再鼓励其认真观察棒棒糖纸上的图案并剥开。宝宝成功做到后，妈妈可以和宝宝一起分享美味的棒棒糖。

游戏目的：培养宝宝的观察能力、耐心和精细动作能力。

宝宝语言能力培养及教育训练

宝宝在这个时期，语言能力发展进入了一个新阶段——学习阶段，在这一阶段，宝宝一步步地把语言和具体事物结合起来，开始说出许多有意义的词，语言发展较快的宝宝已经能说短句了，例如"爸爸再见""妈妈给我笔""爷爷奶奶好"等等。

这时宝宝喜欢看图画，听爸爸妈妈讲故事，常常一个简单的故事也喜欢重复听许多次。因此，爸爸妈妈可以借此时机培养宝宝对书的阅读能力及听故事的兴趣，并通过故事的形式对宝宝进行文化教育。

宝宝的语言能力培养

宝宝从1.5～2岁的语言能力发展，是从"被动"转向"主动"的活动时期，这时宝宝非常爱说话，整天叽叽喳喳说个不停，表现得极其主动。

在这时期宝宝学说话积极性很高，对周围事物的好奇心也很强烈，因此，这时爸爸妈妈要因势利导，除了在日常生活中巩固已学会的词句以外，还要让宝宝多接触自然和社会环境，在认识事物的过程中启发宝宝表达自己的情感，鼓励宝宝说话。

爸爸妈妈还应该为宝宝提供良好语言环境，增加宝宝与人交往的机会，并且要注意自己的语言，尽量做到发音正确，口齿清楚，语句完整，语法合理，使宝宝易懂、易模仿。

让宝宝同娃娃讲话

宝宝在玩布娃娃时，口里会不断地发出古怪的声音，讲一些让人听不太懂的话。随着宝宝一天天长大，宝宝语言能力不断提高，这时爸爸妈妈可以培养宝宝慢慢地模仿爸爸妈妈的口气说"噢，乖乖，不哭""饿啦，妈妈喂"等，让宝宝自言自语和娃娃一起玩。

说出一件物体的用途

在宝宝掌握了一些常用物品的名称之后，爸爸妈妈要告诉宝宝这些物品厂是做什么用的。可以先从宝宝最熟悉的物品开始让他了解其用途，例如勺子是吃饭用的、奶瓶是喝水的、饭碗是盛饭的等等。

然后，还可以进一步告诉宝宝钥匙是开门用的、雨伞是挡雨用的……让宝宝渐渐说出一些物品的用途。

说出自己的名字

在宝宝能够使用小朋友的名字称呼伙伴的基础上，教宝宝准确地说出自己的大名、性别和年龄。

也可以教宝宝记住爸爸和妈妈的名字，但是一般情况下，要让宝宝称呼为"爸爸"和"妈妈"，不可以直呼爸爸妈妈的名字。

语言能力开发小游戏

找个动物好朋友

★ 适合月龄：1.5～2岁的宝宝

游戏过程：妈妈拿出猫咪造型的玩具让宝宝认识并教他说"猫"，然后教他学猫的叫声"喵喵喵"，然后再依次出示狗、鸡、鸭的图片，让他认识并学会它们的叫声。等宝宝学会后，再进一步要求宝宝将玩具与图片配对做"找朋友"的游戏，若是找对了，就请他说出动物的名字，学叫声，并加以称赞。

游戏目的：让宝宝模仿动物叫声，发展语言能力，促进智力开发。

英文单词游戏

★ 适合月龄：1.5～2岁的宝宝

游戏过程：事先想好一个长一点的单词，找出相应字母，让宝宝利用这些字母拼出这个单词。

游戏目的：增加宝宝的英语词汇量，有利于宝宝提早接触英语，并激发宝宝对英语的兴趣。

我的相册

★ 适合月龄：1.5～2岁的宝宝

游戏过程：妈妈在宝宝每次活动的时候可以多拍一些相关的照片，里面可以有宝宝玩时的相片、有宝宝洗澡时的照片……把照片顺序排好，并和宝宝一起为照片添一些说明。例如："这是我的枕头""这是妈妈的手套""我在洗澡"等等。

游戏目的：帮助宝宝学说简单的句子，初步了解照片的特点，让宝宝对周围事物和活动更感兴趣，更有好奇心！

数学思维及想象力开发训练

对宝宝进行数学启蒙教育要特别强调培养兴趣，爸爸妈妈要采用游戏的方法，在日常生活中渗透数学教育。此外，这个时期还要开发宝宝的想象力与创造力。可以说每个宝宝都有丰富的想象力，但宝宝的这种想象力往往未被爸爸妈妈注意到，并且更多的是被忽视了、甚至被斥责了，对此，爸爸妈妈一定要注意，不要让宝宝的想象力在有意无意中被扼杀。

数学启蒙训练

宝这个时期的宝宝空间意识加强，他们具备上下、里外、前后方位意识，并且知道空间是一个具体概念。同时，他们的逻辑思维能力也在加强，对于图形、色彩、分类等与数学相关的概念都能掌握。

爸爸妈妈应该在生活和游戏中多教宝宝一些相对概念，如大与小、高与矮等，并让宝宝进行比较，同时还要和宝宝多玩一些归类、配对游戏，促进他们逻辑推理能力的发展。

配配对

爸爸先取红色、黄色、白色等不同颜色的小球若干，然后，任意取出一种颜色的小球，再让宝宝取颜色相同的小球，进行配对。

当家中有两个或两个以上的宝宝时，爸爸妈妈还可以进行"看谁拿得又对又快"的游戏。

分分类

爸爸准备一副扑克牌，让宝宝按花色形状分成几堆，如按方块或红心。随后，可以让宝宝按红色和黑色分类，最后可按数字分类。这是一种学习颜色、形状和数字概念的极佳的游戏。

数学启蒙小游戏

玩具叠叠乐
★ 适合月龄：1.5～2岁的宝宝

游戏过程：爸爸或妈妈准备好宝宝平时玩的各种玩具，然后跟宝宝一起把玩具摆起来；宝宝熟悉了摆放的方法以后，鼓励宝宝把同样的玩具摆在一起。爸爸妈妈还可以提出一些新的有意思的分类标准，比如把用布做成的玩具放在一起等等。

游戏目的：让宝宝学会顺序与分类。

欢乐宝宝跳飞机

★ 适合月龄：1.5～2岁的宝宝

游戏过程：妈妈协助宝宝把大数字板铺在地上，然后妈妈发出指令让宝宝跳到相应的数字上，比如妈妈说"1"，宝宝就跳到写有数字"1"的数字板上。然后加大难度，比如让宝宝把左手放在有数字"6"的数字板上等等。

游戏目的：让宝宝学会跳跃、抓取和认识数字。

想象力的发展与培养

宝宝想象力的发展，在各年龄阶段都有不同的变化，爸爸妈妈应根据宝宝发展情况来培养。

宝宝在1岁半以后，就开始玩假装游戏，但这时宝宝的假装游戏还比较简单，基本没有什么创新的成分，大多是他生活的简单重复，与周围人群的生活没有什么联系。到了2周岁时，宝宝的假装游戏则加入了一些比较复杂的内容，宝宝可能通过观察与思考，慢慢尝试概括自己或他人日常生活中的一些行为，再将这些行为加入到他的假装游戏中去。

这时宝宝往往会学着爸爸妈妈的样子，拿起一个玩具电话，对着话筒说："喂！你好！你是谁呀？你在哪里呀？"然后进行一番听起来十分有趣，但是不见得合乎逻辑的"对话"，最后他也会煞有介事地跟对方说"拜拜"，并挂断电话，结束他的通话游戏。总之，这时的宝宝会利用自己的综合生活经验，让一些新的生活经验变得更有意义。培养宝宝的想象力，爸爸妈妈可以在宝宝1岁半以后，在与宝宝的游戏中增加一些较为复杂的内容，以促进宝宝的思维发展。

想象力开发小游戏

快乐拼图
★ 适合月龄：1.5～2岁的宝宝

游戏过程：爸爸或妈妈将其中一页上某个人物例如小兔子、猪八戒、小乌龟等等剪成三四片比较大的部分，然后把这几部分纸片放到硬纸板上，让宝宝把它们拼到一起，再恢复原来的完整图案。

游戏目的：提高宝宝记忆力、想象力以及对图形的识别能力。

小小建筑师
★ 适合月龄：1.5～2岁的宝宝

游戏过程：妈妈把积木摆在宝宝面前，然后在他面前示范怎么搭积木，引起宝宝的兴趣以后，让宝宝自己动手搭积木。

游戏目的：训练宝宝的模仿能力、动手能力以及早期的创造能力。

宝宝认知与社会交往能力培养

这个时期，宝宝不但在语言能力上有了突飞猛进的发展，而且记忆力也日渐增强，因此，这一时期要训练宝宝多交谈、多模仿、多参加一些有助于认知能力和理解能力发展的游戏，因为这时的宝宝开始喜欢探索，想找到事物之间更深一层的关系，所以，爸爸妈妈应多让宝宝在游戏中体会自己获得的成就。

认知能力培养与开发

在这个年龄，宝宝能够区别出少与多，能够明白1就是指一个物体，2、3等数词就表示多个物体，不过真正计数还要到宝宝更大一些才会。这一时期，宝宝记忆力与观察力大大增长，爸爸妈妈要注重宝宝这两方面能力的培养。

记忆力的培养

实物记忆：让宝宝回忆起不在眼前的实物，妈妈可给宝宝一件玩具，让宝宝注视着你将玩具放到盒中，盖上盖子，再让宝宝说出盒中玩具的名称。

词汇记忆：妈妈在讲述宝宝较熟悉的故事或教宝宝念宝宝熟悉的童谣、唱宝宝熟悉的歌时，可以有意识地停顿下来让宝宝补充，由易到难。

开始时可以让宝宝续上单字，以后可逐渐让宝宝续上一个词、一句话，这既可促进宝宝记忆力的提高，还可发展宝宝的语言能力。

观察能力的培养

比较高矮：让宝宝看爸爸比妈妈高，宝宝比妈妈矮。用玩具比比看，哪种动物高，哪种动物矮，或直接带宝宝到动物园实地参观。

培养上下、里外、前后方位意识：比如游戏时说："球在箱子里。""小车在箱子外面。"等等。

辨别多少：如分糖果给家人，看看分的是否一样多，放桌上比比看谁多谁少。也可以用专门的图画，训练宝宝认识多少。

宝宝社交能力训练

宝宝到1岁半时，就能够说50个词语，并呈级数增长。这时，宝宝开始把词连成句子，而且理解能力远远超出表达能力。当妈妈说"逛街去"，宝宝就会去拿鞋。到宝宝2岁时，就能够听从一些简单的指令，比如爸爸说"去拿本书"，宝宝就会去把书拿过来。

此时期的宝宝已有了语言，可以较多地和人交往，因此爸爸妈妈要教育宝宝初步懂得与人交往中一些简单的是非概念。

辨别是与非

在日常生活中，与宝宝一起评论简单的是非观念，使宝宝自己分辨哪些是好事，哪些是坏事。要注意及时表扬宝宝所做的每一件好事。用眼神和手势示意，防止宝宝做不应做的事。并利用讲故事和打比方的办法让宝宝猜想事情的后果。

爸爸妈妈应常带宝宝到户外、公园去玩，鼓励他与人交往，并引导宝宝仔细观察遇到的事物，告诉宝宝他遇到事物的名称和特点，以提高宝宝的交流能力。

打招呼

爸爸妈妈要经常示范早晨见到人要说"早上好"，离家时挥手说"再见"，接受东西要说"谢谢"，同时要鼓励宝宝模仿。

宝宝认知与社交能力开发小游戏

宝宝懂事了
★ 适合月龄：1.5～2岁的宝宝

游戏过程：妈妈把苹果递给爸爸，爸爸要说："谢谢"；爸爸把饼干递给妈妈，妈妈也说："谢谢"，"宝宝把苹果给妈妈，好吗？"若宝宝不会，妈妈轻轻取过来说："谢谢，宝宝真乖！"让宝宝也学会把苹果递给爸爸妈妈。

游戏目的：让宝宝在爸爸妈妈的言行中学会礼貌地同别人交往，发展良好的社交能力。

寻找心爱的小玩具
★ 适合月龄：1.5～2岁的宝宝

游戏过程：妈妈拿出一件宝宝最喜欢的玩具让他玩一会儿，然后当着宝宝的面用手绢盖住那个玩具，手绢的位置要是宝宝容易够到的地方，然后帮助宝宝把藏起来的玩具找到。可以稍微变换几个方向重复做这个游戏，边玩边问宝宝"玩具在哪儿？"并装作迷惑不解的样子。做过几次以后，宝宝就会知道玩具在哪儿并能自己把它找出来了。也可以换成其他的玩具或物品重复做这个游戏。

游戏目的：这个游戏让宝宝明白藏起来的东西并不是消失了，而是被其他东西遮挡住了，训练宝宝的分析能力，让宝宝学会寻找被遮挡住的东西，开发宝宝的早期智力。

颜料扩散的游戏
★ 适合月龄：1.5～2岁的宝宝

游戏过程：将准备好的颜料滴入水中，颜料在水中会迅速扩散，每次扩散的速度和形状都会不同。将彩色纸放进水里。当不同颜色的颜料从纸上分离时，还能观察到不同颜色的颜料相融的现象。

游戏目的：该游戏能让宝宝观察到不同颜料的扩散现象。

用水瓶演奏乐曲
★ 适合月龄：1.5～2岁的宝宝

游戏过程：分别在多个玻璃瓶内装入不等量的水，用塑胶棒敲打玻璃瓶。水量不同，玻璃瓶发出的声音也不同。此时，还可以一边唱歌、一边敲打玻璃瓶。

游戏目的：通过敲打玻璃瓶的游戏，能培养宝宝分辨声音的能力。

贴图游戏
★ 适合月龄：1.5～2岁的宝宝

游戏过程：让宝宝跟妈妈一起剪裁由宝宝亲手画的图案或杂志上的图案。依照不同的主题，把图案粘贴到墙壁或贴板上。如果以动物园或植物园为主题，将可以获得更好的效果。稍微装饰一下剪裁的图案，并贴上胶带，能保存很长时间。

游戏目的：经由剪裁和粘贴图案的游戏，能提高宝宝的认知能力，而且能锻炼小肌肉的力量。

静电游戏
★ 适合月龄：1.5～2岁的宝宝

游戏过程：用毛衣或干布摩擦塑胶板，然后把切碎的纸片放在塑胶板附近，由于静电的作用，碎纸片会吸附在塑胶板上面。改变纸片的大小和材质，然后将能吸附的材质和不能吸附的材质分类。

游戏目的：教宝宝认识静电，可以开发宝宝智力，促进大脑思考。

个性形成的2～3岁

DISHIWUJIE

这时的宝宝逆反心理出现了，凡事都想自己来做。好奇心和好胜心比较强，懂得通过争斗来统治别人。这时的宝宝手、眼、脑的协调能力进一步增强。

宝宝个性培养与生活自理训练

对于2～3岁的宝宝来说，许多令人兴奋的事情都发生在这个阶段，所以该阶段对宝宝是一个挑战。对于爸爸妈妈来说，这并不是一个令人讨厌的阶段，而是一个令人惊奇的阶段。

这时宝宝会处处模仿大人——妈妈扫地他也扫地；爸爸擦桌子他也擦。在自理能力上，开始学着大人的样子拿起牙刷刷牙。在个性上，这时宝宝既独立又依赖，因此好多做爸爸妈妈的都抱怨说："我家的宝宝快成了'小尾巴'了。"

宝宝的个性发展与培养

2～3岁的宝宝个性发展非常快，这时宝宝体会到了自己的意志力，懂得有可能通过争斗来统治别人。这时候宝宝的括约肌也开始发挥作用，宝宝学会了控制大小便，可是一旦失禁并挨了训斥，宝宝就会觉得羞愧。这个时期宝宝的性格可以从三个方面来描述：

活动性，即所有行为的总和，包括运动量、语速、充沛的活动精力等等；情绪化，即易烦乱、易苦恼、情绪激烈，这样的宝宝比较难哄；交际性，即通过社会交往寻求回报，这样的宝宝喜欢与别人在一起，也喜欢与别人一起活动，他们对别人反应积极，也希望从对方那得到回应。宝宝的性格是这三个部分的混合体，三部分的比例可能有多有少。

不同个性宝宝的培养方案		
好动的宝宝	好动的宝宝动个不停，睡眠不多，爸爸妈妈要适应他的这种特点，并且鼓励宝宝在其他两方面也要有所发展	
情绪化的宝宝	情绪化的宝宝爱哭闹，爸爸妈妈就要细心的照料、支持、指导和帮助宝宝，这样会让宝宝觉得更安全些，也就不会那么易于激动了	
爱交际的宝宝	爱交际的宝宝与好动的宝宝一起玩游戏能鼓励他们集中注意力，并延长他们集中注意力的时间	

宝宝的心理特征与教育

这时宝宝的逆反心理开始出现，并且好奇心也很强，于是凡事宝宝都想自己解决，但由于经验不足，不仅常常把事情搞砸了，也会给身边的人带来很多麻烦。此外，这时宝宝的依赖心理与分离焦虑情绪也很明显，由于这些个性特点，使宝宝很难与人相处。

依赖心理与分离焦虑

妈妈才刚离开一会儿，宝宝就早已鼻涕眼泪的涂了一脸，这到底是怎么回事呢？本阶段正是宝宝产生"依赖"心理之时，因此这时宝宝会对最亲近的人产生"分离焦虑"，他就像一块橡皮糖似的黏着妈妈，否则会哭闹不休，如此"依赖"会让妈妈很伤脑筋，在这时，爸爸妈妈常常会考虑是否应该将宝宝送入幼儿园。

逆反心理

由于各种能力的不断增长，宝宝会走、会跑、会说话，所以他会常常觉得："我已经长大了，可以自己完成所有的事。"以至于凡事都想自己来做，但是往往做得不是很好，弄得爸爸妈妈也跟着紧张。对于照顾者来说，2岁多的宝宝真是太难对付了，不闹时乖得像可爱的小天使，一旦发起脾气来简直像个"小恶魔"，实在让人不敢领教。

难以与人相处

2岁多的宝宝即使上了幼儿园，通常也是老师心中难缠的角色，因为这时的宝宝比较容易出现抢同学玩具的情形，偶尔还会出现咬人、推人的情况。其实，这与宝宝心理的变化有一定的关系。

宝宝刚从舒适的家里进入另一个陌生的环境，难免会有些不适应，在家里他是唯一的宝贝，他会理所当然地认为："所有的东西都是我的！"看到别人有的东西自己也想拥有，这是2岁宝宝的一个特性，也是爸爸妈妈和老师们最感棘手的问题。

2～3岁宝宝的心理教育

2～3岁的宝宝心理和行为都在发生变化。随着智力和语言能力的发展，宝宝开始有了一些属于自己的想法，但是由于没有自己处理事情的实践经验和能力，因此常常会有一些不容易让别人理解的行为出现，从而造成爸爸妈妈的困扰，增加了亲子之间的冲突。

了解宝宝的这些变化，并且对宝宝的行为加以理解教育，这是爸爸妈妈和宝宝相处的基础，以下几种教育方法，能使我们更好地和宝宝相处。

一致性的教育模式：如果宝宝已经入托了，爸爸妈妈要多与学校的老师沟通。爸爸妈妈可以将宝宝在家里的情况记录下来，然后将记录带到学校和老师一起讨论，建立起家庭教育和学校教育尽量一致的教育模式，这样才不会使宝宝无所适从，同时对宝宝的心理和行为也比较容易把握，易于引导。

故事教育：许多爸爸妈妈也许会质疑："和小宝宝讲道理，他能听得懂吗？"可千万别小看宝宝的能力，用宝宝听得懂的语言与他对话，效果通常都不错。很多时候，用讲故事的方式来引导宝宝，尝试和宝宝正向沟通，或许会有意想不到的效果。

坚持原则：不少爸爸妈妈在宝宝要脾气时，会采取妥协、满足宝宝的需求等消极的解决方式，以求能迅速地让宝宝安静下来。

但是如此反而会让宝宝更加任性，爸爸妈妈应该拥有正确的教养观念：疼爱宝宝，但不要溺爱宝宝，在宝宝淘气时要坚持原则；当宝宝吵闹时，要用他可以理解的话语告诉他，那样做是不对的。

培养宝宝良好的人格品质

3岁前期是个性的奠基和萌芽时期，从这时起培养宝宝品质，有益于宝宝将来成为一个热爱生活、有所作为的人。宝宝的良好品质大致有：爱心、快乐、信念、勇气、正直。

五种优良品质

五种良好的人格品质	
爱心	爱心是美的心灵之花，有助于形成良好的情操。爸爸妈妈本身具有一颗仁慈的心，宝宝能模仿和体验到爸爸妈妈的爱心，并能逐渐获得爱心
快乐	快乐的经历有助于造就高尚而杰出的个性，使人热爱生命。让宝宝做他自己想做的事情，并让宝宝在亲子交往中获得快乐，有助于培养宝宝乐观向上的精神和活泼开朗的性格
信念	在这时期虽然宝宝还谈不上有信念，但已经有了自己幼稚的计划和愿望，爸爸妈妈要慈爱而耐心地倾听，并予以鼓励
勇气	在宝宝遇到困难时，爸爸妈妈要鼓励宝宝有勇气和信心，自己想办法克服困难、解决问题
正直	拥有正直的品德才会拥有真正的朋友，获得真正的友谊。2～3岁的宝宝是靠最初的模仿来实践正直的品德的，所以爸爸妈妈应成为正直的典范

好品质的四个培养方法

使宝宝拥有良好品质，爸爸妈妈要从以下"四步"做起：

尊重并多给一些自由：培养宝宝优良的品质，首先爸爸妈妈必须学会尊重宝宝，并多给他一点自由，这对宝宝独立性与创造性的培养是非常重要的，而独立性和创造性的培养又是形成完美个性的重要内容。

因此，爸爸妈妈在对宝宝日常生活的照顾中，一定要从实际出发，尽力做到：让宝宝自己学习，自己作出各种决定；允许宝宝用更多的时间去学习新东西；指导宝宝去完成较难的任务；并且要注意倾听宝宝的需求……总之，要使宝宝受到尊重和重视，给他进行创造性尝试和独立思考的机会。

爸爸妈妈对宝宝表现出的任何一点创造性的萌芽，都要给予热情的肯定和鼓励，这样才能有助于宝宝从小养成独立思考和勇于创新的个性品质。

以身作则，树立榜样：爸爸妈妈要树立起榜样，要以自己的良好的个性品质去影响宝宝。宝宝大部分的行为方式，是模仿爸爸妈妈的行为学到的。

事实表明，爸爸妈妈的个性和特点，比运用任何技巧对宝宝的影响都大，因此，作为爸爸妈妈，应处处以身作则，注意运用自己好的个性去影响宝宝，并鼓励他也像爸爸妈妈一样。

表扬和批评要恰如其分：爸爸妈妈要运用适当的表扬和批评，帮助宝宝明辨是非，提高道德判断能力，这在宝宝个性发展中起着"扬长避短"的作用。不过，爸爸妈妈在表扬宝宝时，要着重指出宝宝值得表扬的品质、能力或其他方面的具体行为，而不宜表扬宝宝整个人，不宜笼统地加以肯定或赞赏。

健康的身体与情绪：培养宝宝的良好品质，要保证宝宝有个健康的体魄和愉快的情绪，因为一个人的个性往往与他的体质、情绪有关，宝宝如果长期身体不好，就会表现出性情忧郁；而宝宝身体健康，往往会表现出活泼可爱。

培养宝宝好品质的亲子游戏

二人三足
★ 适合月龄：2～3岁的宝宝

游戏过程：把绳子绑在妈妈和宝宝的脚上，一起向预定的终点进发；边走边可以喊"1、2、1、2"的口号，促进两个人行动一致。

游戏目的：让宝宝学会互相合作。

滚皮球
★ 适合月龄：2～3岁的宝宝

游戏过程：首先让宝宝身体平躺，妈妈可以轻轻推动宝宝左右滚动，边动边念儿歌："滚皮球，滚皮球，滚来一个大皮球，皮球起来了（将宝宝拉起），皮球滚远了（将宝宝滚到另一边）……"如此反复进行。

游戏目的：增进妈妈与宝宝的亲子关系，还可以增强宝宝的身体协调能力。

跷跷板

★ 适合月龄：2～3岁的宝宝

游戏过程：妈妈的大手牵着宝宝的小手，让宝宝坐在妈妈的脚上，用妈妈的大脚托起宝宝，然后妈妈的脚上下摆动，让宝宝找到跷跷板的感觉。

游戏目的：培养亲子之间的情感，营造和谐的家庭气氛。

跳个舞吧

★ 适合月龄：2～3岁的宝宝

游戏过程：妈妈把音乐播放出来，然后领着宝宝随着音乐翩翩起舞。

游戏目的：通过这种和宝宝互动的游戏，让宝宝的身体更加灵活，加深宝宝和妈妈之间的感情，培养宝宝的早期乐感。

未来的小明星

★ 适合月龄：2～3岁的宝宝

游戏过程：爸爸或妈妈在宝宝面前表演一些小动物的典型动作，比如学蝴蝶飞飞，兔子蹦蹦跳跳，小鸭子摇摇晃晃等，然后让宝宝模仿这些动物的动作。

游戏目的：这个游戏培养宝宝锻炼的意识以及参加体育活动的积极性，提高宝宝的身体素质。

迷你拔河

★ 适合月龄：2～3岁的宝宝

游戏过程：首先要分成两支队伍：爸爸一队，妈妈和宝宝一队。画好界线后就可以开始比赛了，只要一方把绳子中心点上的红布球拉过本方的限制线就获胜了。

游戏目的：培养宝宝的团队意识，培养宝宝的挑战精神，还可以使亲子间的互动更加密切。

扭扭胳膊，扭扭腰
★ 适合月龄：2～3岁的宝宝

游戏过程：妈妈做动作，让宝宝模仿妈妈的动作。首先将双手举过头顶，左摆一下，右摆一下。然后放下双手，将双手从胸前向身体两边伸展举平，做两次扩胸运动。然后双手叉腰，向左扭扭腰，向右扭扭腰，立直身体后左腿向前踢一次，右腿向前踢一次，然后双手在胸前击掌，向上跳三下。

游戏目的：这个游戏可以通过宝宝对妈妈动作的模仿，达到获得趣味、锻炼身体的游戏目的。这个时期的宝宝很喜欢模仿，并且做体操还可以增强体质。

宝宝穿衣能力培养训练

宝宝在上了幼儿园之后，必须要自己穿、脱衣裤，如果宝宝在家没有掌握这项本领，到了幼儿园后，看到别的小朋友会自己穿、脱衣裤，内心就会产生紧张甚至自卑的心理，这对宝宝尽快适应入园生活和心理健康发展会产生不良的影响。因此，爸爸妈妈必须在入园前，就教会宝宝自己穿、脱比较简单的衣物。

穿上衣训练

通常，宝宝的上衣有的前面系扣，有的套头，套头的衣服穿起来相对比较麻烦，因此爸爸妈妈可先从教宝宝穿前面系扣的衣服开始，再教他穿套头衫。刚开始，爸爸妈妈可以通过玩游戏的方式，激发宝宝穿衣时配合的热情。如让宝宝学习把胳膊伸进袖子里，可以这么说"宝宝的小手要钻山洞了"，慢慢的，宝宝就会自觉地把胳膊伸进去。

教宝宝学扣扣子时，爸爸妈妈要先告诉宝宝扣扣子的步骤：先把扣子的一半塞到扣眼里，再把另一半扣子拉过来，同时配以很慢的示范动作，反复多做几次，然后让宝宝自己操作，并要及时纠正宝宝不正确的动作。穿套头衫时，要先教宝宝分清衣服的前后里外，领子上有标签的部分是衣服的后面，有兜的部分是衣服的前面，有缝衣线的是衣服的里面，没有缝衣线的是衣服的外面。然后，再教宝宝穿套头衫的方法：先把头从上面的大洞里钻出去，然后再把胳膊分别伸到两边的小洞里，把衣服拉下来就可以了。

穿裤子训练

学习穿裤子和学习穿上衣一样，都要先从认识裤子的前后里外开始。裤腰上有标签的在后面，有漂亮图案的在前面。

爸爸妈妈先教宝宝把裤子前面朝上放在床上，然后把一条腿伸到一条裤管里，把小脚露出来，再把另一条腿伸到另一条裤管里，也把脚露出来，然后站起来，把裤子拉上去就可以了。

开始时，宝宝难免会犯一些小错误，比如把裤子的前后里外穿反了，或是将两条腿同时伸到一个裤管里了等。此时，爸爸妈妈不要急着纠正，可以询问宝宝是否感觉到不舒服，或是把宝宝带到镜子前请他"欣赏"自己的样子，通过这样的方式，让宝宝找到出现错误的原因，然后让他重新穿一遍。

穿鞋子训练

给宝宝准备的鞋子最好是带粘扣的，这样比较方便宝宝穿、脱。妈妈要先教宝宝穿鞋的要领：把脚塞到鞋子里，脚指头使劲儿朝前顶，再把后跟拉起来，将粘扣粘上就可以了。对宝宝来说，分清鞋子的左右，是一件困难的事情，通常需要很长的时间练习才能掌握。

宝宝如厕能力培养训练

在培养宝宝的如厕能力时，爸爸妈妈要专门带宝宝到卫生间熟悉环境，让宝宝逐渐了解排大小便都应该在卫生间里进行。

如果宝宝够不着冲水的按钮，爸爸妈妈可以帮忙，但一定要让宝宝参与，这样有利于宝宝形成便后冲水的好习惯。

大便有规律

爸爸妈妈可根据对宝宝大便情况的观察，到差不多的时间就开始把他，让宝宝形成固定的条件反射。等宝宝可以独立蹲下大便后，爸爸妈妈可以提醒宝宝该大便了，直到不需要提醒、宝宝也能在固定的时间自己大便为止。

让宝宝学会使用蹲厕

由于大部分幼儿园或其他公共场所的卫生间是蹲厕，使用蹲厕的方法和使用坐便器不同，因此，需要对宝宝进行蹲厕训练。

便后擦洗的卫生习惯

便后擦洗是必须养成的卫生习惯，即使3岁的宝宝，一般也还做不到自己完全擦干净，所以需要进行专门训练。

妈妈可以先将手纸撕下来叠成小方块，拉完后，在肛门边多擦几次，注意，告诉宝宝尽量不要让手碰到，也不要使太大的劲，以防将手纸弄破。

宝宝一般都很喜欢玩水，洗手对他来说通常是一件趣事，一般都会主动配合，妈妈只需教给宝宝正确的洗手方法就可以了。

宝宝吃饭能力培养训练

宝宝在上幼儿园之前，没有学会自己拿勺吃饭，到了幼儿园，吃饭这种简单的事情，就会引起宝宝的紧张情绪，这种紧张的心情不仅会影响宝宝的胃口，还会影响宝宝对幼儿园生活的认可。因此，让宝宝学会自己吃饭，是必不可少的一个环节。

培养按时吃饭的习惯

在家中，有的爸爸妈妈过于迁就宝宝，想什么时候吃就让他什么时候吃，一方面会增加爸爸妈妈的负担，另一方面还会使得宝宝无法形成良好的饮食规律，入园后自然无法适应，在这一点上，爸爸妈妈要做到定时开饭。

不挑食、不偏食

无论从宝宝生长发育的角度，还是从入园准备的角度来看，爸爸妈妈都应该让宝宝养成不挑食、不偏食的好习惯。

数学思维及想象力开发训练

要让宝宝喜欢学数学，就要从小培养其欣赏艺术。因为，聆听音乐和涂鸦绘图，会对人类形成一定的信息刺激，这些刺激会在宝宝的头脑中形成稳定的"链接"，而这些"链接"对促进大脑学习数学，思考抽象的逻辑问题产生积极的影响。所以，在宝宝3岁之前，如果爸爸妈妈能经常和他一起听音乐、涂鸦绘图，就等于在为宝宝日后学数学做好了充分的准备。

让宝宝喜欢上数学小游戏

这个年龄段是宝宝计数能力发展的关键期，爸爸妈妈在生活中要多对宝宝进行"数量与数字的积累"教育，如和宝宝一边走，一边说："1步，2步，3步……"也可以让宝宝数生活里一切能数的东西，培养宝宝对数与量的理解能力。在教宝宝学数学的同时，爸爸妈妈还要注意宝宝逻辑能力的培养，比如让宝宝比较远近，来开发宝宝的思维能力。

比薄厚
★ 适合月龄：2～3岁的宝宝

游戏过程：让宝宝拿一本薄书，妈妈自己拿一本厚一点的书，同宝宝比较说："我的书比你的书厚，你的书比我的书薄。"然后，再鼓励宝宝寻找一本更厚的书，宝宝就可以说上边的话。妈妈再找一本更厚的，依此类推。

游戏目的：培养宝宝的逻辑思维能力。

我是小小购物员
★ 适合月龄：2～3岁的宝宝

游戏过程：妈妈去超级市场购物前，先拟定购物的东西，带着宝宝一起到超市购物，教宝宝将购物单上的东西和超市的东西对应起来，可以让宝宝取下一些要买的物品放入购物车或购物篮中。当宝宝这样做时，妈妈一定要夸奖宝宝。买好东西后让宝宝拿着一两件商品去单独付钱，体验一下和别人找钱时的过程。

游戏目的：让宝宝学会简单的计算，体验超市购物以及根据购物单找相应商品的过程。

冰块到哪里去了
★ 适合月龄：2～3岁的宝宝

游戏过程：刚开始不用规定剪裁的形状，让宝宝任意剪裁自己喜欢的图案。等宝宝熟练地使用剪刀后，可以给宝宝一张长纸条，让宝宝把长纸条剪裁成小块。一开始剪四边形，然后逐渐提高难度，剪出更加精巧的图案。

游戏目的：这个游戏可以提高宝宝的动手能力以及逻辑推理能力。

我是小小购物员
★ 适合月龄：2～3岁的宝宝

游戏过程：妈妈准备几块冰块，先让宝宝摸一摸冰块，感受一下冰凉，让宝宝记住冰是凉的。然后，把冰块放进不透明的杯子，倒进热水，盖上杯子。过几分钟，再让宝宝打开杯盖，看看杯子里的冰块是变小了，还是不见了？妈妈要告诉宝宝这种现象叫"融化"，冰遇到热水就会融化成水。并要问："看一看，杯里的水是不是变得多了？"

游戏目的：这个游戏可以让宝宝了解因果关系，开发逻辑推理能力。

测量粗细
★ 适合月龄：2～3岁的宝宝

游戏过程：让宝宝环抱粗壮的大树和妈妈的腿，然后让宝宝观察粗细。让宝宝体会不同的形状与粗细。

游戏目的：通过环抱不同粗细物体的游戏，能提高宝宝的观察力，建立粗与细的概念。

宝宝想象力开发小游戏

俗话说："3岁小孩粘人精。"这个年龄的小孩对任何事物的态度都很认真，凡事喜欢追根究底，喜欢"动手动脚"。但爸爸妈妈千万不要以为这是坏毛病，因为这是宝宝的想象力在发挥作用。

爸爸妈妈在这个时候，一定要耐心，给小天才们更多思考的机会和动手的机会，给他们更多的主动权，如从识别图形改为画出认识的图形，让宝宝组合、拆分一些结构较复杂的物品，让宝宝做一些简单的小实验与动手小游戏。

戏剧时间
★ 适合月龄：2～3岁的宝宝

游戏过程：选择一段宝宝喜欢的剧情，爸爸妈妈陪同宝宝在衣柜里寻找合适的服装，替宝宝化妆，并让宝宝满意。在房间里，腾出宝宝演出的场地，爸爸妈妈坐在"观众席"上欣赏演出，亦可由爸爸妈妈与宝宝共同演绎剧情，演出时出现忘词，可提示宝宝，让宝宝用自己的话表达，开着录像机，演出后让宝宝欣赏自己的演技，总结一下演技。

游戏目的：通过戏剧演出，可以提高宝宝的构想能力以及语言表达能力。

宝宝童谣创作
★ 适合月龄：2～3岁的宝宝

游戏过程：在游戏前，爸爸妈妈先跟宝宝一起读一些童谣或是小诗，然后让宝宝自己给童谣想一个主题，如下雨天的公园等，鼓励宝宝想一想有什么和雨天的公园相关的事情，如大雨、小雨、青蛙叫、呱呱声、公园里的玩具木马等，协助宝宝将所联想的事物连接起来，并大声朗诵出来。这样就可以帮宝宝完成一次童谣创作了。

游戏目的：锻炼宝宝的想象力和创造力。

做一个纸花园
★ 适合月龄：2～3岁的宝宝

游戏过程：在阳光明媚的下午，由爸爸妈妈带着宝宝一起动手做一个纸花园。用剪刀将彩色的剪纸剪成郁金香花朵的形状，然后用透明胶带把它们粘在吸管上，再将这束鲜花插在花瓶中，让房间充满温馨的气氛。

游戏目的：通过家人的互动，增进爸爸妈妈与宝宝之间的相互了解，相互关爱。通过自制鲜花，提高宝宝的动手能力及创新思维。

接龙讲故事
★ 适合月龄：2～3岁的宝宝

游戏过程：平时闲暇、外出坐车或等车时可以玩接龙游戏，如妈妈先开头："从前有一个小姑娘"引导宝宝接着想象："养着三只小猪……"

游戏目的：让宝宝学会发挥想象编故事，训练其语音表达能力和组织能力以及动脑思考问题的能力。

用手制造影子
★ 适合月龄：2～3岁的宝宝

游戏过程：关掉室内的照明灯，然后点亮手电筒或蜡烛。在手电筒、蜡烛和墙壁之间晃动双手，同时观察映在墙壁上影子的形状。改变灯光的亮度或物体的距离，同时观察影子的变化情况。

游戏目的：该游戏能培养宝宝的观察力和探索欲。

宝宝认知与社会交往能力培养

在这时期，爸爸妈妈要多让宝宝走出家门，在外界广阔的天地里除了让宝宝学习运动、语言，以及与人交往的能力之外，也让他有充分的时间观察外界五颜六色的花草树木以及环境的变动，以锻炼宝宝的认知、视听和观察的能力。

宝宝社交能力培养训练

培养宝宝的社交能力，爸爸妈妈要扩展宝宝的交际圈。平时，要经常带宝宝外出做客或购买物品，还要经常请邻居小朋友或者宝宝的小伙伴到家中与宝宝一起玩。

协同合作

爸爸妈妈要想办法为宝宝创造这种一起玩的条件。为宝宝提供与同伴一起玩的机会，如到邻居家串门，再安排需要两人合作的游戏，如盖房子、拍手、拉大锯等，训练宝宝能与同伴一起玩。让宝宝与同龄宝宝一起玩，给他们相同的玩具，以避免争夺。当一个宝宝做一种动作或出现一种叫声时，另一个宝宝会立刻模仿，互相笑笑，这种协同的游戏方式是此时期的特点。小宝宝们不约而同的做法会使他们因为默契而得到快乐。

分享食物和玩具

经常讲小动物分享物品的故事给宝宝听，让宝宝知道食物应该大家一起分享。在宝宝情绪好的时候，给他两块糖，告诉他拿一块给小朋友与同伴吃。

宝宝社交智能开发小游戏

今天宝宝做东
★ 适合月龄：2～3岁的宝宝

游戏过程：教宝宝做请柬，可以用画笔在卡片上做出一张请柬的模子，然后让宝宝学着画，然后领着宝宝去小伙伴家里发放请柬给他们，并和他们的爸爸妈妈一起招呼，让他们一定要来做客。等到小伙伴们来了以后，让你的宝宝把点心都分给他们。

游戏目的：培养宝宝动手能力、社会交往能力。

装沙子游戏
★ 适合月龄：2～3岁的宝宝

游戏过程：用杯子往盘子里装沙子。妈妈可以提问："如果用杯子装沙子，要几杯沙子才能将盘子装满呢？原来5杯就装满，这就说明盘子的容量是杯子的5倍"！在游戏过程中，可以为宝宝生动地解释量的概念。相反，也可以提问："要挖空盘子里的沙子，需要挖几次呢？然后让宝宝一边挖沙子，一边数挖沙子的次数。

游戏目的：培养宝宝的认知和社交能力以及建立起对数学的兴趣。

宝宝认知能力培养小游戏

随着心理的发展，宝宝的认知能力进一步发展，具有概括性和随意性，他们可以利用词把知觉的对象从背景中分出。这时宝宝的感知表现出随意性的萌芽，也就是观察力的形成。因此，这时爸爸妈妈要引导宝宝进行初步的观察力开发。

小手帕
★ 适合月龄：2～3岁的宝宝

游戏过程：爸爸妈妈为宝宝准备出4～5条漂亮的小手帕，在宝宝面前一一展示，告诉宝宝手帕上图形的名称、颜色，吸引宝宝去摸摸手帕，感觉一下。在其中一条手帕上用黑色彩笔做一个小标记指给宝宝看。将做了标记的手帕混入另外几条中，让宝宝找出有标记的小手帕。

游戏目的：手帕上可爱美丽的图案能很好地刺激宝宝对颜色、图形的感知，加上让其找出做了标记的手帕的环节，宝宝的记忆力也将得到很好的锻炼。

分水果
★ 适合月龄：2～3岁的宝宝

游戏过程：将盛着各种水果的篮子放到宝宝的面前，再拿出一些玩偶，由妈妈抱着。然后对宝宝说："大熊要吃苹果，宝宝请你帮它拿一个苹果。"随意说出篮子内的水果，或叫宝宝拿不同的水果。

游戏目的：这个游戏可以训练宝宝的认知能力和记忆力。

客人来了
★ 适合月龄：2～3岁的宝宝

游戏过程：妈妈扮演客人的角色，来宝宝家串门。让宝宝开门，然后给客人倒杯茶。鼓励宝宝跟客人谈话。

游戏目的：培养宝宝的社交能力。

宝宝音乐与艺术智能开发

宝宝是天生的小音乐家。他们都热衷于音乐创造，摇椅子、拍小手、敲打玩具和跳舞等等，他们喜欢创造自己的节奏和旋律，而且乐此不疲。

涂鸦绘画可以带给宝宝丰富的感官体验。当宝宝用手指在桌上乱划乱涂时，他的头脑里就会产生某种链接，因此涂鸦绘画同样有助于提高宝宝的思维能力。

开发宝宝的音乐才能

爸爸妈妈可以把每天必须和宝宝一起做的琐事，唱给宝宝听，或者用宝宝最熟悉的旋律唱出他的名字；还可以把家里的锅和木勺，让宝宝自己敲打出节奏来，自己"作曲"。让音乐成为开发宝宝智能的好帮手，成为宝宝生活的一部分。

如果你的宝宝视力弱，你可以握着他的小手随着音乐一起舞动，一边唱歌，一边让他摸这摸那，认识自己的小脚趾、小胳膊等等。

如果宝宝开口说话比较迟，那么爸爸妈妈经常和宝宝一起唱他熟悉的儿歌，就是学习新词的好方法。对于宝宝来说，唱一首押韵和重复的儿歌，比说话更容易接受。

如果宝宝听声音的分辨能力弱，爸爸妈妈说得很清楚的单词，他也不能完全听懂，那么爸爸妈妈要经常自编自唱，并鼓励宝宝跟自己一起打节拍。宝宝都是儿歌和绕口令的爱好者，他们喜欢唱歌，喜欢节奏，喜欢念朗朗上口的儿歌，有时候他们走路做事都爱合着自己发明的节奏。

总之，如果宝宝有某些生理上的缺陷，音乐可以帮助宝宝弥补这些缺陷。因此，让宝宝了解音乐，享受音乐。这不仅有助于宝宝的语言学习，也可以产生一种令他终生受益的思维链接，让宝宝的才能在音乐中得以良好的开发。

涂鸦绘画智能开发训练

涂鸦绘画对宝宝来说，重要的是创造的过程，而不是结果。因此，爸爸妈妈最好不要要求宝宝画出什么，而是鼓励他独立地探索和发现。培养宝宝的绘画能力，爸爸妈妈要做好以下几点：

给宝宝准备不同种类的材料

不一定要买那些贵的或特别的材料，找那些家常的东西就可以了，譬如，纸、蜡笔、胶水、碎布料、报纸、鸡蛋盒、纸巾、纸盒、管子、塑料餐盘、细绳等。

称赞要具体

只说"真漂亮"是不够的，要用些特别的、描述性的语言来赞美宝宝的"杰作"。譬如具体地说说宝宝使用过的颜色或创作方法。

展示宝宝的作品

当爸爸妈妈把宝宝的艺术作品贴在冰箱或墙上，让每个人都能看到时，宝宝就会感受到大人的欣喜，知道爸爸妈妈很欣赏他的创作能力。这是增强宝宝自信心的一个好方法。

帮助宝宝开个好头

在绘画时，如果宝宝看起来好像被难住了，不知道该怎么开始，这时爸爸妈妈可以用提问的办法来提示他。譬如，宝宝想画只小猫，妈妈可以说："想一想，小猫它有几条腿啊？"

音乐智能开发小游戏

扭腰踏出小舞步
★ 适合月龄：2～3岁的宝宝

游戏过程：先教宝宝基本动作，如扭扭腰、踏踏脚、转个圈等，宝宝熟练后，就能随着音乐旋律节拍跳出以上动作。

游戏目的：让宝宝学会跟着节奏跳舞。

第五章
Di wu zhang

让宝宝健康安全的长大

常见疾病的辨认和护理

DIYIJIE

由于宝宝还小，在生病时无法明确地告诉父母，所以父母应当经常保持警觉，注意宝宝平时的外观与行为。如果宝宝突然出现异常的情况，多半表示他已经生病了。

发热

发热是身体的一种防御性反应

婴幼儿要比成人更容易发热。主要原因是由于受到感冒病毒、细菌感染引起的。而病毒、细菌的一个特性就是在37℃左右的温度下最为活跃。身体为了抵御它们的入侵，就会让大脑发出一种升高体温的指令，这样一来，侵入身体内的病毒、细菌就无法放出毒素了。

简单地说，发热本身就是我们的身体在和病毒、细菌作斗争的一种表现。虽然发热本身也会增加宝宝的负担，但也不至于让我们觉得不安。

给发热宝宝一个更舒适的环境

一般在发热的过程中，人会感觉到全身发冷手脚冰凉，但随着逐渐退热，身体又开始热起来。因此，在宝宝开始退热时，我们就要给他们尽量创造一个舒适的环境，比如给宝宝盖的被子可以适当地换成薄一点的，出汗浸湿的睡衣和床单最好也换一下。另外，还可以给宝宝使用水枕或者用在冰箱内冷却过的纱布、毛巾轻拭身体，让宝宝能舒服、安心地好好睡上一觉。

护理要点

给宝宝补充水分

发热会使身体散失大量的水分，很容易引起脱水，这个时候一定要注意及时给宝宝补充水分。可以多次少量喂一些白开水、大麦茶、果汁、宝宝专用饮品等。

定时测量体温，观察宝宝症状变化

宝宝的病情发展一般都很快，因此要做好监测工作。可以每隔30分钟或1个小时测一次体温，如果发现宝宝的病情表现出特殊的症状，可以将症状变化记录下来作为就医参考。

勤给宝宝擦汗、换衣服

发热的时候身体会大量出汗，要及时给宝宝换衣服擦汗。另外在给宝宝换衣服的时候，要仔细观察，看看宝宝身上是否有发疹的迹象。

喂食容易消化的食物

宝宝如果要吃母乳、牛奶的时候，放心地给宝宝吃就可以了。但是如果是换乳初期，应该暂时让宝宝克制一下。过了初期以后，可以再次喂给宝宝母乳、牛奶。适当地添加一些粥、汤类等易消化的食物。

保持宝宝身体清洁

如果宝宝要吃母乳、配方奶的时候，放心地给宝宝吃就可以了。但是如果是换乳初期，应该暂时让宝宝克制一下。过了初期以后，可以再次喂给宝宝母乳、配方奶。适当地添加一些粥、汤类易消化的食物。

宝宝如果没有抵触情绪，可以适当给宝宝降温

开始退热时，宝宝的手脚都会开始变热，这时可以用湿毛巾擦拭宝宝的额头、颈部两侧、腋下、大腿根部等，以达到降温的目的。

遵照医嘱，按时给宝宝服药

6个月以上的宝宝发热超过38.5℃时，一般可以服用退热药，但是如果宝宝精神状态良好也可以暂时先不用药。服药的时间间隔、次数、剂量要遵照医生处方进行。

停止外出活动，在室内静养

宝宝发热的时候，要尽量使室内光线暗一些，给宝宝创造一个舒适的睡眠环境。或者在宝宝不想睡觉时给他读读书，陪他玩一些放松的游戏。

就诊指南

▶ 暂且观察
微热、精神状态尚佳

▶ 应该就诊
高热、但可以正常摄入水分
高热持续1天以上
精神状态不佳，食欲缺乏，与平时表现相比异常

▶ 及时就诊
精神疲倦、无力
不能正常摄入水分

▶ 紧急救治
发热在39℃对以上，出现反复呕吐
月龄不满2个月的宝宝出现38℃以上高热
剧烈腹泻、呕吐、不排尿
出现痉挛

发热时可能患的疾病

有皮疹、口腔发炎症状

可能患的疾病	表现症状
突发性发疹症	发热持续3～4日后，虽然退热但同时伴有发疹现象
麻疹	咳嗽、流鼻涕等感冒症状明显，发热3～5日全身出现红色皮疹
风疹	伴随发热全身扩散粉色、细小状皮疹
水痘	起红色皮疹并伴有瘙痒，形成水疱向全身扩散
手足口病	手掌、足底、口腔内起水疱
疱疹性咽峡炎	突然高热，喉底部发水疱疹

无皮疹、口腔发炎症状

可能患的疾病	表现症状
感冒综合征	伴随发热流鼻涕、咳嗽
流行性腮腺炎	除发热外，脸颊、上下颚水肿
流行性感冒	高热持续，食欲缺乏，情绪低落
咽喉结膜热	咽喉红肿疼痛，眼白变红充血
脑膜炎	呕吐、抽搐、前囟门肿大
急性脑炎、急性脑病	呕吐、抽搐，意识丧失
急性中耳炎	情绪低落，手频繁碰触耳朵，有耳漏现象
急性支气管炎细支气管炎肺炎	咳嗽不止、胸闷、呼吸困难
尿路感染症	突然发热但并无咳嗽，排尿时哭泣

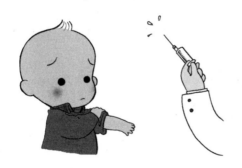

呕吐

婴幼儿比较容易呕吐

　　婴幼儿的胃不像成人的胃那样呈弯曲状，而是基本上呈直线型。并且，胃入口处的肌肉常比较松弛，因此受到一点点的刺激就容易呕吐。

　　宝宝在喝完牛奶或母乳后常常会发生吐奶的现象，只要量不大，宝宝的体重增加正常就无需担心。但是如果宝宝发生喷射状呕吐，并有发热、剧烈哭泣、反复呕吐的症状，则需要立即就医。呕吐后胃通常会比较虚弱，在给宝宝补充水分时要分多次少量进行。但是一旦宝宝出现不喝水、呕吐后极其疲倦，这很可能是脱水的表现，需要立即送往医院救治。

护理要点

少量多次给宝宝喝水，避免引起呕吐

宝宝吐过后会觉得口渴，但是一次如果喂太多水很容易引起再次呕吐，这时可以等宝宝呕吐停止后，每隔10～15分钟喂一勺量的水即可。

可以用吸管喂水或者口含碎冰块

呕吐后给宝宝补充水分的关键是"少量、多次"。可以用吸管向宝宝口里每次滴2～3滴，或者给宝宝口含碎的冰块。

要选择宝宝专用饮料

柑橘类的果汁以及乳酸菌饮料，都可能诱发宝宝呕吐，因此宝宝在呕吐后应该喂一些白开水、宝宝专用饮料等。

要仔细观察宝宝的排尿次数、尿量

注意观察宝宝的排尿量、排尿次数是不是比平时少了，有无发热情况，粪便的硬度颜色如何，精神状态是否正常。如果发现有异常症状，应该及早就诊。

宝宝呕吐后要将口腔清理干净

宝宝呕吐后要立即清理干净口腔中和脸上的污物，防止污物再次引发呕吐。擦拭时最好用湿毛巾，这样更容易擦干净。

宝宝如果持续感到恶心，可以把宝宝竖起来抱着

尽量给他穿宽松点的衣服，轻轻地拍背部可以让宝宝感觉到安心。这时候如果采取摇晃式抱法可能诱发宝宝再次呕吐，应采取竖立静止式抱法。

采取正确的躺卧姿势，防止呕吐物阻塞呼吸道

为了防止呕吐物堵塞呼吸道而引起窒息，应该将宝宝的脸朝向侧面。用圆而薄的靠垫垫在宝宝颈部与背部之间可以使宝宝自然保持侧头的状态。

被污染的衣物要立即处理

宝宝呕吐后弄脏换下来的衣服应该立刻清洗，防止室内留下污物的味道。

就诊指南

▸ **暂且观察**
宝宝在不呕吐时精神状态尚佳
轻度呕吐，除此之外没有其他异常症状

▸ **应该就诊**
伴有打喷嚏、流鼻涕、鼻塞、发热等症状
持续呕吐、腹泻
排尿、排便的次数和量均减少

▸ **及时就诊**
持续呕吐、精神疲倦、无力

▸ **紧急救治**
高热、疲倦，出现意识障碍
每隔10～30分钟出现激烈哭喊，有血便并呈草莓酱状
头部遭到猛烈打击后出现呕吐

呕吐时可能患的疾病

有发热症状

可能患的疾病	表现症状
感冒综合征	打喷嚏、咳嗽，伴有感冒症状
脑膜炎	高热、情绪不振，前囟门肿胀
急性脑炎、急性脑病	伴随高热，情绪不振，并有抽搐现象
轮状病毒肠炎	呕吐后有严重腹泻，粪便偏白
食物中毒	剧烈呕吐并伴有腹泻、高热

无发热症状

可能患的疾病	表现症状
食物过敏	吃某种食物后会有呕吐现象
先天性肥厚性幽门狭窄	哺乳后呈喷射状呕吐
贲门失弛缓症	哺乳后所饮物大部分呕吐
先天性肠道闭锁、狭窄症	出生后即呕吐、腹部肿胀、无法排便、呕吐物中混有胆汁
肠套叠症	剧烈呕吐后哭叫且间歇性发作、灌肠后有血便排出
颅内出血	头部受到打击后没精神并且呕吐

腹泻

粪便松软和腹泻是不同的

有的宝宝平时的粪便就比较松软，而在换乳期开始吃的新食物中，如果含水分比较多，就很容易使粪便更加松软。这和我们所说的腹泻完全是两回事，无需担心。

但是如果宝宝的粪便中混有血或者黏液、闻起来有酸味或者恶臭，或者粪便呈淘米水样、有剧烈腹泻呕吐、体重不增加等现象时，很可能是患有某种疾病，应该立即就诊。

预防脱水和臀部长斑疹

宝宝腹泻时护理的重点，要放在预防发生脱水和保持臀部的清洁上。腹泻会造成体内的大量水分同粪便一起排出，这时一定要给宝宝及时补充水分。

另外还要勤给宝宝换尿布，防止尿布疹的发生。经常用淋浴喷头或面盆给宝宝冲洗臀部保持臀部的清洁。

护理要点

补充水分最为关键

腹泻可以导致身体内的水分不断地流失，很容易引起脱水症状的发生，这时候一定要给宝宝及时补充水分，可以给宝宝喝些白开水、宝宝专用饮料等。

不能给宝宝喝过于寒凉的东西，最好是室温饮料

太凉的饮品容易刺激胃肠道从而加重腹泻。因此家长们应该尽量避免给宝宝喝刚从冰箱里拿出来的饮品，最好选择和室温相近的比较温和的饮品。

母乳、牛奶可像往常一样喂食

母乳和牛奶可以正常给宝宝喝，但是如果宝宝出现不太想进食的情况时，可以暂时先停一小段时间，然后再用多次、少量的方法喂给宝宝。

不能随意地判断而把牛奶冲淡

宝宝在出现腹泻的情况下，给宝宝喂牛奶的基本原则还是要按照平时的浓度，而不能仅凭妈妈的判断，随意改变牛奶的浓度。如果有其他疑问可以咨询相关医护人员。

勤给宝宝换尿布

宝宝持续腹泻时，屁股上常常会变红溃烂，这时候一定要勤检查宝宝的尿布，发现脏了应立刻换上新的尿布，尽量缩短粪便与皮肤的接触时间。

换新尿布之前，一定要擦干宝宝的小屁股

如果宝宝的小屁股还是潮湿的时候，就换上新尿布。臀部潮湿很容易引起发炎，所以一定要用软毛巾、纱布把水分吸收干净，或者用吹风机的暖风吹干宝宝的小屁股。

清洗臀部最好用流水冲洗

如果用毛巾擦拭很容易擦破宝宝的屁股造成发炎，所以最好利用浴缸或者淋浴水冲洗。清洗时特别要注意仔细洗净肛门周围、大腿内侧的皮肤褶皱处。

尿布疹反复发作时一定要就医

腹泻时很容易引起臀部起斑疹，并且病情发展迅速，如果反复发作，一定要咨询医生，而不能根据自己的判断随便用药。辅食第一阶段要避免给宝宝吃脂肪含量比较多的肉类食品，可以选择如粥、煮烂的乌冬面、菜粥等淀粉含量较高的食物，并且要多次少量喂食。

就诊指南

▸ 暂且观察
 粪便比平时稍微松软
 一天内的排便次数比平时平均多1～2次

▸ 应该就诊
 粪便比平时松软、并且排便次数明显增多
 精神状态不佳，食欲缺乏
 腹泻持续时间超过1周
 粪便中混有少量血迹、并且有一股酸味

▸ 及时就诊
 不能正常摄入水分
 腹痛、血便等症状
 粪便呈偏白色
 粪便有异臭、恶臭

▸ 紧急救治
 剧烈腹泻、呕吐
 除腹泻外，出现发绀、痉挛现象

腹泻时可能患的疾病

有发热症状

可能患的疾病	表现症状
感冒综合征	发热、流鼻涕并伴有咳嗽等感冒症状
流行性感冒	高热、情绪非常低落
食物中毒	腹泻严重、并伴有高热呕吐现象，粪便中混有黏液、血等

无发热症状

可能患的疾病	表现症状
食物过敏	吃某种食物后就会有呕吐现象
单一性腹泻	除腹泻外无其他症状，情绪、食欲均正常

咳嗽

咳嗽是为了把痰咳出来

喉咙受到感冒病毒感染而发炎时，异物、灰尘等就会沾在支气管的黏膜上，然后黏膜分泌出来的分泌物逐渐增多又会阻塞支气管。这些分泌物就是痰，而咳嗽正是为了把痰以及喉咙内部的异物向外排出的一种身体防御性反应。

同时宝宝的喉咙黏膜又非常敏感，气温稍微降低也会引发咳嗽。如果宝宝只是单纯性咳嗽而没有其他症状暂且不需要担心。但是如果出现持续咳嗽，并且无法入睡，这时一定要尽早就医。

给宝宝创造一个舒适的环境

家里如果有经常咳嗽或者患有支气管哮喘的宝宝，我们就要尽量使室内整洁，仔细清扫灰尘、真菌能够藏身的地方。宝宝的床单、毛巾等也尽可能地使用棉制品，而且要经常换洗，另外还要经常晾晒被褥，并且把毛绒玩具、室内观赏植物、宠物等放在远离宝宝的地方。经常开窗通风、也可以使用加湿器使室内保持一定的湿度。最后要补充的一点是绝对不能在宝宝身边吸烟。

护理要点

给宝宝喝水有利于消痰

宝宝咳嗽的时候喂一些温水或者饮品能够润湿喉咙，帮助呼吸更加顺畅。家长可以在宝宝不咳嗽的时候适量喂一些温水，同时还有止咳化痰的功效。

宝宝不停地咳嗽时，可以竖起来抱并轻轻拍背

宝宝持续咳嗽不止时，可以竖着把他抱起来，轻轻地抚摩或拍宝宝的后背，这样多少也能让宝宝感觉到舒服和安心。

宝宝睡觉时要垫高上身

宝宝在睡觉时，上半身稍微垫高一点能让他觉得更舒服。

室温保持在一定温度，避免室内干燥

室内过于干燥很容易引发咳嗽加剧，因此在室内湿度比较低的时候，我们可以使用加湿器或者采取在室内晾衣服的办法来调节湿度，给宝宝创造一个舒适的空间。

准备一些容易消化的食物给宝宝

宝宝咳嗽时可能引起食欲缺乏，这时候就要给他准备一些容易吞咽、消化的食物，但注意不要喂生冷的东西，这容易刺激气管和食管，最好选择一些温热的食物。

一定要禁烟

香烟的烟雾不仅有害健康，而且容易刺激气管引发咳嗽，因此宝宝咳嗽的时候就更需要爸爸的大力协助。

给宝宝使用药膏涂抹时要注意用法和用量

现在市面上出售的一些止咳、顺畅呼吸的涂抹药膏效果还不错，但是在给宝宝使用之前一定要仔细咨询听取医生的意见。

多开窗，让新鲜的空气流通

室内应该经常通风换气，这样才有利于新鲜空气的流通。冬天更要注意勤开窗，或者也可以使用空气清新剂。

勤打扫、保持室内环境整洁

宝宝咳嗽的时候如果吸入了灰尘，很容易使咳嗽加剧。妈妈们在打扫房间时一定要彻底，特别是电视机等电器、床、被褥等比较容易积灰的地方更是要细心打扫。

就诊指南

▶ 暂且观察

　　轻微持续咳嗽

▶ 应该就诊

　　有发热、流鼻涕、腹泻、呕吐等症状，但精神状态良好

　　有咳嗽症状，但可以正常入睡

　　长时间持续咳嗽，但是精神状态良好

▶ 及时就诊

　　呼吸时胸部剧烈起伏，呼吸困难

　　喉咙好像被堵塞一样突然剧烈咳嗽不止

　　一天内反复出现剧烈咳嗽，不能正常进食

　　轻微持续咳嗽

　　胸部剧烈起伏、呼吸极度困难

▶ 紧急救治

　　出现发绀现象、呼吸困难

小贴士

Xiao tie shi

白天宝宝轻微的咳嗽，到了夜里很容易恶化，如果发现有异常症状一定要及时就诊。就诊时向医生说明。

咳嗽的声音和是否有过敏症状，及体温变化的一些情况。

咳嗽症状时可能患的疾病

有发热症状

可能患的疾病	表现症状
感冒综合征	发热、流鼻涕并伴有咳嗽等感冒症状
麻疹	咳嗽、流鼻涕等感冒症状明显，发热3～5日左右全身出现红色皮疹
急性咽炎	出现低沉的咳嗽声
急性支气管炎	伴有痰，且咳嗽伴有飞沫
肺炎	剧烈咳嗽不断，呼吸急促

无发热症状

可能患的疾病	表现症状
百日咳	夜间剧烈咳嗽不止，咳嗽之后吸入空气急促
支气管哮喘	每次呼吸都伴有呼呼的响声，且有痰的咳嗽
细支气管炎	有鼻涕且轻微咳嗽，呼吸急促且呼吸困难
肺炎	剧烈咳嗽不断，呼吸急促

宝宝突然间咳嗽不止，很可能是误吞入了硬币或者纽扣等固体物而使气管堵塞。健康的宝宝突然间剧烈咳嗽、呼吸困难，很可能是气管内有异物，应采取紧急应对措施让宝宝吐出异物。如果无法使异物排出应立即送往医院救治。

发疹

宝宝生病常常伴随有发疹症状

发疹可以分为皮肤疾病引起的发疹和某种疾病引起的发疹两种。宝宝生病时常会伴有发疹，这也是宝宝疾病的特征之一。

家长在发现宝宝有发疹现象时，要做好记录，包括每隔2个小时测一次体温、观察疹子的扩散速度、面积、颜色、形状以及发疹部位等。另外，有发疹症状的疾病一般传染性比较强，而且病情发展速度快，一定要做好早期的护理和预防工作，避免传染给其他的宝宝。

预防和护理关键是清洁

宝宝在发疹时护理的关键点之一是要做好清洁和止痒工作。宝宝的新陈代谢要比成人快，因此皮肤也很容易堆积污垢，这时候如果再加上发热、发疹，肯定很不舒服。常给宝宝洗澡，冲掉身上的汗、污垢，宝宝的心情也一定会愉快。

护理要点

首先检查一下宝宝是否发热

发现宝宝有发疹症状，首先要检查一下宝宝是否发热，出疹是在发热之前还是之后。如果宝宝发热，要及时去医院检查。还要特别注意是否属于传染类发疹，如果是一定要做好保护和预防工作。

检查宝宝发疹的情况，以及是否还有其他症状

要仔细观察宝宝发疹的颜色、形状、扩散方式，如果身体上有抓痕或者抓破的现象，通过冷敷、涂药等方法止痒。

要把宝宝的指甲剪短，防止抓破疹子

宝宝感觉到痒痒的时候就会用手抓疹子，很容易抓破并造成症状恶化。这时最好的办法就是把宝宝的指甲剪得短短的防止他用手抓。

注意宝宝内衣的选择

我们在给宝宝选择内衣时要尽量选择对皮肤刺激小的面料。如果疹子溃破或被抓破，会有分泌液流出来，所以一定要勤给宝宝换内衣。

宝宝退热了才可以洗澡

汗液和污垢都会增加瘙痒感，在宝宝退热后如果精神还不错，可以用温水给宝宝冲个澡，但注意一定要用毛巾吸干身上的水。

用丰富的泡沫轻柔地擦

汗液和污垢都会增加瘙痒感，在给宝宝洗澡时一定要用浴液打出丰富的泡沫再涂抹，宝宝的肌肤很娇嫩，如果用浴巾又很容易擦破疹子，所以妈妈最好用指腹轻轻地擦。干身上的水。

就诊指南

▸ **暂且观察**

初次就诊诊断结果为发疹、
暂时没有其他症状

▸ **应该就诊**

有发疹症状、体温正常
有咳嗽、流鼻涕等症状
眼部有充血现象
长时间手、脚水肿
症状已经持续了一段时间

▸ **及时就诊**

持续高热不退、舌头上有红色粒状物、眼部充血
无法正常摄入水分、有脱水症状
全身有出疹现象、咳嗽

▸ **紧急救治**

出现痉挛
呕吐后开始出现意识模糊

小贴士

Xiao tie shi

就诊时要向医生详细说明宝宝发热的温度、发疹的部位、颜色、形状以及最初的出疹状况。由于这种疾病多为传染性疾病，在就诊前一定要先和医生预约。

问 带宝宝就诊时应该去儿科还是去皮肤科？

答 如果只有发疹症状,可以先考虑去皮肤科就诊。但是如果婴幼儿发疹伴有发热、咳嗽、流鼻涕等症状时，应前往儿科就诊。

发疹症状时可能患的疾病

有发热症状

可能患的疾病	表现症状
突发性发疹症	高热持续3～4日，退热同时伴有皮疹症状
麻疹	咳嗽、流鼻涕等感冒症状明显，发热3～5日全身出现红色皮疹
风疹	发热在38℃左右同时伴有全身红色细小状疹子
水痘	红色疙瘩逐渐呈水疱状遍布全身
手足口病	手掌、足底、口腔内起水疱，无发热现象
疱疹性咽峡炎	突然发高热，喉底部发水疱疹
苹果病	脸颊、两腕、大腿起花边状皮疹
溶血性链球菌感染症	高热数日后红色皮疹开始扩散至全身，舌头上有红色粒状物
疱疹性口腔炎	高热，牙龈处、口腔黏膜出现水疱疹
川崎病	高热持续不退，身体出现形状各异、大小不等的皮疹

小贴士

Xiao tie shi

宝宝易发疾病中经常伴有皮疹现象。很多感染性疾病除发热、咳嗽、流鼻涕等症状外的特征就是发皮疹。

一旦发皮疹则必须就诊。通常麻疹、水疱疹传染力很强，不但要将宝宝与其他宝宝隔离，在就诊前还应主动与医院取得联系。疑似传染病的情况下应单独接受诊治。

无发热症状

可能患的疾病	表现症状
特应性皮炎	伴随瘙痒症状反复发皮疹
荨麻疹	皮肤出现伴有瘙痒性突起皮疹，数小时后消失
药物过敏	服药后全身出现瘙痒性红色皮疹
婴儿湿疹	出生后不久脸颊部、头部出现红色粒状物
新生儿痤疮	出生后不久脸颊部、头部出现红色粒状物
新生儿痤疮	脸部出现痤疮状皮疹
婴儿脂溢性湿疹	头部、眉毛周围出现疮痂状湿疹
汗疹	头部、额头、颈部周围出现红色粒状物
接触性皮炎	特定部位的皮肤变红，发粒状物
疱疹	头部、颈部出现小水疱、脓疱
水疣	胸部、背部出现形状很小的疣
蚊虫叮咬	红肿，伴有瘙痒和疼痛

臀部周围出现湿疹

可能患的疾病	表现症状
尿布疹	垫尿布部位湿疹症状严重
皮肤白色念珠菌感染症	皮肤褶皱细纹中出现粒状物

痉挛

伴有发热的痉挛无需担心

　　手脚伸直呈僵硬的状态称为"痉挛"。宝宝突然痉挛常常会让妈妈不知所措，这时候不要担心，一般痉挛会在3～5分钟内停止。

　　痉挛大部分都是因为高热引起的热性痉挛，而且热性痉挛一般不会危及生命而且不会留有后遗症。但是痉挛如果持续时间超过5分钟，宝宝有意识模糊的表现，必须立即送往医院急救。

护理要点

解开宝宝的衣扣让宝宝静躺

让宝宝平躺在床上，松开宝宝的衣服，解开扣子，同时别忘了把尿布也包松一点。

给宝宝一个活动空间

宝宝出现痉挛时，不要抱得太紧、猛烈摇晃、或者强行拉伸宝宝的手脚以及大声喊叫，这些都可能造成痉挛加剧。另外也不要把手指伸入宝宝口内，这样很容易引起窒息。

宝宝侧躺可以防止呕吐

如果宝宝有要呕吐的迹象，可以让他侧卧，这样呕吐物就会堵塞呼吸道。同时要注意拿去宝宝颈部的赘物、装饰品并松开颈部衣扣。

痉挛停止后需要测量宝宝的体温

宝宝痉挛停止后，要立刻测一下体温，这对医生的诊断很有帮助。如果宝宝想要喝水，可以喂一些白开水。

就诊指南

> 暂且观察
> 剧烈哭泣引起的痉挛

> 应该就诊
> 痉挛持续5~6分钟后停止、精神状态正常
> 曾经有过热性痉挛发病史

> 及时就诊
> 初次痉挛
> 反复出现痉挛

> 紧急救治
> 痉挛持续时间超过5分钟并且没有停止的迹象
> 体温正常但是出现痉挛现象
> 痉挛发生时左右身体不对称
> 意识模糊、呆滞、手脚麻痹
> 头部受到剧烈打击后出现痉挛
> 伴有呕吐
> 发热超过48小时后出现痉挛

痉挛症状时可能患的疾病

有发热症状

可能患的疾病	表现症状
热性痉挛	体温在不断升高的过程中发生的抽搐
脑膜炎急性脑炎、急性脑病	伴有呕吐、头痛，抽搐停止后神志不清等症状
中暑	在高温环境中，直接受阳光照射

无发热症状

可能患的疾病	表现症状
愤怒性痉挛	剧烈哭泣时发生抽搐
癫痫	正常情况下突然失去意识，发生抽搐
颅内出血	头部受到打击后抽搐，意识丧失

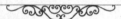

小贴士

Xiao tie shi

没有发热症状的抽搐发生时，也可能是癫痫或者头部受到击打后引起的颅内出血。应立即前往医院就诊。

除此之外还有剧烈哭泣时神志不清，脸色发青的抽搐症状。这称为"愤怒痉挛"或者"哭泣抽搐"。因剧烈哭泣引发的瞬间无法呼吸，约持续1分钟，无后遗症，所以不用过度担心。

流鼻涕、鼻塞

如何能让宝宝的鼻子通畅

宝宝的鼻黏膜非常敏感，早晚的凉风、气温的变化、灰尘的刺激都可能导致宝宝流鼻涕。但都是暂时的，只要保暖措施得当，室内温度适宜就会好。

但是如果宝宝一整天都持续流鼻涕、鼻塞，很可能是感冒引起的。鼻塞会对喝奶、睡眠产生影响，所以这个时候要经常给宝宝擦鼻涕。另外还要注意保持室内湿度，防止干燥。

护理要点

要用湿的纱布给宝宝擦鼻涕

宝宝的皮肤很娇嫩，如果用干的纱布、纸巾擦鼻涕很容易把皮肤擦红。所以要用湿润的纱布拧干后轻轻擦拭。

利用热毛巾的蒸汽疏通鼻孔

将热毛巾放在鼻根处，热气就会疏通堵塞的鼻孔。用热水浸湿毛巾或者将湿毛巾放入微波炉内加热都可以，一定不要温度过高烫伤宝宝。

用棉棒疏通鼻孔

如果鼻涕凝固堵塞鼻孔，可以用棉棒蘸取少量宝宝油，伸进鼻孔进行疏通。注意不要让棉棒刮伤鼻黏膜。

给宝宝擦过鼻子后，可以适量涂抹宝宝油

宝宝持续流鼻涕时，家长会经常给宝宝擦鼻子，鼻子下面就会变得很干燥，总是红红的。这时可以给宝宝涂一些宝宝油或者润肤霜防止肌肤干燥。

就诊指南

- ▶ 暂且观察

  有流鼻涕、鼻塞的症状但精神
  状态良好
  睡眠良好

- ▶ 及时就诊

  发热、咳嗽、呼吸困难

- ▶ 应该就诊

  持续流鼻涕、鼻塞、食欲缺乏
  呼吸不顺畅
  流黄鼻涕、清鼻涕
  有发热、腹泻、呕吐等症状
  眼部有瘙痒感、充血

鼻塞症状时可能患的疾病

可能患的疾病	表现症状
感冒综合征	发热并伴有咳嗽
麻疹	流鼻涕、咳嗽等感冒症状明显，发热3～5日后全身出现红色皮疹
过敏性鼻炎	有水状鼻涕流出，眼睛鼻子发痒
急性副鼻窦炎	有黏稠状鼻涕流出
咽扁桃体肥大症	经常性鼻塞，且有鼾声

耳痛、耳漏

不能忽略宝宝碰触耳朵

如果发现一碰触宝宝的耳朵就出现剧烈哭泣，很可能是患有急性中耳炎或外耳炎。如果伴有高热，则很可能是细菌性或病毒性急性中耳炎。特别要注意宝宝是否频繁碰触耳朵或是否经常用肩部磨蹭耳朵，这时可以用冷敷法帮宝宝缓解疼痛。尽早带宝宝去耳鼻喉科进行检查。如果有耳漏出现即使没有疼痛感，也很可能影响宝宝的听力，需要尽早就医治疗。

护理要点

用棉棒在耳孔处轻轻擦去耳漏

有耳漏流出的时候可以用棉棒在耳孔处轻轻擦，注意不要将棉棒伸入耳孔深处。宝宝睡觉的时候将有耳漏一侧的耳朵朝下。

用纱布擦去耳漏效果更好

可以用一团纱布或药用棉球在耳孔处轻轻擦去耳漏。之后用棉棒蘸取消毒液伸入耳孔轻轻擦拭，注意不要伸入耳孔深处。

要好好照顾宝宝，对他有耐心

宝宝如果患有急性中耳炎或外耳炎，会感到剧烈疼痛，哪怕是稍微碰触到耳朵都可能引起哭泣，这时妈妈们一定要有耐心，精心呵护宝宝，给他战胜疾病的勇气和信心。

就诊指南

▸ 暂且观察
偶尔出现耳漏，但是没有疼痛、发热的症状
听力没有受到影响
宝宝没有频繁碰触耳朵的动作

▸ 应该就诊
对大的声音没有反应，怀疑听力受到影响
耳朵疼痛
有发热、耳漏的症状

▸ 及时就诊
头部在受到重击后有脑脊液（透明液体）从耳朵流出

耳部有异常症状时可能患的疾病

耳朵疼痛

可能患的疾病	表现症状
急性外耳炎	触碰耳朵就有痛感
急性中耳炎	发热并频繁碰触耳朵，有耳漏现象

耳朵外形问题

可能患的疾病	表现症状
耳壳变形	周围有小的突起
耳壳变形	附近有小的孔洞
耳壳变形	有内折或者外翻的现象

口腔、舌头、牙齿的问题

若食欲下降，应该先检查一下口腔

如果口腔黏膜发炎，宝宝很容易因为疼痛不愿意吃东西。如果妈妈发现宝宝食欲下降，不愿意吃母乳、牛奶，可以先检查一下宝宝的口腔内是否有口腔炎或者舌头、牙齿是否有异常症状。

护理要点

补充水分防止脱水

口腔内起了水疱、有溃疡时可能造成宝宝不吃东西，这样很容易脱水，这时候必须要及时地给宝宝补充水分。

可以用吸管给宝宝喂食

母乳喂养可能会造成妈妈乳头对宝宝口腔的刺激引起疼痛，这时可以选择用吸管或匙给宝宝喂一些牛奶、大麦茶、白开水等。

可以用吸管给宝宝喂食

母乳喂养可能会造成妈妈乳头对宝宝口腔的刺激引起疼痛，这时可以选择用吸管或匙给宝宝喂一些牛奶、大麦茶、白开水等。

给宝宝准备一些口感好、易消化的食物

可以给宝宝准备一些比较容易消化和吞咽的菜粥等食品，吃完后注意给宝宝用清水漱口，清洁口腔。

牛奶的温度要比平时适当低一些

不要给宝宝喂过热、过凉或刺激性的食物，这段时间给宝宝喂的牛奶温度应该比平时稍微低一些，这样宝宝喝起来会舒服一些。

用棉棒轻轻给宝宝涂抹药膏

要按照医生处方给宝宝用药，不能根据自己的判断随便使用药物。给宝宝涂药时，可以用棉棒蘸取药膏，轻轻涂抹在宝宝脸颊内侧，这样药物可以更有效地发挥作用。

就诊指南

▶ 应该就诊
口腔内有溃疡、水疱，有疼痛感、食欲下降
脸颊内侧以及舌头的表面出现白色斑点
牙齿变黑、疼痛

▶ 及时就诊
伴有无法摄入水分、精神萎靡、体重减轻的症状

口内异常症状时可能患的疾病

有发热症状

可能患的疾病	表现症状
麻疹	发热、咳嗽等感冒症状后，脸颊内侧有白色粒状物出现
水痘	全身瘙痒、发水疱
手足口病	发热、咳嗽等感冒症状后，脸颊内侧有白色粒状物出现
疱疹性咽峡炎	喉底部有红色水疱
疱疹性口腔炎	口内大面积发炎，牙龈肿痛

无发热症状

可能患的疾病	表现症状
口疮性口腔炎	口内有白色小水疱
真菌性口炎	脸颊内侧、舌头表面出现白色斑点
地图状舌	舌头呈红色、白色地图状

小贴士
Xiao tie shi

月龄低的宝宝如果脸颊内侧、舌头表面有白色斑点出现，外观像母乳或牛奶沾上的痕迹却无法擦掉，这是由一种白色念珠菌引起的真菌性口炎。严重情况下因疼痛而导致宝宝厌恶哺乳。药物治疗效果很快，如果发现宝宝出现此种白色斑点可前往儿科就诊。

牙齿异常时可能患的疾病

可能患的疾病	表现症状
新生儿齿	出生后不久开始出牙
先天齿	出生时已经长牙
龋齿	牙齿的一部分出现变色呈褐色或黑色

眼部分泌物增多、眼部充血

出现异常症状要及时就诊

宝宝经常会出现眼部有分泌物的情况，这是因为和成人相比，宝宝的鼻泪管（泪腺分泌的眼泪从这里流出）比较细，眼泪不能很顺畅地流出，造成宝宝夜间睡觉时流出的眼泪结块形成眼部分泌物。因此，呈偏白色的眼部分泌物是正常的生理现象，无需担心。但是如果眼部充血，眼睑水肿并有发热、发疹、眼部出现大量黄色分泌物等症状时要立即就医。另外如果发现宝宝在正常状态下眼睛湿润、怕光也应及早去医院检查。

护理要点

从内眼角向外眼角擦拭

可以用温水浸湿干净的纱布缠绕在手指上，或折叠成三角形给宝宝轻轻地擦拭。注意一定要从内眼角向外眼角方向擦拭。

按照医生处方使用眼药

给宝宝滴眼药的次数、间隔时间等都要按照医生处方进行。宝宝仰卧时在距离眼睛2～3厘米的高度处向下滴。如宝宝闭眼可轻轻将下眼睑拉开。

宝宝觉得痒时可以用湿毛巾冷敷

宝宝如果感觉到眼睛痒不应用手揉，这很容易使症状恶化。我们可以用拧干的湿毛巾敷在宝宝的眼睛上，这样能起到止痒的作用。

剪短宝宝的指甲

如果宝宝的指甲太长，很容易在揉眼睛时划伤眼睛，因此要经常给宝宝剪指甲。对于月龄比较低的宝宝，可以戴上小手套。还要注意让宝宝的手也保持清洁。

就诊指南

> 暂且观察
> 眼部分泌物呈白色，且只有清晨有，很容易擦拭干净
> 没有发热、发疹症状，精神状态良好

> 应该就诊
> 眼部分泌物增多、疼痛、瘙痒
> 眼部充血现象严重
> 怕光

> 及时就诊
> 眼部进入异物无法取出
> 眼睑红肿

眼部异常时可能患的疾病

有发热、流鼻涕等感冒的症状

可能患的疾病	表现症状
感冒综合征	有发热、流鼻涕等症状
麻疹	高热、全身出皮疹
咽喉结膜热	高热、眼白充血
溶血性链球菌感染症	高热、全身有细小皮疹、舌头变红
川崎病	高热、全身起皮疹、舌头变红

眼部有充血现象

可能患的疾病	表现症状
先天性鼻泪管闭塞	有发热、流鼻涕等症状
睑腺炎	眼睑变红水肿

眼部无充血现象

可能患的疾病	表现症状
新生儿黄疸胆道闭锁症	眼白呈黄色
先天性白内障	瞳仁变白且混浊

眼部分泌物、眼泪增多

可能患的疾病	表现症状
倒睫	睫毛内倒，经常造成眼部摩擦
结膜炎	眼部分泌物、眼泪增多，眼睑水肿
结膜炎（过敏性）	眼部分泌物、眼泪增多，伴有痒感

瞳仁、眼白发生异常

可能患的疾病	表现症状
眼睑下垂	眼睑下垂，挡住瞳仁部分
先天性青光眼	瞳仁变大，向外突起

脸色差

多观察宝宝的脸色

脸色苍白没有精神时，可以检查下眼睑内侧和嘴唇颜色，如果偏白则很可能是贫血。脸色通红可能是发热或者穿着过多。另外如果宝宝出生1个月以后脸色还呈黄色并且有嘴唇发绀、呕吐、发热、血便等现象必须立即送往医院救治。

护理要点

宝宝出生1个月后脸色还呈黄色时需要就诊

如果宝宝在出生1个月以后，黄疸还没有消失，或者消失的黄疸再次出现、粪便呈白色，一定要带着沾有粪便的尿布立即送宝宝去医院就诊。

根据病情发展尽早就医

宝宝感冒、腹泻时，如果脸色变差、倦怠很可能是病情恶化，根据这些症状应该尽早就医。

宝宝脸色通红时可以先测体温

宝宝的脸色如果比平时红，很可能是发热，可以先测一下体温，如果是因为剧烈哭泣而引起的脸红，只要等宝宝安静下来红色会逐渐褪去。

哭泣后脸色苍白要立即送往医院

宝宝剧烈哭泣后脸色呈红色是正常的，但是如果脸色苍白则要引起注意。如果发现宝宝在哭泣时脸色苍白、全身有痉挛现象、嘴唇呈紫色发绀时则需要立即送往医院。

就诊指南

> 暂且观察

　　根据时间判断可能为换乳期

　　贫血

　　早产

> 应该就诊

　　脸色和平时不同

　　嘴唇、眼睑内侧偏白

> 及时就诊

　　有发绀现象

　　脸色苍白、反复呕吐、有血便

> 紧急救治

　　脸色苍白、倦怠没有精神

　　异物堵塞喉咙、脸色急速变白

脸色异常时可能患的疾病

突然变青变白

可能患的疾病	表现症状
肺炎	呼吸像气喘一样，疲惫
肠重积症	断续剧烈地恶心、呕吐并有血便出现
颅内出血	头部受到打击后，意识丧失，呕吐

平时脸色总是呈青、白色

可能患的疾病	表现症状
疱疹性口腔炎	突然咳嗽不止，情绪低落
室间隔缺损	母乳、牛奶饮食量下降，体重降低，唇呈紫色的发绀症状
感冒综合征	发热、咳嗽伴有流鼻涕
麻疹	高热，全身有发疹现象
风疹	发热，全身有发疹现象
苹果病	脸颊有红色皮疹，手腕、大腿根部有花边状皮疹出现
川崎病	高热，全身发疹。手足红肿，舌头有红色粒状物出现呈草莓状
新生儿黄疸	眼白呈黄色、没有精神
胆道闭锁症	粪便呈白色

便秘

注意排便时宝宝的状态

宝宝排便的次数是有个体差别的，健康的宝宝有的可能一天内排便几次，也有的可能2～3天才排便一次。只要宝宝没有出现腹部胀大，排便时不感觉疼痛就无需担心。如果因为便秘造成宝宝没精神、食欲缺乏，可以通过按摩或者灌肠来促进排便。同时检查一下给宝宝喂的牛奶或者换乳期食物是否足量，另外多给宝宝准备一些含食物纤维比较丰富的食物。

护理要点

多给宝宝喝一些橙汁、吃一些纤维比较丰富的食物

宝宝便秘的时候，需要多吃一些含纤维比较丰富的食物或者喝些橙汁类饮品。这时要避免吃胡萝卜等不利排便的食物。

给宝宝做"圆"形按摩

为了促进宝宝正常的胃肠蠕动，可以用手掌以肚脐为中心，用力向下按压宝宝的肚脐，顺时针方向画"圆"形，以帮助宝宝消化食物。

多给宝宝吃富含纤维的蔬菜、酸奶等食物

如果一个劲地给宝宝吃容易消化的食物，很容易造成宝宝便秘。食物要尽量多样化，多给宝宝吃些富含食物纤维的蔬菜、海藻类食品以及多喝些含乳酸菌的酸奶。

宝宝无法排便时可采用棉棒润肠

宝宝便秘时，可以轻轻按压肛门，如果还是无法排便，可以用棉棒蘸取宝宝油伸入肛门1厘米左右，慢慢旋转约10秒钟之后抽出棉棒。

就诊指南

- ▶ 暂且观察
  精神状态良好
  便秘在3日以内
- ▶ 及时就诊
  腹部剧烈疼痛
  灌肠排出的粪便呈黑色黏稠状、有血便

- ▶ 应该就诊
  便秘时间超过1周并且出现次数反复
  腹部胀大
  排便时宝宝剧烈哭泣
  粪便较硬、经常擦破肛门引起出血

排便困难时可能患的疾病

精神状态良好

可能患的疾病	表现症状
便秘（纤维、水分摄入不足引起）	粪便硬、排便痛苦，粪便呈圆滚状
肛裂	排便时疼痛，便中混有血

精神状态不好

可能患的疾病	表现症状
便秘（母乳哺乳不足引起）	每次哺乳时间超过30分钟，但体重增加情况不好
肠重积症	每隔10～15分钟剧烈哭泣、呕吐，灌肠时有血便排出

尿量异常

要多关注宝宝的尿量和颜色的变化

宝宝的排尿量、颜色和摄入的水分、出汗、身体状况有着密切的关系。在摄入牛奶、水分比较充足的食物时候尿量比较多而且颜色淡。相反，如果水分摄入不足、天气热排汗多，尿量就变少且呈深黄色。

虽然每个宝宝在一天里排尿的次数都不同，但是如果半日内没有排尿，就需要引起家长们的注意。另外发现宝宝排尿时有疼痛感、眼睑和手脚有水肿的现象还是要尽早就医。尽量给宝宝补充水分，创造一个安静的环境。

护理要点

检查宝宝是否发热、排尿时是否有疼痛感

如果宝宝没有发热，但是却出现咳嗽、流鼻涕等感冒症状，排尿时伴有疼痛感，这可能是感染了尿路感染症。这种疾病如果不彻底治疗很容易复发，要尽早就诊。

宝宝的尿液颜色发生变化时要多加注意

宝宝尿液的颜色如果呈深黄色或淡粉色，但只要精神状态良好，则无需过分担心。但是如果呈深褐色或尿布上沾有黄色脓状物、或疑似尿血而且呈偏红色，需要立即就诊。

就诊指南

▶ 暂且观察
  尿布上沾有淡红色污痕、尿量和排尿次数正常
  排尿次数增多，但排尿时无疼痛感

▶ 及时就诊
  排尿次数增多、宝宝表现出口渴、精神状态不佳伴有发热
  排尿次数急剧减少、宝宝无法摄入水分、倦怠

▶ 应该就诊
  排尿量减少、颜色异常
  排尿时哭泣、情绪异常、排尿次数频繁
  尿布上沾有深褐色污痕、脓状物
  出现发热等症状

记录宝宝在一日内的排尿次数、颜色、体温以及排尿时是否有哭泣、疼痛感等，在就诊时可以作为医生诊断参考的标准。

尿量异常时可能患的疾病

排尿次数

可能患的疾病	表现症状
急性肾炎	脸颊、手脚水肿，排尿减少且有血尿
尿路感染症	排尿时伴有疼痛、发热，尿量少但是排尿频繁

排尿颜色

可能患的疾病	表现症状
急性出血性膀胱炎	尿液中混有血液且呈红色，排尿频繁而且伴有痛感
肾炎	正常情况下突然失去意识，发生抽搐现象

生殖器问题

要接受专业医生的检查

宝宝的屁股总是包着尿布，这里特别容易滋生细菌，因此平时就要多注意清洁，否则很容易患生殖器方面的疾病。男宝宝的龟头和包皮之间很容易积存尿液和污垢，一旦发炎就会感到红肿疼痛。女宝宝则比较容易外阴发炎，白带颜色异常。

除此之外，男宝宝还比较容易患阴囊水肿、睾丸位置异常等肉眼可以判断的疾病。家长如果发现宝宝有异常应该及早带宝宝就医。

女宝宝护理要点

给宝宝洗澡时可以盆浴，轻柔、细致地全面清洗

给宝宝洗澡时，可以用丰富的泡沫轻轻擦洗宝宝全身，特别要留意阴部以及肛门处，用清水冲洗干净。

给宝宝换尿布时，要从前向后擦拭

宝宝的肛门和尿道口很近，细菌很容易进入尿道。在给宝宝擦肛门时，一定要从前向后擦，或者用淋浴冲洗干净。

男宝宝护理要点

洗澡时要仔细、轻柔地全面清洗

要特别注意，用肥皂仔细清洗宝宝的包皮和龟头之间的污垢，用温水冲洗干净。

给宝宝换尿布时，要仔细擦拭阴囊的褶皱处

宝宝的粪便很容易沾到阴囊的褶皱处，因此在给宝宝换尿布时，可以用浸湿的纱布或者毛巾轻轻擦拭。

就诊指南

男童

▶ 应该就诊

阴茎前部红肿
排尿时疼痛
黄色脓状物排出
尿布上沾有血
生殖器形状、构造畸形

女童

▶ 应该就诊

外阴部红肿
出现红色粒状物
生殖器形状、构造畸形

生殖器异常时可能患的疾病

阴茎异常

可能患的疾病	表现症状
龟头包皮炎	包皮红肿、有脓状物流出
尿道下裂	先天性排尿口不在龟头前端，而在下侧或者根部
包茎	龟头被包皮覆盖，包皮后移龟头也不能露出

睾丸、阴囊异常

可能患的疾病	表现症状
腹股沟疝	包皮红肿、有脓状物流出
隐睾	阴囊中无睾丸
阴囊水肿	阴囊肿起，碰触有水肿的感觉

阴部异常

可能患的疾病	表现症状
腹股沟疝	包皮红肿、有脓状物流出

白带异常

可能患的疾病	表现症状
外阴部阴道炎	外阴部肿起，尿布或内裤上有黄色白带

哭闹

哭泣不止时，应对宝宝进行检查

无法用语言表达自己意志的宝宝，只能用哭泣来表达自己的各种要求。比如饿了、困了、想让妈妈抱抱、想玩游戏等等。虽然家长可能开始时并不了解宝宝哭泣时要表达的意思，但是根据日常的行为表现可以推断出来。

但是如果宝宝哭泣时哺乳或者哄抱都无法使其安静下来，很可能是患病的表现。家长应观察宝宝是否有发热或者其他身体异常。

多观察宝宝的哭泣方式

如果发现宝宝有异常的剧烈哭泣、哭泣无力、在某种特定动作时哭泣等状况时应引起家长重视。宝宝每隔10～15分钟剧烈哭泣并有血便的时候，可能是肠重积症。如果有发热现象，或者没有精神、哭泣声音微弱，可能是脑膜炎或脑炎。如果是哺乳或者要给宝宝喂食时，宝宝哭泣则可能是口内有炎症。如果一碰触耳朵宝宝就哭泣可能是中耳炎。

与平时的哭泣相比异常时很可能是由于疾病的关系，因此家长应注意观察宝宝的举动。

就诊指南

▸ 暂且观察
  精神状态不佳、无其他症状

▸ 应该就诊
  给宝宝喂食时哭泣
  碰触宝宝耳朵时哭泣
  排尿时哭泣
  粪便硬、排便时哭泣
  大腿根部有柔软的肿块、碰触时哭泣

▸ 及时就诊
  手腕下垂无法抬起、碰触时哭泣
  手脚、肢体红肿，一碰触就哭泣

▸ 紧急救治
  发热、无精神、哭泣声音微弱
  每隔10～15分钟剧烈哭泣、有便血现象

哭泣异常时可能患的疾病

有发热症状

可能患的疾病	表现症状
手足口病	口内有炎症时一喂食宝宝就会因疼痛而哭泣
脑膜炎急性脑炎肺炎	精神状态不佳、哭泣声音微弱
急性中耳炎	频繁碰触耳朵，或一碰触耳朵就感觉疼而哭泣
尿路感染症	排尿时感觉疼痛而哭泣、偶尔伴有发热
便秘	粪便硬、排便时哭泣

无发热症状

可能患的疾病	表现症状
肠重积症	每隔10~15分钟剧烈哭泣、灌肠后有血便排出
腹股沟疝	大腿根部有柔软的肿块、碰触有痛感哭泣
肘内障	手腕下垂无法抬起、碰触有痛感哭泣
骨折	手足、身体受到强烈打击后发生肿痛、无法活动

宝宝哭泣的原因有很多种，但基本都是有理由的。因此如果发现宝宝的哭泣和平时比有异常，则应该多注意观察其行为。

如何安排状态不好宝宝的饮食

及时给宝宝补充水

宝宝身体不舒服的时候，一定要带宝宝就医，在医生的指导下在家护理。基本护理要点之一就是要给宝宝补充水分。在宝宝有呕吐后，不要一次性喂太多的水，应该用匙分多次少量地喂。可以选择比如白开水、宝宝专用离子饮料等。

可以逐渐增喂一些容易消化的食物

宝宝食欲不好的时候，不要勉强喂其他食物，只喂牛奶或母乳即可。也可以喂一些糊状的食物。等宝宝食欲相对比较旺盛时，可以喂一些粥、面等比较容易消化的食物，让宝宝逐渐适应食物种类的变化。

护理要点

粥的基本做法

- 初期5~6个月

  2匙米、2杯水，小火煮15分钟，焖10分钟。

- 中期7~8个月

  60克米、1.5杯水，小火煮10分钟，焖7~8分钟。

- 后期9~11个月

  60克米、1杯水，小火煮10分钟，焖7~8分钟。

- 结束期1岁至1岁3个月

  60克米、1/4杯水，小火煮4~5分钟，焖4~5分钟。

第二节
常见疾病的饮食调养和用药
DIERJIE

宝宝生病后，爸爸妈妈们一定心疼极了。但作为父母千万不能操之过急，而要合理地安排和调整宝宝的饮食。宝宝病后的消化系统功能降低，脾胃的消化功能，唾液、胃肠等各种消化液分泌减少，胃肠蠕动减慢，影响了消化和吸收功能，如果此时过多食用油腻食物，不但不会吸收，还会影响吸收功能。

发热期间

一般发热会经过上升期→高峰期→解热期，辅食也要配合各个时期。上升期会有打寒战症状，所以可以补充和体温一样的水分。持续高热的高峰期，喜欢喝冰冷的饮料。请充分补充流汗所流失的水分、维生素及矿物质。

随着退热，食欲慢慢回复，可以喂食容易吸收的辅食，充分吸收水分的同时也要补充营养。观察身体状况，恢复正常的饮食。

发热时的饮食关键

最重要的是补充水分

生病时，最优先的是补充水分，宝宝的身体比大人更需要水分，但是保持水分的机能还没发育成熟。发烧、腹泻、呕吐等症状，容易造成水分流失而引起退水症状。可以让小孩喝凉开水、麦茶、宝宝用的电离子饮料、果汁等饮料。也可以喝母乳、牛乳。

喂容易消化的食物

病情最严重的时期，身体忙着与疾病战斗，没有空处理食物的消化。不想吃的时候不用勉强吃，只要补充水分即可。

症状减轻后，自然会有食欲。为了不造成消化负担，请喂食容易吸收的食物。容易消化的食物指的是纤维与油脂少、松软的食物。可以活用不需要复杂烹调手续的宝宝食品。饮料业有很多种，如果有食欲，可以喂食粥、乌龙面、菜粥等等。

恢复宝宝体力的食谱

以容易消化的淀粉质为基础，加上煮烂的蔬菜与优良的蛋白质。易入口，也不会造成胃肠负担，可以给予虚弱的身体精力。

南瓜鱼菜粥

材料　：真鲷鱼5克，稀饭40克，水3大匙，南瓜10克。

做法　：1.取南瓜10克，用保鲜膜包覆。

2.再用电磁炉加热30秒后取出揉烂。

3.在真鲷鱼5克与5倍稀饭40克的混合物中加入水3大匙并加热，用筷子搅拌并加入南瓜混合。

番茄优格粥

材料　：番茄20克，稀饭40克，优格1大匙。

做法　：1.将用开水煮过并且去籽的番茄20克切碎。

2.加入5倍40克稀饭，放到盘子后。

3.再淋上1大匙优格。

蒸蛋

材料：鸡蛋1～2个，高汤3大匙，煮熟的乌龙面30克。

做法：1.将加水搅匀的鸡蛋1大匙与高汤3大匙搅拌均匀。

2.将煮熟的乌龙面30克切细后煮烂，放到盘子后加上蛋汁，小火蒸约10分钟。

3.用电子炉大约加热1分左右即可。

香蕉牛奶

材料：香蕉20克，牛奶1大匙。

做法：1.香蕉20克，加入牛奶1大匙后混合。

2.也可以使用规定分量的奶粉。

补充水分、维生素及矿物质的食谱

他们很少表现强烈的情绪，无论是积极的还是消极的。他们总是缓慢地适应新环境，开始时有点"害羞"和冷淡，但一旦活跃起来，就会适应得很好。

牛肉南瓜粥

材料：泡好的大米20克，南瓜30克，剁碎的牛肉10克，高汤120毫升。

做法：1.大米磨成粉；南瓜去皮去籽后蒸熟，剁碎。

2.碎牛肉蒸熟后，再剁碎。

3.在大米粉里加入高汤熬成粥后，放入牛肉，最后放入南瓜煮熟。

哈密瓜稀粥

材料： 泡好的大米、哈密瓜各10克，水70毫升。

做法： 1.大米磨成粉后，加水熬成粥。

2.哈密瓜去皮去籽，磨成糊状。

3.将哈密瓜倒进米粥里煮沸即可。

口腔炎期间

罹患口腔炎时，因为口腔疼痛有时无法喝东西，可能引起脱水症。不论如何，请分次一点一点地补充水分。原则上，饮料温度接近人体体温时刺激较少。而冰的饮料具有麻醉效果，也是一个好选择。

口腔炎期间的饮食关键

辅食请选用刺激少、柔软不需要咀嚼、口味淡的食品。如果无法一次吃很多时，请多次少量进食。大便比较稀时，可以多次奶油、鲜奶油灯高热量的食物。避免食用绞肉、饼干等等会残留在口腔内的食物，还有柑橘类等酸性食物。

补充水分，易消化的食谱

口腔内起了水疱、有溃疡时可能造成宝宝不吃东西，这样很容易脱水，这时候必须要及时地给宝宝补充水分。可以给宝宝准备一些比较容易消化和吞咽的菜粥等食品，吃完后注意给宝宝用清水漱口，清洁口腔。

不要给宝宝喂过热、过凉或刺激性的食物，这段时间给宝宝喂的牛奶温度应该比平时稍微低一些，这样宝宝喝起来会舒服一些。

香蕉南瓜冰

材料　南瓜20克，香蕉30克，配方奶2小匙。

做法　1.南瓜黄色部分20克，用保鲜膜包裹后放到电磁炉加热约1分钟，取出后揉烂。

2.再加入香蕉30克、牛奶2小匙，一边将香蕉捣烂一边搅拌。

3.放入冰箱冰冻后，在喂食前请用汤匙将冰捣碎。

奶酪羹汤

材料　稀饭40克，土豆15克，香菇10克，原味奶酪1/2片，奶油1小匙，高汤1/4杯，白色酱汁2大匙。

做法　1.土豆去皮，剁碎；香菇切成和土豆一样大小。

2.用奶油煸炒土豆，再放稀饭炒，接着放高汤、香菇煮；放入白色酱汁煮沸后放奶酪。

苹果土豆泥

材料　土豆50克，苹果30克，原味奶酪1/2片，松子粉1/2小匙，水1/2杯。

做法　1.土豆去皮，煮熟，捣碎；奶酪捣碎。

2.苹果去皮，捣碎，再放到水里煮到变透明为止。

3.土豆里放入苹果和奶酪、松子粉拌匀。

水蜜桃香蕉稀粥

材料　泡好的大米、水蜜桃各10克，香蕉5克，水70毫升。

做法　1.水蜜桃、香蕉去皮，煮熟，剁碎。

2.大米磨成粉，加水煮成粥，最后将水果放进去煮烂。

呕吐期间

宝宝呕吐后要立即清理干净口腔中和脸上的污物，防止污物再次引发呕吐。擦拭时最好用湿毛巾，这样更容易擦干净。呕吐期间首先补充水分，如果看起来没有继续呕吐迹象时可以慢慢增加分量。有很多疾病会伴随出现恶心、呕吐等等的胃肠症状。恶心严重时，禁止饮食。

呕吐期间的饮食关键

呕吐经过30分钟以上，没有继续呕吐时，可以用汤匙补充10～30毫升水分（白开水、麦茶、宝宝用的电离子饮料等等）。再等30分钟，再补充10～30毫升水分。一定要间隔30分钟，再补充水分、牛奶或母乳100毫升，也可以试着吃一些粥或米汤5～6匙，如果完全没有继续呕吐症状时，就可以回到正常饮食了。有恶心症状时，柑橘类、桃子等等的果汁更容易催吐，所以禁喝这些饮料。优格、牛奶也有催吐效果，请避免食用。

宝宝呕吐时的调养食谱

宝宝在出现呕吐症状后应仔细观察，暂时先不要给他吃任何食物。但是如果反复出现呕吐身体内的水分就会大量流失导致脱水，因此在宝宝呕吐后应该注意的是及时补充水分。

地瓜薏仁饭

材料 ： 大米、地瓜各30克，胡萝卜10克，薏仁、洋葱各5克，食用油1/2小匙，水70毫升，高汤60毫升。

做法 ： 1.地瓜去皮，切成1厘米小丁。

2.薏仁磨成粉，再放入大米和水煮成饭。

3.胡萝卜、洋葱去皮，切成5毫米大小，加油热锅煸炒。

4.将炒好的洋葱和胡萝卜放进饭里，再倒入高汤煮。

土豆羹

材料 : 土豆30克，白开水1大匙。

做法 : 1.将土豆煮烂。

2.取1/2大匙汤汁，加入1大匙白开水做成土豆羹即可食用。

萝卜清汤

材料 : 剁碎的牛肉、萝卜各30克，洋葱10克，高汤2杯。1.剁碎的牛肉放入

做法 : 冷水里去除血水；萝卜和洋葱去皮，剁碎。

2.锅里放入牛肉、高汤煮一会儿，再放进萝卜、洋葱。

3.充分煮熟后用筛子筛过，留汤。

香菇蔬菜粥

材料 : 稀饭50克，卷心菜20克，香菇、豌豆各10克，高汤1/4杯。

做法 : 1.香菇去皮汆烫后，剁碎。

2.卷心菜切细；豌豆煮熟，去皮，剁碎。

3.高汤里加入稀饭、豌豆，等到饭熟了再放蘑菇煮，最后放蔬菜。

土豆南瓜稀粥

材料 : 泡好的大米、土豆各10克，南瓜5克，水70毫升。

做法 : 1.大米磨成粉，加水熬成粥。

2.土豆去皮，磨碎；南瓜去皮和籽，剁碎。

3.在米粥里放入土豆煮熟，再放入南瓜熬煮。

面疙瘩汤

材料 ：面粉400克，蛋8个，蛋黄4个，虾仁100克，菠菜叶200克，香菜100克，高汤1000克，盐15克，味精5克，香油10克。

做法 ：1.将蛋白与面粉和成稍硬的面团，擀成薄片，切成黄豆大小的丁，撒入少许面粉，搓成小球。

2.虾仁切成小片，香菜切末，菠菜切末待用。

3.将高汤倒入锅内，放入虾、盐、味精，汤开后下入面疙瘩，煮熟，淋入鸡蛋黄，加入香菜末、菠菜末，滴入香油，盛入盆内即可。

洋葱米汤

材料 ：洋葱30克，米汤2小匙，水适量。

做法 ：1.洋葱30克，加入1杯水加热，大约煮20分钟。

2.将煮汁1小匙及米汤2小匙混合搅拌。

腹泻期间

注意水分补给，预防脱水。随着水分流失的电解质钠与钾，可以用少量的盐分或蔬菜汤来补充。不适合吃的食品有多纤维多蔬菜类、豆类、奶油、鲜奶油、植物油等油脂类、牛乳、乳制品（母乳、牛奶）、柑橘类等等。1天3～4次的轻微腹泻，如果有食欲，只要控制纤维及油脂类，其他依照平常的饮食即可。1天5次以上的腹泻期间，最好吃粥或米汤。吃米粥等谷类可以让大便变固体。请参考左边的步骤。不过，过于谨慎的饮食容易营养不足而没有体力，反而使腹泻时间变长。注意食欲与大便的样子，尽早恢复正常的饮食。

腹泻按步骤调理的关键

米汤、粥（加盐）

先吃加盐的白粥。也可以用高汤或蔬菜来代替盐。

苹果泥豆腐粥

粥+苹果泥+磨碎绢豆腐，最好也能加纤维少的优质蛋白质。

苹果泥豆腐菠菜粥

在粥+苹果泥+磨碎绢豆腐里加上去除纤维的蔬菜。建议使用菠菜。

果胶

苹果或胡萝卜里含丰富的果胶，果胶里有水溶性食物纤维可以达到整肠作用,可吸取肠中的水分变成胶状,改善腹泻或便秘,恢复正常状态。

腹泻时的调养食谱

腹泻时要避免给宝宝吃脂肪含量比较多的肉类食品，可以选择如粥、煮烂的乌冬面、菜粥等淀粉含量较高的食物，并且要多次少量喂食。

豆腐蒸鱼肉

材料 鸡蛋黄1个，鲜鱼肉、豆腐各20克，洋葱5克，海带汤1/2杯。

做法 1.鲜鱼蒸好后，去除鱼刺，磨碎。

2.豆腐氽烫一下，切成1厘米小丁；洋葱剁碎。

3.蛋黄打散后用筛子筛，放海带汤、鱼肉、豆腐和洋葱搅匀，最后放入蒸笼里蒸。

热苹果泥

材料 苹果肉20克，白开水1大匙。

做法 1.将苹果20克切碎，放入耐热容器中，加1大匙水。

2.用保鲜膜封住放入电磁炉加热1分钟。

3.取出后连同煮汁一起将苹果磨碎。

营养糯米饭

材料 泡好的大米15克，泡好的糯米10克，豌豆15克，栗子20克，香菇、胡萝卜各10克，食用油1/2小匙，水40毫升，高汤1/4杯。

做法 1.豌豆煮好后去皮，磨成粉；栗子去皮，切成1厘米小丁。

2.香菇取用伞部，剁碎；胡萝卜去皮，汆烫一下切成丝。

3.在大米和糯米里加水，放进豌豆和栗子煮成饭。

4.香菇、胡萝卜煸炒后，再将做好的饭一起倒入高汤里煮。

南瓜粥

材料 已泡好的大米10克，南瓜20克，水1/2杯。

做法 1.将已泡好的大米用粉末机打成末状。

2把南瓜削去皮，除去籽切成块，煮熟趁热捣碎。

3.往锅里放入大米末和南瓜泥，加水后用大火边煮边搅拌均匀。

4.当水开始沸腾后把火调小，煮到大米熟为止，熄火后用漏勺过滤一下。

菠菜蛋黄粥

材料 新鲜菠菜适量，鸡蛋黄1个，软米饭1/2碗，汤汁适量。

做法 1.将新鲜菠菜洗净，用开水烫后切成小段，放入锅中，加少量水熬煮成糊状备用。

2.把蛋黄和汤汁放在一起搅拌均匀后用滤勺过滤。

3.把搅拌好的蛋黄汤汁和软饭放入锅里用大火煮。

4.当水沸腾时把火调小，加入菠菜糊边搅边煮，一直到大米熟烂为止。

茄子大麦稀粥

材料 : 泡好的大米10克，泡好的糯米、剁碎的洋葱、核桃粉各5克剁碎的牛肉20克，剁碎的南瓜10克，香油少许，高汤80毫升。

做法 : 1.将大米和糯米磨成粉；剁碎的牛肉煮熟后，再剁细一点。

2.将高汤倒进米粉里熬成粥，加入牛肉和蔬菜，再放核桃粉，最后淋点香油搅匀。

面糊糊汤

材料 : 面粉10克，牛奶50克，黄油5克，盐少许。

做法 : 1.将牛奶倒入锅内，用小火煮开，撒入面粉。

2.调匀，加入少许盐，再煮一下，并不停地搅和。

3.加入黄油，晾凉后即可喂食。

番茄汁

材料 : 砂糖少许，番茄1/2个，温开水适量。

做法 : 1.将成熟的番茄洗净，用开水烫软剥去皮，然后切碎，用清洁的双层纱布包好，把番茄汁挤入小碗内。

2.将砂糖放入汁中，用温开水冲调后即可喂食。

糙米浆牛奶

材料 : 糙米30克，牛奶3大匙。

做法 : 1.糙米洗净泡1小时，加入搅拌机打成糊状和牛奶混合。

2.上锅用小火煮开后，再略煮2分钟，即可。

鸡肉蒸豆腐

材料 ： 鸡肉40克，豆腐50克，胡萝卜40克，鲜香菇1朵。

做法 ： 1.将鸡肉洗净放入滚水中氽烫至熟后捞出切碎；香菇去蒂切成丁；胡萝卜去皮洗净切成丁。

2.豆腐洗净后放入碗中压碎，再加入其他材料拌匀，放入电饭锅中，锅里加入1/2杯水，蒸至开关跳起即可。

豆芽卷心菜

材料 ： 卷心菜叶2片，豆芽40克，香油、酱油、食醋各适量。

做法 ： 1.将卷心菜和豆芽用开水焯一下，去除水分，切成细丝。

2.将切好的卷心菜和豆芽用香油、酱油、醋拌好即可。

肉末饭

材料 ： 软米饭1小碗，鸡肉或其他肉末1大匙，植物油各少许。1.在锅内放

做法 ： 入植物油，油热后把肉末放入锅内炒，边炒边用铲子搅拌使其均匀混合。

2.炒好后放在米饭上面一起焖，然后切一片花形的熟胡萝卜片放在上面作为装饰即可喂食。

糯米稀粥

材料 ： 糯米15克，水3/4杯。

做法 ： 1.糯米泡开后磨成粉。

2.在糯米粉里加水，煮成稀粥。

3.高汤里加入稀饭、豌豆，等饭熟了再放蘑菇煮，最后放蔬菜。

菠菜豆腐汤

材料 ： 菠菜15克，豆腐15克，紫菜汤汁1/4杯，水1/4杯。

做法 ： 1.将菠菜煮软后捣碎。

2.将豆腐在开水中浸泡1分钟或在微波炉中加热40秒，之后过滤。

3.加入菠菜、豆腐、紫菜汤汁和水，小火煮熟。

便秘期间

食物纤维或发酵食品可以促进肠功能。开始吃辅食不久后，出现便秘症状，主要是因为水分不足或辅食让肠内细菌的状态变化。充分的水分及优格，可以改善肠内细菌的平衡。开始吃辅食的便秘和大人一样，都是因为食物纤维不足而引起。食物纤维不会被消化，在肠中含有水分可将粪便软化，增加粪便量，并促进肠机能。有个含有丰富的乳酸菌，可以促进肠机能。生活规律也很重要。请每天在固定时间均衡地摄取辅食。尽情地玩，好好地吃饭，可以增加胃肠蠕动，有助于排便。

适合便秘期间吃的食材

乌龙面

有丰富的食物纤维，营养价值高，经过发酵有助消化吸收。磨碎后，可以从咀嚼期开始吃。

羊栖菜

有丰富的食物纤维，以及钙。口感柔软，适合咀嚼期开始喂食。

燕麦粥

以磨碎的燕麦为原料，含有丰富的食物纤维。可以加牛乳、奶粉及果汁，用电磁炉加热成燕麦粥。适合咀嚼期开始喂食。

青菜

纤维多，不容易入口，可以勾芡食用。

地瓜

薯类是多食物纤维的代表食材。加热后含有丰富的维生素C。

其他食材

全麦土司、玉米片、玄米片、麦麸等谷类，黄豆粉、豆类、球花甘蓝、洋葱、豆芽、蘑菇类、李子、杏等都含有丰富的食物纤维。

便秘时的调养食谱

宝宝便秘的时候，需要多吃一些含纤维比较丰富的食物或者喝些橙汁类饮品。这时要避免吃胡萝卜等不利排便的食物。

菠菜梨稀粥

材料 ： 泡好的大米、菠菜、梨各10克，水70毫升。

做法 ： 1.泡好的大米里加水煮成粥。

2.把菠菜汆烫一下，磨碎；梨子去皮去籽磨成泥。

3.粥里放入菠菜、梨，煮好后用筛子筛一下。

地瓜苹果泥

材料 ： 地瓜70克，苹果50克，水1/2杯。

做法 ： 1.挑选圆润的地瓜去皮，蒸熟，剁碎。

2.苹果去皮核果籽，磨成泥。

3.在锅里放地瓜和水熬煮，煮到八分熟后。再放入苹果搅匀。

核桃蔬菜粥

材料 : 泡好的大米15克，绿豆、剁碎的胡萝卜各10克，核桃粉1小匙，香油
1/2小匙，芝麻盐少许，高汤90毫升。

做法 : 1.大米磨细；绿豆煮熟，去皮磨碎。

2.将磨碎的绿豆和胡萝卜放点香油、芝麻盐煸炒，加入高汤和大米，
煮熟后再将核桃粉放进去熬煮一会。

选择正确方法使用药物

如何才能让生病的宝宝顺利服药，还是让我们先来了解一下药物特性和各种
用药小窍门。

糖浆制剂

用前摇晃均匀，确认用量。

为使宝宝顺利服药，糖浆类制剂常添加一些甜味剂和香料，特性是比较容易
变质，需要冰箱冷藏保存。

用前摇晃使液体均匀

药物成分常会沉淀，因此用前需要摇晃均匀。

摇晃时要注意不要起泡沫，否则无法准确量取用量。

正确量取一次的用量

遵照医嘱量取一次用量，读取刻度时要横向读取，以确保准确无误。

选择适合的服用方法

可以用奶嘴喂宝宝

先让宝宝含着奶嘴，之后再将药物倒入奶嘴内，这样可以更顺利地喂药，这
种方法比较适合月龄低的宝宝。

用吸管喂药

宝宝可以直接吸取或者用吸管逐滴喂药。

用带橡皮囊的吸管喂药

将吸管放入宝宝口中，直接将药物挤入宝宝口中。

用小容器喂药

可以直接用小一点的容器直接喂药，注意喂药时尽量不要让药物流出来。

用匙喂药

用勺子喂药时尽量要将其伸入到口内，喂药的要领比较类似给宝宝喂果汁。

粉状制剂

混入食物中比较容易让宝宝服用。

粉状药剂不适宜直接服用，可以溶于水后混在食物内给宝宝服用。

妈妈一定要洗手

手会直接接触到药物，因此在给宝宝服药之前，一定要洗干净双手并剪短指甲。

将药物放于容器内

用小碟子装入一次用量的药物，这样比较方便溶解。

用手指碾碎溶解

清洗双手后，用手指逐渐推碾，使药物彻底溶于水。

逐量加水

加水时要慢慢加，防止一次性加水太多造成宝宝不能全部服用或者过于稀释。

选择容易吞咽的方法

用勺子喂服，如果宝宝不讨厌药物的味道，可以用勺子喂，也可将药物涂在宝宝脸颊内侧，或用手指蘸取药物，味觉不是很敏感的脸颊内侧或者上腭。

给宝宝喝点水

喂药后可以用勺子给宝宝一点点水，或者喝点大麦茶等防止药物残留在口腔内。

栓剂

栓剂常用方法为推入肛门内，药物通过肠被吸收，这种药物可以直接通过肛门进入体内，易于溶解，在推入肛门时要一次性推入。

遵照医嘱切取一次用量

用温水浸湿刀片，比较容易切取药物。一次用量为1/2、2/3量时，在切药物时应该连同包装一起切取。

撕开薄膜取出药物

从药物前端撕开薄膜取出药物。避免挤压，否则很容易将药物挤碎。

一次性插入

可以在药物上适量涂一些油，有利于润滑。要一次性快速将药物推入肛门。如果动作比较慢，很容易造成药物融化。

短暂按压一会

可以用手指在肛门处轻轻按压1～2分钟（垫纸巾也可），这样可以防止药物排出。

膏状类制剂

在清洁后的皮肤、患处均匀涂抹，在涂抹药膏之前，一定要清洗患部，用干净的毛巾擦拭干净后，薄薄地并且均匀地涂抹。

首先清洁宝宝的皮肤

每次在给宝宝涂药之前，一定要做好清洁皮肤的工作。洗澡之后涂抹药膏，使药效发挥更加明显。

要薄薄地均匀涂抹

涂抹药膏时，要均匀涂抹，并且薄薄地涂抹一层。

妈妈要仔细清洗双手

在涂药前，妈妈一定要认真、仔细清洗干净双手，包括指甲、指缝等处都要彻底清洁。

在宝宝皮肤上点涂几处

药物涂抹面积较大时，可以先在宝宝的皮肤上选择4～5处点涂，然后再大面积涂抹。

将药量挤压于手背处

在涂药之前，需要将一次的用量挤压在细菌相对较少的手背处。软膏涂抹后会有一层光泽，在给宝宝涂抹完药膏后应检查一下是否有漏涂的部位。

眼部用药类

注意不要让容器口碰触到眼部或眼睑等部位，妈妈一个人给宝宝点眼药时，宝宝常会乱动，可以选择在宝宝睡觉时点眼药或者请爸爸一起帮忙。

内眼角各滴一滴

让宝宝仰卧，轻按头部，在距离眼睛2～3厘米的高处滴眼药水。

帮助宝宝闭上眼睛

宝宝点完眼药后不会自己将眼睛闭上，这时妈妈可以用手轻轻推宝宝的上下眼睑，帮助眼睛闭合。

耳部用药类

滴完药物后，要让宝宝保持一会儿侧头的姿势。

让宝宝的头侧卧

让宝宝的头侧卧，滴入药物保持一会儿此种姿势。

向耳部滴入1～2滴

轻轻按住宝宝头部，沿耳部内侧壁滴1～2滴药水。

保持姿势4～5分钟

轻轻按住宝宝头部，保持此种姿势4～5分钟，如果有药物流出可以用纸巾擦拭。正确做法待冷藏的药物恢复到常温后再使用。如果将刚从冰箱内拿出的药物滴入耳部，容易引起眩晕。

药物使用问答篇

问 给宝宝服药的时间到了，可宝宝如果在睡觉该怎么办？

答 宝宝在熟睡的时候，没有必要把他弄醒服药。服药的时间和规定时间稍微差一点也可以。但是错后的时间如果和下次服药时间重合，不要增加药量，这样只会增加宝宝的身体负担。只服用一次的药量即可。

问 宝宝什么都没吃，可是药物说明上要求服用该怎么办？

答 婴幼儿药物一般不含刺激胃的成分，因此即使胃里没有食物也可以正常服用。另外如果宝宝食欲缺乏或刚喝母乳的情况下，可以在喂食前10分钟左右给宝宝吃药。

问 虽然给宝宝服药了，但是整个服药过程时间太长胃，会有影响吗？

答 口服药一般虽然不会规定在多久时间内必须全部服用或者必须一次性服用，但是如果服用时间超过1个小时，常常无法使血液内药物达到发挥药效的浓度。另外，粉状药剂和食物搅拌在一起或溶于水的时间过长其药物成分也会发生变化，因此应该尽可能在30分钟内完成服药过程。

问 给宝宝服药后如果都吐了，还要再服一次药吗？

答 宝宝在服药后出现呕吐现象，单凭肉眼是很难判断到底有多少药物已经被身体吸收的。另外，服用的药物一般在30分钟内大部分就会被吸收，所以如果服药后过了一段时间宝宝出现呕吐，无需再次服。还需要注意的是，刚哺乳后立即喂药很容易引起呕吐，可以选择在哺乳前或哺乳后30分钟再给宝宝喂药。

问 宝宝腹泻怎么办？

答 腹泻，除了感染病原体外，也有可能因消化不良或者疲劳、心理因素而引起。腹泻一般多有肠道感染，夏季多为细菌感染，秋末冬初多为轮状病毒感染，大多是由于小儿肠胃消化功能不足加之喂养不当所引起，所以调理脾胃功能必不可少。

宝宝异常情况的急救与处理

DISANJIE

宝宝的健康成长是非常重要的，随着逐渐长大，宝宝安全也成了家长一个不能忽视的问题。缺乏相应的安全意识，有时难免会出些小意外，所以掌握一些急救知识也是非常必要的。

家庭基本急救措施

发热是宝宝患病的原因之一。但是发热并不等于危险。如果仅仅是高热不要因此而慌张，而是应该根据情绪以及食欲等综合判断宝宝的身体状况。

如何确保宝宝的呼吸通畅

首先要确保他的呼吸通畅，这个时候宝宝没有意识，全身的肌肉都呈松弛的状态，而且没有办法让他做任何动作，宝宝的舌头最容易堵住喉咙而阻碍他呼吸，家长可以用一只手抬高宝宝的下巴，另一只手把宝宝的额头往后扳，让他的头部后仰，使空气能够进入他的肺部。

人工呼吸

如果宝宝不到1岁：盖住宝宝的嘴和鼻子，注意吹气的频率，按照3秒1次，1分钟20次的频率口对口吹气。

如果宝宝1岁以上：捏着宝宝的鼻子，口对口以4秒1次，1分钟15次的频率吹气。

每次吹气的时候都要注意宝宝的胸部是否有膨胀，一直持续到宝宝能独立自然呼吸为止。

注意心跳

身体有轻微动作，突然咳嗽，有要自己呼吸的举动，对于1岁以上的宝宝还可以用食指和中指共同按在宝宝的脉搏上，对于一岁以下的宝宝可以放在他的静脉上感觉。

如何使用心脏起搏术

1.对于1岁以上的宝宝

用力按住他的胸骨下端往上两个手指宽度的地方，也就是他胸部下凹3厘米处。频率控制在1分钟100次左右。同时左手捏住宝宝的鼻子以1次人工呼吸，5次心脏起搏术的频率同时交替进行，直到宝宝恢复知觉，开始有心脏跳动为止。

2.对于1岁以下的宝宝

找准他左右乳头的中间点，这个点往下一个手指的宽度从正上方向下按，因为宝宝的新陈代谢比成人要快，所以脉搏跳动也比成人块，所以要以1分钟100次的频率进行抢救。压的深度为从正上方向下压2厘米。

如何止住大量流血

宝宝大量出血会陷入非常危险的状态，这时要求家长们必须镇定地进行急救。

大出血时

如果伤口裂开并且大量流血，可以用纱布覆盖住整个伤口，从正上方用力压住伤口，同时尽量把宝宝的伤口抬到比心脏高的位置。

一般方法无法止血时

如果继续流血不止的话，把伤口提到比心脏高的位置，在距离出血处大概3厘米的地方开始绑绷带，绑完绷带后，打一个松结儿（如果没有绷带的话可以用围巾或者是丝袜代替，但是一些会伤害到宝宝皮下神经的绳子就不要用了），再在打结处插上一根一次性筷子或者是其他类似的棒状物体，然后再打一个松结儿，最后请转动棒子，借助转动棒子的力来帮助宝宝止血。

转动棒子时，每过10分钟要给宝宝放松一段时间，不能把棒子连续转动1小时以上。做完以上的紧急处理措施之后，立即带着宝宝去医院。同时请家长们把给宝宝开始止血的时间记录下来。

擦伤

擦伤是宝宝最容易受到的伤害，首先要清洗伤口。处理的方法不同，治愈的情况也不同。

紧急救护措施

冲洗伤口

可以用自来水或者生理盐水清洗伤口上的泥沙，请注意，千万不能用力揉搓。

如果出血，请先止血

止血的时候要用干净的纱布多叠几层，用力压住出血的伤口来为宝宝止血（不要过于用力）。

对伤口消毒

可以用消毒液或者是双氧水直接消毒伤口。在消毒伤口时会有沙子等脏东西随着泡沫一起浮出伤口，这个过程中可能会有些疼痛，要安慰宝宝的情绪，同时用纱布擦干净伤口，可以防止伤口感染。

涂预防化脓的药物

在伤口上为宝宝涂上防止化脓的药物，把纱布多叠几层敷在伤口上保护伤口，再缠上绷带固定纱布。如果一般的小伤口，只要贴上创可贴就可以了。

需送医院处理的情况

1.脸上有严重擦伤

脸上的皮肤比较细嫩，而且宝宝发生擦伤时常常会头部先着地，这时眼睛周围或脸上的伤口可能会留下瘢痕，为了小心起见，简单处理后应该带宝宝去小儿外科、眼科就诊。

2.伤口会引起化脓

如果伤口一直潮湿不干，特别当宝宝是在水沟或者不干净的地方擦伤，细菌会侵入皮肤，所以要特别提防伤口的化脓，要带他去外科就诊。

3.如果发生跌伤

擦伤的同时经常伴随跌伤，宝宝幼小的身体被强烈撞击后，可以采取冰敷的办法消肿，如果宝宝感觉疼痛难忍的话，就要带他去看外科或骨科。

4.宝宝一直疼

有时候的情况是，当伤口好了宝宝却还是疼痛难忍的话，很可能是伤口中留有玻璃或者是石头等。所以千万不能大意，要到医院外科就诊。

5.伤口有异物无法取出时

当家长处理伤口时，伤口中如果留有泥沙、玻璃碎片等小东西，如果用水或者是生理盐水冲洗还拿不出来的话，千万不要硬性拿出或者使用揉搓伤口，这样反而会十分危险，这时要迅速带宝宝去医院外科就诊。

【预防常识】

时常叮嘱小朋友，将预防意识灌输给宝宝。比如选择适合小宝宝玩的玩具，叮嘱他们玩完玩具要收拾好。要时常检查宝宝的游戏用具是不是有损伤或者是有障碍物影响宝宝的玩耍。这要求家长们从宝宝的角度去观察。在游戏过程中不要突然发出什么指令而吓到宝宝。

小贴士
Xiao tie shi

如果给宝宝包扎的纱布或是创可贴脏了就需要更换，每天在宝宝睡觉前需要给宝宝的伤口进行消毒。因为宝宝对疼痛的感觉比较敏感，尤其在洗澡时，即便是小伤，宝宝也会感觉非常痛。所以家长在照顾受伤宝宝的时候应尽量小心，减轻宝宝的疼痛感。

刺伤、割伤

刺伤和割伤常常伴有出血的状况，所以首先要稳定宝宝的情绪，避免因为惊慌给宝宝带来的心理上的伤害。

紧急救护措施

当伤口比较浅时

先用清水或者双氧水消毒，然后用纱布多叠几层，敷在伤口上帮助宝宝止血。消毒之后贴上创可贴就可以了。

如果出血，请先止血

首先要拔刺。如果刺是露在外面的话，可以借助用具拔出来。如果刺是陷入在肉中的，要用消毒过的针挑出来。做以上的处理时，一定要给宝宝一边拨弄伤口一边消毒，如果使用针挑出刺，要先压住伤口的周围，将血及脏东西挤出后再接着消毒。伤口处理后，用创可贴贴上伤口就可以了。

当伤口比较深时

用重叠几层的消毒纱布敷住整个伤口，并用力压住伤口（但是千万不能过于用力），同时将宝宝的伤口抬到比心脏更高的位置，这样可以把血止住。如果这些方法仍然不能把血止住的话，要立刻叫救护车或者带宝宝去医院。

需送医院处理的情况

1.当宝宝的头部或眼睛周围被割伤时

脸上的皮肤比较细嫩，而且宝宝发生擦伤时常常会头部先着地，这时眼睛周围或脸上的伤口可能会留下瘢痕，为了小心起见，简单处理后应该带宝宝去小儿外科、眼科就诊。

2.当伤口潮湿一直不干的话

很有可能是化脓了，也需要立即送宝宝去外科就诊。

3.伤口很疼时

如果尖锐物或者是玻璃碎片遗留在伤口里，宝宝会觉得非常的疼痛，千万不要试图用力挤出，如果有残留物在伤口中会有破伤风的危险，所以要立即带宝宝去医院。

4.伤口很大、很深，而且大量出血时

5.被玻璃或钉子扎到时

当宝宝被玻璃或者是钉子扎到时，不要试图拔除钉子，要在伤口周围裹上干净的纱布，防止钉子、图钉等异物的移动，要立即带他去外科就诊。

6.伤口有异物无法取出时

当家长处理伤口时，伤口中如果留有泥沙、玻璃碎片等小东西，如果用水或者是生理盐水冲洗还拿不出来的话，千万不要硬性拿出或者揉搓伤口，这样反而会十分危险，这时要带宝宝迅速去医院外科就诊。

7.头部或腹部刺伤、割伤的情况

【预防常识】

宝宝调皮会引起一些磕碰是经常的事情，但是如果一旦出现伤口很深、很大的情况，就要求家长们注意，为什么会出现这种伤害。比如彻底将剪刀、刀片等一些锋利危险物品放在宝宝够不到的地方，及时检查家里的设施（门、窗、柱子）是否有木头断裂、起皮的地方。尤其是保证一些钢铁设施没有危及到宝宝安全的地方。

撞到头部

当宝宝撞到头部时要及时查明他的状况和症状。比如，他是在哪里撞到的，撞到了什么地方，用力撞到的还是轻轻碰到的。

紧急救护措施

把宝宝抱到安静的地方，让他平躺

如果宝宝的意识清醒，在受伤后立刻哭出来的话，就没有大问题。家长需要做的是首先稳定宝宝的情绪，以防他伤后受到惊吓，把他抱到安静的地方，让他平躺下来，用枕头把他的头部垫高。

伤口出血时

当宝宝伤口出血过多，要稳定住宝宝的情绪，而且也要保持自己情绪的镇定，冷静地确认伤口，找些厚纱布或者是干净的毛巾用力压住伤口（但是不要过于用力）。如果宝宝一直流血，要立即叫救护车！

冰敷肿块

如果伤后宝宝的身体出现红肿的话，先用湿毛巾冰敷伤处，但是如果肿块越来越大，而且肿得很明显的话，就要及时与宝宝的家长联系，并且立即送往医院就诊。

当宝宝感觉想吐时

让宝宝平静下来后，观察他是不是有想吐的感觉，如果严重地呕吐，要立即带宝宝去医院。

立即叫救护车的情况

1. 头部凹陷

当宝宝被撞倒出现凹陷时，立刻叫救护车！

2. 对于1岁以下的宝宝

当宝宝头部的伤口止不住血时，立刻叫救护车！

3. 叫宝宝名字却没有反应

等待的过程中，为了防止失血过多，可以用厚厚的纱布用力压住宝宝的头部，如果宝宝昏过去，可以试着在他的耳边叫他的名字，轻轻拍打他的肩膀，如果他没有任何反应，要把他的脸侧转，防止呕吐食物堵住气管。

4. 呕吐不止

当宝宝撞到头部后出现反复呕吐的情况时，立即叫救护车，在等待救护车过程中，可以将宝宝的脸侧转，这样可以防止呕吐出来的东西堵住气管。

5. 痉挛

当宝宝出现痉挛的情况，立即叫救护车！

【预防常识】

时刻提醒小朋友"文明走路，不跑不打闹"；还要从小朋友的身材角度考虑，为他们制作适合他们的游戏用具、在上下楼梯，容易出现事故的地方设置好围栏；另外，家长们要时刻敏锐地观察家中是否有尖锐的容易伤害小朋友的玩具、家具等。

撞到头的情况，宝宝可能会在过段时间之后才开始不舒服，所以家长要注意观察宝宝的食欲和情绪，如果出现反复呕吐的情况要及时去医院就诊。

跌伤

如果是轻微的跌伤，给宝宝冰敷伤处就可以了。如果宝宝的胸部、腹部、脖子或者是背部受伤并且出血的话，要立即检查，依情况而定，决定是否去医院检查。

紧急救护措施

当手脚跌伤时

清洗伤口并给伤口消毒：如果有伤口，先用清水或者是双氧水来冲洗伤口。接着消毒并覆盖上纱布，再绑上绷带，以保护伤口，最后可以再冰敷伤口以减轻宝宝的疼痛。

冰敷跌伤处：如果有伤口的话，可以用冰袋敷在伤口上，如果没有伤口，以冷水弄湿毛巾，直接冰敷患部就可以了。

如果是用冷敷，皮肤较敏感的宝宝可能会发炎，所以可以使用冰毛巾或是冰袋帮宝宝冰敷患部。

当撞到腹部时

首先，让宝宝平躺，帮宝宝把腹部紧裹他身体的衣服脱下，然后，让宝宝抱着膝盖侧躺，或是平躺并把脚抬高，躺着时尽量让宝宝舒服。如果这样能使宝宝疼痛逐渐地消失，而且过一会儿宝宝也能像平常一样行走的话，宝宝的身体应该没有什么事情了。

当撞到胸部时

可以让宝宝靠在墙壁上，避免压迫到胸部，并且能保持轻松呼吸的姿势。如果是左右有一边感到疼痛的话，可从疼痛的那一边朝下横躺，这样可以减缓他的疼痛。

需送医院处理的情况

1.伤口肿大

当宝宝的伤口已经冰敷，但是却不见好转，而且越来越严重的话，要立即带着宝宝去医院外科就诊。

2.两天后依然疼痛

当宝宝跌伤后两三天仍然不好，一直喊疼，或者是伤口不见好转而且恶化的话，这可能是骨折了，所以要立即带着宝宝去医院就诊治疗。

3.从高处跌落

撞击脖子或者背部的力量很大。

4.宝宝腹部感到疼痛时

宝宝摔伤后感到腹部疼痛，出现冒冷汗、呕吐等症状。如果有强烈或者多次呕吐的症状时，要立即就医。

5.胸部受伤时

如果是胸部疼痛难忍，可能是肋骨骨折；如果宝宝剧烈地咳嗽，或者是出现咯血、咳痰，这时可能是伤到了肺部，要立刻叫救护车。

6.丧失意识

剧烈咳嗽，并有血丝。

脱臼及扭伤

脱臼和扭伤很难与骨折区分。如果没有办法确定具体状况，就需要去医院就诊。而且脱臼和扭伤如果处理不当，也很难痊愈。所以家长如果发现宝宝身体不对劲，就要仔细询问具体情况，千万不能大意。

紧急救护措施

对扭伤的处理

冰敷：首先用冰水将毛巾浸湿或用毛巾包住冰块进行冰敷。

固定患处：然后用有弹性的绷带将伤处固定得紧一点（但不要过紧，只要让伤处无法移动即可），同时将冰敷于绷带上。

抬高患处、稳定情绪：冰敷过程中，将宝宝的患部抬高，尽量稳定他的情绪，让他安静地休息。

对于脱臼的处理

确认部位：判断伤处的过程中动作一定要轻缓，不要用力弯曲宝宝的关节。

夹板固定：可以用夹板绷带轻轻地将患处固定，保护脱落的关节。

冰敷：在去医院的过程中，为了减缓宝宝的疼痛，可以继续为他冰敷患处。

需送医院处理的情况

1.手脚异样

如果宝宝的手脚抬不起来，即便抬起来也很费劲，或者两手、两脚不一样长的情况就需要及时到医院就诊。

2.手脚无法移动时

当宝宝突然疼痛，并且伴有手腕或脚痛得动不了，这极有可能是扭伤或脱臼，应及时到医院就诊。

3.叫宝宝名字却没有反应

如果宝宝受的伤十分严重或者肿的部位越来越厉害，请先用夹板对伤处进行固定，再前往儿童骨科或外科就诊。

关节的一再脱臼会造成习惯性脱臼，家长要随时提醒宝宝千万不要让小朋友拉扯他已经受伤的部位，帮助宝宝预防再次脱臼。

骨折

骨折很难与跌伤、扭伤区别，所以需要家长非常小心。

紧急救护措施

如果出血先止血

先用清水冲洗并且对伤口进行消毒，然后用纱布轻按住伤口2～3分钟来止血。

安抚情绪

想办法让宝宝安静下来，并送往医院。这个过程中不能移动患部，如果医院较远，可以先帮助他绑上夹板，或者直接拨打120。

需送医院处理的情况

1.移动特定部位就觉得痛

只要一动特定的部位宝宝就很痛，可能发生了骨折，要前往医院就诊。

2.出现变形

出现了明显的变形，或是时常发生不自然的弯曲，要立即到医院就诊。

3.痛得动不了

外表看起来虽然没有变化，但是宝宝痛得无法站立时，或者动不了，就可能是发生了骨折，要前往医院就诊。

4.如果伤处骨头外露

形成开放性骨折，要立即叫救护车。

5.皮肤变肿

当小孩跌倒站不起来，一直喊疼，受伤部位由肉眼就能辨认出发生变形，或者移动某个部位时，宝宝十分的痛苦，受伤的部位肿得非常厉害，而且皮肤开始逐渐变黑，这些都是骨折的症状。

6.大出血时

大出血时要以不移动宝宝的患处为原则止血，并叫救护车。

　　　　夹板是为了固定受伤部位、保护患部。给宝宝上夹板千万不能勉强固定，并且一定要让宝宝觉得舒服。为了避免上石膏的时候发生宝宝的流汗造成身体不适的情况，还可以一边为宝宝上石膏，一边拍打石膏。

流鼻血

小宝宝经常会出现流鼻血的情况，如果是单纯由于上火引起则不需要过分的担心，多给他喝水、吃水果就可以了。

紧急救护措施

首先，让宝宝坐下并将身体稍稍前倾，用手将宝宝的鼻子稍用力地捏住，这样可以初步止血，如果鼻腔中的血流到口腔中，要让他马上吐出来。将棉球或纱布卷起来塞入宝宝的鼻口（不能塞得过于往里，要留一段在外面）。以冷毛巾覆盖整个鼻子的部分。

正确做法及对策

稍稍止血后可以用冷毛巾覆盖额头到整个鼻子。让他平躺，以免造成他鼻腔中的血流入喉咙而被呛到。或使流鼻血的鼻孔朝下，这样鼻血就不容易流入他的喉咙或口腔里了。

需送医院处理的情况

1. 经常流鼻血

如果宝宝没有原因经常性地流鼻血，要带他去耳鼻喉科做一次全面的检查。

2. 撞到头后流鼻血

如果是因为撞到头流鼻血的话，要马上送医院。

3. 长时间不能止血

宝宝流鼻血时，通常在处理后5分钟左右就基本可以控制，如果超过10分钟还不能止血，就要立即带着宝宝前往医院就诊。

【预防常识】

室内的温度过高容易导致宝宝流鼻血，所以家长应该注意室内通风，尤其是冬天的时候，要经常开窗换气，并注意保持室内湿度，使室内空气新鲜，气温适当。

挖鼻孔也是导致宝宝流鼻血的原因之一，家长要注意观察宝宝是不是有挖鼻孔的习惯。

眼睛进入了异物

要小心宝宝的眼睛，不要让他们不停地揉眼睛，眼睛进了异物要马上进行处理。

紧急救护措施

沙子进入眼睛

可以用自来水或生理盐水为宝宝冲洗眼睛。家长帮助他轻轻压住眼角，使灰尘伴随着眼泪流出。如果灰尘还不出来，可以让宝宝在装满清水的脸盆中眨眼睛。如果以上方法都不可行的话，还可以帮助宝宝翻眼皮，用清水沾湿棉花棒或纱布取出沙粒。

生石灰进入眼睛

生石灰进入眼睛，既不能用手揉眼睛，也不能直接用水冲洗。此时应该用棉签或干净手绢将生石灰粉擦出，然后再用清水反复冲洗受伤的眼睛，至少要冲洗15分钟。同时叫救护车，到医院进行检查治疗。生石灰遇水会生成碱性的熟石灰同时产生热量，处理不当反而会灼伤眼睛。

尖锐的东西刺到眼睛

如果宝宝的眼睛是被碎玻璃片或者尖锐物品刺到时，立刻叫救护车。千万不能让宝宝揉眼睛，也千万不能试图用其他办法帮他取出异物，这时一定要用毛巾覆盖住他的双眼，尽量使他的情绪平稳下来，而且不要让他转动眼球。

热水或热油进入眼睛

撑开眼皮，用清水冲洗5分钟，不要乱用化学解毒剂，同时立即叫救护车送往医院。

需送医院处理的情况

1.眼睛出血

如果发现眼睛红肿或有出血的情况发生，要马上送往眼科医院就诊。

2.眼睛睁不开，疼痛伴有流泪

宝宝的眼睛睁不开，他感觉有东西磨得十分的疼痛而且不停地流眼泪，或者是眼睛有十分杀痛伴随流泪的感觉，这些都是有异物（化学药品、热汤、热油、碎玻璃片、眼睫毛等等）进入了眼睛。可以先试着用水为他清洗，如果还不好可送往眼科医院就诊。而且在送往医院的途中千万叮嘱宝宝不要揉眼睛，可以先用毛巾覆盖双眼，不要让眼球转动。

鼻子或耳朵进入了异物

异物进入不同位置，处理的方法也不同。如果在取出异物的时候遇到困难一定不要勉强，要及时到医院请医生帮忙。

紧急救护措施

耳朵进水时

单脚跳：如果小孩耳朵进水，可以帮助他将进水的耳朵朝下然后单脚跳，有异物的情况也一样。

将水吸出：或者用棉签、卫生纸轻轻深入耳中将水吸出来，深入的过程中一定要把握分寸，宝宝的耳道浅，非常细嫩，很容易受伤。

耳朵进入虫子

用手电照：让耳朵在暗处稍微朝上，然后用手电照射。

用橄榄油杀虫：可以将1～2滴橄榄油滴入耳朵里杀虫，然后去医院检查。

鼻子进入异物

用力擤鼻子：异物在鼻孔附近时，让宝宝压住另一个鼻孔，闭上嘴用力擤。

用卫生巾搔鼻子：要是擤不出，就用卫生巾搔鼻子，让宝宝打喷嚏。要是异物还不出来，就要到医院处理。

错误做法

家长千万不能擅自拿着夹子为宝宝把异物夹出，因为不小心可能会把异物塞进鼻腔里，给宝宝造成伤害。

需送医院处理的情况

1. 玻璃或者尖锐的东西刺到眼睛
2. 化学药剂进入眼睛
3. 热水或者热油进入眼睛
4. 进入异物

如果有小飞虫跑进去，可以先用手电筒照射（因为小虫子都有趋光性），如果小虫子仍不出来，可以用橄榄油1～2滴进行杀虫，再让宝宝用力擤鼻子，擤出异物，如果还是不行则应尽快带小宝宝去医院耳鼻喉科就诊。

误食

小宝宝误食东西非常让人着急，也是经常发生的意外。首先要确认吃了什么？是进入了气管还是食管。

紧急救护措施

异物进入气管或者喉咙

小的固体异物：如果宝宝年龄很小，让他的头朝下，由背部的中间朝上，就是肩胛骨中间，用手掌拍打。

如果是年龄稍大的宝宝，可以由后方抱住他，压迫心窝附近，让他把东西吐出来。

气球或者塑料：不透气的材料堵在气管或者喉咙是非常危险的，必须马上拿出来，如果拿不出来，要立刻呼叫救护车。

鱼刺卡到嗓子：可用手电筒照亮口咽部，用小勺将舌背压低。仔细检查咽喉部，主要是喉咽的入口两边，因为这是鱼刺最容易卡住的地方，如果发现刺不大，扎得不深，就可用长镊子夹出。

异物进入气管或者喉咙

固体异物：如果宝宝吞食了少量的、危险性小的异物，先拿出宝宝嘴里剩余的东西，然后观察宝宝的状态，如果很有精神、或者把吞咽的东西都吐出来了，就不需要担心了。

清洁剂：让宝宝喝少量的牛奶或水后，再把手指伸到宝宝的舌根处，让小朋友把东西吐出来。

一些特殊的化学药剂：如果宝宝误食了强酸、强碱性清洁剂、灯油和汽油，不能让宝宝吐，直接叫救护车。

需送医院处理的情况

1.呼吸异常

异物进入气管，宝宝一直咳嗽，或者呼吸异样，需要及时送往医院。

2.进食异常

如果他一直不愿进食或者一直流口水，甚至出现呼吸困难的情况，这是吞食的异物跑到了食管里，这时要立即送到医院救治。

误食紧急措施一览表

误食物	是否可以通过催吐法吐出	呕吐后如何处理	是否需要立即前往医院
香烟	催吐	可以喝少量水、母乳、牛奶	误食物在2厘米以上
线状蚊香	催吐	可以喝水、母乳、牛奶	在家观察
液体蚊香	催吐	可以喝水、母乳、牛奶	立即前往医院
杀虫剂	不能催吐	不能喝任何东西	立即前往医院
杀虫喷雾剂	催吐	可以喝水、母乳、牛奶	立即前往医院
肥皂	催吐	可以喝少量水、母乳、牛奶	立即前往医院
沐浴露、洗发露	不能催吐（沐浴露）	可以喝少量水、母乳、牛奶	立即前往医院
漂白剂、洁厕剂	不能催吐	可以喝水、母乳、牛奶	立即前往医院
纽扣型电池	不能催吐	不能喝任何东西	立即前往医院
花炮	催吐	可以喝少量水、母乳、牛奶	立即前往医院
酒精类饮品	催吐	可以喝少量水、母乳、牛奶	立即前往医院
化妆水	催吐	可以喝少量水、母乳、牛奶	立即前往医院

被叮

为了减轻小宝宝的症状，要在他抓痒伤处之前先确认是被什么叮到的，迅速处理伤口。

紧急救护措施

被蜜蜂叮到

先把蜜蜂螫针拔出：蜜蜂的螫针不能留到体内，所以要先把它拔出（可以使用消过毒的针），然后再帮宝宝把毒液吮吸或者是挤压出来，千万不能留有毒液，防止事后肿胀。

清洗伤口：用清水仔细地清洗伤口，再涂上治疗蚊虫叮咬的软膏或者是切瓣大蒜敷在伤口上，或涂上肥皂水等。

冰敷：如果宝宝的患处肿胀起来而且一直觉得很痒的话，可以用冰毛巾敷一下来帮助消肿。

被毛毛虫叮咬

千万不能揉搓患处，可以先用胶带纸把毒毛粘出来。再用清水仔细地清洗伤口，然后帮宝宝涂上防治蚊虫叮咬的软膏。

被蚊子叮咬

洗伤口：先帮助宝宝把患处用清水清洗，然后再涂上被蚊虫叮咬时的专用软膏。

用纱布或创可贴贴住患部：为了防止小宝宝忍不住痒痛而去抓挠患部，可以用纱布或者是创可贴贴在患部上，但是要注意宝宝是否对以上两样东西产生过敏。

需送医院处理的情况

1.被蚊子、毛毛虫叮咬

如果是被毒蚊子、毛毛虫咬到的话，这时候伤口可能会肿得很严重，或者是很痒、很痛。要带他去儿童医院皮肤科就诊。

2.被蜈蚣叮咬

如果宝宝是被蜈蚣咬到了，首先要给伤口消毒，然后立即带他去儿童医院皮肤科就诊。

3.被大黄蜂、毒蜂蜇伤

如果宝宝是被大黄蜂、毒蜂蜇伤，很可能会发生呼吸急促、痉挛、呕吐或者是发热的症状，从而会陷入极度危险的状态，要马上叫救护车去医院就诊。

【预防常识】

带小朋友去户外活动时，要检查树上或者是屋檐底下是不是有蜜蜂的巢穴、毛毛虫、蚁穴等，如果活动周围蚊子很多的话，可以用杀虫液的喷剂，但是在喷的时候，注意不要让小宝宝吸到（可以让小朋友用手绢捂住嘴巴）。

被咬

要根据宝宝是被什么动物咬的而采取不同的处理办法。

紧急救护措施

被小朋友咬伤：出血时先消毒

被咬的地方出血的话，先消毒然后再用纱布包扎。

伤口肿大时

先用冰袋敷在伤处，然后观察情况。

被狗咬伤

清洗伤口并消毒，可以用肥皂水清洗，然后涂上杀菌药水。

伤口很深

要到外科就诊，先清洗伤口，用纱布包扎后去医院就诊。

需送医院处理的情况

1.伤口很深，大量出血

如果伤口很深，大量出血时，要用干净的手帕或纱布压住伤口，并马上送往医院儿童外科。

2.伤到眼睛

眼睛如果有伤口就很难处理了，要马上送到眼科处理。

3.被蛇咬伤

当宝宝被蛇咬伤时，一律按蛇有毒处理，马上叫救护车。

4.呼吸困难

当宝宝呼吸困难时，应立即送往医院。

【预防常识】

要注意陌生的猫狗，告诫宝宝不要去摸，以防被咬伤。教会宝宝如何正确地与小动物相处。

植物过敏

很多活动是要家长们带领小朋友们在户外开展的，如果还带着他去爬山的话，要特别注意会引起皮肤过敏的植物，并且在出门之前提醒小朋友有些植物是不能随便触摸的。

紧急救护措施

更换衣物

如果发现小朋友已经发生了植物过敏的情况，即使是在室外，也要立刻帮他更换所有衣物，因为有些容易造成过敏的植物，容易附着在身体或者是衣服上，脱下来的衣裤要放在塑料袋里，避免小朋友们再次碰到它。

用清水清洗过敏处

过敏处一般都会非常痒，小朋友的抓挠会使过敏的范围进一步扩大，为了避免这种情况的发生，可以先帮他用清水冲洗患部，清洗的过程中千万要注意不要让洗过患处的水溅到他身体的其他部位。

涂上止痒药物

将蚊虫止痒软膏涂在患部，尽可能不要让小朋友去抓挠，如果已经出现水泡，千万不能让他弄破。

用冷毛巾冰敷患处

为了减轻患部的瘙痒，可以用冷毛巾帮助小朋友冰敷。

需送医院处理的情况

1.出水泡，皮肤溃烂
有的小朋友皮肤对一些植物很敏感，碰到一些植物后皮肤会出现湿疹甚至红肿、有水泡，严重的皮肤溃烂。
2.症状两三天不消减
如果过了两三天，症状一直不消的话，要带他去医院皮肤科就诊。对于那些过敏后出现水泡、皮肤开始溃烂的小朋友，应先在患部覆盖上干净的纱布，避免小朋友用手去抓而弄破水泡，然后再带他去医院皮肤科就诊。

烫伤

不论是哪一种烫伤，都要先用冰敷。

紧急救护措施

用自来水冲洗伤处

宝宝一旦被烫伤后，一定不能直接触摸伤口，可以先不脱去他的衣服，先用水冲洗伤口处，如果宝宝只是身体的小部分被烫伤，给宝宝多穿些衣服，再往烫伤处浇水。

给伤口降温

可以给宝宝的伤口敷上凉毛巾，也可以用淋浴头冲洗伤口，如果天气不冷的话，也可以在浴缸内放满水，直接浸泡全身。

脱去衣物

当给宝宝用冷水冲到一定程度时，可以脱掉伤处的衣物或者是袜子，如果衣服黏住了伤口，可以把伤口周围的衣服剪掉，保留伤口处的衣物。

伤口处理包扎

最后用消毒的纱布覆盖住伤口，这时一定要注意，千万不能刺激到患部，然后用绷带帮宝宝包扎，包扎的过程中纱布一定不能过于紧绷。做完以上简单处理后，一定要带着宝宝去医院，特别严重时，一定要立刻叫救护车。

错误做法

一些民间的做法会对宝宝造成伤害，比如说，用芦荟、软膏、牙膏、酱油、大酱等涂在患部上，以减轻疼痛，这是绝对不可取的，因为这样很可能会引起细菌的感染，使宝宝的症状进一步恶化，而延缓复原的时间。

需送医院处理的情况

1.脸部或者下体烫伤

当脸部或下体烫伤时，即使看起来烫伤不严重，也要极为小心地处理。当水泡比1元硬币的面积大时，就要带着宝宝去医院就诊。

2.大范围烧伤

如果宝宝年龄较小，10%的烧伤即可危及生命，需要马上叫救护车。身体1%的面积，大概相当于单手伸开手掌的大小。

3.比较严重的烫伤

宝宝容易受到细菌的感染，如果烧伤的程度比较严重，需要及时带宝宝去医院就诊。

4.衣物黏在烧伤处取不下来

当烫伤的部位黏有衣服时，这时候千万不能强行把衣服从伤口上撕下来，可以先剪掉烫伤周围的衣服，留下粘住烫伤部分的衣物，然后在烫伤的部分覆盖上干净的布，立即领着宝宝去医院的外科或者是皮肤科就诊。

【预防常识】

饮水机要摆放在合适的位置，时常叮嘱小朋友们在接饮用水的时候一定要小心，不要被热水烫伤。

宝宝们在吃饭的时候要及时提醒他们不要嬉闹，吃饭时给宝宝安排固定的座位，有些热的东西不要急于进食，比如粥、汤等。

宝宝的皮肤很稚嫩，非常容易受到细菌的感染，即使是我们触摸觉得是正常的温度也会不小心给宝宝造成烫伤，所以一定要家长特别的注意。

小贴士
Xiao tie shi

不论以何种方式处理，一旦宝宝觉得冷的话，就要停止给他冲水。因为冷水可以防止细胞因为太热而遭到破坏，而且能使血管收缩、缓和疼痛。

溺水

一旦发生溺水的情况，把他从水中打捞起来之后，立即叫救护车。在等待救护车的过程中，把他平放在平地上，首先要看看宝宝是否还有意识、呼吸和脉搏。

紧急救护措施

如果宝宝还有意识的话，脱掉他身上的湿衣服，先给他把水擦干，再给他保暖，用干燥的毯子或者被子把他包裹住，帮助他升高体温，可以用手掌为他按摩全身，再送往医院。

需送医院处理的情况

1.宝宝没有意识

如果宝宝没有意识的话，立即叫救护车。在等待救护车的过程中，如果宝宝有呼吸，为他做好保暖，并且保证他呼吸的顺畅；如果宝宝没有呼吸，立刻给他做人工呼吸和心脏起搏。

【预防常识】

如果宝宝不会游泳，就别带他去有水的地方，或者玩的时候要有家长专门陪同看护。如果是稍大点的宝宝，会游泳，也要了解宝宝的健康状况，比如他的身体素质，他最近的食欲等。

人工呼吸和心脏起搏不是事发后短时间就能掌握的救助方法，所以为了宝宝的安全，家长应该在平时多学习一些急救知识。以下后两种情况宝宝是没有生命危险的。

1.溺水后昏迷，没有意识。

2.大声哭泣。

3.有呼吸和心跳，和他说话也有反应。